Metallische Verbundwerkstoffe

Herausgegeben von
K. U. Kainer

WILEY-VCH GmbH & Co. KGaA

Metallische Verbundwerkstoffe

Herausgegeben von K. U. Kainer

WILEY-VCH GmbH & Co. KGaA

Prof. Dr. K. U. Kainer
GKSS Forschungszentrum
Institut für Werkstoffforschung
Max-Planck-Straße
21502 Geesthacht

Das vorliegende Werk wurde sorgfältig erarbeitet. Dennoch übernehmen Autoren, Herausgeber und Verlag für die Richtigkeit von Angaben, Hinweisen und Ratschlägen sowie für eventuelle Druckfehler keine Haftung

Das Titelbild zeigt einen 3M TM Nextel TM 610 Langfaser verstärkten AMC Bremssattel, eine Entwicklung der Firma 3M. Copyright 2003, 3M. All Rights Reserved. Informationen E-mail: martinrau@mmm.com

Bibliografische Information der Deutschen Bibliothek
Die Deutsche Bibliothek verzeichnet diese Publikation in der Deutschen Nationalbibliografie; detaillierte bibliografische Daten sind im Internet über <http://dnb.ddb.de> abrufbar.

ISBN 3-527-30532-7

© 2003 WILEY-VCH Verlag GmbH & Co. KGaA, Weinheim

Gedruckt auf säurefreiem Papier

Alle Rechte, insbesondere die der Übersetzung in andere Sprachen, vorbehalten. Kein Teil dieses Buches darf ohne schriftliche Genehmigung des Verlages in irgendeiner Form – durch Fotokopie, Mikroverfilmung oder irgendein anderes Verfahren – reproduziert oder in eine von Maschinen, insbesondere von Datenverarbeitungsmaschinen, verwendbare Sprache übertragen oder übersetzt werden. Die Wiedergabe von Warenbezeichnungen, Handelsnamen oder sonstigen Kennzeichen in diesem Buch berechtigt nicht zu der Annahme, dass diese von jedermann frei benutzt werden dürfen. Vielmehr kann es sich auch dann um eingetragene Warenzeichen oder sonstige gesetzlich geschützte Kennzeichen handeln, wenn sie nicht eigens als solche markiert sind.
All rights reserved (including those of translation in other languages). No part of this book may be reproduced in any form – by photoprinting, microfilm, or any other means – nor transmitted or translated into machine language without written permission from the publishers. Registered names, trademarks, etc. used in this book, even when not specifically marked as such, are not to be considered unprotected by law.

Satz: W.G.V. Verlagsdienstleistungen GmbH, Weinheim
Druck: Druckhaus Darmstadt GmbH, Darmstadt
Bindung: Buchbinderei Schaumann GmbH, Darmstadt
Printed in the Federal Republic of Germany

Vorwort

Metallische Verbundwerkstoffe sind aus dem alltäglichen Leben nicht mehr wegzudenken. Die Vielfalt der Werkstoffsysteme und der Anwendungen ist dem Einzelnen nicht bewusst und vielen Fällen unbekannt. Beispiele dafür sind die Hartmetalle für die Bearbeitung von Werkstoffen in der Fertigungstechnik, Edelmetall-Verbundsysteme für Kontakte in der Elektronik und Elektrotechnik, Kupfer-Graphit-Schleifkontakte bei Generatoren und Elektromotoren und Multikomponenten-Systeme für Bremsbelege in Hochleistungsbremsen. Nach den verstärkten Anstrengungen zur Entwicklung von metallischen Verbundwerkstoffen (MMCs) mit Leichtmetallmatrix in den letzten Jahren ist es zum erfolgreichen Einsatz dieser Werkstoffe in der Verkehrstechnik, insbesondere in der Automobil- und Transporttechnik gekommen. Zu nennen sind hier Anwendungen wie z.B. partiell faserverstärkte Kolben und hybrid-verstärkte Kurbelgehäuse in Pkw- oder Lkw-Motoren sowie partikelverstärkte Bremsscheiben für Leicht-Lkw, Motorräder, Pkw oder Schienenfahrzeuge. Ein weiteres Anwendungsfeld haben diese Werkstoffe außerdem in der zivilen oder militärischen Luft- und Raumfahrt. Diese innovativen Werkstoffe sind für eine moderne Werkstoffentwicklung sehr interessant, weil die Eigenschaften der MMCs gezielt entwickelt werden können. Von diesem Potential ausgehend erfüllen die metallischen Verbundwerkstoffe die Wunschvorstellungen eines Konstrukteurs, da sie Werkstoffe nach Maß darstellen. Diese Werkstoffgruppe wird für eine Verwendung als Konstruktions- oder Funktionswerkstoffe dann interessant, wenn das Eigenschaftsprofil konventioneller Werkstoffe den Anforderungen, insbesondere des Leichtbaus zur Gewichtseinsparung, nicht mehr gerecht werden kann. Die Vorteile der Verbundwerkstoffe kommen aber nur dann zum Tragen, wenn ein sinnvolles Kosten-Leistungs-Verhältnis bei der Herstellung von Bauteilen möglich wird. Von besonderem ökonomischen und ökologischen Interesse ist in diesem Zusammenhang die Notwendigkeit der Integration von Bearbeitungsrückständen, Kreislaufschrotten und sonstigem Material aus diesen Werkstoffen in den Materialkreislauf.

Im Bereich der Funktionswerkstoffe in der Kommunikations- und Energietechnik auf Buntmetall- oder Edelmetallbasis sind andere Entwicklungsziele als bei den Strukturwerkstoffen dominant. Es werden z. B. gute elektrische und thermische Eigenschaften kombiniert mit einer hohen Festigkeit bzw. Verschleißbeständigkeit verlangt. Obwohl der Einsatz von metallischen Verbundwerkstoffen im Bereich der Kontaktwerkstoffe seit Jahren unverzichtbar ist, war es auch hier notwendig, weitere Optimierungen unter Verwendung neuerer oder modifizierter Werkstoffsysteme durchzuführen. Von besonderem Interesse sind Werkstoffe (heat sinks), die in der Lage sind die Wärme, die im Betrieb von elektrischen und elektronischen Baugruppen entsteht, abzuführen. Zusätzliche Anforderungen bezüglich der Temperaturwechselbeständigkeit sind Herausforderungen für eine Werkstoffentwicklung. In vielen Fällen kommen dann noch Ansprüche an besondere Verschleißbeständigkeit hinzu, die zur Entwicklung von multifunktionalen Werkstoffsystemen führt.

Das vorliegende Buch gibt einen Überblick über den Stand der Forschungs- und Entwicklungsarbeiten, sowie über realisierte Einführungen der Werkstoffe in verschiedenen Anwendungsbereichen. Neben Grundlagen der metallischen Verbundwerkstoffe, der Vorstellung geeigneter Werkstoffsysteme und Herstellungs- und Verarbeitungsverfahren wurde besonderer Wert auf die Darstellung des Potenzials der Werkstoffe und der Anwendungsmöglichkeiten gelegt. Diese Zusammenfassung entstand aus dem Fortbildungsseminar mit gleichen Namen der Deutschen Gesellschaft für Materialkunde e.V., das regelmäßig seit 1990 stattfindet. Durch den

Übersichtcharakter wendet sich das Buch an Ingenieure, Wissenschaftler und Techniker aus den Bereich Werkstoffentwicklung, Fertigung und Konstruktion. Als Herausgeber danke in den Autoren für ihre Mühe entsprechende Beiträge zur Verfügung zu stellen. Dem Verlag Wiley-VCH, vertreten durch Dr. Jörn Ritterbusch, sei besonders gedankt für die gewährte Unterstützung und exzellente Betreuung, die besonders in kritischen Phasen notwendig war.

Geesthacht, April 2003

Prof. Dr.-Ing. habil. Karl Ulrich Kainer

Inhalt

Grundlagen der Metallmatrix-Verbundwerkstoffe
K. U. Kainer, Institut für Werkstoffforschung, GKSS-Forschungszentrum
Geesthacht GmbH 1

Partikel, Fasern und Kurzfasern zur Verstärkung von metallischen Werkstoffen
H. Dieringa, K. U. Kainer, Institut für Werkstoffforschung, GKSS Forschungszentrum
Geesthacht GmbH 66

Preforms zur Verstärkung von Leichtmetallen - Herstellung, Anwendungen, Potenziale
R. Buschmann, Thermal Ceramics de France, Wissembourg, Frankreich 89

Aluminium-Matrix-Verbundwerkstoffe im Verbrennungsmotor
E. Köhler, J. Niehues, KS Aluminium-Technologie AG, Neckarsulm 109

Herstellung von Verbundwerkstoffen bzw. Werkstoffverbunden
durch thermische Beschichtungsverfahren
B. Wielage, A. Wank, Lehrstuhl für Verbundwerkstoffe, Technische
Universität Chemnitz; J. Wilden, Fachgebiet Fertigungstechnik, Technische
Universität Ilmenau 124

Zerspantechnologische Aspekte von Al-MMC
K. Weinert, M. Lange, M. Buschka, Institut für Spanende Fertigung,
Universität Dortmund 160

Mechanisches Verhalten und Ermüdungseigenschaften von
Metallmatrix-Verbundwerkstoffen
O. Hartmann, Institut für Werkstoffwissenschaften, Lehrstuhl Allgemeine
Werkstoffeigenschaften, Universität Erlangen-Nürnberg; H. Biermann, Institut für
Werkstofftechnik, TU Bergakademie Freiberg, Freiberg 185

Grenzschichten in Metallmatrix-Compositen: Charakterisierung
und materialwissenschaftliche Bedeutung
J. Woltersdorf, E. Pippel, Max-Planck-Institut für Mikrostrukturphysik, Halle; A. Feldhoff,
Centre d'Etudes de Chimie Métallurgique (CECM-CNRS), Vitry sur Seine (F) 210

Metallische Verbundwerkstoffe für die Zylinderlaufbahnen von
Verbrennungsmotoren und deren Endbearbeitung durch Honen
J. Schmid, G. Barbezat 229

Pulvermetallurgisch hergestellte Metall-Matrix-Verbundwerkstoffe
N. Hort, K. U. Kainer, GKSS Forschungszentrum Geesthacht GmbH 260

Sprühkompaktieren – ein alternatives Herstellverfahren für
MMC-Aluminiumlegierungen
P. Krug, G. Sinha, PEAK Werkstoff GmbH, Velbert 296

Edel- und Buntmetall-Matrix-Verbundwerkstoffe
C. Blawert, Institut für Werkstoffforschung, GKSS Forschungszentrum Geesthacht 315

Autorenverzeichnis 329

Stichwortverzeichnis... 331

Grundlagen der Metallmatrix-Verbundwerkstoffe

K. U. Kainer
Institut für Werkstoffforschung, GKSS-Forschungszentrum Geesthacht GmbH

1 Einleitung

Metallische Verbundwerkstoffe finden ihre Anwendungen seit geraumer Zeit in vielen Bereichen des täglichen Lebens. Allgemein ist oft nicht bekannt, dass es sich um eine derartige Werkstoffgruppe handelt. Eine Vielzahl dieser Werkstoffe entstehen in-situ bei der konventionellen Herstellung und Verarbeitung von Metallen. Zu nennen in diesem Zusammenhang ist das Dalmatienerschwert mit der Meanderstruktur, die durch das Verschweißen von zwei Stahlsorten durch mehrmaliges Schmieden entsteht. Auch Werkstoffe wie Gusseisen mit Grafit oder Werkstoffstähle mit hohem Karbidgehalt sowie Hartmetalle, bestehend aus Karbiden und metallischen Bindern, können dazugerechnet werden. Der Begriff der Metallmatrix-Verbundwerkstoffe wird für viele Betrachter mit den Leichtmetallmatrix-Verbundwerkstoffe gleichgesetzt. Bei der Entwicklung von Leichtmetallmatrix-Verbundwerkstoffen (MMC's) wurden im letzten Jahrzehnt erhebliche Fortschritte erzielt, sodass sie bereits in den wichtigsten Anwendungsbereichen eingeführt werden konnten. In der Verkehrstechnik, insbesondere in der Automobilindustrie, ist es zum kommerziellen Einsatz der MMC's gekommen, wie z. B. als Werkstoffe für faserverstärkte Kolben und Aluminium-Kurbelgehäuse mit verstärkten Zylinderlaufflächen sowie für partikelverstärkte Bremsscheiben.

Diese innovativen Werkstoffe eröffnen für eine moderne Werkstoffentwicklung unbegrenzte Möglichkeiten, weil die Eigenschaften der MMC's maßgeschneidert, je nach gewünschter Anwendung, in den Werkstoff hineinkonstruiert werden können. Von diesem Potential ausgehend, erfüllen die metallischen Verbundwerkstoffe alle Wunschvorstellungen eines Konstrukteurs. Diese Werkstoffgruppe wird für eine Verwendung als Konstruktions- oder Funktionswerkstoff besonders dann interessant, wenn die Eigenschaftsprofile konventioneller Werkstoffe den erhöhten Anforderungen bei besonderen Beanspruchungen nicht mehr gerecht werden und herkömmliche Werkstofftechnologien zur Lösung der Probleme nicht mehr beitragen können. Die Technologie der MMC's steht aber in Konkurrenz zu anderen modernen Werkstofftechnologien wie z. B. der Pulvermetallurgie. Die Vorteile der Verbundwerkstoffe kommen daher erst dann zum Tragen, wenn ein sinnvolles Kosten/Leistungsverhältnis bei der Herstellung von Bauteilen möglich wird. Ein Zwang zum Einsatz entsteht, wenn ein bestimmtes Eigenschaftsprofil nur durch Verwendung von Verbundwerkstoffen erreicht wird.

Die Möglichkeiten der Kombination unterschiedlichster Werkstoffsysteme: Metalle – Keramik - nichtmetallhaltige Werkstoffe untereinander, eröffnet eine unbegrenzte Variation von möglichen Werkstoffen. Die Eigenschaften dieser neuen Werkstoffe werden im wesentlichen durch die Eigenschaften der einzelnen Komponenten bestimmt, die arttypisch sind. Das Bild 1 zeigt die Zuordnung der Verbundwerkstoffe in die Gruppe der verschiedenen Werkstofftypen.

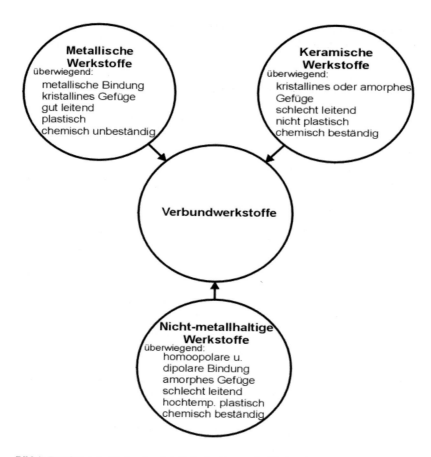

Bild 1: Zuordnung der Verbundwerkstoffe in der Gruppe der Werkstoffe [1]

Eine Verstärkung von Metallen kann unterschiedliche Zielsetzungen haben. Bei Leichtmetallen eröffnet eine Verstärkung die Möglichkeit der Erweiterung des Einsatzpotentiales dieser Werkstoffgruppe in Bereichen, in denen eine Gewichtsreduzierung von Bauteilen erste Priorität hat. Voraussetzung ist hierbei die Beibehaltung oder Verbesserung der Bauteileigenschaften. Das Entwicklungsziel für Leichtmetall-Verbundwerkstoffe besteht in:

- Erhöhung der Streckgrenze und der Zugfestigkeit bei Raum- und erhöhter Temperatur unter Beibehaltung einer Mindestduktilität bzw. -zähigkeit,
- Erhöhung der Kriechbeständigkeit bei erhöhten Einsatztemperaturen im Vergleich zu konventionellen Legierungen,
- Erhöhung der Dauerfestigkeit besonders bei höheren Temperaturen,
- Verbesserung der Temperaturwechselbeständigkeit,
- Verbesserung der Verschleißbeständigkeit,
- Erhöhung des E-Modul,
- Reduzierung der thermischen Ausdehnung.

In der Summe kann sich eine Verbesserung der gewichtsspezifischen Eigenschaften ergeben mit der Möglichkeit der Erweiterung des Einsatzgebietes, der Substitution üblicher Werkstoffe und der Optimierung von Bauteileigenschaften.

Bei Funktionswerkstoffen ergibt sich in der Regel eine andere Zielsetzung, die zum Erreichen der entsprechenden Funktion der Werkstoffe Voraussetzung ist. Ziele sind beispielsweise:

- Erhöhung der Festigkeit von Leiterwerkstoffen unter Beibehaltung hoher Leitfähigkeit,
- Verbesserung der Niedrigtemperatur-Kriecheigenschaften (rückwirkungsfreie Werkstoffe),
- Verbesserung des Abbrandverhaltens (Schaltkontakte),
- Verbesserung des Verschleißverhaltens (Schleifkontakte),
- Erhöhung der Standzeiten von Punktschweißelektroden durch Reduzierung des Abbrennens,
- Herstellung von Schichtverbundwerkstoffen für elektronische Bauteile,
- Herstellung von duktilen Verbundsupraleitern,
- Herstellung von Magnetwerkstoffen mit besonderen Eigenschaften.

Für andere Anwendungsbereiche ergeben sich unterschiedliche Entwicklungsziele, die sehr stark von den vorgenannten abweichen. Für den Einsatz in der Medizintechnik z. B. werden neben den zu erreichenden mechanischen Eigenschaften extreme Korrosionsstabilität bzw. Abbaufähigkeit sowie Biokompatibilität gefordert.

Obwohl seit Jahren verstärkte Entwicklungsaktivitäten zu Systemlösungen unter Einbeziehung von metallischen Verbundwerkstoffen führten, ist der Einsatz besonders innovativer Systeme besonders im Leichtmetallbereich noch nicht realisiert worden. Die Ursachen liegen hier z. T. in der noch nicht ausreichenden Prozesssicherheit und Zuverlässigkeit sowie Herstellungs- und Verarbeitungsproblemen und mangelnder Wirtschaftlichkeit. Anwendungsbereiche wie die

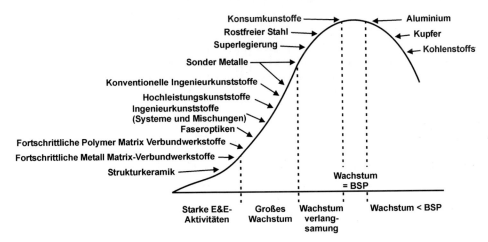

Bild 2: Entwicklungskurve des Marktes für fortschrittliche Werkstoffe [2]

Verkehrstechnik sind sehr kostenorientiert und konservativ, daher ist man zur Zeit nicht bereit, Mehrkosten für einen Einsatz derartiger Werkstoffe zu bezahlen. Aus allen diesen Gründen befinden sich Metallmatrix-Verbundwerkstoffe erst am Anfang der Evolutionskurve für fortschrittliche Werkstoffe (Bild 2).

Metallische Verbundwerkstoffe können unterschiedlich klassifiziert werden. Üblich ist die Einteilung unter Berücksichtigung der Art und Verteilung der Verstärkungskomponenten in Teilchen-, Schicht-, Faser- und Durchdringungsverbundwerkstoffe (Bild 3). Bei den Faserverbundwerkstoffen kann noch eine weitere Unterteilung in Endlosfaserverbundwerkstoffe (Multi- und Monofilamente) und Kurzfaser- bzw. Whiskerverbundwerkstoffe erfolgen (Bild 4).

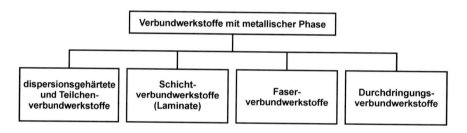

Bild 3: Klassifizierung der Verbundwerkstoffe mit metallischer Matrix

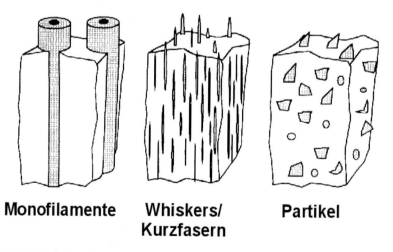

Bild 4: Schematische Darstellung der drei Formen metallischer Verbundwerkstoffe [3]

2 Kombination von Werkstoffen für Leichtmetall-Verbundwerkstoffe

2.1 Verstärkungen

Verstärkungen für metallische Verbundwerkstoffe besitzen ein vielfältiges Anforderungsprofil, das vom gewählten Herstellungsverfahren und vom Matrixsystem des Verbundwerkstoffes bestimmt wird. Allgemein gelten die Forderungen [4]:

- geringe Dichte,
- mechanische Verträglichkeit (geringer, aber der Matrix angepasster thermischer Ausdehnungskoeffizient),
- chemische Verträglichkeit,
- thermische Stabilität,
- hoher Elastizitätsmodul,
- hohe Druck- bzw. Zugfestigkeit,
- gute Verarbeitbarkeit,
- Wirtschaftlichkeit.

Diese Anforderungen können fast ausschließlich nur durch nichtmetallische anorganische Verstärkungskomponenten erfüllt werden. Für eine Metallverstärkung kommen häufig keramische Partikel bzw. Fasern oder Kohlenstoff-Fasern zum Einsatz. Eine Verwendung metallischer Fasern scheitert in der Regel an der hohen Dichte und an der Neigung zur Reaktion mit den Matrixlegierungen. Welche der Komponenten verwendet werden, ist abhängig von der gewählten Matrix und vom Beanspruchungsprofil für den geplanten Anwendungsfall. In [4, 5] sind Informationen über verfügbare Partikel, Kurzfasern, Whisker und kontinuierliche Fasern für eine Verstärkung von Metallen zusammengestellt, einschließlich Angaben über Herstellung, Verarbeitung und Eigenschaften. Typische Vertreter können der Tabelle 1 entnommen werden. Die Aufbereitung, Verarbeitung und Einsatzform der unterschiedlichen Verstärkungen ist abhängig vom verwendeten Herstellungsverfahren der Verbundwerkstoffe (siehe hierzu [3, 7]). Auch ein kombinierter Einsatz unterschiedlicher Verstärkungen ist möglich (Hybridtechnik) [3, 8].

Tabelle 1: Eigenschaften typischer diskontinuierlicher Verstärkungen für Aluminium- und Magnesiumwerkstoffe [6]

Verstärkung	Saffil (Al_2O_3)	SiC-Partikel	Al_2O_3-Partikel
Kristallstruktur	δ-Al_2O_3	hexagonal	hexagonal
Dichte (g/cm³)	3,3	3,2	3,9
mittl. Durchmesser (µm)	3,0	variabel	variabel
Länge (µm)	ca. 150	----	----
Mohs Härte	7,0	9,7	9,0
Festigkeit (MPa)	2000	----	----
E-Modul (GPa)	300	200-300	380

Jede Verstärkung besitzt ein typisches Profil, das wesentlich ist für die Wirkung im Verbundwerkstoff und des daraus resultierenden Profils. Die Tabelle 2 gibt einen Überblick über das erreichbare Eigenschaftspotenzial unterschiedlicher Werkstoffgruppen. Das Bild 5 verdeutlicht das Potenzial für die spezifische Festigkeit und den spezifischen E-Modul quasi-isotroper Faserverbundwerkstoffe mit unterschiedlichen Matrices im Vergleich zu monolithischen Metallen.

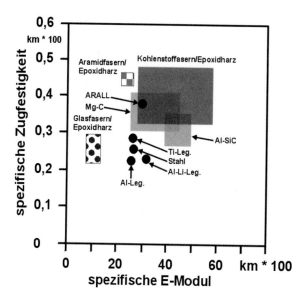

Bild 5: Spezifische Zugfestigkeit und spezifischer Elastizitätsmodul verschiedener quasi-isotroper Faserverbundwerkstoffe im Vergleich zu einigen Metalllegierungen [nach 2]

Tabelle 2: Eigenschaftspotenzial unterschiedlicher Metallmatrix-Verbundwerkstoffe (nach [2])

Typ des MMC	Eigenschaften					
	Festigkeit	E-Modul	Hochtemperatureigenschaften	Verschleiß	Ausdehnungskoeffizient	Kosten
Mineralwolle: MMC	*	*	**	**	*	mittel
Diskontinuierlich verstärkte MMC	**	**	*	***	**	gering
Langfaserverstärkte MMC:						
C-Fasern	**	**	**	*	***	hoch
Andere Fasern	***	***	***	*	**	hoch

Die Gruppe der diskontinuierlich verstärkten Metalle bietet zum Erreichen der Entwicklungsziele die besten Vorraussetzungen, da die verwendeten Herstellungstechnologien und Verstärkungskomponenten wie Kurzfasern, Partikel und Whisker kostengünstig sind und die Produktion von Bauteilen in großen Stückzahlen erlaubt. Weitere Vorteile sind die relativ große Isotropie der Eigenschaften im Vergleich zu den durch Langfasern kontinuierlich verstärkten Leichtmetallen und die Möglichkeit der Weiterverarbeitung der Verbundwerkstoffe durch umformende und spanabhebende Fertigungstechniken.

2.2 Matrixlegierungssysteme

Die Auswahl geeigneter Matrixlegierungen wird überwiegend vom geplanten Einsatz der Verbundwerkstoffe bestimmt. Bei der Entwicklung von Leichtmetall-Verbundwerkstoffen kommen in erster Linie leicht verarbeitbare, konventionelle Leichtmetall-Legierungen als Matrix-Werkstoffe zum Einsatz. Besonders im Bereich der pulvermetallurgischen Herstellung können aufgrund der Vorteile der schnellen Erstarrung bei der Pulverherstellung auch Sonder-legierungen mit speziellen Zusammensetzungen verwendet werden. Diese Systeme sind frei von Seigerungsproblemen, wie sie bei einer konventionellen Erstarrung auftreten. Auch die Verwendung von Systemen mit übersättigten oder metastabilen Gefügen sind möglich. Beispiele für Matrixzusammensetzungen sind [7, 9-15]:

- konventionelle Gusslegierungen:
  - G-AlSi12CuMgNi
  - G-AlSi9Mg
  - G-AlSi7 (A356)
  - AZ91
  - AE42
- konventionelle Knetlegierungen:
  - AlMgSiCu (6061)
  - AlCuSiMn (2014)
  - AlZnMgCu1,5 (7075)
  - TiAl6V4
- Sonderlegierungen:
  - Al-Cu-Mg-Ni-Fe-Leg. (2618)
  - Al-Cu-Mg-Li-Leg. (8090)
  - AZ91Ca

Für Funktionswerkstoffe kommen in der Regel unlegierte oder niedriglegierte Bunt- oder Edelmetalle zum Einsatz. Grund ist die Notwendigkeit zur Beibehaltung der hohen Leitfähigkeit oder Verformbarkeit. Eine Dispersionsverfestigung zum Erreichen der geforderten mechanischen Eigenschaften bei Raum- oder höheren Temperaturen ist dann eine optimale Lösung.

2.3 Herstellung und Verarbeitung von Metallmatrix-Verbundwerkstoffen

Metallmatrix-Verbundwerkstoffe können durch unterschiedliche Verfahren hergestellt werden. Für die Wahl einer geeigneten Verfahrenstechnik stehen die gewünschte Art, Menge und Verteilung der Verstärkungskomponenten (Partikel und Fasern), die Matrixlegierung und der Anwendungsfall im Vordergrund. Durch die Variation der Herstellungsmethoden, der Verarbeitung und der Nachbehandlung sowie durch die Form der Verstärkungskomponenten ist es möglich, extrem unterschiedliche Eigenschaftsprofile zu erzielen, obwohl makroskopisch die gleiche Zusammensetzung und der gleiche Anteil der beteiligten Komponenten vorliegen. Es muss unterteilt werden in Herstellung eines geeigneten Vormaterials, der Verarbeitung zu einem Bauteil oder Halbzeug (Profil) und der Abschlussbearbeitung. Aus Kostengründen sind endabmessungsnahe Urform- und Umformverfahren anzustreben, die eine mechanische Nachbearbeitung der Bauteile minimieren können. Im allgemeinen bieten sich folgende Fertigungstechniken an:

- Schmelzmetallurgische Verfahren:
  - Infiltration von Kurzfaser-, Partikel- oder Hybridpreforms durch Pressgießen (Squeeze casting), Vakuuminfiltration oder Druckinfiltration [7, 13, 14, 15]
  - Reaktionsinfiltration von Faser- oder Partikelpreforms [16, 17]
  - Herstellung von Vormaterial durch Einrühren von Partikeln in metallische Schmelzen mit anschließendem Sandguss, Kokillenguss oder Druckguss [9, 10]
- Pulvermetallurgische Verfahren:
  - Pressen und Sintern und/oder Schmieden von Pulvermischungen und Compositpulvern
  - Strangpressen oder Schmieden von Metallpulver-Partikel-Mischungen [11, 12]
  - Strangpressen oder Schmieden von sprühkompaktierten Vormaterialien [7, 18, 19]
- Heißisostatisches Pressen von Pulvermischungen und Fasergelegen
- Weiterverarbeitung von Vormaterial aus der schmelzmetallurgischen Herstellung durch Thixocasting oder -forming, Strangpressen [20], Schmieden, Kaltmassivumformung oder superplastische Formgebung
- Fügen und Schweißen von Halbzeug
- Endbearbeitung durch spanabhebende Verfahren [21]
- Gemeinsame Verformung von Metalldrähten (Verbundsupraleiter).

Die schmelzmetallurgischen Verfahren zur Herstellung von MMC's besitzen derzeit eine größere technische Bedeutung als die Verfahren der Pulvermetallurgie. Sie sind kostengünstiger und haben zudem den Vorteil, gut eingeführte Giessverfahren auch zur Herstellung von MMC's nutzen zu können. Das Bild 6 zeigt schematisch die möglichen Wege zur schmelzmetallurgischen Herstellung. Bei der schmelzmetallurgischen Herstellung der Verbundwerkstoffe finden vor allem drei Verfahren Verwendung [15]:

- Compo-Casting oder Melt Stirring,
- Gasdruckinfiltration,
- Squeeze Casting oder Pressgiessen.

Sowohl der Begriff Compo-Casting als auch die Bezeichungen Melt Stirring sind für das Einrühren von Partikeln in eine Leichtmetallschmelze üblich. Das Bild 7 zeigt den schematischen Ablauf dieses Verfahrens. Die Partikel neigen gelegentlich zur Bildung von Agglomeraten, die nur durch verstärktes Rühren aufgelöst werden können. Hierbei ist das Einbringen von Gasen in die Schmelze unbedingt zu vermeiden, da dies zu unerwünschten Porositäten oder Reaktionen führen könnte. Bei der Dispersion der Verstärkungskomponenten muss zudem darauf geachtet werden, dass die Reaktivität der verwendeten Komponenten auf die Temperatur der

Schmelze und die Dauer des Einrührens abgestimmt ist, da Reaktionen mit der Schmelze bis hin zur Auflösung der verstärkenden Komponenten führen können. Wegen des günstigeren Verhältnisses von Oberflächen zu Volumen bei sphärischen Partikeln ist die Reaktivität bei eingerührten Partikelverstärkungen meist unkritischer als bei Fasern. Die Schmelze wird direkt vergossen

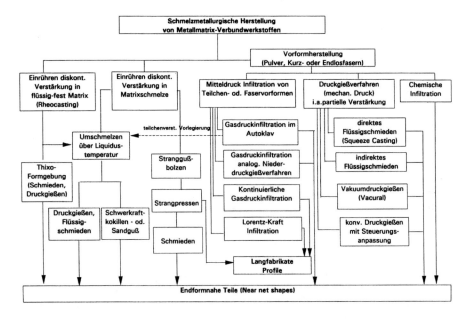

Bild 6: Wege zur schmelzmetallurgischen Herstellung von MMC's

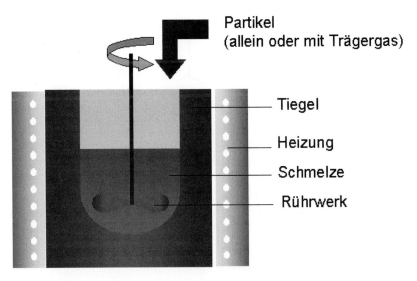

Bild 7: Schematischer Verfahrensablauf beim Melt-Stirring

oder kann mit alternativen Verfahren wie dem Squeeze Casting oder auch dem Thixocasting weiterverarbeitet werden. Das Melt Stirring wird unter anderem von der Firma Duralcan zur Herstellung partikelverstärkter Aluminiumlegierungen eingesetzt [9, 10]. Von der Firma Lanxide wird ein ähnlicher Prozess eingesetzt, bei dem Reaktionen zwischen den Verstärkungskomponenten und der schmelzflüssigen Matrix gezielt gefördert werden, um einen qualitativ hochwertigen Verbundwerkstoff herzustellen [16]. Wie bei den von der Firma Lanxide verwendeten Reaktionsverfahren kann es wünschenswert sein, dass die Verstärkungskomponente komplett mit der Schmelze reagiert, um in situ die Komponente zu bilden, die dann als zweite Phase die eigentliche Verstärkungswirkung im MMC übernimmt.

Bei der Gasdruckinfiltration infiltriert die Schmelze mit einem von außen angelegten Gasdruck die Preform. Es wird ein in Bezug auf die Matrix inertes Gas verwendet. Das Erschmelzen der Matrixlegierung wie auch die Infiltration findet in einem geeigneten Druckbehälter statt. Man unterscheidet bei der Gasdruckinfiltration zwischen zwei Verfahrensvarianten: In der ersten Variante wird die erwärmte Preform in die Schmelze getaucht und dann auf die Oberfläche der Schmelze der Gasdruck aufgebracht, der zur Infiltration führt. Der Infiltrationsdruck kann dabei auf die Benetzbarkeit der Preforms abgestimmt werden, die unter anderem vom Volumenanteil der Verstärkung abhängt. Die zweite Gruppe der Gasdruckinfiltrationsverfahren kehrt die Reihenfolge um: Die Metallschmelze wird z. B. mittels eines Steigrohrs durch den angelegten Gasdruck erst zur Preform gedrückt und infiltriert diese daraufhin (Bild 8). Der Vorteil bei dieser Variante liegt vor allem darin, dass man vollständig dichte Teile erhält, Poren können hier nicht entstehen. Da die Reaktionszeit bei diesen Verfahren ebenfalls relativ kurz ist, können reaktivere Werkstoffe als z. B. beim Compo-Casting verwendet werden. Dennoch sind bei der Gasdruckinfiltration die Reaktionszeiten deutlich länger als bei Squeeze Casting, sodass auch

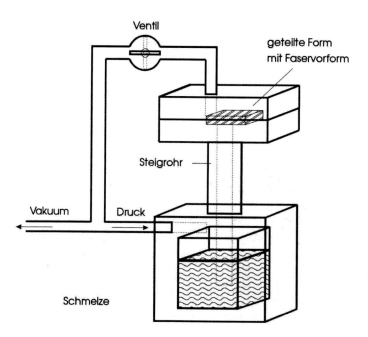

Bild 8: Gasdruckinfiltrationsverfahren

hier die Partner sorgfältig ausgesucht und aufeinander abgestimmt werden müssen, um einen den Anforderungen entsprechenden Verbundwerkstoff herstellen zu können.

Das Squeeze Casting oder Pressgießen ist die verbreitetste Herstellungsvariante für MMC's. Nach einer langsamen Formfüllung erstarrt die Schmelze unter sehr hohem Druck, was zu einem feinkörnigen Gefüge führt. Im Gegensatz zu druckgegossenen Teilen enthalten die pressgegossenen Gussteile keine Gaseinschlüsse, was Wärmebehandlungen der erhaltenen Teile zulässt. Man unterscheidet das direkte und das indirekte Squeeze Casting (Bild 9). Beim direkten Squeeze Casting wird der Druck zur Infiltration der vorgefertigten Preform direkt auf die Schmelze aufgebracht. Der Stempel ist damit Teil der Gussform, was den Aufbau der Werkzeuge erheblich vereinfacht. Nachteilig beim direkten Verfahren ist jedoch, dass das Volumen der Schmelze genau bestimmt werden muss, da kein Anguss vorhanden ist und somit die Menge der Schmelze die Grösse des gegossenen Bauteils bestimmt. Weiterhin ist von Nachteil, dass sich beim Dosieren entstandene Oxidationsprodukte im Gussteil wiederfinden. Im Gegensatz dazu werden beim indirekten Squeeze Casting, bei dem die Schmelze über einen Anguss in die Form gepresst wird, die Rückstände in diesem Anguss verbleiben. Die Strömungsgeschwindigkeit der Schmelze durch den Anguss ist wegen seines größeren Durchmessers erheblich geringer als beim Druckguss, was eine nicht turbulente Formfüllung zur Folge hat. Dies führt dazu, dass eine Gasaufnahme der Schmelze durch Verwirbelung vermieden wird.

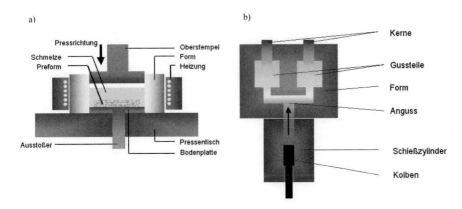

Bild 9: Direktes und indirektes Squeeze Casting

Beide Pressgiessverfahren ermöglichen die Herstellung von Verbundwerkstoffen, indem vorgefertigten Faser- oder Partikelpreforms mit der Schmelze infiltriert werden und unter Druck erstarren. Dabei wird oft ein zweistufiger Prozess angewendet, bei dem in der ersten Stufe mit niedrigem Druck die Schmelze in die Form gepresst wird und erst danach ein hoher Druck für die Erstarrungsphase aufgebracht wird. Dies verhindert Beschädigungen der Preform durch zu schnelle Infiltration. Das Squeeze Casting erlaubt die Verwendung relativ reaktionsfreudiger Werkstoffe, da die Dauer der Infiltration und damit die Reaktionszeit relativ kurz ist. Ein weiterer Vorteil liegt in der Möglichkeit gestaltschwierige Bauteile und partielle Verstärkungen herzustellen, dass heißt gezielt jene Bereiche zu verstärken, die einer höheren Belastung im Betrieb ausgesetzt sind.

3 Mechanismen der Verstärkung

Die Eigenschaften von Metallmatrix-Verbundwerkstoffen werden durch ihre Mikrostruktur und inneren Grenzflächen bestimmt, die durch die Herstellung und thermo-mechanische Vorgeschichte der Verbundwerkstoffe beeinflusst werden. Die Mikrostruktur umfasst das Gefüge der Matrix und der verstärkenden Phase. Für die Matrix sind die chemische Zusammensetzung, Korn- bzw. Subkorngröße, Textur, Ausscheidungsverhalten und Gitterbaufehler von Bedeutung. Die zweite Phase wird durch ihren Volumenanteil, ihre Art, Größe, Verteilung und Orientierung charakterisiert. Als zusätzliche Einflussgrößen treten bedingt durch das unterschiedliche Wärmeausdehnungsverhalten beider Phasen lokal variierende innere Spannungen auf.

Es besteht die Möglichkeit die Eigenschaften von metallischen Verbundwerkstoffen bei Kenntnis der Eigenschaften der Komponenten, der Volumenanteile, der Verteilung und Orientierung abzuschätzen. Die Näherungen gehen in der Regel von idealen Voraussetzungen aus, d. h. optimale Grenzflächenausbildung, ideale Verteilung (sehr geringe Kontaktzahl der Verstärkung untereinander) und keine Beeinflussung der Matrix durch die Komponente (vergleichbares Gefüge und Ausscheidungsverhalten). In der Realität tritt jedoch eine große Wechselwirkung zwischen den beteiligten Komponenten auf, sodass diese Modelle nur zum Aufzeigen des Potenzials und der Beeinflussungsmöglichkeiten dienen können. Die unterschiedlichen mikro-, makro- und mesoskalischen Modelle gehen von unterschiedlichen Voraussetzungen aus und sind verschieden weit entwickelt. Eine Darstellung dieser Modelle kann [3] und [23] entnommen werden. Im nachfolgenden wird nur auf einfache Modelle eingegangen, die das Verständnis der Wirkung der einzelnen Komponenten der Verbundwerkstoffe und deren Form und Verteilung auf die Eigenschaften erleichtern.

Vereinfacht kann in der Regel von einem Faser- bzw. Plattenmodell ausgegangen werden. Je nach Belastungsrichtung ergeben sich unterschiedliche elastische Konstanten im metallischen Verbundwerkstoff. Das Bild 10 stellt die beiden unterschiedlichen Modelle gegenüber und gibt Aufschluss über die resultierenden E- und G-Moduli in Abhängigkeit vom Belastungsfall. Ausgehend von diesen Grundüberlegungen kann für eine Faserverstärkung von Metallen für die unterschiedlichen Formen der Fasern eine Abschätzung der erreichbaren Festigkeit im Verbundwerkstoff erfolgen.

3.1 Langfaserverstärkung

Für den optimalen Fall einer Ausrichtung der Fasern in Beanspruchungsrichtung, keiner Faser/Faserkontakte und optimaler Grenzflächenausbildung (Bild 11) kann von der linearen Mischungsregel für die Berechnung der Festigkeit eines idealen langfaserverstärkten Verbundwerkstoffes mit einer Beanspruchung in Faserrichtung ausgegangen werden [23]:

$$\sigma_c = \Phi_F \cdot \sigma_F + (1 - \Phi_F) \cdot \sigma_M^* \qquad (1)$$

σ_C ist die Festigkeit des Verbundwerkstoffes, Φ_F der Faservolumengehalt, σ_F die Faserbruchfestigkeit und σ_M^* die Matrixstreckgrenze. Aus diesem Grundzusammenhang kann der kritische Fasergehalt $\Phi_{F,krit}$ ermittelt werden, der überschritten werden muss, um tatsächlich eine Verstärkungswirkung zu erreichen. Dieser Kennwert ist wichtig für die Entwicklung von Langfaserverbundwerkstoffen.

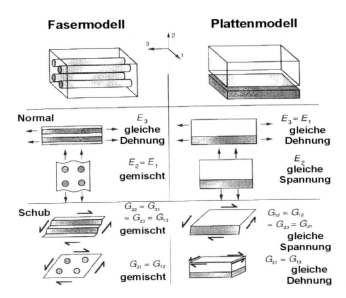

Bild 10: Schematische Darstellung der Definitionen elastischer Konstanten in Verbundwerkstoffen

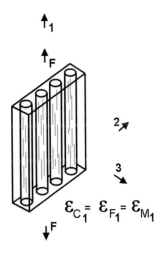

Bild 11: Belastung einer unidirektionalen Faserverbundschicht mit der Kraft F in Faserrichtung

Grenze der Verstärkung:

$$\sigma_M = \Phi_{F,krit} \cdot \sigma_F + (1 - \Phi_{F,krit}) \cdot \sigma_M^* \qquad (2)$$

Kritischer Fasergehalt:

$$\Phi_{F,krit} = \frac{\sigma_M - \sigma_M^*}{\sigma_F - \sigma_M} \qquad (3)$$

Näherung für hohe Faserfestigkeit:

$$\Phi_{F,krit} = \frac{\sigma_M - \sigma_M^*}{\sigma_F} \qquad (4)$$

Das Bild 12 zeigt die Abhängigkeit der Zugfestigkeit von unidirektionalen Faserverbundwerkstoffen vom Fasergehalt. Grundlage ist die Verwendung einer niedrigfesten duktilen Matrix und von hochmoduligen, hochfesten Fasern. Für verschiedene Matrix-Faser-Kombinationen ergibt sich ein unterschiedliches Verhalten der Werkstoffe. In Bild 13 ist das Spannungs-Dehnungsverhalten eines Faserverbundwerkstoffes mit einer duktilen Matrix, deren Bruchdehnung

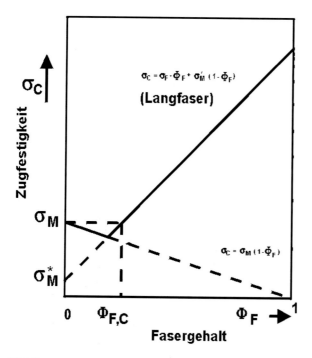

Bild 12: Lineare Mischungsregel für die Zugfestigkeit von unidirektionalen Faserverbundwerkstoffen mit duktiler Matrix und hochfesten Fasern, nach [23]

größer ist, als die der Fasern (entsprechend Bild 12) dargestellt. Oberhalb des kritischen Fasergehaltes $\Phi_{F,krit}$ wird das Verhalten maßgeblich von der Faser beeinflusst. Bei Erreichen der Faserfestigkeit versagt der Verbundwerkstoff. Es entsteht ein einfacher Sprödbruch.

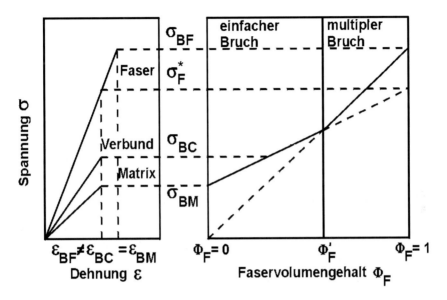

Bild 13: Spannungs-Dehnungsverhalten eines Faserverbundwerkstoffes mit einer duktilen Matrix, deren Bruchdehnung größer ist als die der Fasern (σ_{BF} = Bruchfestigkeit der Faser, σ^*_F = effektive Faserfestigkeit beim Bruch des Verbundwerkstoffes, σ_{BC} = Festigkeit des Verbundwerkstoffes, σ_{BM} = Matrixfestigkeit, ε_{BF} = Bruchdehnung Faser, ε_{BM} = Bruchdehnung Matrix, ε_{BC} = Bruchdehnung Verbundwerkstoff) [24]

Bei einem Faserverbundwerkstoff mit einer spröden Matrix, bei der keine Verfestigung auftritt und deren Bruchdehnung kleiner ist als die der Fasern, versagt der Werkstoff bei Erreichen der Festigkeit der Matrix unterhalb des kritischen Fasergehaltes (Bild 14). Oberhalb dieses kritischen Wertes können eine höhere Zahl der Fasern mehr Belastung tragen und es entsteht ein größerer Verstärkungseffekt. Im Falle eines Verbundwerkstoffes mit duktiler Matrix und duktilern Fasern, die beide eine Verfestigung im Zugversuch aufweisen, ist das Verformungsverhalten grundsätzlich verschieden (Bild 15). Man kann die resultierende Spannungs-Dehnungs-Kurve in drei Bereiche aufteilen: Bereich I ist gekennzeichnet durch das elastische Verhalten beider Komponenten mit einem E-Modul entsprechend der linearen Mischungsregel. Im Bereich II zeigt nur die Matrix eine Verfestigung die Faser wird noch elastisch gedehnt. Hier verhält sich der Verbundwerkstoff wie in Bild 13 dargestellt. Beim Bereich III weisen sowohl Matrix als auch Faser ein Verfestigungsverhalten auf: Der Verbundwerkstoff versagt nach Erreichen der Faserfestigkeit.

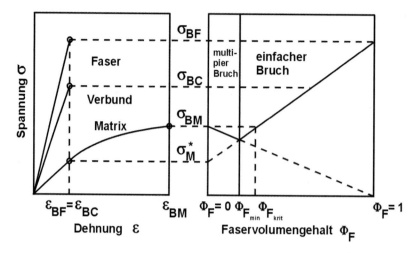

Bild 14: Spannungs-Dehnungsverhalten eines Faserverbundwerkstoffes mit einer spröden Matrix, die kein Verfestigungsverhalten zeigt und deren Bruchdehnung kleiner ist als die der Fasern (σ_{BF} = Bruchfestigkeit der Faser, σ_F^* = effektive Faserfestigkeit beim Bruch des Verbundwerkstoffes, σ_{BC} = Festigkeit des Verbundwerkstoffes, σ_{BM} = Matrixfestigkeit, ε_{BF} = Bruchdehnung Faser, ε_{BM} = Bruchdehnung Matrix, ε_{BC} = Bruchdehnung Verbundwerkstoff) [24]

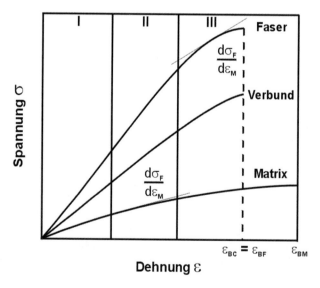

Bild 15: Spannungs-Dehnungsverhalten eines Faserverbundwerkstoffes mit duktiler Matrix und duktilern Fasern, die beide eine Verfestigung im Zugversuch aufweisen (ε_{BF} = Bruchdehnung Faser, ε_{BM} = Bruchdehnung Matrix, ε_{BC} = Bruchdehnung Verbundwerkstoff) [24]

3.2 Kurzfaserverstärkung

Die Wirkung von Kurzfasern als Verstärkung in metallischen Matrices kann mit Hilfe eines mikromechanischen Modells verdeutlicht werden (shear lag model). Der Einfluss der Faserlänge und der Faserausrichtung auf die zu erwartende Festigkeit in Abhängigkeit vom Fasergehalt, der Faser- und Matrixeigenschaften kann mit Hilfe einfacher Modellrechnungen gezeigt werden. Ausgangspunkt ist die Mischungsregel für die Berechnung der Festigkeit eines idealen langfaserverstärkten Verbundwerkstoffes mit einer Beanspruchung in Faserrichtung (Gleichung 1 [23]). Für eine Kurzfaserverstärkung muss die Faserlänge berücksichtigt werden [25]. Bei der Belastung des Verbundwerkstoffes z. B. durch Zugspannungen tragen die einzelnen Kurzfasern nicht über ihre gesamte Länge die volle Zugspannung. Erst über Zug- und überwiegend Schubspannungen an der Grenzfläche Faser/Matrix wird die Belastung z. T. auf die Faser übertragen. Das Bild 16 zeigt modellhaft die Belastung einer Einzelfaser, die in eine duktile Matrix eingebettet und in Faserrichtung beansprucht ist.

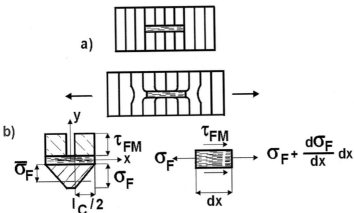

a) **Spannungsfeld in der Matrix**
b) **Schubspannungsverlauf an der Grenzfläche Faser/Matrix und Zugspannungsverlauf in der Faser**

Bild 16: Modell der Belastung einer Einzelfaser, eingebettet in eine duktile Matrix (nach [23]):
a) Spannungsfeld in der Matrix, b) Schubspannungsverlauf an der Grenzfläche Faser/Matrix und Zugspannungsverlauf in der Faser

Die auf die Faser wirkende Spannung in Abhängigkeit von der Faserlänge kann wie folgt berechnet werden:

$$\frac{d\sigma_F}{dx} \cdot dx \cdot r_F^2 \cdot \pi + 2\pi \cdot \tau_{FM} r_F \, dx = 0 \tag{5}$$

$$\sigma_F = \frac{2}{r_F} \cdot \tau_{FM} \cdot \left[\frac{l}{2} - x\right] \tag{6}$$

$$l_c = \frac{\sigma_F \cdot d_F}{2\tau_{FM}} \quad (7)$$

(σ_F = Faserbelastung, r_F = Faserradius, τ_{FM} = Scherspannung an der Grenzfläche Faser/Matrix)
Es ergibt sich eine kritische Faserlänge l_C bei der die Faser maximal belastet werden kann (Bild 17).

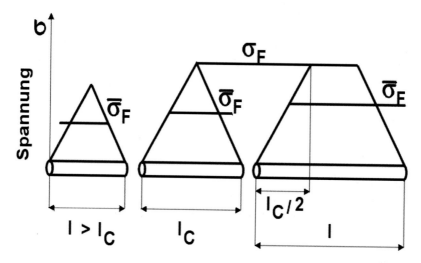

Bild 17: Abhängigkeit der effektiven Faserfestigkeit von der Faserlänge ($\sigma_F = \sigma_{F,eff}$), nach [24]

Die Schubspannung an dem Übergang Matrix/Faser ist

$$\tau_{FM} = 0{,}5 \cdot \sigma_M^* \quad (8)$$

(σ_M^* = Matrixfließgrenze)

Die effektive wirksame Faserfestigkeit $\sigma_{F,eff}$ in Abhängigkeit von der Faserlänge l ist

$$\sigma_{F,eff} = \eta \cdot \sigma_F \cdot \left(1 - \frac{l_c}{2l_m}\right) \quad (9)$$

(η = Faserwirkungsgrad (Abweichung vom Opimum $0 < \eta < 1$) [28]; l_m = mittlere Faserlänge)
Entsprechend Bild 17 sind drei Fälle in Abhängigkeit von der Faserlänge zu unterscheiden [23-27]:
Für eine Faserlänge $l_m > l_c$:

$$\sigma_C = \eta \cdot C \cdot \Phi_F \cdot \sigma_F \cdot \left(1 - d_F \cdot \frac{\sigma_F}{2 \cdot l_m \cdot \sigma_M^*}\right) + (1 - \Phi_F) \cdot \sigma_M^* \quad (10)$$

Für eine Faserlänge $l_m = l_c$:

$$\sigma_C = \eta \cdot C \cdot 0{,}5 \cdot \Phi_F \cdot \sigma_F + (1 - \Phi_F) \cdot \sigma_M^* \tag{11}$$

Für eine Faserlänge $l_m < l_c$:

$$\sigma_C = \eta \cdot C \cdot \sigma_M^* \frac{l_m}{2 \cdot d_F} + (1 - \Phi_F) \cdot \sigma_M^* \tag{12}$$

Bei Faserlängen unterhalb der kritischen Faserlänge l_c kann bei einer Belastung die Bruchfestigkeit der Faser nicht voll ausgenützt werden. Die Verstärkungswirkung ist geringer [27]:

$$l_C = d_F \frac{(\sigma_F - \sigma_M^*)}{\sigma_M^*} \tag{13}$$

l_m = mittlere Faserlänge
l_c = kritische Faserlänge
d_F = Faserdurchmesser
τ_{FM} = Schubspannung an der Grenzfläche Faser/Matrix: $\tau_{FM} = 0{,}5\ \sigma_M^*$
C = Orientierungsfaktor [26] (ausgerichtet $C = 1$, regellos $C = 1/5$, planarisotrop $C = 3/8$)

Die Modelle gehen von idealisierten Voraussetzungen aus. Bedingungen sind ideale Haftung zwischen Faser und Matrix sowie ideale Ausrichtung und Verteilung der Langfasern oder der gerichteten Kurzfasern. Das Bild 18 zeigt schematisch den Einfluss des Längen/Dicken-Verhältnis der Fasern auf die Verstärkungswirkung bei optimalen Voraussetzungen. Mit zunehmender Faserlänge nähert man sich dem Potenzial von Langfasern ($l/d > 100$). Für regellos oder planarisotrop angeordneten Kurzfasern ist eine optimale Verteilung Grundvoraussetzung für die Anwendbarkeit. Das Ergebnis einer Abschätzung zeigt die Bild 19. Es ist das Verhältnis der nach den Gleichungen 1, 10-12 berechneten Festigkeiten von faserverstärkten Leichtmetalllegierungen zur Festigkeit der unverstärkten Matrix (Verstärkungswirkung) als Funktion des Gehaltes an ausgerichteten Fasern für verschiedene Faserlängen dargestellt [29]. Für die Matrixeigenschaften wurden folgende Festigkeitswerte bei Raumtemperatur eingesetzt: Zugfestigkeit: 340 MPa und Streckgrenze: 260 MPa. Als Faser kam die Aluminiumoxidfaser Saffil (Faserbruchfestigkeit: 2000 MPa, Durchmesser: 3 µm) zum Einsatz. Bei geringen Fasergehalten kommt es erst zu einer Abnahme der Festigkeit bis zum Erreichen eines Mindestfaservolumengehaltes. Oberhalb dieser Grenze nimmt die Festigkeit zu, bis sie bei einem Fasergehalt $\phi_1 - \phi_4$, abhängig von der Faserlänge, die Festigkeit der unverstärkten Matrix wieder erreicht. Danach nimmt mit zunehmendem Fasergehalt und -länge der Verstärkungseffekt zu.

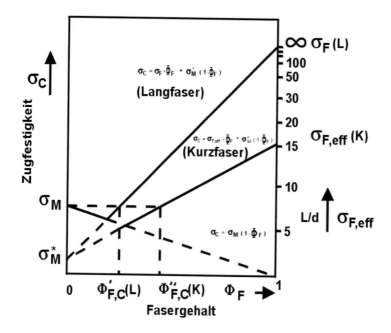

Bild 18: Lineare Mischungsregel für die Zugfestigkeit von unidirektionalen Faserverbundwerkstoffen, die rechte Abszisse stellt die Abhängigkeit der effektiven Faserfestigkeit von Kurzfasern entsprechend Gleichung 9 dar, nach [23] und [27]

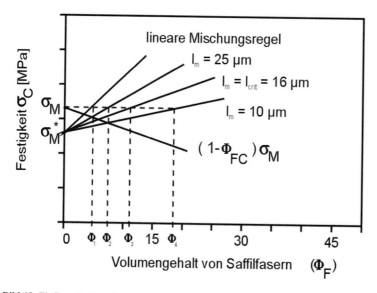

Bild 19: Einfluss der Faserlänge und Volumengehalt auf die Eigenschaften von Magnesium-Verbundwerkstoffen (AZ91+Saffil-Fasern) [28]

Die dargestellten Berechnungen setzen eine Ausrichtung der Fasern in Beanspruchungsrichtung voraus. Bei regelloser Anordnung kommt es zu einer geringeren Verstärkungswirkung. Das Bild 20 zeigt am Beispiel des Systems Magnesiumlegierung AZ91 verstärkt durch Saffilfasern diesen Einfluss. Mit zunehmender Isotropie müssen mehr Fasern hinzugefügt werden, um einen Verstärkungseffekt zu erzielen. Bei Langfasern würde ein Fasergehalt ϕ_1 von 3,2 Vol%, bei gerichteten Kurzfasern $\phi_2 = 3,5$ Vol% und bei planarisotrop verteilten Fasern $\phi_3 = 12,5$ Vol% die Grenze der Verstärkung kennzeichnen. Dieser Effekt nimmt mit steigender Belastungstemperatur zu, wie Bild 21 verdeutlicht. Sie zeigt die berechneten Festigkeiten von Verbundwerkstoffen für zwei verschiedene Streckgrenzen der unverstärkten Matrix (80 MPa und 115 MPa) [29]. Obwohl für die Berechnungen nur Modelle mit vereinfachten Randbedingungen verwendet wurden, zeigen sie die Zielrichtung für die Herstellung und Verarbeitung derartiger Verbundwerkstoffe. Ziel ist eine optimale Ausrichtung der Fasern unter Beibehaltung großer Faserlängen.

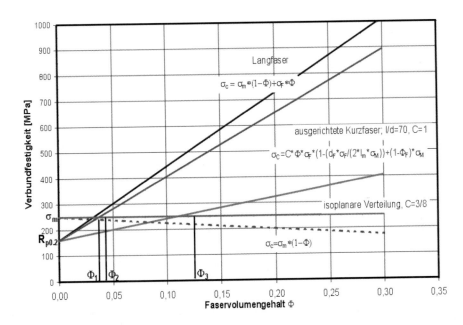

Bild 20: Einfluss der Faserlänge und Faserorientierung auf die Verbundwerkstofffestigkeit für das System Magnesiumlegierung AZ91 (Streckgrenze: 160 MPa, Zugfestigkeit 255 MPa) + C-Faser (Faserfestigkeit 2500 MPa, Faserdurchmesser 7 µm), schematisch nach Gleichungen 1 und 10

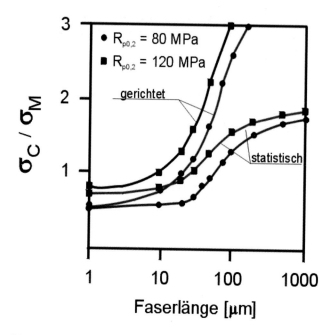

Bild 21: Einfluss der Faserlänge und Faserorientierung auf den Verstärkungseffekt σ_C/σ_M für einen Verbundwerkstoff mit 20 Vol.% Aluminiumoxidfasern für verschiedene Matrixstreckgrenzen [29]

3.3 Partikelverstärkung

Der Einfluss keramischer Partikel auf die Festigkeitseigenschaften von partikelverstärkten Leichtmetallen kann mit Hilfe des folgenden mikromechanischen Modell beschrieben werden [30, 31]:

$$\Delta R_{p,C} = \Delta\sigma_\alpha + \sigma_{KG} + \Delta\sigma_{SKG} + \Delta\sigma_{KF} \tag{14}$$

$\Delta R_{p,C}$ = Erhöhung der Streckgrenze von Aluminiumwerkstoffen durch Partikelzugabe

Einfluss induzierter Versetzungen $\Delta\sigma_\alpha$:

$$\Delta\sigma_\alpha = \alpha \cdot G \cdot b \cdot \rho^{1/2} \tag{15}$$

mit

$$\rho = 12\Delta T \frac{\Delta C \Phi_P}{bd} \tag{16}$$

$\Delta\sigma_\alpha$ Fließspannungsbeitrag aufgrund geometrisch notwendiger Versetzungen und innerer Spannungen
α Konstante (Werte zwischen 0,5–1)
G Schermodul
b Burgersvektor
ρ Versetzungsdichte
ΔT Temperaturdifferenz
ΔC Unterschied im thermischen Ausdehnungskoeffizienten zwischen Matrix und Partikel
ϕ_P Partikelvolumengehalt
d Partikelgröße

Korngrößeneinfluss $\Delta\sigma_{KG}$:

$$\Delta\sigma_{KG} = k_{Y1} D^{-1/2} \tag{17}$$

mit

$$D = d\left(\frac{1-\Phi_P}{\Phi_P}\right)^{1/3} \tag{18}$$

$\Delta\sigma_{KG}$ Fließspannungsbeitrag durch Veränderung der Korngröße (z. B. Rekristallisation bei einer thermomechanischen Behandlung der Verbundwerkstoffe, analog Hall-Petch)
k_{Y1} Konstante (typischer Wert: 0,1 MNm$^{-3/2}$)
D resultierende Korngröße
ϕ_P Partikelvolumengehalt

Subkorngrößeneinfluß $\Delta\sigma_{SKG}$:

$$\Delta\sigma_{SKG} = k_{Y2} \cdot D_S^{-1/2} \tag{19}$$

mit

$$D_S = d\left(\frac{\pi d^2}{6\Phi_P}\right)^{1/2} \tag{20}$$

$\Delta\sigma_{SKG}$ Fließspannungsbeitrag durch Veränderung der Subkorngröße (z. B. Erholungsvorgänge bei einer thermomechanischen Behandlung der Verbundwerkstoffe)
k_{Y2} Konstante (typischer Wert: 0,05 MNm$^{-3/2}$)
D_S resultierende Subkorngröße
ϕ_P Partikelvolumengehalt

Einfluss einer Verfestigung $\Delta\sigma_{KF}$:

Als Fließgrenze wird üblicherweise die Streckgrenze bei 0,2% bleibender Dehnung gemessen. Es tritt dabei eine merkliche Verfestigung auf, die abhängig vom Partikeldurchmesser und -gehalt ist:

$$\Delta\sigma_{KF} = KG\Phi_P \left(\frac{2b}{d}\right)^{1/2} \cdot \varepsilon^{1/2} \tag{21}$$

$\Delta\sigma_{KF}$ Verfestigungsbeitrag
K Konstante
G Schubmodul
ϕ_P Partikelvolumengehalt
b Burgersvektor
d Partikeldurchmesser
ε Dehnung

Entsprechend der Wirkung der Partikel über die Dominanz der Partikelgröße oder des Partikelgehaltes ergeben sich unterschiedliche charakteristische Spannungsbeiträge der einzelnen Mechanismen zu der technischen Streckgrenze $R_{P0,2}$ der partikelverstärkten Leichtmetalllegierungen. Dieses verdeutlicht prinzipiell das Beispiel eines partikelverstärkten Verbundwerk-

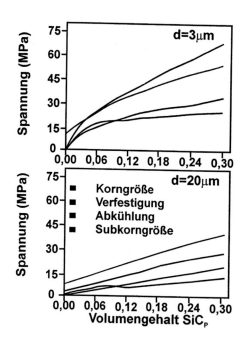

Bild 22: Spannungsbeiträge unterschiedlicher Mechanismen zu der technischen Streckgrenze berechnet nach dem mikromechanischen Modell für Aluminiumlegierungen mit SiC$_P$-Zusatz, nach [31]

stoffes mit zwei unterschiedlichen Partikeldurchmessern in Bild 22. Allgemein ergeben sich für kleinere Partikeldurchmesser grundsätzlich höhere Verfestigungsbeiträge als für gröbere Partikeln. Bei kleineren Durchmessern der Partikel tragen die Kaltverfestigung und der Korngrößeneinfluss am stärksten zur Erhöhung der Streckgrenze bei. Das Bild 23 zeigt schematisch die Veränderung der wesentlichen Verfestigungsbeiträge mit zunehmendem Partikelgehalt für einen konstanten Partikeldurchmesser.

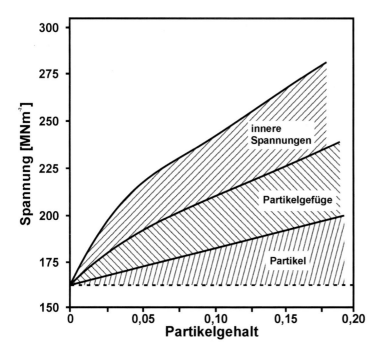

Bild 23: Zusammensetzung der Partikelverstärkung aus verschiedenen Verfestigungsbeiträgen (nach [27])

3.4 Elastizizätsmodul

Ein Ziel bei der Entwicklung von Leichtmetall-Verbundwerkstoffen ist die Erhöhung des Elastizitätsmoduls. Welches Potential hierbei auftritt, lässt sich ebenfalls mit Hilfe von Mischungsregeln abschätzen, wobei die bekannten Grenzfälle nur für bestimmte geometrische Anordnungen der Komponenten im Verbundwerkstoff gelten. Die universell eingesetzten Modelle sind die nachfolgenden lineare und die inverse Mischungsregel [3]:

Lineare Mischungsregel: Voigt-Modell (ROM)

$$E_C = \Phi_P E_P + (1 - \Phi_P) E_M \tag{22}$$

Inverse Mischungsregel: Reuss-Modell (IMR)

$$E_C = \left(\frac{\Phi_P}{E_P} + \frac{1-\Phi_P}{E_M} \right)^{-1} \tag{23}$$

Φ_P Volumengehalt der Partikel oder Fasern
E_C E-Modul des Verbundwerkstoffes
E_P E-Modul der Partikel oder Fasern
E_M E-Modul der Matrix

Das Voigt-Modell ist nur einsetzbar für langfaserverstärkte Verbundwerkstoffe mit einer Beanspruchungsrichtung parallel zur Faserorientierung, während das Reuss-Modell für Schichtverbundwerkstoffe mit einer Belastung senkrecht zu den Schichten gilt. Eine Weiterentwicklung dieser Modelle, die auch für Kurzfasern oder Partikel einsetzbar ist, ist das Modell nach Tsai-Halpin, bei dem die Geometrie und die Orientierung der Verstärkung berücksichtigt wird, in dem ein effektiver Geometriefaktor eingeführt wird, der aus dem Gefüge der Verbundwerkstoffe in Abhängigkeit von der Belastungsrichtung bestimmt werden kann [32]:

$$E_C = \frac{E_M (1 + 2 S q \Phi_P)}{1 - q \Phi_P} \tag{24}$$

mit:

$$q = \frac{(E_P / E_M) - 1}{(E_P / E_M) + 2S} \tag{25}$$

S Geometriefaktor der Fasern oder Partikel (l/d)

In Bild 24 sind als Beispiel die berechneten E-Moduli aus den Gleichungen 22–25 für SiC-partikelverstärkte Magnesiumwerkstoffe in Abhängigkeit vom Partikelgehalt und für unterschiedliche Geometriefaktoren entsprechend Gleichung 24 und 25 dargestellt. Zum Vergleich wurden die gemessenen E-Moduli eingetragen. Eine gute Übereinstimmung zwischen berechneten und experimentellen Werten ist mit einem Geometriefaktor $S = 2$ für die eingesetzten SiC-Partikel [33] zu verzeichnen. Grundvoraussetzung für die Anwendung derartiger Modelle ist das Vorhandensein eines Verbundwerkstoffes mit einer optimalen Gefügestruktur, d. h. ohne Poren, Agglomerationen von Partikeln oder unverstärkten Bereichen.

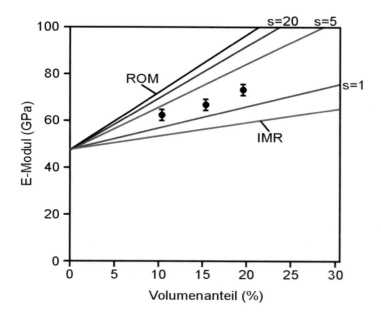

Bild 24: Vergleich theoretisch berechneter E-Modulwerte mit experimentell ermittelten Werten partikelverstärkter Magnesiumwerkstoffe (ROM: lineare Mischungsregel, IMR: inverse Mischungsregel [33])

3.5 Thermischer Ausdehnungskoeffizient

Eine Verstärkung von Leichtmetalllegierungen mit keramischen Fasern oder Partikeln hat eine Reduzierung des thermischen Ausdehnungskoeffizienten zur Folge. Auch für diese physikalische Eigenschaft sind einfache Modelle vorhanden, um den thermischen Ausdehnungskoeffizienten mit Hilfe der Eigenschaften der einzelnen Komponenten abzuschätzen. Das Model von Schapery [34] wurde entwickelt, um die Einflüsse auf den thermischen Ausdehnungskoeffizienten zu beschreiben:

$$\alpha_{3C} = \frac{E_F \alpha_F \Phi_F + E_M \alpha_M (1 - \Phi_F)}{E_C} \quad (26)$$

α_{3C} axialer thermischer Ausdehnungskoeffizient
α_F thermischer Ausdehnungskoeffizient der Fasern
α_M thermischer Ausdehnungskoeffizient der Matrix

$$\alpha_{1C} = (1 + v_M) \alpha_M \Phi_M + (1 + v_F) \alpha_F \Phi_F - \alpha_{3C} v_{31C} \quad (27)$$

$$v_{3IC} = v_F \Phi_F + v_M (1 - \Phi_F) \tag{28}$$

mit

α_{1C} transversaler thermischer Ausdehnungskoeffizient
v_F Querkontraktionszahl der Fasern
v_M Querkontraktionszahl der Matrix

Da das Model von Schapery konzipiert ist für die Berechnung des thermischen Ausdehnungskoeffizienten für ausgerichtete Langfasern kann das Model für kurzfaserverstärkte Werkstoffe nur mit Einschränkungen eingesetzt werden. Voraussetzung ist eine Ausrichtung der Kurzfasern. Berücksichtigt werden muss auch die thermische Vorgeschichte der Werkstoffe, um von einem einheitlichen inneren Spannungszustand ausgehen zu können. Eine Darstellung berechneter und gemessener Werte für den thermischen Ausdehnungskoeffizienten von Leichtmetall-Verbundwerkstoffen am Beispiel einer Magnesiumlegierung verstärkt mit ausgerichteten Al_2O_3-Kurzfasern (Saffil) zeigt Bild 25. Hier stellt die obere Kurve die berechneten Werte für den transversalen thermischen Ausdehnungskoeffizienten und die untere Kurve die berechneten Werte für den axialen Koeffizienten dar. Berechnet wurde die untere Grenzkurve mit Hilfe des theoretischen E-Modules nach der linearen Mischungsregel der Gleichung 22. Verwendet man den experimentell bestimmten Wert des E-Modul des Verbundwerkstoffes, so ergeben sich die mit Quadraten gekennzeichneten Werte. Da in diesem Falle die Abweichungen von der optimalen Gefügestruktur berücksichtigt sind, tritt eine gute Übereinstimmung mit dem gemessenen axialen Ausdehnungskoeffizienten für das Beispiel Mg+15 Vol% Al_2O_3 auf. Diese Übereinstimmung bei Berücksichtigung des real gemessenen E-Moduls der Verbundwerkstoffe kann auch bei der Verwendung von Partikeln als Verstärkungen gefunden werden [35].

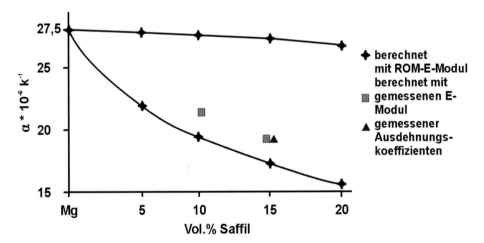

Bild 25: Veränderung des thermischen Ausdehnungskoeffizienten mit steigendem Fasergehalt (Modell nach Shapery [34]) [33]

Der thermische Ausdehnungskoeffizient wird von der thermischen Vorgeschichte der Verbundwerkstoffe bestimmt, die aus der Herstellung und dem Einsatz resultiert. Im wesentlichen sind es Eigenspannungen die ihren Einfluss ausüben. Das Bild 26 zeigt die Temperaturabhängigkeit des thermischen Ausdehnungskoeffizienten der monolithischen Magnesiumlegierung QE22 und des Verbundwerkstoffes QE22+20 Vol% Saffil-Fasern für verschiedene Orientierungen der Fasern. Bei den monolithischen Werkstoffen nimmt der Ausdehnungskoeffizient mit zunehmender Temperatur zu. Gleiches gilt für den Verbundwerkstoff bei einer Orientierung der Fasern senkrecht zu der Ebene der planarisotropen Verteilung der Fasern (90°). Da dort die Fasern nicht optimal wirksam sind entsteht eine geringe Reduzierung der Ausdehnung. Mit zunehmender Temperatur wird der Unterschied zur unverstärkten Matrix kleiner. Bei einer Orientierung parallel zur Faserebene (0°) ergibt sich ein stärkerer Reduzierungseffekt, der mit zunehmender Temperatur größer wird. Der Einfluss der thermischen Vorgeschichte auf den thermischen Ausdehnungskoeffizienten wird im Bild 27 am Beispiel des Systems Magnesiumlegierung MSR+Vol% Saffil dargestellt. Für den Gusszustand ergibt sich ein vergleichbarer Verlauf wie in Bild 24. Nach einer T6-Wärmebehandlung verschiebt sich der Kurvenverlauf zu höheren Werten, besonders im Temperaturbereich oberhalb der Auslagerungstemperatur (204 °C). Nach einer thermozyklischen Belastung tritt ein Abbau der Eigenspannungen auf und es kommt zur weiteren Erhöhung der Werte.

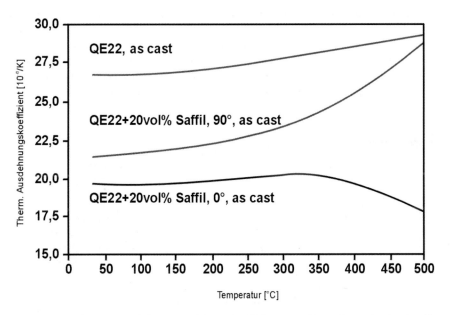

Bild 26: Abhängigkeit des thermischen Ausdehnungskoeffizienten von Magnesiumverbundwerkstoffen von der Temperatur und der Faserorientierung im Vergleich zur unverstärkten Matrix [36]

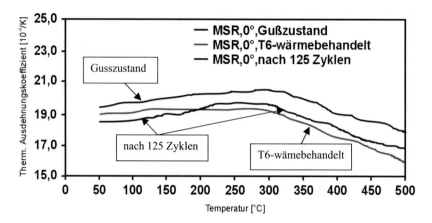

Bild 27: Einfluss der thermischen Vorgeschichte auf das Ausdehnungsverhalten von aluminiumoxidfaserverstärkten Magnesiumverbundwerkstoffen [36]

4 Grenzflächeneinfluss

Im Gegensatz zu monolithischen Werkstoffen können die Mikrostruktur und die Grenzflächen von Metallmatrix-Verbundwerkstoffen nicht isoliert betrachtet werden, sondern sie stehen in wechselseitiger Beziehung zueinander. Chemische Wechselwirkungen und Reaktionen zwischen Matrix und Verstärkungskomponente bestimmen die Grenzflächenhaftung, modifizieren die Eigenschaften der Verbundkomponenten und beeinflussen damit entscheidend die mechanischen Eigenschaften.

Beim Hochtemperatureinsatz von MMC's muss die Mikrostruktur auch nach langen Betriebszeiten stabil bleiben. Die thermische Stabilität und das Versagen wird durch Veränderungen in der Mikrostruktur und an den Grenzflächen, wie z. B. Reaktions- und Ausscheidungsvorgängen, bestimmt. Eine thermische Belastung von MMC's kann sowohl isotherm als auch zyklisch erfolgen. Die Auswirkungen sind extrem unterschiedlich. Während bei einer zyklischen Belastung monolithischer Werkstoffe besonders bei hohen Temperaturgradienten und Zyklusgeschwindigkeiten mit einer hohen Versagenswahrscheinlichkeit durch thermische Ermüdung zu rechnen ist, besitzen z. B. kurzfaserverstärkte Aluminiumlegierungen eine gute Thermoschockbeständigkeit.

Die Ausbildung der Grenzfläche zwischen der Matrix und der verstärkenden Phase hat einen wesentlichen Einfluss auf die Herstellung und Eigenschaften der metallischen Verbundwerkstoffe. Die Haftung zwischen den in der Regel beiden Phasen wird überwiegend durch ihre Wechselwirkung untereinander bestimmt. Bei der Herstellung über die schmelzflüssige Matrix z. B. durch Infiltration kommt der Benetzbarkeit besondere Bedeutung zu.

4.1 Grundlagen der Benetzung und Infiltration

Grundsätzlich kann die Benetzung einer Verstärkung mit einer Matrixschmelze dargestellt werden über die Randwinkeleinstellung eines Schmelzetropfens auf einer festen Unterlage als Maß der Benetzbarkeit nach Young:

$$\gamma_{SA} - \gamma_{IS} = \gamma_{IA} \cdot \cos\theta \qquad (29)$$

γ_{LA} Oberflächenenergie der flüssigen Phase
γ_{SA} Oberflächenenergie der festen Phase
γ_{LS} Grenzflächenenergie zwischen der flüssigen und der festen Phase
θ Randwinkel

Im Bild 28 sind die Randwinkeleinstellungen eines Schmelzetropfens auf einer festen Unterlage für verschiedene Werte der Grenzflächenenergie dargestellt. Bei einem Winkel >π/2 handelt es sich um ein nichtbenetzendes System und für einen Grenzwinkel <π/2 um ein benetzendes System. Je kleiner der Winkel wird desto besser ist die Benetzung. In der Tabelle 3 sind Oberflächen- und Grenzflächenspannungen ausgewählter Metall-Keramik-Systeme für verschiedene Temperaturen zusammengestellt. Besonders relevant ist das System Al/SiC, weil es Grundlage für die schmelzmetallurgische Herstellung von partikelverstärkten Aluminium-Verbundwerkstoffen ist.

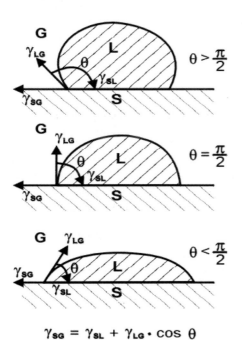

$$\gamma_{SG} = \gamma_{SL} + \gamma_{LG} \cdot \cos\theta$$

Bild 28: Randwinkeleinstellung eines Schmelztropfens auf einer festen Unterlage für verschiedene Werte der Grenzflächenenergie (nach Young)

Tabelle 3: Oberflächen- und Grenzflächenspannungen ausgewählter Metall-Keramik-Systeme für verschiede Temperaturen

Legierung, Keramik, Systeme	Temperatur [K]	γ_{la} [mJm^{-2}]	γ_{lsa} [mJm^{-2}]	γ_{ls} [mJm^{-2}]	Literatur
Al	953	1050	--	--	[37]
Mg	943	560	--	--	[37]
Al$_2$O$_3$	0	--	930	--	[38]
MgO	0	--	1150	--	[38]
Cu/Al$_2$O$_3$	1370	1308	1485	2541	[39]
	1450	1292	1422	2284	[39]
Ni/Al$_2$O$_3$	1843	1751	1114	2204	[39]
	2003	1676	988	1598	[39]
Al/SiC	973	851	2469	2949	[40]
	1073	840	2414	2773	[40]
	1173	830	2350	2684	[40]

Bei der Kontaktbildung, z. B. zu Beginn einer Infiltration, tritt Adhäsion auf. Die Adhäsionsarbeit W_A zum Trennen ist [41]:

$$W_A = \gamma_{SA} + \gamma_{IA} - \gamma_{IS} \tag{30}$$

$$W_A = \gamma_{IA} \cdot (1 + \cos\theta) \tag{31}$$

Im Falle des Eintauchens verschwindet die Grenzfläche zwischen Festkörper und Atmosphäre, während die Grenzfläche zwischen Festkörper und Flüssigkeit neu gebildet wird. Die Eintaucharbeit W_I ist:

$$W_I = \gamma_{IS} - \gamma_{SA} \tag{32}$$

Im Fall der Spreitung kommt es zur Ausbreitung einer Flüssigkeit auf einer festen Oberfläche. Bei diesem Vorgang wird die Festkörperoberfläche verringert sowie eine neue Flüssigkeitsoberfläche und eine neue fest/flüssig Grenzfläche gebildet. Die Spreitungsarbeit W_S ist:

$$W_S = \gamma_{SA} - \gamma_{IS} - \gamma_{IA} \tag{33}$$

Der Benetzungsvorgang ist kinetisch geprägt und entsprechend zeit- und temperaturabhängig. Die Kinetik kann daher über die Temperatur beeinflusst werden. Das Bild 29 zeigt die Zeitabhängigkeit eines Benetzungsvorganges in Form des Benetzungsgrades (Flächenbruchteil) von SiC-Plättchen durch Aluminiumlegierungs-Schmelzen unterschiedlicher Zusammensetzung. Im Bild 30 ist die Temperaturabhängigkeit des Benetzungswinkels eines Aluminiumlegierungstropfens auf einer SiC-Platte dargestellt. Beide Bilder zeigen die weitere Möglichkeit der Beeinflussung durch Variation der Zusammensetzung im entsprechenden Werkstoffsystem. Die Legierungselemente wirken über die Veränderung der Oberflächenspannung der Schmelze oder durch Reaktion mit der Verstärkung. Zum einen sind Zusammensetzung der Matrix bzw. Verstärkung modifizierbar und zum anderen besteht die Möglichkeit der gezielten Beeinflussung durch Aufbringen von Beschichtungen auf die verstärkende Phase. Von wesentlicher Bedeutung ist die Rolle einer Reaktion an der Grenzfläche, weil dadurch ein neues System entstehen kann und die Grenzflächenenergien und somit der Benetzungswinkel verändert werden.

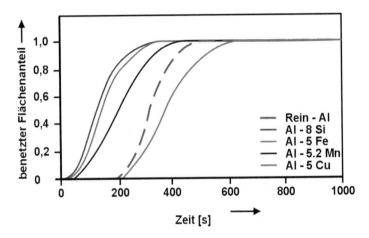

Bild 29: Zeitabhängigkeit des Benetzungsgrades (Flächenbruchteil) von SiC-Plättchen durch Aluminiumschmelzen bei verschiedenen Legierungszusätzen [42]

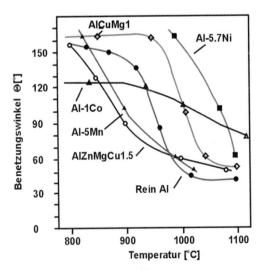

Bild 30: Temperaturabhängigkeit des Benetzungswinkels von Aluminiumlegierungstropfen auf einer SiC-Platte [43]

Bei der Gleichung 29 muss die Veränderung durch die Reaktion z. B. einer oxidischen Verstärkung Me$_1$O mit einem Matrixlegierungsbestandteil Me$_2$ berücksichtigt werden [44]:

$$\gamma_{IS} - \gamma_{SA} = (\gamma_{IS} - \gamma_{SA})_0 - \Delta\gamma_r - \Delta G_r \tag{34}$$

$$Me_2 + Me_1O \leftrightarrow Me_2O + Me_1 \tag{35}$$

$$\gamma_{IA} \cdot \cos\Theta = (\gamma_{SA} - \gamma_{IS})_0 - \Delta\gamma_R - \Delta G_R \tag{36}$$

$(\gamma_{ls}-\gamma_{sa})_0$ Benetzung ohne Reaktion
$\Delta\gamma_r$ Grenzflächenspannung der durch Reaktion gebildeten neuen Grenzfläche
ΔG_r Freigesetzte freie Energie an der Tripellinie fest/flüssig/Atmosphäre (Reaktionsenergie)

Das Bild 31 zeigt die Beeinflussung einer drucklosen Infiltration durch unterschiedlich Reaktionen bei der Verwendung verschiedener reaktiver Bindersysteme und Fasergehalte am Beispiel Mg/Al$_2$O$_3$-Fasern. Bei Verwendung eines sehr reaktiven SiO$_2$-haltigen Binders kommt es bei geringeren Temperaturen zur Infiltration als bei Verwendung eines Al$_2$O$_3$-haltigen Binders [17].

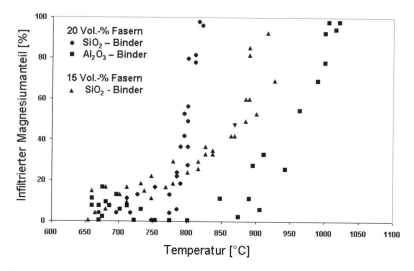

Bild 31: Beeinflussung der drucklosen Infiltration durch unterschiedliche Reaktionen bei der Verwendung verschiedener reaktiver Bindersysteme und Fasergehalte am Beispiel Rein-Mg/Al$_2$O$_3$-Fasern [17])

Eine zusätzliche Beeinflussungsmöglichkeit besteht in der Veränderung der umgebenden Atmosphäre bzw. der Atmosphäre in der Preform. Es ist z. B. möglich, dass eine Preform vor der Infiltration mit Gas durchspült wird, was eine Veränderung im Sauerstoffpartialdruck mit sich führen kann. Das Bild 32 zeigt die Abhängigkeit des Benetzungswinkels im System Al$_2$O$_3$/

Reinaluminium von der Temperatur für zwei Sauerstoffpartialdrücke [40]. Für hohe Partialdrücke treten bei niedrigen Temperaturen hohe Benetzungswinkel auf. Erst ab Temperaturen oberhalb 1150 K sinken die Werte für den Benetzungswinkel auf die für einen niedrigen Sauerstoffpartialdruck. Technisch ist aber diese Beeinflussungsmöglichkeit nicht relevant, weil die Atmosphäre nur schwer gezielt verändert werden kann. Eine Ausnahme bildet die Infiltration über Erzeugung eines Vakuums (Gasdruckinfiltration) mit dem Gasdrücke modifiziert werden können.

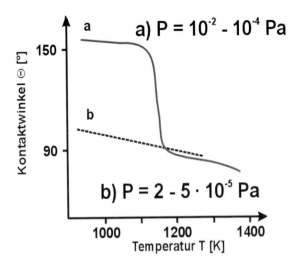

Bild 32: Schematische Darstellung der Änderung des Benetzungswinkel bei Änderung des Sauerstoffpartialdruckes [44]

Von wesentlicher Bedeutung ist die Benetzung für den eigentlichen Infiltrationsvorgang. Dieses kann über die einfache schematische Darstellung im Bild 33 gezeigt werden. Im Falle einer guten Benetzung (kleiner Randwinkel) tritt eine Kapillarwirkung auf (Bild 33a). Bei großem Randwinkel wird dieser Vorgang gehemmt (Bild 33b). Zusätzlich kann es in technischen Prozessen zu einer Reaktion der Schmelze mit der umgebenden Atmosphäre kommen. Es bildet sich dann z. B. ein Oxidfilm wie im Falle von Magnesiumlegierungen, der das Benetzungsverhalten durch Bildung einer neuen Grenzfläche zwischen der Verstärkung und der Schmelze beeinflusst, wie Bild 34 verdeutlicht. Die zuvor gemachten Aussagen gelten nur für Betrachtungen nahe des Gleichgewichtes. Der Einfluss der Benetzung auf die Infiltration in technisch relevanten Prozessen ist dann geringer, wenn durch auf die Schmelze aufgebrachter Druck bzw. die Strömungsgeschwindigkeit der Schmelze in der Preform die Kinetik des Prozesses der Benetzung bestimmt wird, z. B. durch Erzeugung eines benetzenden Systems über hohen Druck in der Schmelze. Die Benetzung hat aber trotzdem noch einen Einfluss auf die Haftung der Komponenten im Verbundsystem, auf die später noch eingegangen wird.

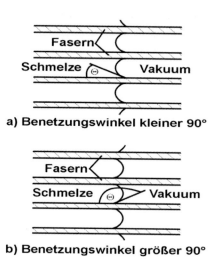

Bild 33: Schematische Darstellung einer idealisierten Schmelzinfiltration von Faserpreforms [45]

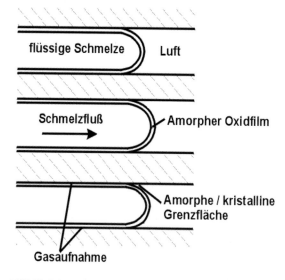

Bild 34: Schematische Darstellung des Infiltrationsvorganges einer Aluminiumoxidpreform mit flüssigem Aluminium [45]

Der eigentliche Infiltrationsprozess bei der Herstellung von metallischen Verbundwerkstoffen besteht aus mehreren Teilschritten: Der Kontaktbildung der Schmelze mit der Verstärkung an der Oberfläche einer Faser- oder Partikelpreform, der Infiltration mit dem Durchströmen der Schmelze durch die Preform und dem Erstarrungsvorgang. Zu Beginn der Infiltration muss in der Regel ein Mindestdruck aufgebaut werden damit es zur Infiltration kommt. Eine drucklose spontane Infiltration ist nicht die Regel und nur bei dünnen Preforms unter Einsatz reaktiver Systeme und bei langen Prozesszeiten möglich. Der resultierende Druck als treibende Kraft für die Infiltration [46] ist

$$\Delta P = P_0 - P_a - \Delta P_\gamma \tag{37}$$

ΔP Resultierender Druck, treibende Kraft für eine Reaktion
P_0 Druck in der Schmelze beim Eintreten in die Preform (siehe Bild 35)
P_a Druck in der Schmelze an der Infiltrationsfront (siehe Bild 36)
ΔP_γ Druckabfall in der Schmelze an der Infiltrationsfront aufgrund des Oberflächeneinflusses (Wirkung der Benetzung)

Für den Fall $P_0 = P_a$ kann der minimale Infiltrationsdruck ΔP_μ definiert werden als:

$$\Delta P_\mu = \Delta P_\gamma = S_f \left(\gamma_{IS} - \gamma_{SA} \right) \tag{38}$$

S_f Oberfläche der Grenzfläche pro Flächeneinheit

Ohne von außen aufgebrachten Druck kann die Wirkung der durch Kapillarkraft induzierten Infiltration wie folgt dargestellt werden [47]:

$$P_\gamma = \frac{2\gamma_{IA} \cdot \cos\Phi}{r} \tag{39}$$

r Radius der Kapillare

Über dem hydrostatischen Druck

$$P_\gamma = \rho \cdot g \cdot h \tag{40}$$

ergibt sich als Steighöhe:

$$h_S = \frac{2\gamma_{IA} \cdot \cos\theta}{\rho \cdot g \cdot h} \tag{41}$$

h_S Steighöhe
g Gravitationskonstante
ρ Dichte

Für eine drucklose Infiltration kann man sich eine Preform bestehend aus vielen Kapillaren vorstellen und somit den Einfluss der Benetzung und der Strukturparameter (Oberfläche und Poren- bzw. Kapillardurchmesser) sichtbar machen, wenn man in Gleichung 38 entsprechende Strukturparameter einführt [47]:

Sphärische Partikel:

$$S_f = \frac{6 V_f}{d_f(1-V_f)} \tag{42}$$

Langfaserbündel und Kurzfaserpreforms:

$$S_f = \frac{4 V_f}{d_f(1-V_f)} \tag{43}$$

V_f Faser- oder Partikelvolumengehalt
d_f Faser- oder Partikeldurchmesser

Die Tabelle 4 zeigt die Veränderung der spezifischen Oberfläche mit steigendem Faseranteil in Al$_2$O$_3$-Preform aus Saffilfasern [48]. Die spezifische Oberfläche beeinflusst auch die Durchströmbarkeit (Permeabilität) einer Preform. Diese Eigenschaft ist wesentlich für die gleichmäßige Speisung der Preform mit der Schmelze und beeinflusst den notwendigen Druck für die Infiltration. Im Bild 37 ist dieser Zusammenhang für Saffilpreforms am Beispiel der Infiltration mit Wasser dargestellt [48, 49]. Es ist erkennbar, dass ab Fasergehalten von 20 Vol% die Durchströmbarkeit merklich reduziert ist. In dem Zusammenhang hat natürlich die Viskosität einer Schmelze noch einen bedeutenden Einfluss. Über die Variation der Temperatur und Zusammensetzung ist eine Optimierung des Infiltrationsprozesses steuerbar. Das Bild 38 gibt Auskunft über die Veränderung der Viskosität von Magnesium- und Aluminiumschmelzen in Abhängigkeit von der Temperatur für unlegierte Systeme.

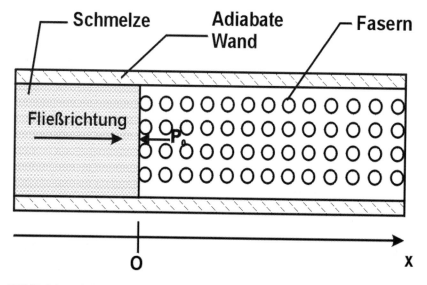

Bild 35: Schematische Darstellung der adiabaten, unidirektionalen Infiltration, Anfangsbedingung [46]

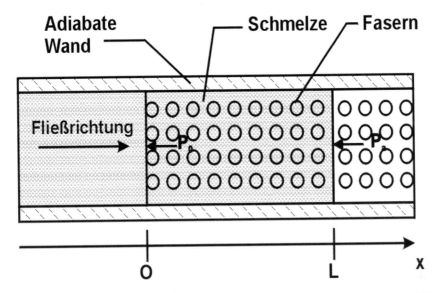

Bild 36: Schematische Darstellung der adiabaten, unidirektionalen Infiltration, fortgeschrittene Infiltration [46]

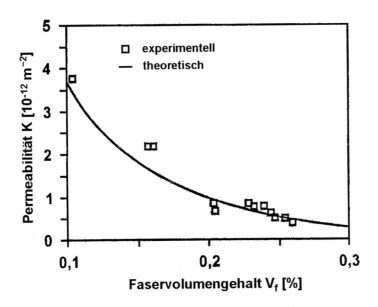

Bild 37: Vergleich der Permeabilität von Preforms für fließendes Wasser nach Mortensen und der Berechnungen von Sangini und Acrivos [48, 49]

Tabelle 4: Spezifische Oberfläche von Al_2O_3-Preforms nach [17] und [48]

Faservolumengehalt von Al_2O_3-Preforms [Vol.-%]	10	20	24	25
Spezifische Oberfläche: $S_f = 10^6 m^2$ Faseroberflächen/m^3 Porenvolumen	1,26	3,41	4,39	4,58

Die zuvor gemachten Betrachtungen dienten nur zur Erläuterung der Prozesse und Einflussgrößen auf die Benetzung und Infiltration, die in Werkstoffsystemen relevant sind, z. B. für das Einrühren von Partikel in Schmelzen oder das Infiltrieren. Für beide Prozesse sind selbstverständlich weitere Vorgänge relevant. Ein Beispiel sind Erstarrungsvorgänge bei den Schmelzen. Sie überlagern mit o.a. Vorgängen. Bei schlechter Benetzung von Partikeln z. B. bei der Herstellung von partikelverstärkten Leichtmetallen kann es zur Segregation oder Seigerung der Partikel kommen. Bei der Infiltration können Erstarrungsvorgänge die Durchströmbarkeit beeinflussen und die komplette Speisung der Preform verhindern. In den Bedingung der Gleichung 38 (Bilder 35 und 36) ist von einem konstanten Wärmehaushalt und keiner Teilerstarrung ausgegangen worden. In der Realität tritt eine Wärmeabfuhr über das Werkzeug auf, sodass es zur gerichteten Erstarrung kommt. Auch die freiwerdende Erstarrungswärme hat einen wesentlichen Einfluss. Die fortschreitende Erstarrung verschlechtert die Permeabilität und hat Einfluss auf die Strömungsverhältnisse in der Preform. In der Realität ergibt sich ein in Bild 39 dargestellter Speisungs- und Erstarrungsvorgang während der Infiltration durch die gerichtete Wärmeabfuhr. Die Wärmeabfuhr im System Preform/flüssige oder erstarrte Schmelze wird im wesentlichen von den thermischen Eigenschaften der Komponenten bestimmt (spezifische Wärme, Wärmeleitzahl). So besitzen die Verstärkungen im wesentlichen höhere spezifische Wärmen und geringere Wärmeleitfähigkeiten (Ausnahme C-Fasern). In der Tabelle 5 sind diese Kennzahlen für C- und Al_2O_3-Fasern zusammengestellt. Im Falle der eingesetzten Legierungen ist zu bemerken, dass Magnesiumschmelzen eine geringe Wärmkapazität besitzen als Aluminiumschmelzen und daher bei höheren Temperaturen verarbeit werden müssen bzw. die Preforms müssen höhere Temperaturen als bei Al-Legierungen besitzen.

Tabelle 5: Vergleich der physikalischen Daten von C-Fasern und Aluminiumoxidfasern (Saffil)

Faser	Spezifische Wärme [$Jm^{-3}K^{-1}$]	Wärmeleitzahl [$Wm^{-1}K^{-1}$]
Kohlenstoff P100	1,988 10^6	520
Kohlenstoff T300	1,124 10^6	20,1
Saffil	2,31 10^6	0

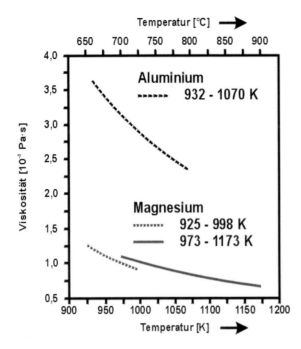

Bild 38: Viskosität von Magnesium- und Aluminiumschmelzen in Abhängigkeit von der Temperatur [50]

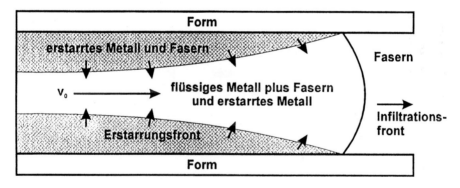

Bild 39: Schematische Darstellung der Erstarrung mit externen Wärmeverlusten während einer unidirektionalen Infiltration [47]

4.2 Rolle der Haftung

Auf die Wechselwirkung zwischen Benetzung und Haftung ist in der Einleitung schon kurz eingegangen worden. Das Bild 40 verdeutlicht sehr anschaulich diesen Zusammenhang am Beispiel der Haftfestigkeit eines erstarrten Al-Schmelzetropfens auf einem Substrat in Abhängigkeit vom Benetzungswinkel ermittelt im Tropfenscherversuch. Für kleine Randwinkel ergeben sich hohe Haftfestigkeitswerte mit einem Versagen über Abscherung. Bei größeren Winkeln nimmt die Haftfestigkeit ab und das Versagen erfolgt nur über Zug. Bei Systemen mit guter Benetzbarkeit spielen Reaktionen eine wesentliche Rolle. Die Haftung in Verbundsystemen kann durch Reaktion verbessert werden. In einigen Fällen können die Reaktionen aber zu ausgeprägt werden, sodass es zur Schädigung der Verstärkungen kommt, z. B. Reduzierung der Zugfestigkeit von Fasern. Dadurch wird das Verstärkungspotenzial reduziert. Weiterhin können spröde Reaktionsprodukte oder Poren entstehen, die die Haftung wiederum vermindern können. Am Beispiel des Systems Ni und Al_2O_3 im Bild 41 wird deutlich, dass ein Optimum gesucht werden muss. Mit fortschreitender Reaktion wird die Bindung verbessert und die Faserfestigkeit nimmt ab. Bei schlechter Bindung versagt die Grenzfläche und bei zunehmender Bindung dominiert das Faserversagen. Im Bild 42 ist die Ausbildung einer Grenzfläche zwischen einer Al_2O_3-Faser und einer Magnesiumlegierung für zwei Zustände dargestellt. Beim Gusszustand (Bild 42b) treten nur vereinzelt diskontinuierliche MgO-Partikel auf. Die Fasern sind vernachlässigbar geschädigt und besitzen ihre volle Verstärkungswirkung. Nach einer Langzeit-Glühbehandlung sind die Reaktionsprodukte gewachsen und die Fasern geschädigt, die Festigkeit der Verbundwerkstoffe nimmt ab (Bild 42a) [53]. Am Beispiel einer Wärmebehandlung eines Verbundwerkstoffes des Systems Magnesiumlegierung AZ91/Al_2O_3-Faser (Saffil) kann der Zusammenhang Reaktionsschichtdicke/Festigkeitseigenschaften verdeutlicht werden. Ein unbehandelter Verbundwerkstoff dieses Systems besitzt eine Zugfestigkeit von 220 MPa [54]. Mit zunehmender Reaktionsschichtdicke sinkt die Zugfestigkeit auf weniger als 50 % der Ausgangsfestigkeit (Bild 43). Mit Hilfe thermodynamischer Berechnungen kann das Risiko dieser Schädigung abgeschätzt werden. Auch eine Beeinflussung der Reaktion durch Schichtsysteme auf Fasern [2, 22] oder durch Modifikation der Legierungszusammensetzung [55] ist kalkulierbar und somit vorhersehbar.

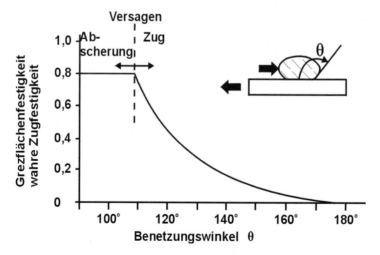

Bild 40: Haftfestigkeit von erstarrten Al-Schmelztropfen in Abhängigkeit vom Randwinkel [51]

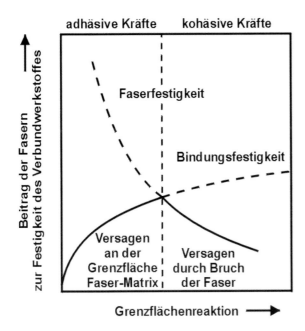

Bild 41: Scherfestigkeit der Grenzfläche zwischen Ni und Al_2O_3 in Abhängigkeit von der Reaktionsschichtdicke [52]

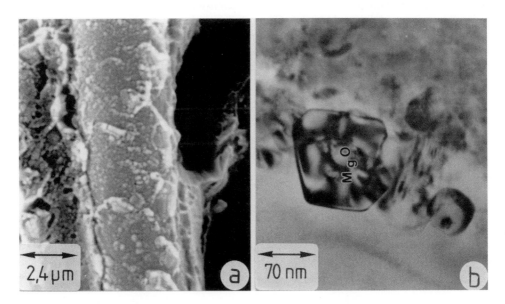

Bild 42: Reaktionsprodukte an der Grenzfläche Mg-Legierung/Al_2O_3-Faser [53]
a) REM-Aufnahme, Langzeitbelastung 350 °C / 250 h, b) TEM-Aufnahme, Gusszustand

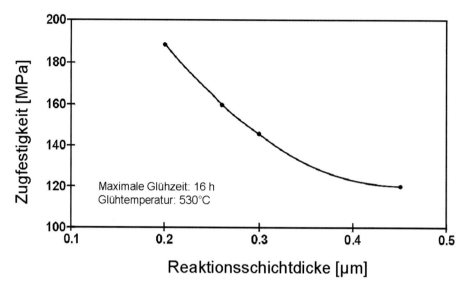

Bild 43: Querfestigkeit des Faserverbundwerkstoffes AZ91/20 Vol% Al_2O_3-Fasern in Abhängigkeit der Reaktionsschichtdicke als Funktion der Glühzeit bei 530 °C [54]

Die Ausbildung der Grenzfläche hat wie diskutiert einen entscheidenden Einfluss auf das Verhalten der metallischen Verbundwerkstoffe. Wesentlich ist die Beeinflussung auf die elastischen Konstanten und die mechanischen Eigenschaften sowie auf das Versagen. In Bild 44 ist als Beispiel die Veränderung des Rissausbreitungsverhaltens in Faserverbundwerkstoffen schematisch dargestellt. Im Falle einer schwachen Bindung (Bild 44 links) wandert der Riss entlang der Faser, die Grenzfläche delaminiert und die Belastung führt zum Bruch der Fasern nacheinander. Es entseht ein klassischer „Faser-pull-out". Im Bruchbild einer Zugprobe eines Titanverbundwerkstoffes mit SiC-Fasern (Bild 45a) bzw. Aluminiumlegierung mit C-Fasern (Bilder 46a) sind dann vereinzelt die Faser herausgezogen sichtbar. Für den Fall einer sehr guten Haf-

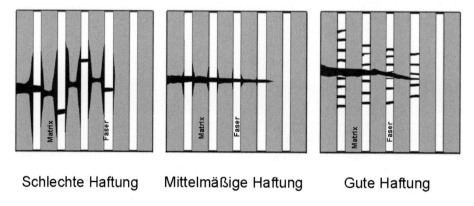

Bild 44: Schematische Darstellung der Rissausbreitung in Abhängigkeit von der Faser/Matrix-Haftung [56, 57]

tung der Matrix an der Faser tritt keine Delamination (Bild 44 rechts) auf. Der Riss öffnet sich durch die Zugbeanspruchung. Die Matrix verformt sich. Durch die gute Haftung wird die Faser voll belastet und versagt. Bei weiterer Belastung verformt sich die Matrix weiter auch oberhalb der Faserbruchstelle, dadurch wird die Faser oberhalb und unterhalb der Trennung weiter belastet und versagt in weiteren Bruchstücken. Makroskopisch entsteht ein Sprödbruch ohne Herausziehen der Fasern (Bild 45b, 46c, 46d).

Bild 45: Bruchoberfläche in einem Monofilament-Verbundwerkstoff [58]
a) geringe Grenzflächenscherfestigkeit, b) hohe Grenzflächenscherfestigkeit

Je nach Grenzflächenbildung ergeben sich auch Übergänge mit sehr geringer Delamination und Faser-pull-out (Bild 44 Mitte und 46b). Von wesentlicher Bedeutung ist die Haftung für die Zugfestigkeit senkrecht zur Faserrichtung (Querzugfestigkeit) (Bilder 47 und 48). Bei sehr schlechter Haftung wirken die Fasern oder Partikel wie Poren und die Festigkeit ist geringer als die der unverstärkten Matrix (Bild 47 oben). Bei sehr guter Bindung tritt ein Versagen in der Matrix (Bilder 47, 2. Skizze von unten und 48 a, b) oder durch Spalten der Faser (Bild 47 unten und 48c) auf. Die Festigkeit des Verbundwerkstoffes ist vergleichbar mit der der unverstärkten Matrix. Bei einer mittleren Haftung tritt ein Mischbruch auf (Bild 47, 2. Skizze von oben).

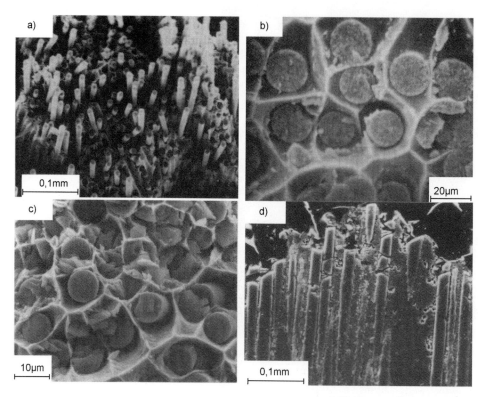

Bild 46: Bruchflächen von Aluminium-Verbundwerkstoffen nach Zugbeanspruchung senkrecht zur Faserorientierung [59] a) Faser/Matrix-Delamination (C/Al, schwache Haftung), b) Scherung von Fasern und Dimplebildung der verformten Matrix auf den Fasern (Al_2O_3/Al-2,5Li, mittlere Haftung), c) Bruch in der Matrix (SiC/Al gute Haftung), d) Bruchverlauf mit mehrfach gebrochenen Fasern (SiC/Al gute Haftung)

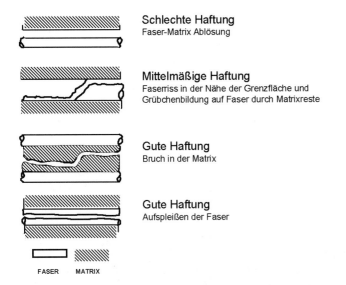

Bild 47: Versagensmechanismen (schematisch) in Faserverbundwerkstoffen bei einer Belastung senkrecht zur Faserorientierung [59]:

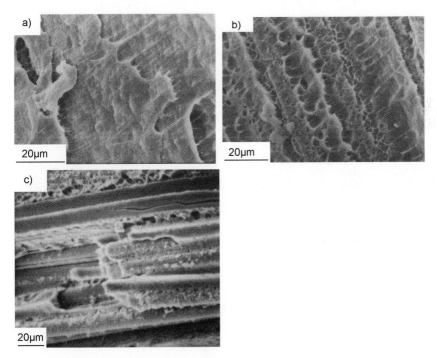

Bild 48: Bruchflächen in Faserverbundwerkstoffen bei einer Belastung senkrecht zur Faserorientierung [Schulte]: a) Scherung unter 45°, b) Ausbildung von Dimpeln um kleine SiC-Partikel, c) Fasersplitt

5 Aufbau und Eigenschaften von Leichtmetall-Verbundwerkstoffen

Der Aufbau der Verbundwerkstoffe wird durch Art und Form der Verstärkungskomponenten bestimmt, deren Verteilung und Orientierung durch die Herstellungsverfahren beeinflusst wird. Für Verbundwerkstoffe, die mit Langfasern verstärkt sind, ergeben sich extreme Unterschiede aufgrund der verschiedenen einsetzbaren Fasern. Bei multifilamentverstärkten Verbundwerkstoffen (Bild 49) sind die Faser/Faserkontakte und unverstärkte Bereich erkennbar, die aus der Infiltration von Faserbündelpreforms resultieren. Die optimale Struktur eines SiC-Monofilament/Ti-Verbundwerkstoffes zeigt das Bild 50. Bei monofilamentverstärkten Werkstoffen und bei Drahtverbund-supraleitern (Bilder 51 und 52) ist die Gleichmäßigkeit der Faseranordnung auffällig, die aus dem Herstellungsprozess resultiert. In Tabelle 6 sind Werkstoffeigenschaften unterschiedlicher Leichtmetallverbundwerkstoffe mit kontinuierlichen Fasern zusammengestellt.

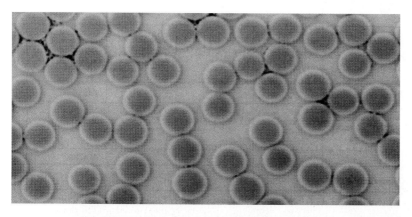

Bild 49: Gefügestruktur eines unidirektional endlosfaserverstärkten Aluminium-Verbundwerkstoffs (Querschliff) [60]: Matrix: AA 1085, 52 Vol.-% 15µm Altex-Faser (Al_2O_3)

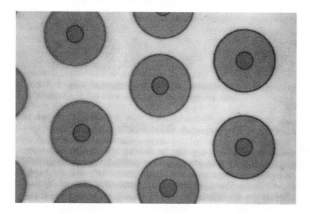

Bild 50: Gefüge eines Titan-Matrix-Verbundwerkstoffes mit SiC-Monofilamenten [61]

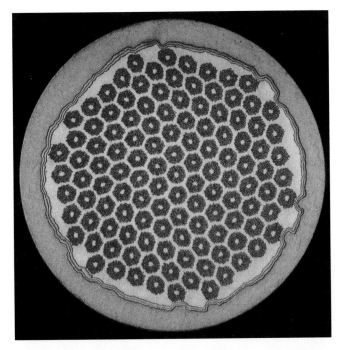

Bild 51: Verbundsupraleiter Typ Vacryflux NS 13000 Ta: 13000 Nb-Filamente inCuSn und 35 % Stabilisationsmaterial %30%Cu+5%Ta) in der Hülle [62]

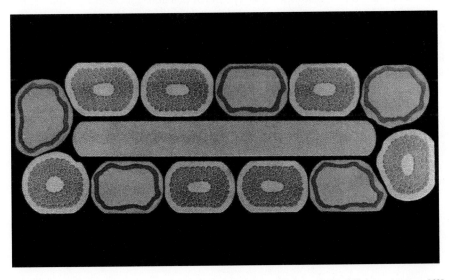

Bild 52: Verbundsupraleiter–Kabel bestehend aus 7 Supraleiterstränge und 5 Stabilisierungsstränge [62]

Tabelle 6: Ausgewählte Eigenschaften von typischen langfaserverstärkten Leichtmetallverbundwerkstoffen

Werkstoff System	Orientierung	Fasergehalt (%)	Dichte (gcm^{-3})	Zugfestigkeit (MPa)	E-Modul (GPa)	Lit
Monofilmente						
B/Al	0°	50	2,65	1500	210	[22]
B/Al	90°	50	2,65	140	150	[22]
SiC/TiAl6V4	0°	35	3,86	1750	300	[17, 5]
SiC/TiAl6V4	90°	35	3,86	410	k.A.	[20, 2]
Multifilamente						
SiC/Al	0°	50	2,84	259	310	[21, 4]
SiC/Al	90°	50	2,84	105	k.A.	[19, 3]
Al2O3/Al-Li	0°	60	3,45	690	262	[16, 9]
Al2O3/Al-Li	90°	60	3,45	172–207	152	[21, 4]
C/Mg-Leg	0°	38	1,8	510	k.A.	[16, 6]
C/Al	0°	30	2,45	690	160	[6, 4]
SiC/Al	Al+55–70 % SiC		2,94		226	[7, 2]
MCX-736TM	Al+55–70 % SiC		2,96		225	[7, 3]

Typische Gefügeaufnahmen eines kurzfaserverstärkten Leichtmetalls zeigt das Bild 53. Bei kurzfaserverstärkten Verbundwerkstoffen entsteht eine planarisotrope Verteilung der Kurzfasern, bedingt durch die Faserformkörperherstellung. Die druckunterstützte Sedimentationstechnik führt zum schichtförmigen Aufbau. Die Infiltrationsrichtung ist allgemein senkrecht zu diesen Ebenen. Eine Verstärkung von Leichtmetallgusslegierungen durch Kurzfasern hat nicht ausschließlich die Erhöhung der Festigkeiten z. B. bei Raumtemperatur zum Ziel. Es kommt zwar zur Festigkeitssteigerung mit steigendem Fasergehalt, wie das Beispiel AlSi12CuMgNi mit einem Fasergehalt von 20 Vol.% (Bild 54) zeigt. Der Effekt, der dadurch erreicht werden kann, würde den Einsatz wirtschaftlich aber nicht rechtfertigen. Die Verbesserung der Eigenschaften, besonders bei erhöhter Temperatur mit einer Verdopplung der Festigkeit (Bild 54) und der Biegewechselfestigkeit bei 300°C (Bild 55) machen einen derartigen Werkstoff für eine Anwendung z. B. als Kolbenwerkstoff oder für verstärkte Zylinderlaufflächen in Motoren interessant. Eine dramatische Erhöhung der Temperaturwechselbeständigkeit mit gleicher Einsatztemperatur ist erreichbar, wie das die Bild 56 verdeutlicht.

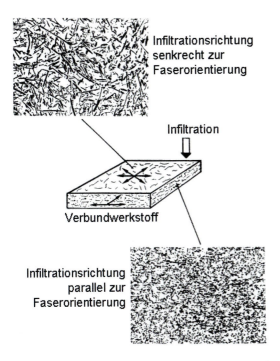

Bild 53: Gefügeausbildung bei kurzfaserverstärkten Leichtmetallverbundwerkstoffen [63]

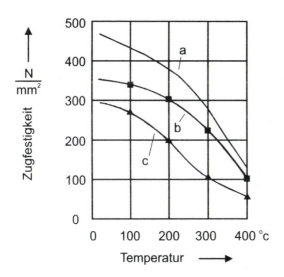

Bild 54: Vergleich der Temperaturabhängigkeit der Zugfestigkeit einer unverstärkten und verstärkten Kolbenlegierung AlSi12CuMg (KS 1275) [13] a) KS 1275 mit 20 Vol.% SiC-Whisker, b) KS 1275 mit 20 Vol.% Al_2O_3-Fasern, c) KS 1275 unverstärkt

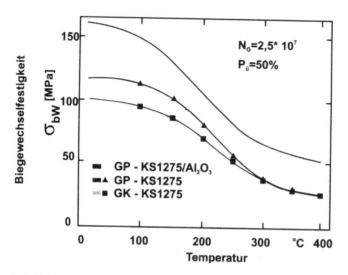

Bild 55: Veränderung der Biegewechselfestigkeit der unverstärkten und verstärkten (20 Vol.% Al$_2$O$_3$-Fasern) Kolbenlegierung AlSi12CuMgNi (KS1275) mit steigender Temperatur (GK = Kokilleneguss, GP = Pressguss) [14]

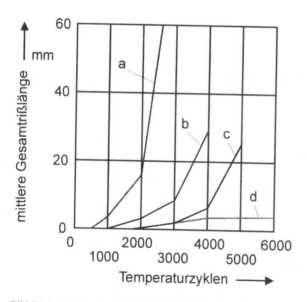

Bild 56: Temperaturschockbeständigkeit der faserverstärkten Kolbenlegierung AlSi12CuMgNi (KS1275) für verschiedene Fasergehalte für eine Temperatur von 350°C [13] a) unverstärkt, b) 12 Vol.% Al$_2$O$_3$-Kurzfasern, c) 17,5 Vol.% Al$_2$O$_3$-Kurzfasern, d) 20 Vol.% Al$_2$O$_3$-Kurzfasern

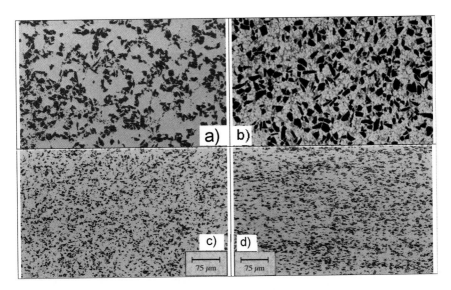

Bild 57: Zusammenstellung typischer Gefüge unterschiedlicher partikelverstärkter Leichtmetall-Verbundwerkstoffe: a) SiC-partikelverstärktes Al (Kokillenguss [9]), b) SiC-partikelverstärktes Al (Druckguss [10]), c) SiC-partikelverstärktes Al (stranggepresste Pulvermischung [11]), d) SiC-partikelverstärktes Al (gegossen und stranggepreßt)

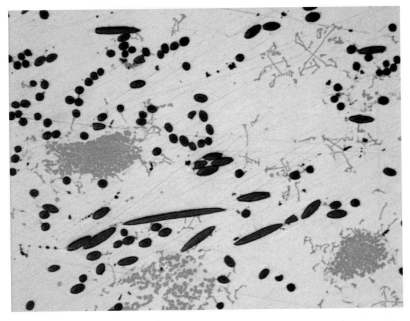

Bild 58: Gefügeausbildung eines hybridverstärkten Leichtmetallverbundwerkstoffen mit C-Kurzfasern und Mg_2Si-Partikel [64]

Die gegossenen partikelverstärkten Leichtmetalle zeigen je nach Verarbeitungsverfahren typische Partikelverteilungen. Schwerkraftgegossene Werkstoffe weisen aufgrund der Erstarrungsbedingungen unverstärkte Bereiche auf (Bild 57a) während bei druckgegossenen Werkstoffen die Verteilung der Partikel gleichmäßiger ist (Bild 57b). Noch bessere Ergebnisse werden nach dem Strangpressen von Vormaterial erreicht (Bild 57c). Bei den pulvermetallur-

Tabelle 7: Ausgewählte Eigenschaften von typischen Aluminiumguss-Verbundwerkstoffen, hergestellt durch Kokillen-, Druckguss oder Reaktionsinfiltration, Herstellerangaben nach [11,12,16]. (T6 = lösungsgeglüht und warmausgelagert; T5 = warmausglagert

Werkstoff		Streckgrenze (MPa)	Zugfestigkeit (MPa)	Bruchdehnung (%)	E-Modul (GPa)	a) Bruchzähigkeit b) Schlagzähigkeit	Verschleiß* Volumenabnahme (mm³)	therm. Leitfähigkeit 22°C (cal/cm s K)	CTE** 50–100°C (10^{-6} K^{-1})
Bezeichnung	Zusammensetzung								
Schwerkraftguss, (Kokillenguss)						a) (MPa m$^{1/2}$)			
A356-T6	AlSi7g	200	276	6,0	75,2	17,4	0,18	0,360	21,4
F3S.10S-T6	AlSi9Mg10SiC	303	338	1,2	86,9	17,4	k.A.	k.A.	20,7
F3S.20S-T6	AlSi9Mg20SiC	338	359	0,4	98,6	15,9	0,02	0,442	17,5
F3K.10S-T6	AlSi10CuMg Ni10SiC	359	372	0,3	87,6	k.A.	k.A.	k.A.	20.2
F3K.20S-T6	AlSi10CuMg Ni20SiC	372	372	0,0	101	k.A.	k.A.	0,346	17,8
Druckguss						b) (J)			
A390		241	283	3,5	71,0	1,4	0,18	0,360	21,4
F3D.10S-T5	AlSi10CuMn Ni10SiC	331	372	1,2	93,8	1,4	k.A.	0,296	19,3
F3D.20S-T5	AlSi10CuMn Ni20SiC	400	400	0,0	113,8	0,7	0.018	0.344	16,9
F3N.10S-T5	AlSi10CuMn Mg10SiC	317	352	0,5	91,0	1,4	k.A.	0,384	21,4
F3N.20S-T5	AlSi10CuMn Mg20SiC	338	365	0,3	108,2	0,7	0,018	0,401	16,6
Reaktionsinfiltration		Biegefestigkeit (MPa)	Dichte (g/cm³)		a) MPa m$^{1/2}$				
MCX-693™	Al+55-70 % SiC	300	2,98	255	9,0	k.A.	0,430	6,4
MCX-724™	Al+55-70 % SiC	350	2,94	226	9,4	k.A	0,394	7,2
MCX-736™	Al+55-70 % SiC	330	2,96	225	9,5	k.A	0,382	7,3

*nach ASTM G-77: Gusseisen 0,066 mm³;
**CTE = thermischer Ausdehnungskoeffizient, a) nach ASTM E-399 und B-645; b) nach ASTM E-23)

gisch hergestellten Verbundwerkstoffen (Bild 57d) fällt die extrem homogene Verteilung der Partikel nach dem Strangpressen von Pulvermischungen auf. Eine Möglichkeit der Kombination von Partikel und Fasern zur Bildung eines hybridverstärkten Verbundwerkstoffes zur zielgerichteten Nutzung der unterschiedlichen Wirkungen der Verstärkungskomponenten zeigt das Bild 58.

Durch einen Partikelzusatz wird im allgemeinen in Leichtmetallen wie Aluminium die Härte, der E-Modul, die Streckgrenze, die Zugfestigkeit und die Verschleißbeständigkeit erhöht sowie der thermische Ausdehnungskoeffizient verringert. Die Größenordnung der Verbesserung dieser Eigenschaften ist abhängig vom Partikelgehalt und dem gewählten Herstellungsverfahren. In den Tabellen 7 und 8 sind Eigenschaften unterschiedlicher partikelverstärkter Aluminiumlegierungen zusammengestellt. Bei schmelzmetallurgisch durch Einrühren von Partikeln hergestellten Werkstoffen (Tabelle 7) ist die obere Grenze der Partikelzugabe auf ca. 20 Vol% begrenzt. Der Grenzwert ist gießtechnisch begründet. Maximale Zugfestigkeiten von über 500 MPa und

Tabelle 8: Eigenschaften von Aluminiumknetlegierungs-Verbundwerkstoffen, Herstellerangaben nach [11,12,18-20]. (T6 = lösungsgeglüht und warmausgelagert

Werkstoff		Streckgrenze (MPa)	Zugfestigkeit (MPa)	Bruchdehnung (%)	E-Modul (GPa)	Bruchzähigkeit (MPa m$^{1/2}$) ASTM E-399	Verschleiß* Volumenabnahme (mm³)	therm. Leitfähigkeit 22°C (cal/cm s K)	CTE** 50–100°C (10^{-6} K^{-1})
Bezeichnung	Zusammensetzung								
Gegossenes Vormaterial (stranggepreßt oder geschmiedet)									
6061-T6	AlMg1SiCu	355	375	13	75	30	10	0,408	23,4
6061-T6	+ 10% Al$_2$O$_3$	335	385	7	83	24	0,04	0,384	20,9
6061-T6	+ 15% Al$_2$O$_3$	340	385	5	88	22	0,02	0,336	19,8
6061-T6	+ 20% Al$_2$O$_3$	365	405	3	95	21	0,015	k.A.	k.A
Pulvermetallurgisch hergestelltes Vormaterial (stranggepresst)									
6061-T6	AlMg1SiCu	276	310	15	69,0	k.A.	k.A.	k.A.	23,0
6061-T6	+ 20% SiC	397	448	4,1	103,4	k.A.	k.A.	k.A.	15,3
6061-T6	+ 30% SiC	407	496	3,0	120,7	k.A.	k.A.	k.A.	13,8
7090-T6		586	627	10,0	73,8	k.A.	k.A.	k.A.	k.A.
7090-T6	+ 30% SiC	676	759	1,2	124,1	k.A.	k.A.	k.A.	k.A.
6092-T6	AlMg1Cu1Si17.5SiC	448	510	8,0	103,0	k.A.	k.A.	k.A.	k.A.
6092-T6	AlMg1Cu1Si25SiC	530	565	4,0	117,0	20,3	k.A	k.A.	k.A.
Sprühkompaktiertes Vormaterial (stranggepresst)									
6061-T6	+ 15% Al$_2$O$_3$	317	359	5	87,6	k.A.	k.A.	k.A.	k.A.
2618-T6	+ 13% SiC	333	450	k.A.	89,0	k.A.	k.A.	k.A.	19,0
8090-T6	AlCuMgLi	480	550	k.A.	79,5	k.A.	k.A.	k.A.	22,9
8090-T6	+ 12% SiC	486	529	k.A.	100,1	k.A.	k.A.	k.A.	19,3

*nach ASTM G-77: Gusseisen 0,066 mm³;
**CTE = thermischer Ausdehnungskoeffizient)

E-Moduli von 100 GPa ist bei diesem Partikelgehalt erreichbar. Höhere Partikelgehalte werden durch Reaktionsinfiltrationsverfahren ermöglicht; sie nehmen dann aber immer mehr einen keramischen Charakter an. Die Werkstoffe werden immer sprödbruchanfälliger und es tritt bei Zugbeanspruchung ein vorzeitiges Versagen ohne plastische Verformung auf. Hervorragend ist aber die geringe thermische Ausdehnung bei Erwärmung trotz des metallischen Charakters dieser Werkstoffe.

Auch für sprühkompaktierte Werkstoffe (Tabelle 8) gibt es eine Grenze für den Partikelgehalt. Sie liegt bei ca. 13–15 Vol%. Die Ausnutzung von Sonderlegierungssystemen wie z. B. mit Lithiumzusatz kann aber trotzdem zu hohen spezifischen Eigenschaften führen. Bei den pulvermetallurgisch durch Strangpressen von Pulvermischungen hergestellten Werkstoffen kann der Partikelgehalt auf über 40 Vol% erhöht werden. Zusammen mit dem feinkörnigen Gefüge der Matrix sind sehr hohe Festigkeiten bis 760 MPa, sehr hohe E-Moduli bis 125 GPa und niedrige Ausdehnungskoeffizienten von $17 \cdot 10^{-6}$ K^{-1} erreichbar. Leider werden jedoch die Bruchdehnung und die Bruchzähigkeit verschlechtert. Die Werte liegen aber z. T. noch oberhalb der von Gusswerkstoffen.

6   Einsatz- und Anwendungsmöglichkeiten für metallische Verbundwerkstoffe

Leichtmetall-Verbundwerkstoffe haben in der Automobiltechnik im Motorenbereich (oszillierende Bauteile: Ventiltrieb, Pleuel, Kolben und Kolbenbolzen; Abdeckungen: Zylinderkopf, Kurbelwellenhauptlager; Motorblock: teilverstärkte Zylinderblöcke) ein hohes Einsatzpotential (Tabelle 9). Ein Beispiel für den erfolgreichen Einsatz von Aluminiumverbundwerkstoffen in diesem Bereich ist der partiell kurzfaserverstärkte Aluminiumkolben (Bild 59) bei dem der Muldenbereich durch Al_2O_3-Kurzfasern verstärkt wird. Vergleichbare Bauteileigenschaften sind nur beim Einsatz von pulvermetallurgisch hergestellten Aluminiumlegierungen oder bei Verwendung von schweren Eisenkolben erreichbar. Gründe für den Einsatz von Verbundwerkstoffen sind, wie bereits erläutert, die verbesserten Hochtemperatureigenschaften. Potentielle Anwendungen findet man auch im Fahrwerksbereich, z. B. Querlenker und partikelverstärkte Bremsscheiben, die ihren Einsatz ebenfalls bei Schienenfahrzeugen, wie z. B. für U-Bahnen und Eisenbahn (ICE), haben (Bild 60). Nachfolgend sind einige potentielle Bauteile aus Aluminiummatrix-Verbundwerkstoffen mit Angaben über Werkstoffe, Verarbeitung und Entwicklungsziele dargestellt:

Bild 59: Partiell kurzfaserverstärkter Leichtmetall-Dieselkolben [13, 14]

Bild 60: Gegossene Bremsscheibe für den ICE 2 aus partikelverstärktem Aluminium [65]

Tabelle 9: Anwendungen metallischer Verbundwerkstoffe

I	Antriebswelle für Personen- und Kleinlastkraftwagen (Bild 61) [66]:	
	Werkstoff	AlMg1SiCu + 20 Vol% Al_2O_{3P}
	Verarbeitung	Strangpressen von gegossenem Vormaterial
	Entwicklungsziele	- hohe dynamische Stabilität, hoher Elastizitätsmodul (95 GPa)
		- geringe Dichte (2,95 g/cm³)
		- hohe Dauerfestigkeit (120 MPa für $n = 5 \cdot 10^7$, $R = -1$, RT)
		- ausreichende Zähigkeit (21,5 MPa $\sqrt{m}$)
		- Substitution von Stählen
II	Belüftete PKW-Bremsscheibe (Bild 62) [66]:	
	Werkstoff	G-AlSi12Mg + 20 Vol% SiC_P
	Verarbeitung	Sand- oder Schwerkraftkokillenguss
	Entwicklungsziele	- hoher Verschleißwiderstand (besser als konventionelle Gusseisenbremsscheiben
		- geringe Dichte (2,8 g/cm³)
		- hohe Wärmeleitfähigkeit (Faktor 4 höher als Gusseisen)
		- Substitution von Eisenwerkstoffen
III	Längsversteifungsträger (Stringer) für Flugzeuge (Bild 63) [67]:	
	Werkstoff	AlCu4Mg2Zr + 15 Vol% SiC_P
	Verarbeitung	Strangpressen und Schmieden von gegossenem Vormaterial
	Entwicklungsziele	- hohe dynamische Stabilität, hoher E-Modul (100 GPa)
		- geringe Dichte (2,8 g/cm³)
		- hohe Festigkeit (R_m = 540 MPa, $R_{P0,2}$ = 413 MPa, RT)
		- hohe Dauerfestigkeit (240 MPa für $n = 5 \cdot 10^7$, $R = -1$, RT)
		- ausreichende Zähigkeit (19,9 MPa $\sqrt{m}$)
IV	Bremssattel für PKW (Bild 64) [68]:	
	Werkstoff	Aluminium Legierung mit Nextel Keramikfaser 610
	Gewichtseinsparung	55% gegenüber Gusseisen.

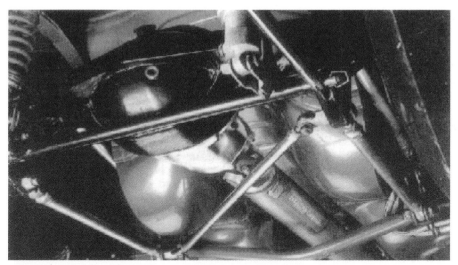

Bild 61: Antriebswelle für Kraftfahrzeuge aus partikelverstärktem Aluminium [66]

Bild 62: Belüftete PKW-Bremsscheibe aus partikelverstärktem Aluminium [66]

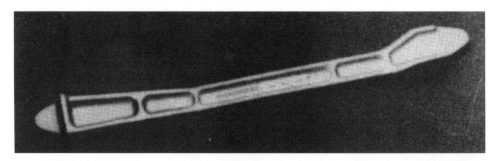

Bild 63: Längsversteifungsträger (Stringer) aus partikelverstärktem Aluminium [67]

Bild 64: Bremssattel aus konventionellem Gusseisen (links) und einem Aluminiummatrix-Verbundwerkstoff (AMC) mit Nextel® Keramikfaser 610 [68]

In der Luft- und Raumfahrt ist die hohe spezifische Festigkeit, der hohe E-Modul, der geringe thermische Ausdehnungskoeffizient, die Temperaturbeständigkeit und die hohe Leitfähigkeit der verstärkten Leichtmetalle im Vergleich zu polymeren Werkstoffen interessant, z. B. für Versteifungen, Tragrohre, Rotoren, Gehäuseabdeckungen und Strukturen für elektronische Geräte. Eine Zusammenstellung potentieller und realisierter Anwendung unterschiedlichster Metallmatrix-Verbundwerkstoffe (MMC's) kann der Tabelle 10 entnommen werden.

Tabelle 10: Potenzielle und realisierte technische Anwendungen von Metallmatrix-Verbundwerkstoffen

Einsatz	geforderte Eigenschaft	Werkstoffsystem	Herstellungsverfahren
Automobile und Lastkraftwagen			
Verstrebungen, Pleuel, Rahmen, Kolben, Kolbenbolzen, Ventilfederteller, Bremsscheiben, Bremssattel, Bremsbelege, Kardanwelle	hohe spezifische Festigkeit und Steifigkeit, Temperaurbeständigkeit, geringer thermischer Ausdehnungskoeffizient, Verschleißbeständigkeit, thermische Leitfähigkeit	Al-SiC, Al-Al$_2$O$_3$, Mg-SiC, Mg-Al$_2$O$_3$, diskontinuierliche Verstärkungen	Schmelzinfiltration, Strangpressen, Schmieden, Schwerkraftguss, Druckguss, Squeeze-Casting
Akkumulatorenplatte	hohe Steifigkeit, Kriechbeständigkeit	PbC, Pb-Al$_2$O$_3$	Schmelzinfiltration
militärische und zivile Luftfahrt			
Tragrohre, Versteifungen, Flügel- und Getriebegehäuse, Lüfter- und Kompressorenflügel	hohe spezifische Festigkeit und Steifigkeit, Temperaturbeständigkeit, Schlagzähigkeit, Ermüdungsbeständigkeit	Al-B, Al-SiC, Al-C, Ti-SiC, Al-Al$_2$O$_3$, Mg-Al$_2$O$_3$, Mg-C kontinuierliche und diskontinuierliche Verstärkungen	Schmelzinfiltration, Heißpressen, Diffusionsschweißen und Löten, Strangpressen, Squeeze-Casting
Turbinenschaufel	hohe spezifische Festigkeit und Steifigkeit, Temperaturbeständigkeit, Schlagzähigkeit, Ermüdungsbeständigkeit	W-Superlegierungen, z. B. Ni$_3$Al, Ni-Ni$_3$Nb	Schmelzinfiltration, gerichtete Erstarrung endabmessungsnaher Bauteile
Raumfahrt			
Rahmen, Versteifungen, Antennen, Verbindungselemente	hohe spezifische Festigkeit und Steifigkeit, Temperaturbeständigkeit, geringer thermischer Ausdehnungskoeffizient, thermische Leitfähigkeit	Al-SiC, Al-B, Mg-C, Al-C, Al-Al$_2$O$_3$, kontinuierliche und diskontinuierliche Verstärkungen	Schmelzinfiltration, Strangpressen, Diffusionsschweißen und Fügen (räumliche Strukturen)
Energietechnik (elektrische Bauteile und Leiterwerkstoffe)			
Kohlebürsten	hohe elektrische und thermische Leitfähigkeit, Verschleißbeständigkeit	Cu-C	Schmelzinfiltration, Pulvermetallurgie
Elektrische Kontakte	hohe elektrische Leitfähigkeit, Temperatur- und Korrosionsbeständigkeit, Schaltvermögen, Abbrandbeständigkeit	Cu-C, Ag-Al$_2$O$_3$, Ag-C, Ag-SnO$_2$, Ag-Ni	Schmelzinfiltration, Pulvermetallurgie, Strangpressen, Pressen
Supraleiter	Supraleitung, mechanische Festigkeit, Duktilität	Cu-Nb, Cu-Nb$_3$Sn, Cu-YBaCO	Strangpressen, Pulvermetallurgie, Beschichtungsverfahren
sonstige Anwendungen			
Punktschweißelektroden	Abbrandbeständigkeit	Cu-W	Pulvermetallurgie, Infiltration
Lager	Tragfähigkeit, Verschleißbeständigkeit	Pb-C, Bronze-Teflon	Pulvermetallurgie, Infiltration

7 Recycling

Von besonderem ökonomischen und ökologischen Interesse ist für neuentwickelte Werkstoffe die Notwendigkeit der Rückführung von Bearbeitungsrückständen, Kreislaufschrotten und sonstigem Material aus diesen Werkstoffen in den Materialkreislauf. Da üblicherweise keramische Werkstoffe in Form von Partikeln, Kurzfasern oder kontinuierlichen Fasern für die Verstärkung metallischer Werkstoffe zum Einsatz kommen, ist eine stoffliche Trennung der Komponenten mit dem Ziel der Wiederverwendung der Matrixlegierung und der Verstärkungen nahezu unmöglich. Über konventionelle Schmelzbehandlungen im Umschmelzwerk kann aber die Matrixlegierung ohne Probleme zurückgewonnen werden.

Bei den schmelzmetallurgisch oder pulvermetallurgisch hergestellten diskontinuierlich durch Kurzfasern oder Partikel vestärkten Leichtmetallen kann unter bestimmten Bedingungen eine Wiederverwendung der Verbundwerkstoffe aus Kreislaufschrotten oder Spänen ermöglicht werden. Besonders für partikelverstärkte Aluminiumgusslegierungen ist ein Einsatz von Kreislaufschrott möglich, während bei Spänen eine direktes Einschmelzen aufgrund der Kontaminierungsprobleme Schwierigkeiten bereitet. [69] gibt eine Übersicht über unterschiedliche Recyclingkonzepte für Leichtmetallverbundwerkstoffe unter Berücksichtigung der Legierungszusammensetzung, der Verstärkungsart und der Herstellungs- und Verarbeitungsvorgeschichte.

8 Literatur

[1] G. Ondracek: Werkstoffkunde: Leitfaden für Studium und Praxis, Expert-Verlag, Würzburg (1994).
[2] TechTrends, Int. Reports on Advanced Technologies: Metal Matrix Composites: Technology and Industrial Application, Innovation 128, Paris (1990).
[3] T. W. Clyne und P. J. Withers: An Introduction to Metal Matrix Composites, Cambridge University Press, Cambridge (1993).
[4] K. U. Kainer: Keramische Partikel, Fasern und Kurzfasern für eine Verstärkung von metallischen Werkstoffen. Metallische Verbundwerkstoffe, K. U. Kainer (Hrsg.), DGM Informationsgesellschaft, Oberursel (1994), 43–64.
[5] H. Dieringa und K. U. Kainer: dieser Berichtsband
[6] K. U. Kainer: Werkstoffkundliche und technologische Aspekte bei der Entwicklung verstärkter Aluminiumlegierungen für den Einsatz in der Verkehrstechnik, Mitteilungsblatt der TU Clausthal, Heft 82 (1997), 36–44.
[7] K. U. Kainer (Hrsg): Metallische Verbundwerkstoffe, DGM Informationsgesellschaft, Oberursel (1994).
[8] J. Schröder und K. U. Kainer: Magnesium Base Hybrid Composites Prepared by Liquid Infiltration, Mat. Sci. Eng. A135 (1991), 33–36.
[9] DURALCAN Composites for Gravity Castings, Duralcan USA, San Diego (1992).
[10] DURALCAN Composites for High-Pressure Die Castings, Duralcan USA, San Diego (1992).
[11] C. W. Brown, W. Harrigan und J .F. Dolowy, Proc. Verbundwerk 90, Demat, Frankfurt (1990), 20.1–20.15.

[12] Manufacturers of Discontinuously Reinforced Aluminium (DRA), DWA Composite Specialities, Inc., Chatsworth USA (1995).
[13] W. Henning und E. Köhler, Maschinenmarkt 101 (1995), 50–55.
[14] S. Mielke, N. Seitz und Grosche, Int. Conf. on Metal Matrix Composites, The Institute of Metals, London (1987), 4/1–4/3.
[15] H. P. Degischer: Schmelzmetallurgische Herstellung von Metallmatrix-Verbundwerkstoffen, „Metallische Verbundwerkstoffe", K. U. Kainer (Hrsg.), DGM Informationsgesellschaft, Oberursel (1994), 139–168.
[16] Lanxide Electronic Components, Lanxide Electronic Components, Inc., Newark USA (1995).
[17] C. Fritze: Infiltration keramischer Faserformkörper mit Hilfe des Verfahrens des selbstgenerierenden Vakuums, Dissertation TU Clausthal (1997).
[18] A. G. Leatham, A. Ogilvy und L. Elias, Proc. Int. Conf. P/M in Aerospace, Defence and Demanding Applications, MPIF, Princeton, USA (1993), 165–175.
[19] Cospray Ltd. Banbury, U.K., 1992.
[20] Keramal Aluminium-Verbundwerkstoffe, Aluminium Ranshofen Ges.m.b.H., Ranshofen, Österreich (1992).
[21] F. Koopmann, Kontrolle Heft 1/2 (1996), 40–44.
[22] K. K. Chawla: Composite Materials: Science and Engineering, Springer-Verlag, New York (1998).
[23] D. L. McDanels, R. W. Jech und J. W. Weeton: Analysis of Stress-Strain Behaviour of Tungsten-Fiber-Reinforced Copper Composites. Trans. Metallurgical Soc. AIME 223 (1965), 636–642.
[24] J. Schlichting, G. Elssner und K. M. Grünthaler: Verbundwerkstoffe, Grundlagen und Anwendung, Expert-Verlag, Renningen (1978).
[25] A. Kelly: Strong Solids, Oxford University Press, London (1973).
[26] C. M. Friend: The Effect of matrix properties on reinforcement in short alumina fibre-aluminium metal matrix composites. J. Mater. Sci. 22 (1987), 3005–3010.
[27] A. Kelly und G. J. Davies: The Principles of the Fibre Reinforcement of Metals, Metallurgical Reviews 10 (1965), 1–78.
[28] G. Ibe: Grundlagen der Verstärkung von Metallmatrix-Verbundwerkstoffen, „Metallische Verbundwerkstoffe", K. U. Kainer (Hrsg.), DGM Informationsgesellschaft, Oberursel (1994), 1–41.
[29] K. U. Kainer: Strangpressen von kurzfaserverstärkten Magnesium-Verbundwerkstoffen, Umformtechnik 27, (1993), 116–121.
[30] F. J. Humphreys: Deformation and annealing mechanisms in dicontinuously reinforced metal-matrix composites. Proc. 9th Risø Int. Symp. on Mechanical and Physical Behaviour of Metallic and Ceramic Composites, S. I. Anderson, H. Lilholt und O. B. Pederson (Hrsg.), Risø National Laboratory, Roskilde (1988), 51–74.
[31] F. J. Humphreys, A. Basu und M. R. Djazeb: The microstructure and strength of particulate metal-matrix composites. Proc. 12th Risø Int. Symp. on Materials Science, Metal-Matrix Composites - Processing, Microstructure and Properties, N. Hansen et al. (Hrsg), Risø National Laboratory, Roskilde (1991), 51–66.
[32] J. C. Halpin und S. W. Tsai: Air Force Materials Laboratory (1967), AFML-TR-67-423.

[33] F. Moll und K. U. Kainer: Properties of Particle Reinforced Magnesium Alloys in Correlation with Different Particle Shapes, Proc. Int. Conf. Composite Materials 11, Vol. III, 511–519.
[34] R. A. Schapery, J. Comp. Mat. 23 (1968), 380–404.
[35] K. U. Kainer, U. Roos, B. L. Mordike: Platet-Reinforced Magnesium Alloys, Proc. 1st Slovene-German Seminar on Joint Projects in Materials Science and Technology, D. Kolar und D. Suvorov (Hrsg.), Forschungszentrum Jülich (1995), 219–224.
[36] C. Köhler: Thermische Beständigkeit von Kurzfaser-verstärkten Magnesium-Al_2O_3-Verbundwerkstoffen, Dissertation TU Clausthal (1994).
[37] F. Delanny, L. Froyen und A.Deruyttiere, J. Mat. Sci. 22 (1987), 1–16.
[38] J. Haag: Bedeutung der Benetzung für die Herstellung von Verbundwerkstoffen unter Weltraumbedingungen – Größen, Einflüsse und Methoden-, BMBF-Forschungsbericht W81-021 (1980).
[39] U. Angelopoulos, U. Jauch, P. Nikolopoulos, P.: Mat.-wiss. u. Werkstofftechnik 19 (1988), 168–172.
[40] S. Y. Oh, J. A. Cornie und K. C. Russel: Particulate Wedding and Metal: Ceramic Interface Phenomena, Ceramic Engineering and Science, Proc. 11th Annual Conf. On Composites and Advanced Materials (1987).
[41] K. C. Russel, S.Y. Oh und A. Figueredo, MRS Bulletin **16** (1991), 46–52.
[42] T. Choh und T. Oki, Mat. Sci Technol. 3 (1987) 378.
[43] R. Warren und C.-H. Andersson, Composites 15 (1984), 101.
[44] A. Mortensen und I. Jin, Int. Met. Rev. 37 (1992), 101–128.
[45] G. A. Chadwick, Mat. Sc. Eng. A 135A (1991), 23–28.
[46] A. Mortensen, L.J. Masur, J. A. Cornie und M. C. Flemings, Met. Trans. A 20A (1989), 2535–2547.
[47] A. Mortensen und J. A. Cornie, Met Trans. A 18 A (1987), 1160–1163.
[48] A. Mortensen und T. Wong , Mat. Trans. A 21A, (1990), 2257–2263.
[49] A. S. Sangini und A. Acrivos, J. of Multiphase Flow 8 (1982), 193–206.
[50] R. P. Cchabra und D. K. Sheth: Z. Metallkde. 81 (1990), 264–271.
[51] L. J. Ebert und P. K. Wright: Mechanical Aspects of the Interface, in A. G. Metcalfe (Hrsg.) Interfaces in Metal Matrix Composites, Academic Press, New York (1974), 31.
[52] R. F. Tressler: Interfaces in Oxide Reinforced Metals, in A. G. Metcalfe (Hrsg.) Interfaces in Metal Matrix Composites, Academic Press, New York (1974), 285.
[53] K. U. Kainer: Herstellung und Eigenschaften von faserverstärkten Magnesiumverbundwerkstoffen, in K. U. Kainer (Hrsg.), DGM Informationsgesellschaft, Oberursel (1994), 219–244.
[54] I. Gräf und U. Kainer: Einfluß der Wärmebehandlungen bei Al_2O_3-kurzfaserverstärktem Magnesium, Prakt. Met. 30 (1993), 540–557.
[55] Kainer, K. U.: Alloying Effects on the Properties of Alumina-Magnesium-Composites, in N. Hansen et al. (Hrsg.), Metal Matrix Composites – Processing Microstructure and Properties, Risø National Laboratory, Roskilde (1991), 429–434.
[56] E. Fitzer, G. Jacobsen und G. Kempe in G. Ondracek (Hrsg.): Verbundwerkstoffe, DGM Oberursel (1980), 432.

[57] Schulte in N. Hansen et al. (Hrsg.), Metal Matrix Composites – Processing Microstructure and Properties, Risø National Laboratory, Roskilde (1991), 429–434.
[58] J. M. Wolla, Proc. Int. Conf. ISTFA 87: Advanced Materials, Los Angeles (1987), 55.
[59] Schulte in N. Hansen et al. (Hrsg.), Metal Matrix Composites – Processing Microstructure and Properties, Risø National Laboratory, Roskilde (1991), 429–434.
[60] J. Janczak et al.: Grenzflächenuntersuchungen an endlosfaserverstärkten Aluminiummatrix Verbundwerkstoffen für die Raumfahrttechnik, Oberflächen Werkstoffe (1995) Heft 5.
[61] http//www.mmc-asses.tuwien.ac.at/data/mfrm/tisic.htm#top3.
[62] Vaccumschmelze: Superconductors, Firmenschrift SL 021 (1987).
[63] K. U. Kainer und B. L. Mordike, Metall 44 (1990), 438–443.
[64] H. Dieringa, T. Benzler, K.U. Kainer; Microstructure, creep and dilatometric behavior of reinforced magnesium matrix composites, in: Proc. of ICCM13, Peking, 2001, 485.
[65] F. Koopmann, Kontrolle Heft 1/2 (1996), 40–44.
[66] P. J. Uggowitzer und O. Beffort: Aluminiumverbundwerkstoffe für den Einsatz in Transport und Verkehr. Ergebnisse der Werkstofforschung, Band 6, M. O. Speidel und P. J. Uggowitzer (Hrsg.), Verlag „Thubal-Kain", ETH-Zürich (1994), 13–37.
[67] C. Carre, V. Barbaux und J. Tschofen, Proc. Int. Conf. on PM-Aerospace Materials, MPR Publishing Services Ltd, London (1991), 36-1-36-12.
[68] 3M Metal Matrix Composites, Firmenschrift 98-0000-0488-1(51.5) ii (2001).
[69] K. U. Kainer: Konzepte zum Recycling von Metallmatrix-Verbundwerkstoffen, G. Leonhardt, B. Wielage (Hrsg.), Recycling von Verbundwerkstoffen und Werkstoffverbunden, DGM Informationsgesellschaft, Frankfurt (1997), 39–44.

Partikel, Fasern und Kurzfasern zur Verstärkung von metallischen Werkstoffen

H. Dieringa, K. U. Kainer
Institut für Werkstoffforschung, GKSS Forschungszentrum Geesthacht GmbH

1 Einleitung

Sowohl das Angebot als auch die Anforderungen an Verstärkungskomponenten für Metallmatrix-Verbundwerkstoffe ist umfangreich. Die Auswahl richtet sich nach Beschaffenheit der Matrix, Herstellungsweise des Verbundwerkstoffs und Art der Beanspruchung (Temperatur, Korrosion, Belastung, etc.). Allgemein gelten die Forderungen:

- geringe Dichte,
- mechanische Verträglichkeit (geringer, aber der Matrix angepasster thermischer Ausdehnungskoeffizient),
- chemische Verträglichkeit, die zu optimaler Haftung zwischen Matrix und Verstärkung führt, aber keine Korrosionsprobleme schafft,
- thermische Stabilität,
- hoher Elastizitätsmodul,
- hohe Druck- bzw. Zugfestigkeit,
- gute Verarbeitbarkeit,
- niedrige Kosten.

Diese Anforderungen können fast ausschließlich durch nichtmetallische anorganische Verstärkungskomponenten erfüllt werden. Für eine Metallverstärkung kommen häufig keramische Partikel bzw. Fasern oder Kohlenstofffasern zum Einsatz. Ein Einsatzgebiet metallischer Fasern liegt im Bereich der Funktionswerkstoffe (z. B. Kontakte, Leiterwerkstoffe und Supraleiter). Der Einsatz im strukturellen Bereich scheitert jedoch meist an der zu hohen Dichte. Bei den organischen Fasern verhindern der geringe E-Modul, Verarbeitungsprobleme, die schlechte thermische Stabilität und mangelhafte Verträglichkeit einen Einsatz. Es gab jedoch immer wieder Versuche, organische Verstärkungskomponenten in metallische Werkstoffe einzubringen.

Unter wirtschaftlichen Gesichtspunkten erscheint eine Verwendung diskontinuierlicher Verstärkungskomponenten wie Partikel oder Kurzfasern am günstigsten. Signifikante Verbesserungen des Eigenschaftsprofils werden aber erst bei Verwendung von Hochleistungsfasern möglich. Die erreichbaren Eigenschaften der metallischen Verbundwerkstoffe sind bei Verwendung des gleichen Matrixlegierungssystems u. a. auch abhängig von der Verteilung, Orientierung und der Art der Verstärkungskomponenten. Bild 1 zeigt als Beispiel die Variationsmöglichkeit der spezifischen Festigkeit und des spezifischen E-Moduls von Aluminium-Matrix-Verbundwerkstoffen für unterschiedliche Verstärkungen. Beim Einsatz diskontinuierlicher Verstärkungen werden die spezifischen mechanischen Eigenschaften bis auf den E-Modul nur gering verbessert, die Vorteile bestehen in der isotropen Beschaffenheit des Materials und den geringeren Herstellungskosten. Faserverbundwerkstoffe mit ausgerichteten hochmoduligen Mo-

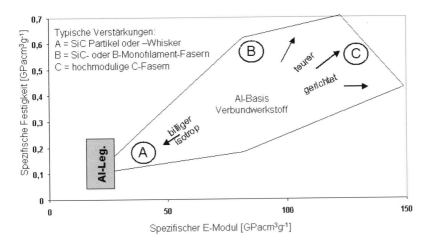

Bild 1: Bereich der spezifischen Festigkeit und des spezifischen E-Moduls von Aluminium-Verbundwerkstoffen mit unterschiedlichen Verstärkungen (nach [1])

nofilamentfasern oder Kohlenstofffasern zeichnen sich durch hohe spezifische Festigkeiten und E-Moduli aus, besitzen aber die Nachteile anisotroper Eigenschaften sowie hoher Faser- und Herstellungskosten.

2 Partikel

Für eine Partikelverstärkung z. B. von Leichtmetallen werden aus Kostengründen überwiegend Hartstoffpartikel eingesetzt, deren konventionelle Einsatzgebiete in der Keramik- sowie in der Schleif- und Poliermittelindustrie angesiedelt sind. Eine Vielzahl unterschiedlicher Oxide, Karbide, Nitride und Boride eignen sich als Verstärkung, einen Überblick dazu gibt Tabelle 1. Als technisch und wirtschaftlich interessant haben sich Silizium- und Borcarbid, Aluminiumoxid, Aluminium- und Bornitrid sowie Titanborid erwiesen. Eine Zusammenstellung der Eigenschaften dieser Hartstoffe kann Tabelle 2 entnommen werden.

Die Herstellung der Hartstoffpartikel erfolgt meist durch endotherme Reaktion von Oxiden mit den Elementen. Siliziumkarbid z. B. entsteht aus einer Mischung von Quarzsand (SiO_2) und Koks (C), die in einem Widerstandsofen bei einer Temperatur von ca. 2000 °C zur Reaktion gebracht wird [3] :

$$625{,}1\ \text{kJ} + SiO_2 + 3C \rightarrow SiC + 2CO.$$

Bornitrid wird bei Weißglut aus den Elementen gewonnen. Borcarbid entsteht beim Erhitzen von Bor oder Dibortrioxid mit Kohle bei ca. 2500 °C. Aluminiumoxid wird üblicherweise aus Bauxit durch das Bayer-Verfahren hergestellt und dann im Lichtbogenofen erschmolzen und gereinigt [7]. Aluminiumnitrid entsteht bei 1600 °C und 100 bar aus den Elementen. Die Karbide und die erstarrten Oxide werden gebrochen und gemahlen. Die Fraktionierung in unterschiedliche Kornklassen erfolgt durch Verfahren wie Sieben, Sichten oder Sedimentation in Abhängigkeit von der gewünschten Partikelgrößenverteilung. Die Bezeichnung der Körnung erfolgt nach Richtlinien der FEPA oder durch Mesh Bezeichnungen [8,9]. Beispiele sind in den Tabellen 3 und 4 aufgeführt.

Tabelle 1: Potentielle partikel- oder plateletförmige keramische Komponenten für eine Metallverstärkung

Metall-Basis	Karbide	Nitride	Boride	Oxide
Bor	B_4C	BN	–	–
Tantal	TaC	–	–	–
Zirkonium	ZrC	ZrN	ZrB_2	ZrO_2
Hafnium	HfC	HfN	–	HfO_2
Aluminium	–	AlN	–	Al_2O_3
Silizium	SiC	Si_3N_4	–	–
Titan	TiC	TiN	TiB_2	–
Chrom	CrC	CrN	CrB	Cr_2O_3
Molybdän	Mo_2C, MoC	Mo_2N, MoN	Mo_2B, MB	–
Wolfram	W_2C, WC	W_2N, WN	W_2B, WB	–
Thorium	–	–	–	ThO_2

Tabelle 2: Eigenschaften unterschiedlicher Partikel für eine Verstärkung von Metallen [4–6]

Partikelart	SiC	Al_2O_3	AlN	B_4C	TiB_2	TiC	BN
Kristalltyp	hex.	hex.	hex.	rhomb.	hex.	kub.	hex.
Schmelzt. [°C]	2300	2050	2300	2450	2900	3140	3000
E-Modul [GPa]	480	410	350	450	370	320	90
Dichte [g/cm³]	3,21	3,9	3,25	2,52	4,5	4,93	2,25
Wärmeleitf. [W/mK]	59	25	10	29	27	29	25
Mohs-Härte	9,7	6,5	k.A.	9,5	k.A.	k.A.	1,0–2,0
Therm. Ausdehnungs-koeffizient [$10^{-6}K^{-1}$]	4,7–5,0	8,3	6,0	5,0–6,0	7,4	7,4	3,8
Hersteller	Wacker Ceramics Kempten, Electro Abrasive H.C. Starck	Wacker Ceramics Kempten	H.C. Starck	Wacker Ceramics Kempten, Electro Abrasive, H.C. Starck	H.C. Starck	H.C. Starck	Wacker Ceramics Kempten, H.C. Starck

Tabelle 3: F.E.P.A.- Codes für die Körnung von SiC Partikeln

F.E.P.A.-Code Hauptkornanteil (> 50 %) [µm]		F.E.P.A.-Code Hauptkornanteil (> 50 %) [µm]	
F 100	106–150	F 320	27,7–30,7
F 120	90–125	F 360	21,3–24,3
F 150	63–106	F 400	16,3–18,3
F 180	53–90	F 500	11,8–13,8
F 220	45–75	F 600	8,3–10,3
F 230	50–56	F 800	5,5–7,5
F 240	42,5–46,5	F 1000	3,7–5,3
F 280	35,0–38,0	F 1200	2,5–3,5

Tabelle 4: Mesh Bezeichnungen mit USA Sieb-Equivalent

Mesh-Bezeichnung	USA Sieb-Equivalent [µm]	Mesh-Bezeichnung	USA Sieb-Equivalent [µm]
42	355	150	106
48	300	170	90
60	250	200	75
65	212	250	63
80	180	270	53
100	150	325	45
115	125	400	38

Die Geometrien der Partikel sind vielfältig. Herstellbar sind sphärische, blockförmige, plättchenförmige und nadelige Geometrien. Dabei sind durch den Herstellungsprozess die Partikel überwiegend unregelmäßig geformt mit z. T. scharfen Spitzen und Kanten. Bild 2a zeigt als Beispiel SiC-Partikel mit blockförmiger Geometrie, Abbildung 2b SiC-Partikel mit sphärischer Form. Die geometrische Form der Partikel wirkt sich z. T. nachteilig in den Verbundwerkstoffen aus. Man versucht daher, durch geeignete Verfahren gleichmäßig geformte Partikel in Platelet- (Bild 2c, 2d) oder Stäbchenform herzustellen, die einen positiven Einfluss auf die mechanischen Eigenschaften partikelverstärkter Leichtmetalle haben [2]. Stäbchenförmige Partikel wirken bei geeigneten Längen/Dicken-Verhältnissen wie Kurzfasern.

Bild 2: a) SiC-Partikel mit blockförmiger Geometrie [10], b) SiC-Partikel mit sphärischer Geometrie [10], c) SiC-Partikel mit platelet-förmiger Geometrie [11], d) SiC-Partikel mit platelet-förmiger Geometrie [11]

2.1 Fasern

Die Verwendung dünner Fasern für die Verstärkung metallischer Werkstoffe ist unter anderem durch ihre hohen Festigkeiten begründet. Die hohen Festigkeiten gerade der dünnen Fasern lässt sich mit dem Faserparadoxon erklären, das sich wie folgt formulieren lässt: „Faserförmiges Material hat eine erheblich höhere Festigkeit. Sie ist umso höher, je dünner die Fasern sind." Die Ursache für dieses Phänomen ist die Verteilung der Fehlstellen oder Defekte, die maßgeblich für die Reduzierung der Festigkeit verantwortlich ist. Folgendes Beispiel soll dies anschaulich machen:

Bezeichnet man die Defektdichte in einem Körper mit ρ_D und das Volumen, das genau einen Defekt enthält mit V_D, so gilt

$$V_D = \rho_D^{-1} \ . \tag{1}$$

Der mittlere Defektabstand l_{D-D} entspricht anschaulich der Kantenlänge des Würfels mit genau einem Defekt:

$$l_{D-D} = V_D 1/3 = l_{D-1/3} \ . \tag{2}$$

Für eine angenommene Defektdichte von 1000 cm^{-3} ergibt sich aus (2) im Würfel ein mittlerer Defektabstand von 1 mm (Bild 3). Bei einem Faservolumen von

$$V_F = d^2 l \cdot \pi/4 \tag{3}$$

(Zylindervolumen) errechnet sich bei gleicher Defektdichte (1000 cm^{-3}) ein mittlerer Defektabstand von etwa 12,7 m. Damit ist der mittlere Defektabstand im Vergleich mit dem Würfel um das $1,27 \cdot 10^4$-fache erhöht (Abbildung 3). Da der Faserdurchmesser invers quadratisch in die Formel für die mittlere Defektdichte einfließt, erhöht sich der Defektabstand bei Verwendung dünnerer Fasern noch einmal erheblich (Bild 4). Dieser Effekt kann sowohl bei kurzfaserverstärkten als auch bei langfaserverstärkten Verbundwerkstoffen ausgenutzt werden.

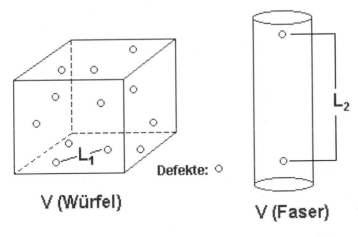

Bild 3: Defektabstand im Würfel- und Faservolumen bei gleicher Defektdichte

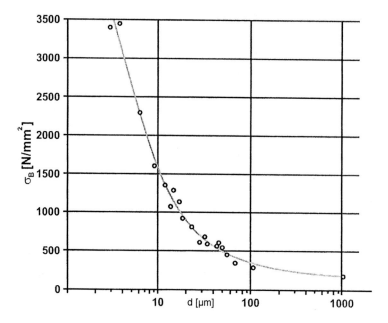

Bild 4: Zugfestigkeit dünner Glasfäden in Abhängigkeit von ihrer Dicke [12]

3 Kontinuierliche Fasern

Das Angebot an anorganischen und organischen Langfasern (kontinuierliche Fasern) für eine Verstärkung von Metallen ist vielfältig. Die Einteilung der Fasern in Monofilamente (Einzelfasern mit d = 100–150 µm) und Multifilamente (Faserstränge mit 500–3000 Einzelfasern mit d = 6–20 µm) ergibt sich aus der Dicke der Fasern. Die unterschiedlichen chemischen Zusammensetzungen, Herstellungsverfahren und Lieferformen ergeben eine große Bandbreite der Eigenschaften, wie der Überblick über Bruchfestigkeiten und E-Moduli unterschiedlicher Fasern in Bild 5 zeigt.

Bezieht man diese Eigenschaften auf die Dichte, so können die Fasern in unterschiedliche Gruppen unterteilt werden. In Bild 6 ist die Unterteilung bezüglich der spezifischen Festigkeit und des spezifischen E-Moduls dargestellt. Die oxidischen Fasern weisen mittlere spezifische Festigkeiten und E-Moduli auf, liegen jedoch weit oberhalb derer der Metalle. Multifilamentfasern auf SiC- oder SiO_2-Basis besitzen hohe spezifische Festigkeiten bei vergleichbaren spezifischen E-Moduli.

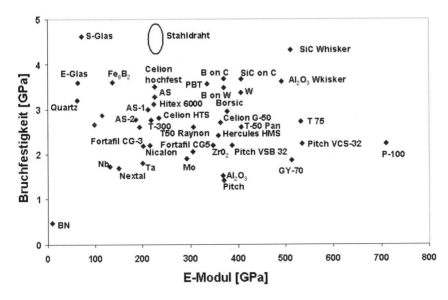

Bild 5: Bruchfestigkeit und E-Modul einiger Fasern nach [13]

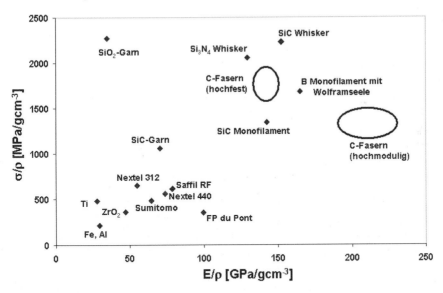

Bild 6: Spezifische Festigkeit σ/ρ und spezifischer E-Modul E/ρ unterschiedlicher faserförmiger Werkstoffe. Nach [14]

3.1 Monofilamente

Die Herstellung von Monofilamentfasern erfolgt in der Regel durch chemische Gasphasenabscheidung (chemical vapour deposition, CVD) [15]. Bild 7 zeigt am Beispiel von SiC-Monofilamenten das Herstellungsschema. Ein Fasersubstrat, üblicherweise Kohlenstoff oder Wolfram wird durch einen Reaktor geführt, der mit einem wasserstoff- und silanhaltigen Gas betrieben wird. Der Abscheidungsprozess erfolgt bei einer Temperatur von 1000–1300 °C nach folgender Reaktion [16] :

$$CH_3SiCl_3(g) \rightarrow SiC(s) + 3HCl(g)$$

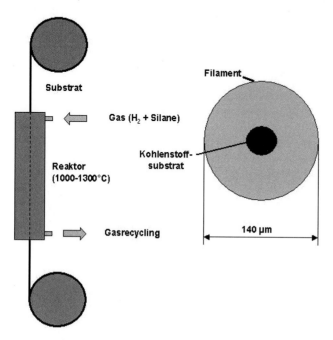

Bild 7: Schema für die Herstellung von SiC-Monofilamenten. Nach [15]

Die SiC-Faser besteht überwiegend aus mikrokristallinem β-SiC in stöchiometrischer Zusammensetzung. Im Randbereich wird durch eine Veränderung in der Prozessführung eine spezielle Zusammensetzung erreicht, die bestimmte Aufgaben übernehmen soll. Zuerst wird auf der Oberfläche pyrolytischer Kohlenstoff abgeschieden, der Oberflächendefekte ausheilen soll, um eine höhere Festigkeit der Fasern zu erreichen. Danach erfolgt eine Beschichtung mit SiC in einer nichtstöchiometrischen Zusammensetzung, die die Aufgabe hat, das Benetzungsverhalten durch eine metallische Matrix zu verbessern [17].

Borfasern stellen wegen ihrer geringen Dichte und hohen Festigkeit eine ideale Verstärkungskomponente dar. Ihr relativ hoher Preis reduziert Anwendungen jedoch auf Nischenprodukte. Die Herstellung von Bor-Monofilamenten erfolgt durch die Abscheidung aus einem Bortrichlorid-Wasserstoffgasgemisch nach folgender Gleichung [16] :

$$2BCl_3(g) + 3H_2(g) \rightarrow 2B(s) + 6HCl(g)$$

Als Substrat wird in diesem Fall ausschließlich eine 12,5 μm dicke erhitzte W-Faser verwendet, die kontinuierlich durch die Reaktionskammer gezogen wird. Durch gezielte Prozessführung kann der Aufbau der Monofilamente besonders in der Oberflächenmorphologie verändert werden. Dieses hat einen sehr starken Einfluss sowohl auf die mechanischen Eigenschaften der Fasern als auch auf die Haftung an der metallischen Matrix.

Monofilamente zeichnen sich durch sehr hohe Festigkeiten und E-Moduli bei einer Dichte unter 3 g/cm³ aus. Das Eigenschaftsprofil typischer, kommerziell erwerblicher Monofilamentfasern kann der Tabelle 5 entnommen werden. Bei der Ermittlung der Zugfestigkeit der Monofilamente zeigt sich, dass nach statistisch gesicherten Messungen die Festigkeit mit einer Weibull-Verteilung beschrieben werden muss, wie es Bild 8 am Beispiel der Bruchfestigkeitsverteilung von SiC-Monofilamenten zeigt. Aus diesem Grunde reicht die Angabe der mittleren Festigkeit als Fasereigenschaft nicht aus. Es sollten daher eine Mindestfestigkeit σ_0 und der Weibull-Modul mit angegeben werden [18].

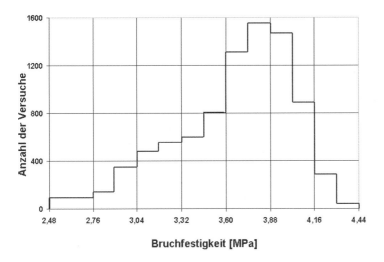

Bild 8: Histogramm von Bruchfestigkeitsversuchen an SiC-Monofilamenten (nach[16])

Tabelle 5: Eigenschaften von drei SiC-Fasern des Herstellers Specialty Materials Inc.

Produktname	SCS-6™	SCS-9™	SCS-Ultra™
Querschnitt	rund	rund	rund
Durchmesser [µm]	140	78	140
Zugfestigkeit [MPa]	3450	3450	5865
Young's modulus [GPa]	380	307	415
Density [gcm^{-3}]	3,0	2,8	3,0
CTE [10^{-6}K^{-1}]	4,1	4,3	4,1

Bei thermischer Beanspruchung von Monofilamenten in Luft oder in Schutzgasatmosphäre tritt in der Regel eine Abnahme der Festigkeit mit steigender Temperatur auf, die abhängig von der Zusammensetzung der Faser und der Atmosphäre ist. Bild 9 zeigt am Beispiel von SiC- und Bor-Monofilamenten die Veränderung der Festigkeit mit steigender Temperatur. SiC-Fasern weisen auch bei höheren Temperaturen eine ausreichende Stabilität auf. Bei unbehandelten Bor-Fasern hingegen kommt es sowohl in Argon als auch an Luft zu einem Festigkeitsabfall. Die Schädigung der Faser kann durch geeignete Beschichtung z. B. durch SiC (Borsic-Fasern) verringert werden.

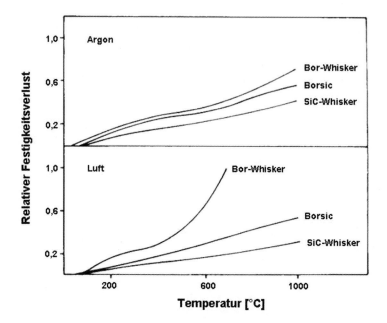

Bild 9: Relative Festigkeitsverluste unterschiedlicher Fasertypen (Monofilamente) nach neunminütiger Behandlung in Luft oder Argon [16]

3.2   Multifilamentfasern

Multifilamentfasern bestehen aus einer Vielzahl von Einzelfasern. Üblich sind Faserstränge mit 500, 1000, 2000 und 3000 Filamenten. Die Faserdurchmesser liegen üblicherweise unter 20 µm. Es steht eine große Variation der chemischen Zusammensetzung und der Faserformen zur Verfügung: Kohlenstoffasern, Karbidfasern und oxidische Fasern.

3.2.1   Kohlenstoffasern

Kohlenstoffasern stellen die am weitesten entwickelte Fasergruppe dar. Der Grund hierfür ist das hervorragende Eigenschaftsprofil. Zu nennen sind:

- geringe Dichte,
- hohe Festigkeit,
- hoher E-Modul,
- hohe Stabilität gegenüber Schmelzen vieler metallischer Systeme,
- große Variationsmöglichkeit des Eigenschaftsprofils (z. B. hochmodulig, hochfest),

- geringer thermischer Ausdehnungskoeffizient,
- gute thermische und elektrische Leitfähigkeit,
- hohe Verfügbarkeit,
- Kostengünstigkeit.

Für die Herstellung von C-Fasern stehen zwei Techniken zur Verfügung, die sich durch die Verwendung verschiedener Ausgangsstoffe unterscheiden [19]. Dem Bild 10 kann die schematische Darstellung der Herstellungsverfahren entnommen werden. Bei der ersten Verfahrensgruppe wird von Polyacrylnitril(PAN)-Precursorn ausgegangen, die durch Verspinnen hergestellt werden. Das Endprodukt ist hierbei die sogenannte PAN-Faser. Im zweiten Fall wird von versponnenen Teer- und Pech-Fasern ausgegangen (Pitch-Fasern).

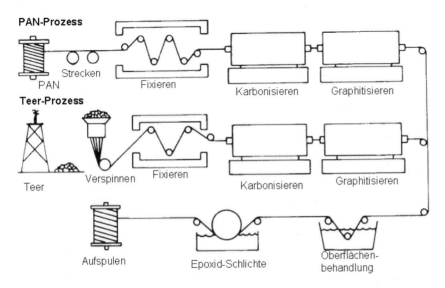

Bild 10: Verfahrensschritte der C-Faser-Herstellung auf Polyacrylnitryl- und Pech(Teer)-basis [19]

Vor der Karbonisierung der Precursor-Fasern ist eine ausreichende Orientierung der Moleküle in den Precursorn notwendig, um später bei den C-Fasern das gewünschte Eigenschaftsprofil zu erreichen. Im Falle der Pech-Fasern wird das durch die Verspinnung automatisch erreicht. Die PAN-Precursor hingegen müssen gestreckt werden. Beide Precursor-Typen werden durch vorsichtige Oxidation fixiert. Nachfolgend werden die Fasern bei Temperaturen oberhalb 800 °C karbonisiert. Bei der anschließenden Stabilisierungsglühung bei Temperaturen von 1000–3000 °C wird das Eigenschaftsprofil der Fasern eingestellt (Bild 11). Durch eine Stabilisierung bis 1600 °C werden hochfeste Fasern erreicht, höhere Behandlungstemperaturen ermöglichen hochmodulige Fasern.

Die elastischen Konstanten für das schichtförmige Graphit-Gitter betragen 1060 GPa in Richtung der Schichtebenen und 36,5 GPa senkrecht zu den Ebenen. Je besser die Ausrichtung der Mikrostruktur (Textur) der Faser in Richtung dieser Ebenen ist, desto höher wird also der E-Modul [19, 21]. Die Bruchfestigkeit der C-Fasern hingegen wird überwiegend durch die radiale

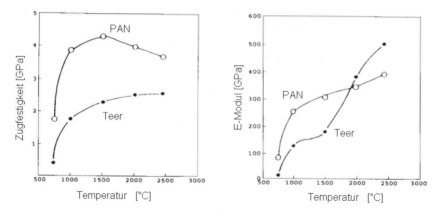

Bild 11: Zugfestigkeit und E-Modul von PAN- und Pitchfasern in Abhängigkeit von der Behandlungstemperatur [20]

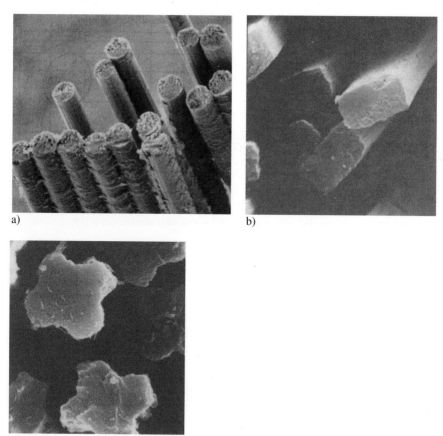

Bild 12: a) Runde Teer-basierte Faser [22], b) Pan-Faser in Rechteckform [22], c) Pan-Faser in Kreuzform [22]

Struktur bestimmt. Niedermodulige Fasern mit höheren Festigkeiten besitzen allgemein eine radiale Struktur, während hochmodulige Fasern mit geringerer Festigkeit schalenförmige Strukturen aufweisen. Die Bilder 12a–12c zeigen Querschnitte von C-Fasern mit unterschiedlichen Strukturen. Eine Zusammenstellung der Eigenschaften von Kohlenstofffasern unterschiedlicher Hersteller können der Tabelle 6 für PAN-Fasern und der Tabelle 7 für Pech-Fasern entnommen werden.

Tabelle 6: Eigenschaften von PAN-basierten C-Fasern [23]

	Standardfasern	Luftfahrtanwendungen		
		niedrigmodulig	mittelmodulig	hochmodulig
E-Modul [GPa]	288	220–241	290–297	345–448
Zugfestigkeit [MPa]	380	3450–4830	3450–6200	3450–5520
Bruchdehnung [%]	1,6	1,5–2,2	1,3–2,0	0,7–1,0
El. Widerstand [µΩcm]	1650	1650	1450	900
CTE [10^{-6} K^{-1}]	–0,4	–0,4	–0,55	–0,75
C-Gehalt [%]	95	95	95	> 99
Faserdurchm. [µm]	6–8	6–8	5–6	5–8
Hersteller	Zoltec Fortafil SGL	BPAmoco, Hexcel, Mitsubishi Rayon, Toho, Toray, Tenax, Soficar, Formosa		

Tabelle 7: Eigenschaften von teerbasierten C-Fasern [23]

	niedrigmodulig	hochmodulig	ultrahochmodulig
E-Modul [GPa]	170–241	380–620	690–965
Zugfestigkeit [MPa]	1380–3100	1900–2750	2410
Bruchdehnung [%]	0,9	0,5	0,4–0,27
El. Widerstand [µΩcm]	1300	900	220–130
CTE [10^{-6} K^{-1}]		–0,9	–1,6
C-Gehalt [%]	> 97	> 99	> 99
Faserdurchm. [µm]	11	11	10
Hersteller	BPAmoco, Mitsubishi Kasei		BPAmoco

3.2.2 Oxidische Keramikfasern

Die Mehrzahl der oxidischen Keramikfasern bestehen überwiegend aus Aluminiumoxid mit Zusätzen von Siliziumoxid und Boroxid (siehe Tabelle 8). Diese Zusätze bestimmen die Auswahl des Herstellungsverfahrens. Bei höheren SiO_2- oder B_2O_3-Gehalten können die Fasern durch Verspinnen von Schmelzen hergestellt werden, da sie niedrigere Schmelztemperaturen besitzen. Bei höheren Al_2O_3-Gehalten ist ein Erschmelzen unwirtschaftlich bzw. unmöglich. Derartige Fasern werden über die Precursor-Technik hergestellt. Ausgangsmaterial hierbei sind getrocknete, aus Lösungen, Dispersionen (z. B. FP-Fasern) oder aus dem Sol-Gel-Prozess (z. B. Saffil, Altex) stammende, versponnene Precursor-Fasern, die durch eine thermische Behandlung zu dichten oxidischen Fasern umgewandelt werden [30]. Der SiO_2-Gehalt hat einen großen Einfluss auf die Struktur und somit auf die Eigenschaften der Fasern. Eine Übersicht über die Eigenschaften kontinuierlicher oxidischer Keramikfasern zeigt die Tabelle 8:

Tabelle 8: Hersteller und Eigenschaften kommerziell verfügbarer oxidischer Fasern [24–29]

Handels-name	Hersteller	Zusammen-setzung [Gew. %]	Faserdurch-messer [µm]	Dichte [gcm^{-3}]	E-Modul [GPa]	Zugfestig-keit [MPa]	CTE [$10^{-6} K^{-1}$]
Altex	Sumitomo	85 Al_2O_3 15 SiO_2	15	3,3	210	2000	7,9
Alcen	Nitivy	70 Al_2O_3 30 SiO_2	7–10	3,1	170	2000	k.A.
Nextel 312	3M	62 Al_2O_3 24 SiO_2 14 B_2O_3	10–12	2,7	150	1700	3,0
Nextel 440	3M	70 Al_2O_3 28 SiO_2 2 B_2O_3	10–12	3,05	190	2000	5,3
Nextel 550	3M	73 Al_2O_3 27 SiO_2	10–12	3,03	193	2000	5,3
Nextel 610	3M	>99 Al_2O_3	12	3,9	373	3100	7,9
Nextel 650	3M	89 Al_2O_3 10 ZrO_2 1 Y_2O_3	11	4,1	358	2500	8,0
Nextel 720	3M	Al_2O_3	12	3,4	260	2100	6,0
Almax	Mitsui Mining	99,5 Al_2O_3	10	3,6	330	1800	8,8
Saphikon	Saphikon	100 Al_2O_3	125	3,98	460	3500	9,0
Sumica	Saphikon	85 Al_2O_3 15 SiO_2	9	3,2	250	k.A.	k.A.
Saffil	Saffil	96 Al_2O_3 4 SiO_2	3,0	3,3–3,5	300–330	2000	k.A.

Bei sehr geringen SiO_2-Gehalten bestehen die Fasern ausschließlich aus α-Al_2O_3. Diese Struktur ermöglicht einen hohen E-Modul, wie ihn z. B. die Nextel 610-Faser besitzt. Nachteilig ist die hohe Bruchanfälligkeit der Struktur, die sich in der geringen Zugfestigkeit ausdrückt. Ursache hierfür ist die grobkörnige Struktur, die durch den Sintervorgang entsteht. Eine Beschichtung z. B. mit SiO_2, vermindert die Oberflächenrauhigkeit, was zur Verbesserung der Festigkeit führt [31].

Safimax-Fasern sind semikontinuierlich mit einem Durchmesser von 3–3,5 µm und bestehen mit ca. 4 % SiO_2 überwiegend aus δ-Al_2O_3 mit geringen Anteilen von α-Al_2O_3. Der α-Al_2O_3-Anteil wird durch eine Glühung bei Temperaturen oberhalb 1000 °C merklich erhöht, da die

Stabilität der δ-Phase begrenzt ist. Das führt zur Verschlechterung der Eigenschaften [29, 31]. Die Al$_2$O$_3$-Fasern mit ungefähr 15–20 % SiO$_2$ stellen eine besondere Gruppe dar, da sie aus versponnenen, polymerisierten Organaluminium-Verbindungen über Hydrolyse und Glühung entstehen [24, 26, 29]. Ein typischer Vertreter ist die Altex-Faser mit einem Durchmesser von ca. 15 µm. Die Struktur der Fasern ist mikrokristallin. Fasern mit höheren SiO$_2$-Anteilen und Zusätzen von B$_2$O$_3$ wie die Nextel-Fasern bekommen zunehmend Glasfasercharakter, besitzen aber im Vergleich dazu sehr hohe E-Moduli.

Die Vorteile der oxidischen Keramikfasern sind:

- kostengünstige Herstellungsverfahren,
- universelle Anwendungsmöglichkeiten,
- gute Verarbeitbarkeit,
- gute Beständigkeit in Luft und inerter Atmosphäre,
- hohe Stabilität bei höheren Temperaturen,
- ausreichend geringe Dichte
- geringe thermische Ausdehnung,
- geringe thermische und elektrische Leitfähigkeit,
- isotropere Eigenschaften im Vergleich zu C-Fasern.

Besonderes Merkmal der oxidischen Fasern ist die hohe thermische Stabilität, die besonders bei der Verarbeitung zu Metallmatrix-Verbundwerkstoffen über Schmelzinfiltrationsverfahren wichtig ist. Die Stabilität wird durch den SiO$_2$-Gehalt bestimmt. Bild 13 zeigt als Beispiel die Veränderung der Festigkeit einer Aluminiumoxid-Faser mit der Dauer der Wärmebehandlung.

3.2.3 SiC-Multifilamentfasern

Bei den SiC-Multifilamentfasern gibt es nur wenig Entwicklungen, die zielgerichtet für eine Anwendung im Bereich der verstärkten Keramik erfolgte. Einige Fasertypen wurden für eine Anwendung für metallische Verbundwerkstoffe weiterentwickelt. Verfügbare Fasern werden ausschließlich unter Verwendung versponnener, polymerer Precursor hergestellt. Ausgangs-

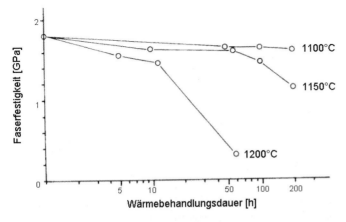

Bild 13: Einfluss einer Wärmebehandlung auf die Festigkeit von Aluminiumoxidfasern (nach [29])

stoffe sind Polycarbosilan (Nicalon-Fasern) oder Polytitanocarbosilan (Tyranno-Faser). Die Precursor-Fasern werden bei hohen Temperaturen (ca. 1300 °C) in Schutzgas-Atmosphäre in keramische Fasern umgewandelt [16, 30]. Aufgrund der angewendeten Herstellungsverfahren weisen SiC-Fasern an der Oberfläche eine SiO_2-Schicht auf, die für die Benetzung mit vielen Metallmatrix-Systemen von Vorteil ist.

Die Vorteile der SiC-Multifilamente für eine Metallverstärkung sind:

- relativ geringe Herstellungskosten,
- hohe thermische Stabilität in Schutzgasatmosphäre,
- ausreichende thermische Stabilität an Luft,
- geringe Dichte,
- sehr gute Korrosions- und chemische Beständigkeit,
- sehr gute Benetzbarkeit zu vielen Metallsystemen,
- geringe thermische und elektrische Leitfähigkeit,
- geringe thermische Ausdehnung.

Die Tabelle 9 zeigt die wesentlichen Eigenschaften von gebräuchlichen SiC-Multifilamentfasern. SiC-Fasern weisen eine sehr gute Beständigkeit bei höheren Temperaturen in Schutzgasatmosphäre auf. An Luft sind die Fasern bis zu Temperaturen von 1000 °C stabil. Erst oberhalb dieser Temperatur ist bei längeren Beanspruchungszeiten mit einem merklichen Festigkeitsabfall zu rechnen. Bild 14 zeigt am Beispiel der Nicalon-Faser die Veränderung in der Festigkeit in Abhängigkeit von der Glühatmosphäre und der Auslagerungszeit. Tyranno-Fasern zeigen prinzipiell ein ähnliches Verhalten.

Tabelle 9: Eigenschaften von Nicalon NL200 und drei Tyranno Fasern [32, 33]

Fasername	Hersteller	Zusammensetzung Element:Gew. %	Faserdurchmesser [µm]	Dichte [g cm^{-3}]	E-Modul [GPa]	Zugfestigkeit [MPa]
Nicalon NL200	Nippon Carbon	Si:56,5; C:31,2; O:12,3	15	2,55	196	2,74
Tyranno Lox E	Ube Ind.	Si:54,8; C:37,5; Ti:1,9; O:5,8	8,5	2,52	186–195	3,14–3,4
Tyranno Lox M		Si:54,0; C:31,6; Ti:2,0; O:12,4				
Tyranno New S		Si:50,4; C:29,7; Ti:2,0; O:17,9				

3.2.4 Lieferformen von Multifilamentfasern

Multifilamentfasern können in verschiedensten Formen geliefert werden. Üblich ist die Lieferung als Faden mit bis zu 3000 einzelnen Filamenten. Es besteht aber auch die Möglichkeit, Gewebe in unterschiedlichsten Formen und Geometrien zu erhalten. Eine Übersicht geben die Bilder 15 und 16. Auch Spezialanfertigungen nach besonderen Kundenwünschen sind möglich.

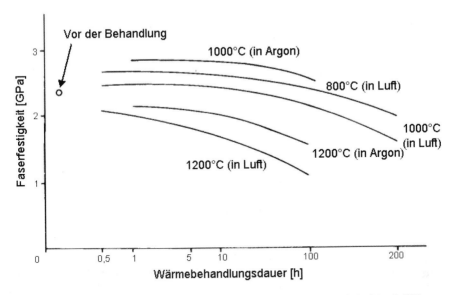

Bild 14: Einfluss einer Wärmebehandlung auf die Festigkeit von SiC-Fasern (Nicalon) (nach [32])

Diese Lieferformen sind nicht immer für eine Verarbeitung zu Metallmatrix-Verbundwerkstoffen geeignet. Hierfür werden zum Teil sogenannte Faserformkörper oder Preforms benötigt [34, 35].

Bild 15: Lieferformen der Nextel Keramic Textilien [26]

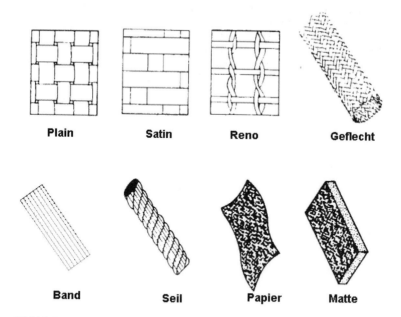

Bild 16: Schematische Darstellung von Lieferformen für Multifilamente (Platin, Satin und Reno sind unterschiedliche Gewebeformen) (nach [32])

4 Kurzfasern und Whisker

Kurzfasern und Whisker stellen eine besondere Gruppe der Verstärkungskomponenten dar, da sie im Potential für eine Metallverstärkung zwischen den kontinuierlichen Fasern und Partikeln liegen. Die Verstärkungswirkung ist zwar geringer als die der Langfasern, der Vorteil besteht aber in Erreichbarkeit eines isotropen Eigenschaftsprofiles im hergestellten Verbundwerkstoff. Ein weiterer Vorteil besteht in den niedrigen Kosten für die Herstellung und Verarbeitung, da ein geringerer Aufwand als bei Langfasern notwendig ist.

Die Herstellung von Kurzfasern erfolgt überwiegend nach den bei den kontinuierlichen Fasern beschriebenen Verfahren. Die Unterschiede bestehen darin, dass keine kontinuierlichen Precursorfasern hergestellt werden müssen. Es handelt sich daher größtenteils um Verdüsungsverfahren. In einigen Fällen werden auch Langfasern zerhackt oder gemahlen. Diese Verfahrenstechnik ist wirtschaftlich unsinnig, da sie aus hochwertigen Fasern minderwertige Kurzfasern macht. Die Zusammensetzungen der Kurzfasern entsprechen denen vieler oxidischen Langfasern. Kurzfasern aus SiC stehen z. Z. nicht zur Verfügung. Die Tabelle 10 gibt einen Überblick über Zusammensetzung und Eigenschaften von Kurzfasern.

Tabelle 10: Hersteller, Zusammensetzung und Eigenschaften gängiger Kurzfasern und Whisker für die Verstärkung von Metallen [26, 29, 36–40]

Fasername	Hersteller	Zusammensetzung	Faserdurchmesser [µm]	Dichte [g cm^{-3}]	E-Modul [GPa]	Zugfestigkeit [MPa]
Saffil RF	Saffil	δ-Al$_2$O$_3$	1–5	3,3	300	2000
Saffil HA	Saffil	δ-Al$_2$O$_3$	1–5	3,4	>300	1500
Nextel 312	3M	62 Al$_2$O$_3$ 24 SiO$_2$ 14 B$_2$O$_3$	10–12	2,7	150	1700
Nextel 440	3M	70 Al$_2$O$_3$ 28 SiO$_2$ 2 B$_2$O$_3$	10–12	3,05	190	2000
SCW #1	Tateho Silicon	β-SiC$_{(W)}$	0,5–1,5	3,18	481	2600
Fiberfrax HP	Unifrax	50 Al$_2$O$_3$ 50 SiO$_2$	1,5–2,5	2,73	105	1000
Fiberfrax Mul.	Unifrax	75 Al$_2$O$_3$ 25 SiO$_2$	1,5–2,5	3,0	150	850
Supertech	Thermal Cer.	~65 SiO$_2$ ~31 CaO ~4 MgO	8–12	2,6	n. ang.	n. ang.
Kaowool	Thermal Cer.	~45 Al$_2$O$_3$ ~55 SiO$_2$	2,5	2,6	80–120	1200
Tismo	Otsuka Chem.	K$_2$O×6TiO$_{2\,(W)}$	0,2–0,5	3,2	280	7000
Alborex	Shikoku Chem.	9 Al$_2$O$_3$ × B$_2$O$_3$	0,5–1,0	3,0	400	8000

Whisker sind feine Einkristalle mit einer geringen Defektdichte. Sie besitzen Durchmesser, die im Bereich um 1 µm liegen und weisen ein sehr hohes Längen / Dickenverhältnis auf. Für die Herstellung von Whiskern wird eine spezielle Verfahrenstechnik angewendet. Whisker wachsen aus übersättigten Gasen, aus Lösungen durch chemische Zersetzung, durch Elektrolyse, aus Schmelzen oder aus Festkörpern [41]. In vielen Fällen ist die Bildung von Whiskern nur durch Verwendung von Katalysatoren realisierbar. Für das Wachstum der Whisker gibt es zwei Möglichkeiten: Wachstum von der Grundfläche aus oder Wachstum von der Spitze. Welche der Möglichkeiten dominant ist, bestimmt das Herstellungsverfahren und die Zusammensetzung der Whisker. Unter den vielen vorhandenen Verfahren ermöglicht das VLS-Verfahren (vapour-liquid-solid) eine optimale Steuerung des Herstellungsprozesses. Bild 17 zeigt schematisch die Schritte zum Wachstum eines SiC-Whiskers. Auf einem Substrat in einem Reaktor wird ein kristalliner Katalysator, z. B. Stahl positioniert. Bei höherer Temperatur (ca. 1400 °C) schmilzt der Katalysator und formt sich durch die Oberflächenspannung zu einer Kugel. Der Reaktor wird mit einem Gas durchströmt, das ein Wasserstoff / Methan-Gemisch und verdampftes SiO$_2$ enthält. Der Schmelzetropfen übersättigt sich mit Kohlenstoff und Silizium, was zur Kristallisation von SiC auf dem Substrat führt. Der SiC-Whisker wächst, wobei der Katalysatortropfen auf der Spitze verbleibt. Nach Abbrechen des Wachstumsvorganges muss durch geeignete Verfahren

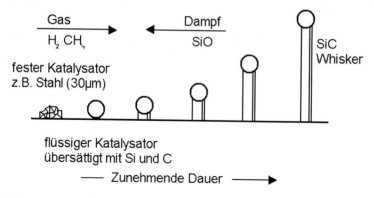

Bild 17: Wachstum eines SiC Whiskers beim VLS-Verfahren [41]

eine Trennung zwischen Whisker und Katalysator z. B. durch Flotationsverfahren erfolgen. In einem anderen Verfahren werden SiC-Whisker durch Wasserstoff-Reaktion von Methyltrichlorosilan auf einem Kohlenstoffsubstrat bei 1500 °C abgeschieden. Auch eine Kombination von Chlorosilan, Kohlenmonoxid und Methan als Si- und C-Quellen ist möglich.

Unter der Vielzahl von Whisker-Zusammensetzungen haben sich SiC- und Si_3N_4-Whisker als besonders geeignet zur Verstärkung von Metallen erwiesen. Gründe sind die gute Benetzbarkeit von vielen Metallsystemen, das sehr gute Eigenschaftsprofil, die hohe Stabilität und die geringen Herstellungskosten. Auch einige neuere Entwicklungen wie z. B. Kaliumtitanat- und Aluminiumborat-Whisker sind interessant. Die Tabelle 10 gibt Informationen über technisch interessante Whisker verschiedener Zusammensetzungen. Bild 18 zeigt SiC-Whisker.

In den letzten Jahren sind Whisker in die Diskussion geraten. Ursache hierfür ist die Geometrie der Whisker, die zwar für die guten Eigenschaften verantwortlich ist, aber dadurch ein Gefährdungspotential besitzt. Da die Whisker sehr dünn und leicht sind, sind sie lungengängig und können sehr leicht eingeatmet werden. Aufgrund der hohen Beständigkeit werden sie nicht ab-

Bild 18: REM-Aufnahme von SiC-Whisker [42]

gebaut. Sie bergen daher ähnlich wie Astbestfasern ein hohes Gesundheitsrisiko und gelten als kanzerogen [43]. In ähnlichem Verdacht stehen auch feine Mineralfasern. Eine Verarbeitung ist nur unter geeigneten Schutzvorkehrungen möglich.

Kurzfasern und Whisker werden üblicherweise in agglomerierter Form in Schüttungen geliefert. In dieser Form können sie nicht in eine metallische Matrix eingebracht werden. Daher ist eine Verarbeitung zu Faserformkörpern notwendig, die dann infiltriert werden können. Eine derartige Verarbeitung wird in einem anderen Bericht erläutert [35]. Auch für die pulvermetallurgische Verarbeitung sind spezielle Verfahrenstechniken notwendig, um Partikel, Lang- oder Kurzfasern in eine Matrix einzubringen [44].

5 Literatur

[1] E. A. Feest, Metals and Materials 4 (1988), 52–57.
[2] J. A. Black, Advanced Materials & Processes 133, März 1988, 51–54.
[3] Hollemann, Wiberg, Lehrbuch der anorganischen Chemie, de Gruyter,1985.
[4] Firmenprospekt Hermann C. Starck, Goslar.
[5] Firmenprospekt Wacker Ceramics, Kempten.
[6] Firmenprospekt Electro Abrasives, Buffalo.
[7] E. Dörre und H. Hübner, Alumina – Processing, Properties, and Applications, Springer-Verlag Berlin, Heidelberg (1984), 194–197.
[8] FEPA 43-D-1984 (Federation Europèene des Fabricats de Produits Abrasifs).
[9] ASM handbook, Vol. 7, Powder Metallurgy,E. Klar, 1993, 177.
[10] Dissertation F. Moll, Untersuchung zu den Eigenschaften SiC-partikelverstärkter Magnesiummatrix-Verbundwerkstoffe unter dem Einfluß erhöhter Tempertur und Spannung, TU Clausthal, 2000.
[11] ASM Handbook, Volume 21 „Composites", 2001, 54.
[12] A. A. Griffith: Phil. Trans. Roy. Soc. 221A (1920) 163.
[13] A. Kelly in „Concise encyclopedia of composite materials", A. Kelly (Hrsg.), Pergamon Press plc. Oxford (1989), xxii
[14] M. H. Stacey, Materials Science and Technology 4 (1988), 391–401.
[15] J. A. McElman in „Engineered materials handbook", Vol. 1, Composites, ASM International, Metals Park (1987), 858–873.
[16] A. R. Bunsel und L.-O. Carlsson in „Concise encyclopedia of composite materials", A. Kelly (Hrsg.) Pergamon Press plc. Oxford (1989) 239–243.
[17] T. Schoenberg in „Engineered materials handbook", Vol. 1, Composites, ASM International, Metals Park (1987), 58–59.
[18] A. R Bunsell in „Concise encyclopedia of composite materials", A. Kelly (Hrsg.), Pergamon Press plc, Oxford (1989), 33–35.
[19] R. J. Diefendorf in „Engineered materials handbook", vol. 1, Composites, ASM International, Metals Park (1987), 49–53.
[20] L. H. Peebles, „Carbon Fibers",CRC Press, 1995, 22.
[21] L. S. Singer in „Concise encyclopedia of composite materials", A. Kelly (Hrsg.), Pergamon Press plc, Oxford (1989), 47–55.

[22] S. M. Lee, „Handbook of Composite Reinforcements", VCH Publishers, 1992, 48–49.
[23] ASM Handbook, Volume 21 „Composites", 2001, 38.
[24] Firmenprospekt Sumitomo, London, 2001.
[25] Firmenprospekt Nitivy, 2000.
[26] Firmenprospekt 3M, 2001.
[27] Firmenprospekt Mitsui Mining, Tokio, 2000.
[28] Homepage: MMC-Asses, TU-Wien, Materials Data (mmc-asses.tuwien.ac.at).
[29] Firmenprospekt Saffil, 2001, (www.saffil.com).
[30] D. D. Johnson und H. G. Sowman, „Engineered materials handbook", Vol. 1, Composites, ASM International, Metals Park (1987), 60–65.
[31] J. D. Birchall in „Concise encyclopedia of composite materials", A. Kelly (Hrsg.), Pergamon Press plc, Oxford (1989), 213–216.
[32] Firmenprospekt Nicalon Fiber, Nippon Carbon Co., Ltd. Tokyo, Japan (1989).
[33] Firmenprospekt Ube, Tyranno Fiber, 2002.
[34] H. Hegeler, R. Buschmann und I. Elstner, herstellung von faserverstärkten Leichtmetallen unter Benutzung von faserkeramischen Formkörpern (Preforms) in „Metallische Verbundwerkstoffe, K. U. Kainer (Hrsg.), DGM Informationsgesellschaft, 1994, 101.
[35] R. Buschmann, dieser Berichtsband.
[36] Firmenprospekt Tateho Chemical Ind. Hyogo, Japan, 2002.
[37] Firmenprospekt Unifrax Corp., Niagara Falls, NY, 2002.
[38] Firmenprospekt Thermal Ceramics, Augusta, USA, 2000.
[39] Firmenprospekt Otsuka, Japan, 1999.
[40] Firmenprospekt Shikoku Chem. 2001.
[41] J. V. Milewski in „Concise encyclopedia of composite materials", A. Kelly (Hrsg.), Pergamon Press plc, Oxford (1989), 281–284.
[42] K. K. Chawla, „Composite Materials, Science and Engineering", Springer-Verlag, 1998, 63.
[43] F. Pott, Proc. Verbundwerk 1990, S. Schnabel (Hrsg.), Demat Exposition Management, Frankfurt 16.1–16.10..
[44] N. Hort, K. U. Kainer, dieser Berichtsband.

Preforms zur Verstärkung von Leichtmetallen – Herstellung, Anwendungen, Potenziale

R. Buschmann
Thermal Ceramics de France, Wissembourg, Frankreich

1 Einleitung

Steigende Kraftstoffpreise und Verschärfung von Grenzwerten für umweltbelastende Schadstoffemissionen üben bekanntermaßen einen ständigen Druck auf die Automobilindustrie aus, die spezifische Leistung und die Kraftstoffverbräuche ihrer Fahrzeuge zu optimieren. Laut einer Analyse des Verkehrs Institutes der Universität Michigan (Transportation Institute) werden Gewichtsreduzierung und Steigerung der Motoreneffizienz den größten Beitrag zur Erreichung dieser Ziele leisten ([1]). Leichtmetall-Verbundwerkstoffe, allgemein MMCs (Metal Matrix Composites) genannt, können mit ihren hohen spezifischen Eigenschaften helfen vor allem bewegte und ungefederte Massen im Fahrzeugbereich zu reduzieren.

In der Gruppe der MMC-Werkstoffe stellt die Schmelzinfiltration eines porösen Vorkörpers (Preform) aus keramischen Verstärkungskomponenten in Form von Kurzfasern und/oder Partikeln sicherlich eine der vielversprechendsten Technologien dar hinsichtlich der Bandbreite der erzielbaren Eigenschaften des fertigen Verbundwerkstoffes. Einige Anwendungen, wie z. B. faserverstärkte LKW Aluminium-Dieselkolben sind bereits seit über 10 Jahren mit bis zu mehreren hunderttausend Stück jährlich in Serie und haben bewiesen, dass diese Technologie auch für Serienmengen beherrschbar ist. Trotzdem hat ein großflächiger Einsatz von MMC-Werkstoffen bisher nicht stattgefunden. Der Grund dafür liegt bei den Herstellkosten, da unter anderem spezielle Druckgießverfahren wie Gießpressen oder Squeeze-Casting notwendig sind und höhere Preise vor allem in der kostensensiblen Automobilindustrie nur bedingt durchsetzbar sind. Hier zeichnet sich jedoch eine Entspannung aus zwei verschiedenen Richtungen ab. Die Analyse nach ([1]) sagt voraus, dass der Gegenwert für eine Gewichtseinsparung beim Automobil von derzeit ca. 1$/pound sich bis 2009 auf 3$/pound verdreifachen wird. Gleichzeitig zeigen moderne Druckgussanlagen mit Echtzeitregelung und Squeeze-Cast-Maschinen der neuesten Generation deutliche Verbesserungen hinsichtlich Anschaffungskosten, Taktzeiten und Platzbedarf und werden damit signifikant zu einem wirtschaftlichen Einsatz dieser Technologie beitragen.

2 Herstellungsprinzip Preforms

2.1 Kurzfaserpreforms

Um eine wirkungsvolle Verstärkung mit Kurzfasern zu erzielen muss die Preform folgende Anforderungen erfüllen:

- Extreme Reinheit
- Homogene Faserverteilung

- Homogene Faserorientierung
- Möglichst großes Faserlänge/Faserdurchmesser-Verhältnis
- Homogene Binderverteilung
- Niedriger Bindergehalt
- Ausreichende Festigkeit der Preform

Das Standardherstellverfahren für die meisten Faserbauteile, wie z. B. für den Einsatz zur Hochtemperaturisolierung im Ofenbau, basiert auf der Entwässerung einer Fasersuspension mittels Vakuum in einer geeigneten Form. Um den höheren Anforderungen an eine Faserpreform gerecht zu werden, sind zusätzliche Prozessschritte notwendig (Bild 1).

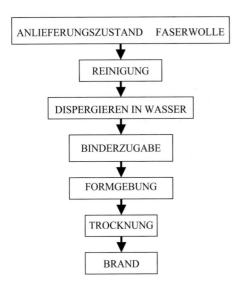

Bild 1: Prozessschritte bei der Preformherstellung

Je nach Typ der verwendeten Faser können diese unterschiedlich aufwendig sein. Bei diskontinuierlich hergestellten Fasern unterscheidet man zwischen zwei Hauptgruppen: den glasigen, aus der Schmelze gewonnenen Fasern und den polykristallinen, nach einem Spinn-Sinter-Verfahren hergestellten Fasern. Die aus der Schmelze gewonnenen Fasern sind vorwiegend Aluminiumsilikatfasern. Hierbei werden die Rohstoffe in einem trichterförmigen Gefäß im Lichtbogen bei Temperaturen über 2000 °C erschmolzen. Durch eine Öffnung im Boden des Gefäßes lässt man einen definierten Schmelzstrahl auslaufen, der dann entweder auf eine Anordnung von mit hoher Geschwindigkeit gegenläufig rotierender Walzen trifft oder mit einem senkrecht zum Strahl angeordneten Pressluftstrom zerblasen wird. In beiden Fällen wird der Schmelzstrahl durch die Zentrifugalkraft bzw. die Schleppwirkung des Luftstroms in feine Tröpfchen zerteilt, die sich dann auf Grund ihrer hohen Geschwindigkeit zu Faser ausziehen und unter rascher Abkühlung glasig erstarren. Bild 2 zeigt das Oberteil eines Faserschmelzofens mit drei Molybdänelektroden, die im Lichtbogen das Rohstoffgemenge abgedeckt erschmelzen. Bild 3 zeigt das Unterteil des Ofens mit auslaufenden Schmelzstrahl, der mit einer Blasdüse zerblasen wird.

Bild 2: Faserschmelzofen, Oberseite **Bild 3:** Faserschmelzofen, Unterseite

Fasern mit Al_2O_3-Gehalten > 60Gew.-% lassen sich nach diesem Verfahren nicht mehr wirtschaftlich herstellen, da ihre Schmelze eine zu geringe Viskosität besitzt. Hier kommt am häufigsten das bereits erwähnte Spinn-Sinter-Verfahren zum Einsatz, bei dem Metallsalzlösungen unter Zusatz hochmolekularer Spinnhilfsmittel durch Ziehen oder Blasen zu feinen und sehr gleichmäßigen Fasern versponnen werden ([2]). In einer nachgeschalteten, mehrstufigen Temperaturbehandlung entstehen dann polykristalline Fasern, wie z. B. Aluminiumoxidfasern und Mullitfasern. Die beiden Herstellungsverfahren führen zu Fasern recht unterschiedlicher Güte und Eigenschaften (Tabelle 1). Besonders auffällig ist der Unterschied im sogenannten „Shotgehalt". Als Shot wird der Anteil nicht-faserförmiger Bestandteile bezeichnet. Bei den aus der Schmelze gewonnenen Aluminiumsilikatfasern bildet sich prozessbedingt am Kopf jeder Faser eine tropfenförmige Verdickung, die bei der Weiterverarbeitung größtenteils abbricht und dann als Glassand in der Faser vorliegt (Bild 4). Die Shots in polykristallinen Fasern entstehen vorwiegend durch lose Anbackungen an der Spinnvorrichtung, die mit in den Faserstrom geraten (Bild 5). Die in Tabelle 1 aufgeführten C-Fasern haben keine Shotanteile, weil diese aus Endlosfasern geschnitten bzw. gemahlen sind. Die Shotanteile in der Faser stellen ein erhebliches Problem für die meisten MMC-Anwendungen dar. Die Größe der Partikel geht stellenweise bis in den Millimeterbereich. Vor allem bei Anwendungen, bei denen die Bauteile auf thermische Ermüdung beansprucht werden, können Shotpartikel katastrophale Auswirkungen haben und zum Versagen des Bauteils führen. Shotpartikel sind Inhomogenitäten in der Matrix und wirken ab einer kritischen Größe als Rissbildungszentren. Bild 6 zeigt das Gefüge einer faserverstärkten Aluminiumlegierung mit einem Shotpartikel von ca. 250 µm. Es ist deutlich zu sehen, dass Risse von dem Partikel ausgehen und in die umgebende Matrix weiterlaufen. Nach Untersuchungen ergab sich für die kritische Shotgröße > 100 µm, oberhalb der eine schädliche Wirkung auftritt. Demzufolge muss der eigentlichen Preformherstellung ein Prozessschritt vorgeschaltet werden, in dem der kritische Shotanteil so vollständig wie möglich aus den Fasern entfernt und auf Partikel < 100 µm begrenzt wird.

Tabelle 1: Zusammenstellung üblicher Fasertypen für die Preformtechnologie

Typ	Al_2O_3	Al_2O_3-SiO_2	C (PAN)
Beispiel	Saffil, Maftec	Kaowool, Cerafiber	Sigrafil
Chemie	> 95 % Al_2O_3	48 % Al_2O_3	> 95 % C
	< 5 % SiO2	52 % SiO_2	
Mineralogie	vorw. δ-Al_2O_3	glasig	
E-Modul Gpa	270–330	105	215–240
Festigkeit Mpa	2000	1400	2500
Faser-Ø µm	3	2–3	8
Dichte g/ccm	3,3	2,6	1,8
Shotgehalt %	ca. 1	40–60	--

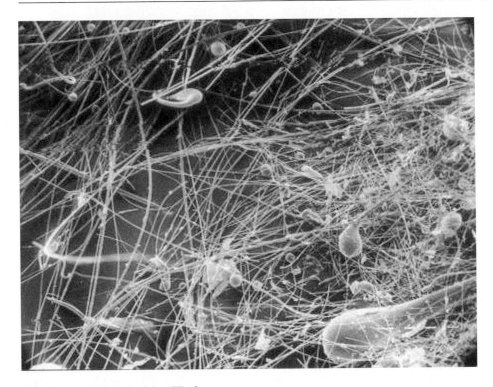

Bild 4: Shotpartikel bei Aluminiumsilikatfasern

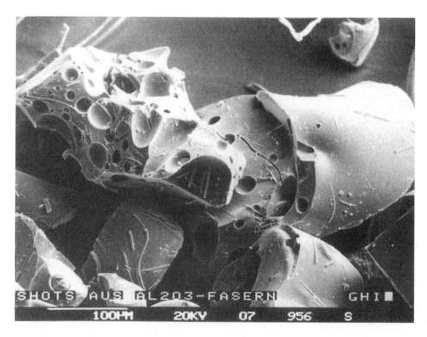

Bild 5: Shotpartikel bei Aluminiumoxidfasern

Bild 6: Gefüge eines Al-MMC mit Shotpartikel

Die Fasern liegen im Anlieferungszustand als stark verfilzte Wolle vor, entweder als „bulk"-fiber mit Längen von 20–60 mm, oder als „milled" fiber mit je nach Mahlgrad eingestellten Faserlängen bis 500 µm (Bild 7). Die Faserwolle muss zunächst einmal desagglomeriert und Fasern und Shots vereinzelt werden, bevor mit der Abtrennung begonnen werden kann. Hierbei ist besonders die Faserbruchrate zu beobachten, damit im späteren Preform noch eine ausreichend hohe Faserlänge erhalten bleibt. Thermal Ceramics setzt seit Jahren ein bewährtes Verfahren zum Aufschließen und Reinigen von Fasern, das in der Lage ist, Shotgehalte auf < 10 ppm zu begrenzen, wobei keine Shots > 75 µm auftreten. Aus Wettbewerbsgründen kann an dieser Stelle auf dieses Verfahren nicht näher eingegangen werden. Die gereinigte Fasern werden anschließend in Wasser dispergiert, wobei in der Regel mit niedrigen Feststoffkonzentrationen im Bereich von 10 bis 40 g Fasern je Liter gearbeitet wird. Der Fasersuspension wird kolloidales SiO_2 in Form von Kieselsol als anorganisches Bindemittel beigemischt. Durch die Art der Stabilisierung des Kieselsols, z. B. mit NaOH, weisen die SiO_2-Partikel eine negative Oberflächenladung auf. Die Fasern lagern im Wasser dünne Hydrathüllen an und erhalten dadurch ebenfalls eine negative Oberflächenladung. Dadurch stoßen sich die Feststoffe gegenseitig ab und eine Anlagerung der SiO_2-Partikel an die Fasern wird verhindert (Bild 8a). Durch Zugabe einer zweiten Binderkomponente, einer kationischen Stärkelösung auf Mais- oder Kartoffelbasis, führt man eine Agglomeration der Feststoffe in der Suspension herbei. Die langkettigen Moleküle der Stärke bewirken ein Ausflocken der Feststoffe aus der wässrigen Suspension, weshalb man diesen Vorgang auch als Flockung bezeichnet (Bilder 8b und 8c). Bei sorgfältiger Führung dieses Prozesses erreicht man mit niedrigen Bindergehalten unter 5 % gute Preformfestigkeiten, die ausreichend sind für die weitere Handhabung und die Druck-Infiltration mit einer Metallschmelze.

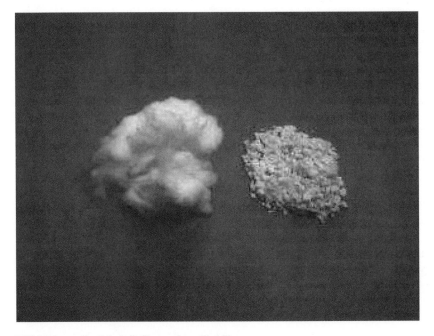

Bild 7: Faserwolle: links bulk fiber, rechts milled fiber

ABSTOSSUNG

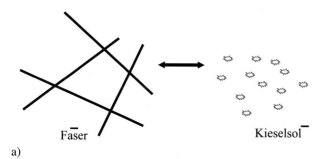

a)

AGGLOMERATION

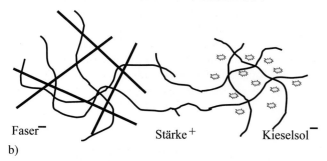

b)

FLOCKUNG

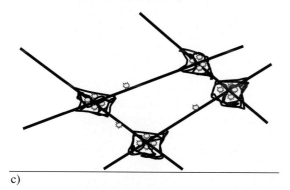

c)

Bild 8: a) Bindermechanismus: Abstoßung, b) Bindermechanismus: Agglomeration, c) Bindermechanismus: Flockung

Die Formgebung einer derart vorbereiteten Fasersuspension erfolgt in einem Vakuum-Pressverfahren. Eine definierte Menge Suspension wird in eine Form mit einem porösen Bodenteil (z. B. Siebboden) gefüllt und durch Anlegen von Vakuum bis zur Bildung eines lockeren Faserkuchens entwässert (Bild 9a). Anschließend wird der Faserkuchen mit einem Pressstempel zu einer Preform mit der gewünschten Höhe und Dichte verpresst (Bild 9b). Die Kurzfasern orientieren sich dabei planar-isotrop in der Ebene senkrecht zur Vakuum- und Pressrichtung. Nach der Entformung werden die noch feuchten Preforms bei 110 °C getrocknet. Dabei verkleistert die enthaltene Stärke und verleiht der Preform die entsprechende Grünfestigkeit. Beim anschließenden Brand bei Temperaturen zwischen 900 °C und 1200 °C verbrennt die organische Stärke restlos und die SiO_2-Bindung wird aktiv.

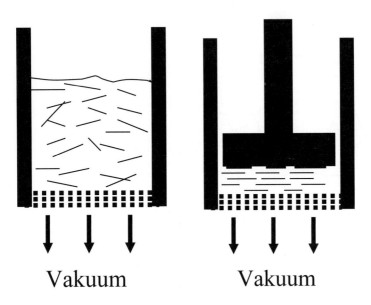

Bild 9: a) Formgebung: Entwässerung der Suspension, b) Formgebung: Druck- und vakuumunterstützte Entwässerung

Aus Kostengründen ist man stets bemüht das Design der Preforms so zu gestalten, dass sie im „Near-Netshape-Verfahren" hergestellt werden können, also ohne nachträgliche mechanische Bearbeitung. Den Designmöglichkeiten für Preforms mit planar-isotroper Faserorientierung sind hier Grenzen gesetzt, bedingt durch das Zurückfederungsverhalten („Spring-Back") der Faser. Am Beispiel einer Al_2O_3-Faser mit einer mittleren Faserlänge von 100 µm, aus der eine Preform mit 15 Vol-% Faseranteil hergestellt werden soll, zeigt sich, dass ein Überpressen von ca. 30 % notwendig ist, um die gewünschte Preformdichte einzustellen (Bilder 10a–c). Durch das Auffedern der Preforms bei Druckentlastung sind komplexe Geometrien mit Fasen, Absätzen o. Ä. nur bedingt realisierbar. Bilder 11 und 12 zeigen die Anlage zur Serienfertigung von Preforms im Near-Netshape-Verfahren, die bei Thermal Ceramics im Einsatz ist.

Faserkuchen durch Vakuum

Verdichtung, Überpressen

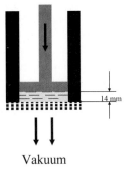

Beispiel:

Saffilfaserpreform,

15 Vol-%, 20 mm Höhe

Mittlere Faserlänge ca. 100µm

a)

b)

Entlastung, Faser-"Springback"

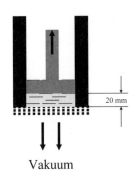

c)

Bild 10:
a) Near-Netshape-Prozess: Bildung eines Faserkuchens,
b) Near-Netshape–Prozess: Verdichtung,
c) Near-Netshape-Prozess: Entlastung

Das Ausmaß des Spring-Back-Effektes hängt ab von dem verwendeten Fasertyp (Elastizität, Festigkeit, Faserdurchmesser), der Faserlänge der Ausgangsfaser und der Preformdichte. Beim Verpressen der Preform wirken Scherkräfte auf die vorwiegend senkrecht zur Pressrichtung liegenden Fasern. Übersteigen die Scherkräfte die Faserfestigkeit, kommt es zum Bruch von Einzelfasern. Je höher die Ausgangsfaserlänge ist, desto höher ist bei gleicher Preformdichte der aufzubringende Pressdruck und die daraus resultierende Faserbruchrate. In einer eigenen Testreihe wurde der Einfluss der Ausgangsfaserlänge auf die erzielbare Faserlänge in einem Saffilfaserpreform mit 20 Vol-% Faseranteil untersucht. Hierzu wurden speziell gemahlene Saffilfasern mit 150 µm, 300 µm und 500 µm Länge verwendet und nach dem oben beschriebenen Verfahren zu Preforms verarbeitet. Eine Auswertung der resultierenden Faserlänge in den fertigen Preforms ergab keine signifikanten Unterschiede trotz stark unterschiedlicher Ausgangsfaserlängen. Dadurch ergibt sich eine direkte Abhängigkeit der erzielbaren Faserlänge in der Preform von der Preformdichte.

Bild 11: Preform-Serienanlage, Pressenseite

Bild 12: Preform-Serienanlage, Aufbereitungsseite

2.2 Hybridpreforms

Hybridpreforms werden definiert als Preforms, die aus einer homogenen Anordnung von Fasern und Partikeln bestehen. Die Herstellung von Hybridpreforms erfolgt analog zu den Faserpreforms, mit den jeweiligen Partikeln als zusätzliche Feststoffkomponente. Die Auswahl und Verfügbarkeit an für die Leichtmetallverstärkung geeigneten Kurzfasern ist eher bescheiden. Im Handel erhältliche Partikel auf oxid- und nichtoxidkeramischer Basis stellen im Vergleich dazu eine wesentlich größere Gruppe an Materialen mit unterschiedlichen Eigenschaften dar, die das Anwendungsfeld für MMCs deutlich erweitern können. Viele keramische Pulver sind heute Massenware, weil sie in anderen Industrien wie Feinkeramik oder Schleifmittelbereich in großen Mengen verbraucht werden. Sie können mit definierten Kornspektren und meist relativ kostengünstig bezogen werden. Es gibt eine Reihe von Arbeiten über MMCs, die auf einer Verstärkung rein mit Partikeln basieren, z. B. gießbare Verbundwerkstoffe („Cast Composites"), bei denen Partikel wie SiC oder Al_2O_3 mittels spezieller Verfahren in die Metallschmelze eingerührt werden, oder durch die Schmelzinfiltration von Partikelpreforms hergestellte Werkstoffe. Während bei derartigen Verbundwerkstoffen mit Gusslegierungen auf Partikelgehalte von maximal ca. 20 Vol-% begrenzt sind, haben über Partikelpreforms hergestellte MMCs üblicherweise Gehalte ab 50 Vol-% aufwärts. Hybridpreforms können die Lücke zwischen beiden Systemen schließen und ermöglichen die Vorteile von Faser- und Partikelverstärkung definiert zu verbinden. Da sich bei dieser Technologie jeglicher Fasertyp mit jeglichem Partikeltyp in einem breiten Zusammensetzungs- und Volumenkonzentrationsbereich kombinieren lassen und wenig Einschränkungen hinsichtlich der Feinheiten der eingesetzten Partikel bestehen, hat man hier ein Werkzeug in der Hand, um Eigenschaften von Leichtmetallen innerhalb eines definierten Bereiches „maßzuschneidern". Tabelle 2 zeigt die wichtigsten Vor- und Nachteile der drei Systeme „Cast Composites", „Partikelpreformverstärkung" und „Hybridpreformverstärkung".

Tabelle 2: Vergleich verschiedener MMC-Systeme

	Vorteile	Nachteile
Cast Composites	• Konventionelle Gießverfahren	• Partikelgehalt begrenzt auf ca. 20 Vol-% • Keine lokale Verstärkung • Hoher Bearbeitungsaufwand • Teuer
Partikel-preforms	• Kostengünstige Preforms • Lokale Verstärkung	• Partikelgehalte ab ca. 50 Vol-% • Infiltration aufwendig durch hohe Partikeldichte und feine Porendurchmesser • Bei lokaler Verstärkung extremer Eigenschaftssprung
Hybrid-preforms	• Vertretbare Kosten • Lokale Verstärkung • Breiter Vol-% Bereich	• Spezielle Gießverfahren

Vergießbare Verbundwerkstoffe können mit konventionellen Gießverfahren verarbeitet werden, haben aber aufgrund der Limitierung im maximalen Partikelgehalt ein beschränktes Eigenschaftspotential. Großer Nachteil ist außerdem, dass keine lokale Verstärkung möglich ist, sondern nur das komplette Bauteil verstärkt werden kann. Wegen der in der Regel hohen Härte von partikelverstärkten Legierungen entsteht hier meist ein extrem hoher und damit teurer Bearbeitungsaufwand, der den wirtschaftlichen Einsatz dieser Materialen stark einschränkt. Partikelpreforms sind je nach Art und Feinheit der Partikel relativ kostengünstig und erlauben eine lokale Bauteilverstärkung. Für die Infiltration mit Metallschmelze sind jedoch die aufwendigeren Druckgießverfahren wie z. B. Squeeze-Casting notwendig. Durch die hohen Partikelgehalte ist die realisierbare Infiltrationstiefe begrenzt und damit die Größe bzw. Dicke des Verstärkungsbereiches. Bei lokaler Verstärkung erzeugt man zudem einen drastischen Eigenschaftssprung zwischen dem partikelverstärkten Bereich und der umgebenden unverstärkten Matrix, der zu extremen Eigenspannungen im Bauteil führt. Hybridpreforms sind je nach verwendeten Fasern und Partikeln zu vertretbaren Kosten herstellbar, benötigen aber ebenfalls Druckgießverfahren zur Infiltration. Durch die Vielfalt an Möglichkeiten hinsichtlich der einstellbaren Preformdichte (ca. 10 bis 50 Vol-%), der Anteile von Partikeln und Fasern, Partikelgrößen und Typkombinationen lässt sich ein Eigenschaftsprofil erzeugen, dass den o. g. Problemen der beiden anderen Systeme Rechnung trägt. Bild 13 zeigt als Beispiel das thermische Ermüdungsverhalten in Abhängigkeit von den Temperaturzyklen einer Aluminiumlegierung, verstärkt mit Hybridpreforms unterschiedlicher Porositäten von 30, 50 und 70 %. Die Untersuchungen wurden von der KS Kolbenschmidt GmbH in Neckarsulm im Rahmen eines gemeinsamen Forschungsvorhabens durchgeführt.

Als Matrix wurde die Kolbenlegierung KS 1275 (AlSi12CuMgNi) verwendet, als Hybridpreforms eine Kombination von Al_2O_3-Fasern und Al_2TiO_5-Partikeln. Die Basislegierung

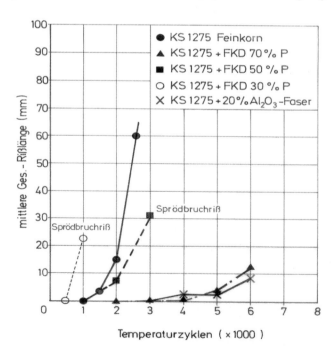

Bild 13: Thermische Ermüdung von Al-MMCs in Abhängigkeit von der Preformporosität

KS1275 zeigt nach 2500 Temperaturwechseln eine mittlere Gesamtrisslänge von 60 mm. Die Proben mit einer Preformporosität von 30 %, also einem Verstärkungsanteil von 70 Vol-% fallen bereits nach 1000 Wechseln durch Sprödbruch aus. Die Proben mit 50 % Preformporosität fallen nach 3000 Wechseln ebenfalls durch Sprödbruch aus, während die Variante mit 70 % Porosität ohne Sprödbruch erst nach 6000 Wechseln eine mittlere Gesamtrisslänge von nur 12 mm aufweist. Dies liegt im Bereich einer rein mit 20 Vol-% Al_2O_3- Faser verstärkten Legierung, die als Referenz im Diagramm mit eingezeichnet ist.

3   Aktuelle Anwendungsbeispiele

3.1   Aluminium-Dieselkolben mit faserverstärktem Muldenrand

Die Forderung nach steigenden Leistungen bei turbogeladenen Dieselmotoren, besserer Kraftstoffausnutzung und geringerer Schadstoffemissionen führt an die Grenzen der Materialbelastbarkeit konventioneller Al-Kolbenlegierungen, besonders im Bereich des Muldenrandes. Herkömmliche Aluminiumgusslegierungen sind in ihrer Anwendung auf Temperaturen unterhalb von 350 °C begrenzt, der Einsatz von Gusseisen für höhere Temperaturen bedeutet eine drastische Gewichtserhöhung. Durch lokale Verstärkung des kritischen Bereiches im Muldenrand mit keramischen Fasern, hier im Beispiel 20 Vol-% Saffil, erzielt man eine Verdoppelung der Warmfestigkeit und Ermüdungsfestigkeit bei höheren Temperaturen, wie es in den Bilder 15 und 16 gezeigt wird ([3]). Im Nutzfahrzeugbereich werden solche Kolben seit längerem mit mehreren hunderttausend Stück pro Jahr erfolgreich in Serie eingesetzt.

Bild 14: Aluminium-Kolben mit faserverstärktem Muldenrand

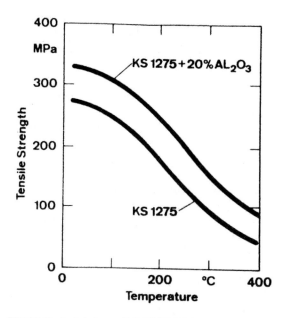

Bild 15: Zugfestigkeit von Al-Saffil-MMCs in Abhängigkeit von der Temperatur

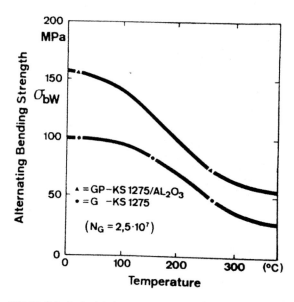

Bild 16: Schwingfestigkeit von Al-Saffil-MMCs in Abhängigkeit von der Temperatur

3.2 Aluminiumzylinderkopf mit faserverstärkten Ventilstegen

Seit der Etablierung von Turbo-Dieselmotoren mit Direkteinspritzung im PKW-Bereich ist deren Marktanteil in dieser Fahrzeuggruppe ständig steigend. Von Motorengeneration zu Motorengeneration sind signifikante Steigerungen der spezifischen Leistung zu beobachten, u.a. realisiert durch immer höhere Zünddrücke und den Einsatz von Hochdruck-Einspritzsystemen. Gleichzeitig ist man aus Gewichtsgründen um eine immer kompaktere Bauweise der Antriebsaggregate bemüht. Problematisch wird dies im Bereich der Stege zwischen Ein- und Auslaßventilen. Zwischen Ein- und Auslassseite herrscht ein drastischer Temperaturunterschied der gepaart mit steigender mechanischer Belastung zu Ermüdungsproblemen im Stegbereich führt. Für konventionelle Aluminiumlegierungen resultiert daraus eine kritische Stegbreite, die sich aus Materialfestigkeitsgründen nicht unterschreiten lässt. Durch lokale Verstärkung des Stegbereiches im Zylinderkopf mit keramischen Fasern (Bild 17) lässt sich die Ermüdungsfestigkeit von Aluminium deutlich anheben (vgl. Bild 16), was eine Minimierung der Stegbreiten erlaubt. Diese Anwendung befindet sich z. Zt. in der Schlussphase eines umfangreichen Erprobungsprogrammes und steht bei erfolgreichem Abschluss kurz vor der Serienreife.

Bild 17: Zylinderkopf-Preforms zur Ventilsteg-Verstärkung

3.3 Zylinderlaufflächenverstärkung im Aluminium-Kurbelgehäuse, Lokasil ®

Aluminiumkurbelgehäuse benötigen in der Lauffläche eine Bewehrung. Als Standardlösung kommt hier das Eingießen von Graugussbuchsen zum Einsatz. Neben Gewichtsnachteilen durch große Stegbreiten sind bei diesem Konzept Probleme durch Zylinderverzug und Spaltbildung zwischen Buchse und umgebenden Aluminium zu nennen, hervorgerufen durch die unterschiedlichen Wärmeausdehnungskoeffizienten von Aluminium und Grauguss. Ein unbewehrtes Laufflächenkonzept stellt die Verwendung der übereutektischen Legierung KS-Alusil® dar, bei der als Traggerüst für den Kolben die primär ausgeschiedenen Siliziumpartikel fungieren, die durch Zurücksetzung der Al-Matrix in einem speziellen Hohnprozess in der Lauffläche freigelegt werden. Den hervorragenden tribologischen Eigenschaften dieses Konzepts steht gegenüber, dass das gesamte Gussteil aus einer Sonderlegierung besteht, deren Eigenschaften jedoch nur in der Zylinderlauffläche benötigt werden. Daher findet man dieses Konzept vorwiegend nur in großvolumigen Motoren der automobilen Oberklasse. Durch Schmelzinfiltration von Hybridpreforms (Bild 18) aus keramischen Fasern und Siliziumpartikeln lassen sich die gleichen Vorteile und tribologischen Eigenschaften wie bei Alusil® einstellen, jedoch unter Verwendung einer konventionellen Umschmelzlegierung (Bild 19) [4]. Dadurch wird dieser Technologie der Einzug auch in Motoren des mittleren und unteren Marktsegmentes geöffnet.

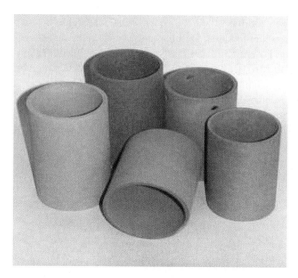

Bild 18: Preforms zur Zylinderlaufflächen-Verstärkung

3.4 Al-MMC Kurbelwellen-Lagerbrücken:

Lagerbrücken für die Kurbelwelle werden entweder komplett aus Grauguss in den Motor eingesetzt, oder aus Aluminium vorgegossen und mit einer Graugusslagerschale versehen. Graugussbrücken stellen ein erhebliches Mehrgewicht im Motor dar, während die Verbindung einer Aluminiumbrücke mit einer Graugussschale problematisch ist aufgrund der stark unterschiedlichen Wärmeausdehnungskoeffizienten α beider zu kombinierender Materialien ($\alpha_{Grauguss}$ = 11–12 · $10^{-6}K^{-1}$, $\alpha_{Aluminium}$ > 20 · $10^{-6}K^{-1}$). Durch Infiltration einer Hybridpreforms (Bild 20), bestehend aus keramischen Fasern und speziellen silikatkeramischen Partikeln gelingt es, eine Aluminium-MMC-Brücke herzustellen, deren Ausdehnungskoeffizient genau dem von Grauguss entspricht. Dadurch wird die Problematik unterschiedlicher Wärmedehnungen ausgeschaltet und der Einsatz schwerer Graugussbrücken umgangen.

Bild 19: Kurbelgehäuseteil mit Laufflächenverstärkung (Lokasil)

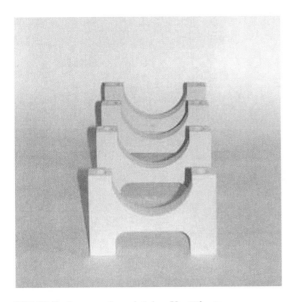

Bild 20: Preforms zur Lagerbrücken-Verstärkung

3.5 Al-MMC Bremsscheiben

Das Gewicht der Bremskomponenten, vor allem an der Vorderachse, hat einen signifikanten Einfluss auf Handling und Fahr- und Lenkverhalten eines Fahrzeugs. Deshalb ist man hier immer wieder bemüht, leichtere Alternativen zur Grauguss-Bremsscheibe zu finden. Aluminium ist aufgrund ungenügender Reibkoeffizienten und Temperaturstabilität in unverstärkter Form für diese Anwendung nicht geeignet. Versuche mit SiC-Partikel verstärkten Cast Composites, z. B. Duralcan haben gezeigt, dass vor allem die geringe Temperaturbelastbarkeit problematisch ist. Es wird berichtet, dass solche Bremsscheiben bei Temperaturen von 380 °C bis 420 °C versagen können. Dies lässt sich deutlich durch eine Verstärkung mit Hybridpreforms verbessern. Auf dem Bremsscheiben-Dynamometer- Prüfstand eines Bremskomponentenherstellers wurden Al-MMC-Scheiben getestet, die mit Hybridpreforms auf Basis von keramischen Fasern und SiC-Partikeln unterschiedlicher Volumenanteile verstärkt wurden (Bilder 21 und 22). Die besten Ergebnisse wurden mit einer Variante erzielt, die mit 10 Vol-% keramischer Faser +30 Vol-% SiC-Partikeln verstärkt war. Es wurde eine Einsatztemperatur bis 500 °C erzielt und Reibkoeffizienten gemessen, die dicht an denen von Grauguss lagen.

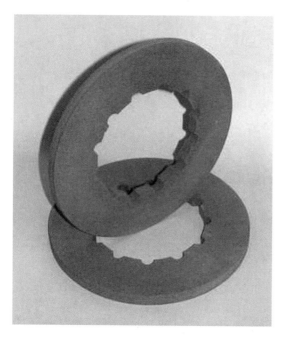

Bild 21: Bremsscheiben-Preforms

Bild 22: Aluminium-MMC-Bremsscheibe

4 Zusammenfassung und Ausblick

MMC-Materialien gehören zu einer Werkstoffgruppe mit einem enormen Potential zur Senkung von Fahrzeuggewichten im allgemeinen und zur Reduzierung der oszillierenden und ungefederten Massen im besonderen. Die Mehrzahl der Projekte, Untersuchungen und Werkstoffdaten stammen aus dem Bereich der Aluminium-MMCs. Ziel dieser Entwicklungen ist schwere Werkstoffe wie Grauguss durch Aluminium zu substituieren oder bestehende Aluminiumbauteile filigraner zu gestalten, die damit kompakter gestaltet werden können. Aber auch Magnesiumlegierungen erlangen wegen ihres geringen spezifischen Gewichtes zunehmend an Bedeutung. Hier gibt es eine Reihe von Arbeiten mit Kohlenstoff-Kurzfaserpreforms und Kohlenstofffaser-Hybridpreforms [5], bei denen bereits vielversprechende Ergebnisse erzielt wurden.

Vor allem die Gruppe der Hybridpreforms bietet ein Werkzeug, Leichtmetalleigenschaften wie E-Modul, Zugfestigkeit, Ermüdungsverhalten, Kriechbeständigkeit, Härte, Abriebfestigkeit, thermische Ausdehnung, Wärmeleitfähigkeit usw. deutlich zu beeinflussen und innerhalb gewisser Grenzen maßzuschneidern. Dies lässt sich noch erweitern durch die Entwicklung von Mehrkomponenten-Hybridpreforms und die Einstellung gezielter Eigenschaftsgradienten in einer Richtung, hin zu lokalem Werkstoff-Engineering sowohl im MMC-Bauteil als auch in der Preform selbst. Obwohl es bisher nur wenig zugängliche Daten gibt, ist bekannt, dass MMC-Werkstoffe den meisten Einstoffsystemen im Schwingungs- und Dämpfungsverhalten deutlich überlegen sind. Hier liegt ein weiteres Anwendungspotential im Bereich Lärmverminderung: „NVH" (Noise-Vibration-Harshness).

Fortschritte in der Anlagentechnik zur Druckinfiltration und im Bereich der Preformherstellung, gepaart mit einem gewissen Vertrauensniveau in diese Werkstoffgruppe und dem ständig steigendem akzeptierten Mehrkosten je Kilogramm Gewichtseinsparung werden dazu beitragen, dass diese Materialien innerhalb der nächsten 5 Jahre eine deutlich breitere Anwendung finden als heute. Dies wird unterstützt durch das starke Interesse aus der Industrie und die zahlreichen, gezielten Entwicklungsprojekte mit potentiellen Endkunden.

5 Literatur

[1] D. Holt: Editorial, Automotive Engineering International, April 2000.
[2] R. Ganz: „Untersuchungen zur Anwendungsgrenztemperatur von keramischen Hochtemperaturfasern des Systems Al_2O_3-SiO_2", Dissertation, Fakultät für Bergbau und Hüttenwesen der Rheinisch-Westfälischen Technischen Hochschule Aachen.
[3] S. Mielke; N. Seitz; D. Eschenweck; R. Buschmann; I. Elstner; G. Willmann: „Aluminum Pistons with Fiber Ceramics", Proc. Sec. Int. Symp. Ceramic Materials and Components for Engines, Lübeck, FRG, 1986.
[4] E. Köhler; H. Hoffmann; J. Niehues; G. Sick: „Kurzbauende, leichte, closed-deck Aluminium-Kurbelgehäuse für Großserien", Verbundwerkstoff-Technik, Sonderdruck der KS Aluminium-Technologie AG.
[5] K. U. Kainer: „Development of Magnesium Matrix Composites for Power Train Application", Proc. 12th Int. Conf. on Composite Materials, CD-ROM V2, (1999) paper 1263.

Aluminium-Matrix-Verbundwerkstoffe im Verbrennungsmotor

E. Köhler und J. Niehues
KS Aluminium-Technologie AG, Neckarsulm

1 Einleitung

Der Einsatz von Verbundwerkstoffen bietet sich prinzipiell dann an, wenn das Eigenschaftsprofil eines Standardwerkstoffs für eine bestimmte Anwendung nicht mehr genügt. Bei ihrer Verwendung im Verbrennungsmotor stehen dabei folgende Ziele im Vordergrund:

- Steigerung der mechanischen Festigkeiten (insbesondere bei höheren Temperaturen)
- Erhöhung der Thermoschockbeständigkeit
- Erhöhung der Steifigkeit (E-Modul)
- Verbesserung der Verschleißfestigkeit und der tribologischen Eigenschaften
- Reduzierung der Wärmeausdehnung

In den vergangenen Jahren sind verschiedene Konzepte der lokalen Verstärkung von Bauteilen in Aluminium-Verbrennungsmotoren motorisch erprobt worden (Tabelle 1). Durchgesetzt haben sich lokal keramikfaserverstärkte Leichtmetallkolben und durch unterschiedliche Technologien realisierte Zylinderlaufflächen. Nachfolgend wird eine Zylinderlaufflächentechnologie

Tabelle 1: Motorkomponenten aus Aluminiummatrix-Verbundwerkstoffen (Al-MMC)

Motorkomponente	primäres Ziel	Verstärkung	Stand
Zylinderkopf Brennraumkalotte	höhere Thermoschockbeständigkeit	Kurzfaser	keine Serie
Ventiltrieb Ventilfederteller Kipp-/Schlepphebel	Massenreduzierung Massenreduzierung	Partikel, Kurzfaser Partikel	keine Serie keine Serie
Kolben Ringträger Muldenrand	Massenreduzierung höhere Thermoschockbeständigkeit	Kurzfaser + Partikel Kurzfaser	**Serie** **Serie**
Kolbenbolzen	Massenreduzierung	Kurzfaser, Langfaser	keine Serie
Pleuel	Massenreduzierung	Kurzfaser, Langfaser	keine Serie
Zylinderkurbelgehäuse Zylinderlaufflächen	tribologische Eigenschaften	Kurzfasergemisch Partikel Kurzfaser + Partikel	**Serie** **Serie** **Serie**
Bedplate KW-Lagerbereich	Reduzierung der Wärmeausdehnung	Kurzfaser + Partikel Partikel	keine Serie

vorgestellt, bei der die Zylinderlaufflächen eines Zylinderkurbelgehäuses (ZKG) aus Aluminium mittels Preforminfiltration mit Silizium angereichert werden. Auf diesem Weg entsteht lokal ein Metall-Matrix-Verbundwerkstoff. Diese Technologie ist 1996 mit dem Zylinderkurbelgehäuse (ZKG) des Porsche Boxster erstmals in Serie gegangen. Seitdem wurden mehr als 250.000 LOKASIL®-ZKG für Porsche Boxster und 911 Carrera (Bild 1) hergestellt. In diesem Beitrag wird diese Technologie mit ihren Weiterentwicklungen dargestellt und mit alten, bewährten Konzepten und neuen Entwicklungen bei Aluminium-ZKG verglichen.

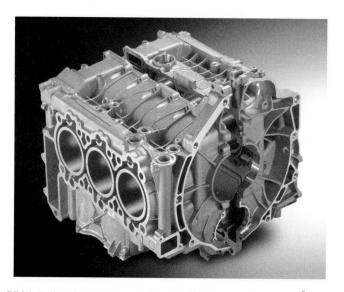

Bild 1: Zylinderkurbelgehäuse des Porsche 911 Carrera mit LOKASIL®-Technologie

2   ZKG-Konzepte und Zylinderlaufflächentechnologie

Bei der aus Leichtbaugründen erfolgenden Substitution von Grauguss durch Aluminium stellt sich die Frage nach dem geeigneten Konzept, Bild 2 [1]. Dabei sind die Komponenten Legierung, Konstruktion, Gießverfahren und Laufflächentechnologie bezüglich der übergeordneten Kriterien und der spezifischen Randbedingungen zu optimieren, wobei mannigfaltige Unverträglichkeiten zu beachten sind.

Während beim Zylinderkurbelgehäuse aus Grauguss (bei perlitischer Gefügeausbildung) der Werkstoff zugleich auch für die Zylinderlauffläche geeignet ist, trifft dieses auf Aluminium nur im Ausnahmefall zu. Neben diesem monolithischen Konzept gibt es bei Al-ZKG noch heterogene und quasi-monolithische Lösungen (Bild 3).

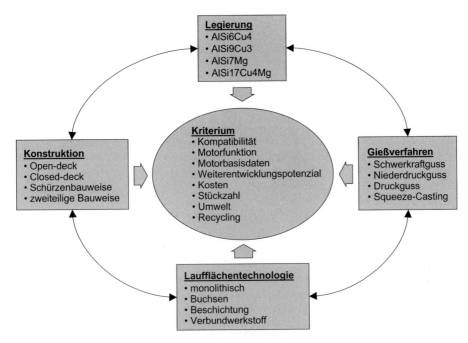

Bild 2: Bestandteile von Aluminium-Zylinderkurbelgehäusekonzepten [1]

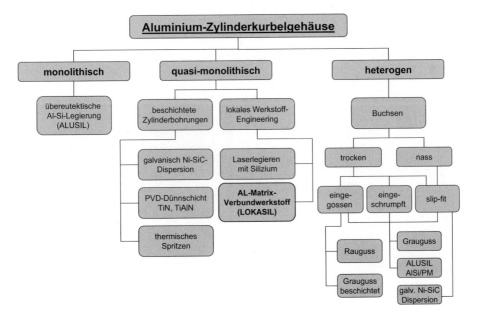

Bild 3: Zylinderlaufflächentechnologien für Aluminium-Zylinderkurbelgehäuse [1]

2.1 ALUSIL®

Eine Möglichkeit ein monolithisches Zylinderkurbelgehäuse herzustellen, ist die Verwendung einer übereutektischen AlSi-Legierung. Bei der KS Aluminium-Technologie AG werden seit Anfang der siebziger Jahre Zylinder und ZKG aus ALUSIL® (AlSi17Cu4Mg) hergestellt. Bei diesem Konzept werden aus einer übereutektischen Schmelze Si-Körner primär ausgeschieden (Bild 4). Diese harten Partikel bilden nach geeigneter Freilegung an der Zylinderlauffläche das Traggerüst für die Laufpartner Kolben und Kolbenringe [2]. Dieses bewährte System ist mit all den Vorteilen eines monolithischen ZKG wie geringe Masse, kurze Baulänge (minimale Stegbreite zwischen den Zylinderbohrungen 4 mm), hervorragende Wärmeleitfähigkeit (thermische Entlastung für Zylindersteg und Kolbenringnut), geringe Zylinderverzüge (thermische und Langzeitverzüge) und kleineres Kolbeneinbauspiel aufgrund ähnlicher Wärmeausdehnungskoeffizienten (geringeres Kolbengeräusch) nach wie vor insbesondere bei ZKG in V-Bauweise aktuell, wie die Beispiele in Abbildung 4 zeigen. Allerdings ist das ALUSIL®-Konzept nach Stand der Technik an das Niederdruckgießverfahren gebunden, was neben vielen qualitativen Vorteilen etwas höhere Kosten mit sich bringt, sodass dieses Konzept bisher keinen Einzug in die Massenmotorisierung (Reihenmotoren) gehalten hat. Bei kleinen bis mittleren Serienstückzahlen und größerer Zylinderanzahl ist ALUSIL® aufgrund geringerer Werkzeugkosten (gegenüber Druckguss) und bereits integrierter Lauffläche auch preislich attraktiv.

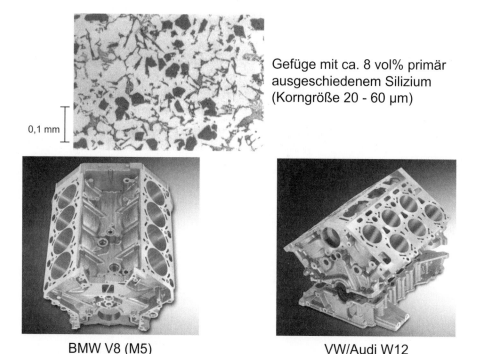

Gefüge mit ca. 8 vol% primär ausgeschiedenem Silizium (Korngröße 20 - 60 µm)

0,1 mm

BMW V8 (M5) VW/Audi W12

Bild 4: ALUSIL®-Konzept und zwei aktuelle Ausführungsbeispiele

2.2 Heterogene Konzepte

Die kostengünstigste Möglichkeit Al-ZKG herzustellen besteht darin, im klassischen Druckguss Buchsen aus Grauguss einzugießen, die später, bearbeitet, die Zylinderlauffläche bilden. Beim Eingießen von Buchsen zeigen sich in Verbindung mit dem Druckguss die geringsten Spalte zwischen Buchse und Umguss, was zu vergleichsweise guten äquivalenten Wärmeleitzahlen führt. Buchsen aus geeigneten Aluminiumwerkstoffen können derzeit ohnehin nur im Druckguss eingegossen werden, da sie wegen der Gefahr des Durchschmelzens auf kurze Erstarrungszeiten angewiesen sind. Das flächenhafte Verschmelzen der Al-Buchse an ihrer Außenfläche mit dem Umguss gelingt nur sehr unzureichend. Durch den Einsatz von Raugussbuchsen (aus Grauguss) kann eine mechanische Verklammerung der Buchse mit dem Umguss erreicht und dadurch der Verbund verbessert werden. Durch geeignete Beschichtungen auf der Außenseite der Buchsen wird ein Verschmelzen mit dem Umguss deutlich verbessert, allerdings zu Lasten der Kosten. Gegossene Buchsen aus ALUSIL® oder übereutektische Buchsen, die pulvermetallurgisch hergestellt werden, reduzieren zwar einige Nachteile dieser heterogenen Lösungen wie höheres Gewicht, größere Zylinderverzüge und schlechtere Wärmeleitung, liegen aber kostenseitig weit über Graugussbuchsen. Bild 5 zeigt einige Buchsen, die zur Zeit bei der KS Aluminium-Technologie AG serienmäßig eingegossen werden.

Raugussbuchse　　　GG-Buchse　　　AlSi-Buchse

Bild 5: Verschiedene Buchsen zum Eingießen

Eine Sonderstellung nehmen nasse, slip-fit-Buchsen ein, die bei Kleinserien, z. B. Sportwagen- und Rennsportmotoren, wo den Kosten nicht die höchste Priorität eingeräumt wird, verwendet werden [3]. Hierbei handelt es sich um hochfeste Aluminium-Buchsen, die als Lauffläche eine galvanisch abgeschiedene Ni-SiC-Dispersionsschicht aufweisen. Ein Beispiel ist in Bild 6 dargestellt.

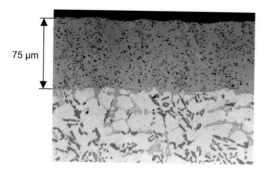

Laufschicht
- Nickelmatrix
- 7 - 10 Vol.% SiC,
- SiC-Korngröße 1 - 3 µm
- Mischhärte 610 HV

Grundwerkstoff AlSi9Cu3
- äußerst porenarm

Bild 6: Gefügeaufnahme einer Ni-SiC-Dispersionsschicht

2.3 Quasi-monolithische Konzepte

Alle quasi-monolithischen Konzepte haben das Ziel, die Vorteile eines monolithischen Zylinderkurbelgehäuses mit geringeren Kosten einer Massenmotorisierung zu erschließen. Stand der Technik ist die galvanisch abgeschiedene Ni-SiC-Dispersionsschicht (Abbildung 6). Voraussetzung für eine gute Schichthaftung ist bei dieser Schicht eine äußerst geringe Porosität der zu beschichtenden Oberfläche. Diese tribologisch hochwertige Laufflächentechnologie ist allerdings nicht mehr sehr verbreitet. Eine eher kritische Einstellung zu Nickel, die Entsorgung anfallender Nickelschlämme und die Korrosionsproblematik bei Verwendung von schwefelhaltigerem Kraftstoff sind wohl die wesentlichen Gründe dafür.

Nach dem Rückzug der galvanischen Ni-SiC-Dispersionsschicht befinden sich verschiedene Beschichtungsverfahren im Aufwind. Eine Möglichkeit ist das Aufbringen einer dünnen Schicht aus TiN oder TiAlN mittels eines PVD-Prozesses auf eine gehonte Zylinderlauffläche, wobei die Honstruktur erhalten bleibt [4]. Dieser Plasmaprozess im Vakuum erfordert eine aufwendige Vorbereitung der zu beschichtenden Oberfläche. Hohe Kosten und fehlende Prozesssicherheit stehen einem Durchbruch dieser Technologie wohl noch im Wege.

In einem weiter entwickelteren Stadium befinden sich thermische Spritzschichten. Der Motor des VW Lupo FSI ist der erste Motor, der mit einer plasmabeschichteten Zylinderlauffläche vor kurzem in Serie ging [5]. Beim atmosphärischen Plasma-Spritzen sind Schichten auf Eisenbasis aber auch Schichten mit weiteren metallischen oder keramischen Zugaben möglich [6]. Bild 7 zeigt eine Gefügeaufnahme einer plasmagespritzten Zylinderlauffläche. Bei Verwendung von preisgünstigem Pulver liegen die kalkulatorischen Beschichtungskosten bei Großserienstückzahlen auf dem Niveau einer Graugussbuchse [6]. Anfängliche Probleme wie Schichthaftung und hohe Porosität der Schicht scheinen ausgemerzt zu sein. Auf jeden Fall stellen Beschichtungen hohe Anforderungen an die Oberflächengüte (Stichwort: Poren), die erfahrungsgemäß am besten von Niederdruck-Kokillengussteilen erfüllt werden. Andere Gießverfahren (z. B. Druckguss, Sandguss oder auch Lost Foam) mussten bisher eine für die Beschichtung in Großserie notwendige Oberflächenqualität bei entsprechender Prozesssicherheit noch nicht nachweisen. Letztere Aussage bezieht sich auf Zylinderkurbelgehäuse von Mehrzylindermotoren.

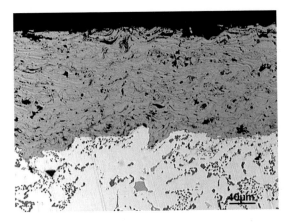

Laufschicht
- Eisenbasis
- Mischhärte 500 HV
- 7 - 10 % Porosität

Grundwerkstoff AlSi9Cu3
- porenarm (ND-Guss)

Bild 7: Gefügeaufnahme einer plasmabeschichteten Zylinderlauffläche

Eine bessere Schichthaftung und geringere Porosität als beim Plasmaspritzen wird vom Hochgeschwindigkeitsflammspritzen erwartet [7]. Hierbei sind metallische, keramische und auch Cermet-Schichten möglich. Für die Beschichtung von Zylinderlaufflächen befindet sich dieses Verfahren noch im Entwicklungsstadium.

Zur Vermeidung von Haftungsproblemen bei Beschichtungen wurde das Laserlegieren entwickelt [8]. Hierbei wird die Zylinderlauffläche unter Verwendung einer Drehoptik mit paralleler Pulverzufuhr metallurgisch auflegiert. Da die auflegierte Zone sehr schnell abkühlt, wird eine Ausbildung einer Schichtstruktur mit fein ausgeschiedenen Hartphasen (z. B. Silizium) erreicht. Diese feinen Partikel erfordern beim Oberflächenfinish nach dem Honen jedoch zur Zurücksetzung der Al-Matrix einen chemischen Prozessschritt. Ziel der weiteren Entwicklung ist eine deutliche Reduzierung der Beschichtungszeit, um eine wirtschaftliche Herstellung zu ermöglichen.

2.4 Das LOKASIL®-Konzept [9]

Eine übereutektische Legierung wie ALUSIL® ist mit hochproduktiven Gießverfahren, wie Druckguss oder Squeeze-Casting, schwierig zu vergießen. Sie ist zudem teurer und stellt höhere Anforderungen an die Bearbeitung als die Standardlegierung 226 (AlSi9Cu3) und wird eigentlich nur in den Zylinderbohrungen benötigt. Alternativ kann die an den Zylinderbohrungen benötigte Siliziumanreicherung jedoch auch nur lokal erfolgen. Hierbei werden hochporöse, hohlzylindrische Formkörper aus Silizium, sogenannte Preforms, während des Gießens unter Druck mit kostengünstiger Sekundärlegierung (A226) infiltriert. So entsteht in Verbindung mit einem sehr effizienten Gießverfahren ein der übereutektischen Legierung ALUSIL® tribologisch mindestens äquivalenter Verbundwerkstoff. Dabei wird der monolithische Charakter des Zylinderkurbelgehäuses im wesentlichen beibehalten.

LOKASIL® ist als Werkstoff-Familie zu verstehen. Für die Serienanwendung stehen primär zwei Varianten zur Verfügung. In der faserlosen Variante ist LOKASIL® ein hervorragender primär tribologischer Werkstoff. Diese Variante ist beim ZKG für den Porsche Boxster und 911 Carrera in Serie. Als Faser-Partikel-Verbundwerkstoff lassen sich zudem höhere Festigkeitsan-

Typ	Preform	Preformstruktur	Gefüge des Verbundes
LOKASIL I 5 % Al$_2$O$_3$-Fasern + 15 % Si (30 - 70 µm) Variante für erhöhte Festigkeitsanforderung		 0,1 mm	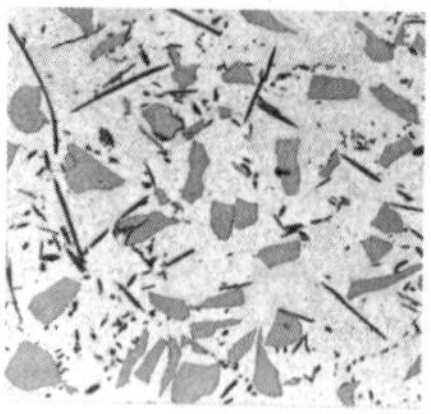 0,1 mm
LOKASIL II 25 % Si (30 - 70 µm) Basis-Variante für primär tribologische Anwendung		 0,1 mm	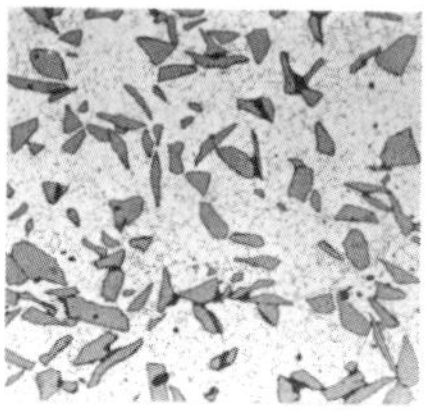 0,1 mm

Bild 8: LOKASIL®-Zylinderlaufflächenvarianten

forderungen erfüllen. Dies kommt der Realisierung minimaler Stegbreite zwischen den Zylinderbohrungen bei entsprechender hoher thermischer Beanspruchung zugute.

Tabelle 2: Vorteile des LOKASIL®-Konzeptes [10]

Kriterium	Vorteile von LOKASIL®	Anmerkung
• Gewicht	• ohne schwere Eingussteile	• GG-Buchsen
• kompakte Bauweise	• minimale Stegbreite	• dann mit Faserverstärkung
• Wärmeleitung	• spaltfreier Verbund mit dem Al-Umguss	• therm. Entlastung Zyl.-Steg und Kolbenringnut
• Zylinderverzug	• geringe therm. und bleibende Verformung	• keine Buchsentoleranzproblematik, Spaltfreiheit, keine Bi-Metall-Effekte
• Tribologie	• hohe Fresssicherheit, geringer Verschleiß, geringe Reibung	• Hartphase Silizium hat sich bewährt (ALUSIL®)
• Schadstoffemissionen	• geringer Ölverbrauch (pos. bez. HC-Rohemissionen)	• optimiertes Finish der Zylinderlaufflächen
• Geräusch	• kleines Kolbeneinbauspiel	• ähnliche Wärmeausdehnung Kolben - Zylinder
• Kompatibilität	• Preform durch Buchse ersetzbar	• Verfahrensverwandtschaft
• Recycling	• geeignet für Sekundärmetallkreislauf	• auch mit Fasern

Bild 8 gibt einen Eindruck von der jeweiligen Preformstruktur und dem zugehörigen Verbundwerkstoffgefüge. Ein in der Basisvariante geringer Anteil Aluminiumoxid-Fasern bildet ein Traggerüst für die eingelagerten Si-Partikel. Bei beiden Varianten ist die Si-Korngröße an die Korngröße der Si-Primärkörner beim ALUSIL® angepasst worden. Dieses zeigte sich auch beim Oberflächenfinish sehr positiv. Mittlerweile wurden beide Varianten hinsichtlich Kostenreduktion bei der Preformherstellung und höherer Festigkeit des Verbundwerkstoffs weiter ausgebaut, sodass heute für jeden Anwendungsfall eine maßgeschneiderte LOKASIL®-Lösung bereit steht. Die Vorteile des LOKASIL®-Konzeptes sind in Tabelle 2 noch einmal zusammengefasst.

3 Herstellung von LOKASIL®-Zylinderkurbelgehäusen

3.1 Einleitung

Eine Herstellung von Metall-Matrix-Verbundwerkstoffen kann auf vielfältige Art und Weise vor sich gehen. Möglich sind:

- Umformtechnische Herstellung (Schmieden, Strangpressen von Stranggusshalbzeugen aus Composite-Material)
- Pulvermetallurgische Herstellung
- Thermisches Spritzen
- Laserlegieren
- Vergießen von Composite-Schmelzen
- Schmelzinfiltration von Preforms mittels Gasdruckinfiltration oder Squeeze-Casting

Bei den LOKASIL®-Zylinderkurbelgehäusen erfolgt die Herstellung über den Squeeze-Casting-Prozess, bei dem vorgefertigte Preforms mit der Metallschmelze infiltriert werden.

3.2 Preformherstellung

Fasern und Partikel lassen sich unter Zugabe von Bindern auf folgende Weisen zu porösen Formkörpern (Preforms) verarbeiten:

- Verarbeitung von Langfasern zu Gelegen oder Geweben
- Pressen + Brennen/Sintern
- Gießen einer wässrigen Suspension, Formgebung und anschließender Wasserentzug
- Gel-Gieß-Gefriertrocknen

Bild 9 zeigt bezüglich Geometrie und Material Beispiele verschiedener Preforms.
Da auf die Herstellung von Faserpreforms und Hybridpreforms (Fasern + Partikel) an anderer Stelle dieses Buches bereits intensiv eingegangen wird, soll hier nur die Herstellung von Partikelpreforms erläutert werden. Bei reinen Partikelpreforms, wie sie für LOKASIL® II-Zylinderkurbelgehäuse in Serie verwendet werden, wird zur Erzielung einer hohen Porosität von 70–75 % das Gel-Gieß-Gefriertrocknen verwendet (Bild 10) [11]. Bei diesem Verfahren

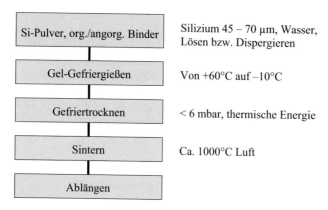

Bild 9: Beispiele verschiedener Preforms

werden die Poren durch den Platzhalter Wasser eingebracht. Dazu wird zunächst ein homogener Schlicker, bestehend aus Siliziumpulver, Wasser und Bindern hergestellt und in eine metallische Negativform der gewünschten Geometrie gegossen. Nach Abkühlen der gefüllten Form von ca. +60 °C auf Temperaturen unterhalb des Gefrierpunktes werden die Teile im gefrorenen Zustand gefriergetrocknet. D. h. das Wasser wird bei einem Druck von ungefähr 6 mbar durch Zufuhr von Energie sublimiert. Dort, wo vorher die Eiskristalle waren, entstehen mit großer Gleichmäßigkeit die gewünschten Hohlräume, die im Gießprozess mit Aluminium infiltriert werden.

Durch diesen Prozess erhalten die Preforms – je nach Pulver- und Wasseranteil sowie Prozessparametern – exakt die gewünschte Porosität, Porenverteilung und Porenstruktur. Abschließend werden die Bauteile in einem Brennprozess bei Temperaturen von ca. 1000 °C verfestigt und auf die vorgegebenen Maße abgelängt. Die so hergestellten Formkörper gewähren trotz hoher Porosität eine ausreichende Festigkeit für ein automatisches Handling in der Fertigung und

Bild 10: Verfahrensablauf Gel-Gefriergießen für Lokasil II®-Preforms, CeramTec AG

bilden ein äußerst homogenes Metal-Matrix-Composite-Gefüge nach dem Infiltrieren mit Aluminium aus.

Werden geringere Porositäten gefordert, kommen auch Verfahren wie isostatisches Pressen, axiales Pressen oder Extrudieren zum Einsatz (Bild 11) [11]. Bei diesen Verfahren werden die Porositäten nicht durch Wasser und den teuren Zwischenschritt des Gefriergießens erzeugt, sondern durch die Zugabe von Porosierungsmitteln, die beim Sintern herausbrennen. Im Prinzip lassen sich mit den entwickelten Verfahren fast alle Arten von Hartstoffen verarbeiten. Das hat den Vorteil, dass sich die jeweils kostengünstigsten Hartstoffverstärkungen auswählen lassen, die die gewünschten MMC-Materialeigenschaften liefern.

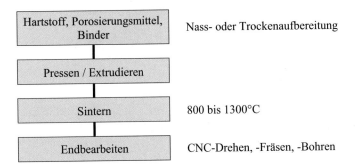

Bild 11: Verfahrensablauf für pulvertechnologische Formgebung, CeramTec AG

3.3 Gießprozess

Die Porsche-Boxer-ZKG-Hälften werden im Squeeze-Casting-Verfahren gegossen. Dieses Verfahren vereint die niederdruckähnliche und somit langsame und wenig turbulente Formfüllung mit dem druckgusstypischen hohen Nachdruck nach der Formfüllung. Letzterer bewirkt sehr große Wärmeübergangskoeffizienten, die eine schnellen Erstarrung des Gussteils zur Folge haben. Dieses erlaubt mit dem konventionellen Druckguss vergleichbare Zykluszeiten. Bild 12 zeigt einen Vergleich gängiger Gießverfahren bezüglich Gießdruck und Füllgeschwindigkeit. Bild 13 zeigt auf der linken Seite eine Prinzipdarstellung der im Einsatz befindlichen Squeeze-Casting-Maschinen. Zwischen der Gieß- und der Schließeinheit befindet sich das in eine feste und eine bewegliche Formhälfte aufgeteilte Werkzeug. Die Gießkammer ist eingeschwenkt und hat an die feste Formhälfte angedockt. Der Gießkolben ist nach Befüllen der Form in seiner Endposition. In der Gießkammer verbleibt der sogenannte Pressrest, über den die hohe Druckbeaufschlagung erfolgt. Die rechte Seite von Abbildung 13 gibt Aufschluss über den zeitlichen Verlauf der wichtigsten Gießparameter. Von zentraler Bedeutung ist dabei für die Prozessbeherrschung bezüglich Preforminfiltration das Ende der Formfüllung. Hier muss die Gießkolbengeschwindigkeit gezielt reduziert werden, um den Druckanstieg während der Infiltration innerhalb der zulässigen Grenzen zu halten. Dieser Prozess ist mittlerweile so stabil, dass die Laufflächenprüfung mittels Wirbelstrom auf eine Stichprobenprüfung reduziert werden kann.

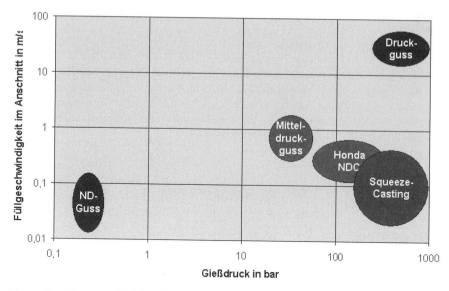

Bild 12: Darstellung verschiedener Gießverfahren nach Gießdruck und Füllgeschwindigkeit

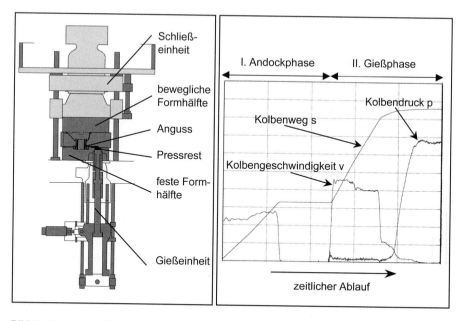

Bild 13: Schema einer Squeeze-Casting Maschine und zeitlicher Ablauf der wesentlichen Prozessparameter [10]

Die Squeeze-Casting-Maschine ist Bestandteil einer vollautomatisierten Gießzelle (Bild 14), in der zwei Roboter alle erforderlichen Handhabungen übernehmen. Während Roboter 2 die Form säubert und Trennmittel aufträgt, entnimmt Roboter 1 dem Vorwärmofen drei aufgeheizte Preforms (Bild 15) und setzt diese auf temperierte Wechselpinolen. Anschließend werden diese im Gießwerkzeug positioniert. Nach dem Schließen der Gießform läuft der Gießprozess ab, indem sich der Gießkolben nach oben bewegt und die Kavität langsam mit Schmelze füllt. Dabei werden die Preforms mit Schmelze infiltriert und das Gussteil erstarrt unter hohem Druck. Danach öffnet sich die Form und Roboter 1 entnimmt das Gussteil. Dieses wird auf Vollständigkeit überprüft, gekennzeichnet und nach Auspressen der Wechselpinolen auf dem Transportband abgelegt. Danach werden die Wechselpinolen in einem Tauchbad geschlichtet und temperiert. Während des Bereitstellens der Wechselpinolen zur Preformaufnahme hat Roboter 2 den Zyklus mit dem Reinigen der Form bereits wieder begonnen.

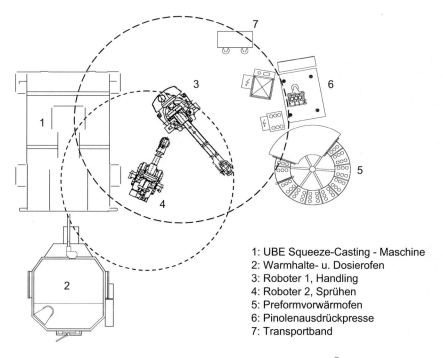

1: UBE Squeeze-Casting - Maschine
2: Warmhalte- u. Dosierofen
3: Roboter 1, Handling
4: Roboter 2, Sprühen
5: Preformvorwärmofen
6: Pinolenausdrückpresse
7: Transportband

Bild 14: Layout der automatisierten Gießzelle zur Produktion von LOKASIL®-Zylinderkurbelgehäusen

Bei der Erstanwendung von LOKASIL® bei den ZKG-Hälften der Porsche Boxer Motoren werden diese zwar im Squeeze-Casting-Verfahren gegossen, doch wurde die Verfahrenserweiterung auf horizontal arbeitende Druckgießmaschinen schon zu einem sehr frühen Zeitpunkt parallel verfolgt. Die weltweite Verbreitung solcher Maschinen erzwang dies im Sinne einer breiteren Vermarktung des LOKASIL®-Konzeptes. Obwohl bereits einige funktionsfähige LOKASIL®-ZKG auf konventionellen Druckgießmaschinen mit druckgusstypischer Anschnitttechnik hergestellt worden waren, konnte eine Prozessstabilisierung erst mit echtzeitgeregelten Druckgießmaschinen erreicht werden. Mit dieser Regelung und modifizierter Anschnitt- und

Werkzeugauslegung ist, wie die bisherigen Versuche gezeigt haben, ein squeeze-casting-ähnlicher Prozess möglich, der eine sichere Preforminfiltration bei gleichzeitig guter Gussteilqualität prinzipiell garantiert. Sicherlich bedarf es bei einer Serienanwendung noch einer bauteilspezifischen Prozessentwicklung

Bild 15: Mit Preforms bestückter Vorwärmofen [12]

4 Zusammenfassung und Ausblick

Monolithische und quasimonolithische Konzepte sind aufgrund ihrer technischen Vorteile heterogenen Lösungen vorzuziehen. Bei vielzylindrigen Motoren ist bei mittleren Serienstückzahlen das monolitische ALUSIL®-Konzept auch wirtschaftlich die günstigste Lösung.

Stehen bei Großserienstückzahlen die Kosten im Vordergrund, kommt man an hochproduktiven Gießverfahren wie dem Druckguss nicht vorbei. Das Eingießen von Grauguss-Buchsen ist dabei die kostengünstigste Lösung, vorausgesetzt, die technischen Nachteile können akzeptiert werden. Das bewährte LOKASIL®-Konzept, das Vorteile des monolithischen ZGK mit hochproduktiven Druckgießverfahren verbindet, ist durch Weiterentwicklungen bei der Preformherstellung und -komposition sicherlich die beste Lösung, bei mittlerweile nur geringen Mehrkosten gegenüber GG-Buchsen.

Plasmabeschichtete Zylinderlaufflächen finden gerade Einzug in die Serienanwendung. Ihre Funktionsfähigkeit steht außer Zweifel. So wird auch der Erfolg dieser neuen Technologie weitgehend von den beiden darüber hinaus wichtigsten Faktoren – der mittelfristig erreichbaren Prozesssicherheit und den tatsächlich pro beschichteter Bohrung entstehenden Kosten – abhängen. In wie weit der prinzipbedingt höhere Porositätsgrad von preiswerten Druckguss-Zylinderkurbelgehäuse in diesem Zusammenhang endgültig zu bewerten ist, kann heute nicht abschließend beantwortet werden.

5 Literatur

[1] Köhler, E.: Aluminium-Motorblöcke; Aus Forschung und Entwicklung; Kolbenschmidt AG (1995)
[2] Wacker, E., Dorsch, H.: ALUSIL-Zylinder und FERROCOAT-Kolben für den Porsche 911. MTZ 35 (1974) 2
[3] Neußer, H.-J.: Kurbelgehäuse-Gießtechnik im Hochleistungsmotorenbereich; VDI-Berichte Nr. 1564, 2001, Gießtechnik im Motorenbau
[4] Lugscheider, E., Wolff, Ch.: Innenbeschichtung von Aluminium-Motorblöcken mittels PVD-Technik; Galvanotechnik 89 (1998) Nr. 7 u. 8
[5] Krebs, R., Stiebels, B., Spiegel, L., Pott, E.: FSI - Ottomotor mit Direkteinspritzung im Volkswagen Lupo; Fortschritt-Berichte VDI, Reihe 12, Nr. 420, Wiener Motorensymposium 2000
[6] Barbezat, G.; Schmid, J.: Plasmabeschichtungen von Zylinderkurbelgehäusen und ihre Bearbeitung durch Honen; MTZ 62 (2001) 4, S. 314–320
[7] Buchmann. M., Gadow, R.: Ceramic coatings for cylinder liners in advanced combustion engines; manufacturing process and characterisation; The 25th Annual International ACERS Conference on Advanced Ceramics & Composites, Cocoa Beach 2001
[8] Fischer, A.: Aluminium-Motorblöcke für Hochleistungsmotoren - Anforderungen und Lösungen; VDI-Berichte Nr. 1564, 2001, Gießtechnik im Motorenbau
[9] Köhler, E., Ludescher, F., Niehues, J., Peppinghaus, D.: LOKASIL-Zylinderlaufflächen - Integrierte lokale Verbundwerkstofflösung für Aluminium-Zylinderkurbelgehäuse; Sonderausgabe von ATZ/MTZ: Werkstoffe im Automobilbau 1996
[10] Everwin, P., Köhler, E., Ludescher, F., Niehues, J., Peppinghaus, D.: LOKASIL: Entwicklungs- und Serienanlauferfahrungen mit dem PORSCHE-Boxster-Zylinderkurbelgehäuse, Zukunftsperspektive; in: KOLBENSCHMIDT, Kompetenz im Motor (1997)
[11] Köhler, E., Lenke, I., Niehues, J.: LOKASIL® - eine bewährte Technologie für Hochleistungsmotoren - im Vergleich mit anderen Konzepten; VDI-Berichte 1612, 2001, S. 35–54
[12] Everwin, P., Köhler, E., Ludescher, F., Münker, B., Peppinghaus, D.: LOKASIL-Zylinderlaufflächen: Eine neue Verbundwerkstoff-Lösung geht mit dem Porsche Boxster in Serie; ATZ/MTZ-Sonderausgabe „Porsche Boxster", 1996

Herstellung von Verbundwerkstoffen bzw. Werkstoffverbunden durch thermische Beschichtungsverfahren

B. Wielage, A. Wank
Lehrstuhl für Verbundwerkstoffe, Technische Universität Chemnitz
J. Wilden
Fachgebiet Fertigungstechnik, Technische Universität Ilmenau

1 Einleitung

Bauteile im modernen Maschinenbau unterliegen im Allgemeinen sowohl hohen Festigkeitsanforderungen als auch hohen Anforderungen an die Oberflächeneigenschaften, wie z. B. Korrosions- und / oder Verschleißbeanspruchung. Darüber hinaus müssen auch oft weitere funktionale Eigenschaften an der Oberfläche erfüllt werden. Das gesamte Anforderungsprofil ist nicht mit einem einzigen Werkstoff zu erfüllen. Erst durch ein funktionales Trennen der Aufgaben von Bauteiloberfläche und -kern, das technisch durch das Aufbringen von Beschichtungen auf ein Strukturbauteil realisiert wird, lässt sich das Anforderungskollektiv in seiner gesamten Komplexität erfüllen.

Zum Herstellen von Beschichtungen kann prinzipiell eine große Bandbreite von Verfahren eingesetzt werden. Neben physikalischen (PVD) und chemischen (CVD) Gasphasenabscheidung haben galvanische und außenstromlose chemische Verfahren, das Schmelztauchen sowie die Dickschichtverfahren des thermischen Spritzens und Auftragschweißens Bedeutung erlangt. Die Dickschichtverfahren zeichnen sich durch hohe Depositionsraten und demzufolge kurze Prozesszeiten zum Herstellen von Werkstoffverbunden aus. Dabei kommen teilweise mehrlagige Beschichtungen zum Einsatz, um die Stabilität des Schichtverbundes gewährleisten zu können. Dabei können sowohl die Substratwerkstoffe, die die Bauteilfestigkeit bestimmen, als auch die Beschichtungswerkstoffe Verbundwerkstoffe sein.

Vor dem Hintergrund der hohen volkswirtschaftlichen Bedeutung der Verfahren des thermischen Spritzens und Auftragschweißens, die insbesondere beim Beschichten hochbeanspruchter Bauteile zum Verschleiß- und Korrosionsschutz Anwendung finden, werden diese im Folgenden detailliert dargestellt und Anwendungen exemplarisch diskutiert. Die volkswirtschaftlichen Verluste in Folge von Verschleiß und Korrosion belaufen sich in der Bundesrepublik Deutschland auf mindestens 8 Mrd. €, sodass diesen Anwendungen ein hoher Stellenwert beizumessen ist. Darüber sind derartige Schichten zur Reibungsminderung sowie zur thermischen oder elektrischen Isolation bedeutsam geworden. Schließlich gewinnen funktionelle Beschichtungen mit speziellen magnetischen, thermoelektrischen oder -chemischen Eigenschaften zunehmend Bedeutung.

2 Thermisches Spritzen

Gemäß DIN 32530 sind die Verfahren des thermischen Spritzens dadurch gekennzeichnet, dass Spritzzusätze innerhalb oder außerhalb von Spritzgeräten an-, auf- oder abgeschmolzen und auf vorbereitete Oberflächen geschleudert werden (Bild 1). Die Bauteiloberfläche wird dabei im Allgemeinen nicht angeschmolzen. Typische Schichtdicken liegen im Bereich von einigen 10 µm bis zu wenigen Millimetern.

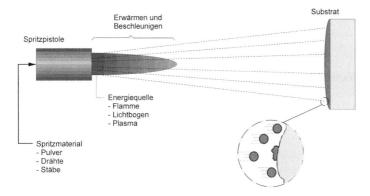

Bild 1: Prinzip des thermischen Spritzens

Die Verfahren des thermischen Spritzens lassen sich nach der Art des verwendeten Spritzzusatzes einteilen. Neben Pulvern können, (Füll-)Drähte und Stäbe eingesetzt werden. Des Weiteren teilt die DIN EN 657 die Spritzverfahren gemäß des Energieträgers ein und unterscheidet zwischen strahl-, flüssigkeits- und gasbasierten sowie Verfahren mit elektrischer Gasentladung. Das strahlbasierte Laserspritzen und das flüssigkeitsbasierte Schmelzbadspritzen haben derzeit keine wirtschaftliche Bedeutung und werden daher im Folgenden vernachlässigt. Zu den gasbasierten Verfahren zählen das konventionelle Flammspritzen, das Detonations-, Hochgeschwindigkeitsflamm- und Kaltgasspritzen. Auf elektrischer Gasentladung basieren das Lichtbogen- und das Plasmaspritzen.

Das thermische Spritzen weist als inhärente Vorteile auf, dass:

- nahezu beliebige Beschichtungswerkstoffe einsetzbar sind,
- eine geringe thermische Belastung des Bauteils,
- lokal begrenztes und großflächiges Beschichten und
- der Einsatz vor Ort mit vielen Verfahren möglich ist.

Die Anwendbarkeit eines Werkstoffs für thermische Spritzverfahren hängt allein von der Anforderung, dass eine schmelzflüssige Phase oder eine ausreichende Duktilität unterhalb der Zersetzungstemperatur existieren muss, ab. Auf Grund der durch die Prozessführung einstellbaren thermischen Belastung des Substrats bestehen praktisch keine Einschränkungen für die Wahl des Strukturwerkstoffs.

Da beim thermischen Spritzen keine metallurgische Anbindung der Schichten an den Grundwerkstoff erfolgt, resultiert teilweise eine geringe Haftfestigkeit. Eine Nachbehandlung durch Umschmelzen oder heißisostatisches Pressen (HIP) erlaubt es, diese zu verbessern und darüber hinaus die Porosität zu verringern. Ein Verdichten der Schichten kann auch durch zum Spritzprozess simultanes oder nachgeschaltetes Kugelstrahlen erreicht werden. Das Einstellen des Fertigmaßes und einer definierten Oberflächengüte erfolgt in der Regel durch eine spanende Endbearbeitung.

2.1 Spritzzusatzwerkstoffe

Der Spritzzusatz kann dem Spritzprozess in Form von Pulvern, Drähten oder Stäben zugeführt werden. Bedingt durch die Herstellungsverfahren ist beim Einsatz von Drähten oder Stäben im Vergleich zu Pulvern ein wesentlich kleineres Werkstoffspektrum verarbeitbar. Gleichwohl werden jährlich ca. 3.800 t drahtförmige und ca. 840 t pulverförmige Spritzzusätze verarbeitet. Dabei nimmt Zinkdraht mit nahezu 80 % den bei weitem größten Anteil ein. Darüber hinaus sind verschiedene Stähle (ca. 13 %) und Molybdän (ca. 5 %) bedeutsam. Für das Stabspritzen sind auch keramische Sinterstäbe einsetzbar. Während Spritzdrähte meistens einen Durchmesser von 1,6 bis 3,2 mm besitzen, können Stäbe einen Durchmesser bis 8 mm aufweisen. Mit dem Einsatz von Fülldrähten wird das Spektrum der verarbeitbaren Werkstoffe wesentlich erweitert. Hartstoffe können zum Verbessern der Verschleißbeständigkeit eines metallischen Matrixwerkstoffs, aus dem die Hülle besteht, eingesetzt werden. Zudem können die Eigenschaften der Matrix durch Legierungsbildung mit Füllstoffen im Beschichtungsprozess modifiziert werden, ohne dass die Verarbeitungseigenschaften des Hüllwerkstoffs beim Herstellen der Drähte beeinflusst werden. Neben gefalzten Fülldrähten, die besonders hohe Füllgrade erlauben, sind Röhrchenfülldrähte erhältlich, die auf Grund des geschlossenen Mantels die Prozessstabilität fördern.

In der Regel weisen die zum Spritzen eingesetzten Pulver Partikeldurchmesser zwischen 5–150 µm auf. Die anwendbare Größe der Pulver hängt zum einen von der Fließfähigkeit und zum anderen von den thermophysikalischen Eigenschaften ab. Die Fließfähigkeit des Pulvers hängt von der Partikelform (kugelig oder kantig) sowie von der Agglomerationsneigung in Folge der mit abnehmender Partikelgröße zunehmenden spezifischen Oberfläche ab. Die thermophysikalischen Eigenschaften bestimmen, bis zu welcher Partikelgröße ein Aufschmelzen bzw. ein ausreichendes Durchwärmen durch die Interaktion mit dem Heißgasstrahl möglich ist. Grundsätzlich wirken sich enge Kornfraktionen positiv auf die Schichtqualität (Homogenität der Mikrostruktur und Schichtdicke, Porosität, Auftragwirkungsgrad) aus.

Unter den metallischen Spritzpulvern nehmen Legierungen auf der Basis von Eisen, Nickel und Kobalt den größten Anteil ein. Dabei sind MCrAlY (M := Fe, Ni, Co) Legierungen insbesondere für den Heißgaskorrosionsschutz in Verbrennungsturbinen von großer Bedeutung. Darüber hinaus werden insbesondere Molybdän sowie Leichtmetalllegierungen auf der Basis von Aluminium und Titan häufig verarbeitet. Sowohl die Kornform als auch der Gasgehalt hängen wesentlich von der Prozessführung bei der Pulverherstellung ab. MCrAlY Legierungen werden üblicher Weise mittels inerter Gase in eine Kammer mit inerter Atmosphäre verdüst, weil die Heißgaskorrosionsbeständigkeit wesentlich vom Oxidgehalt der Schichten abhängt. Dagegen werden selbstfließende Legierungen auf der Basis von NiCrBSi häufig in Wasser verdüst, weil ein gewisser Sauerstoffgehalt erforderlich ist, um ein gutes Einschmelzverhalten nach dem Aufspritzen zu ermöglichen. Dabei werden allerdings spratzige Partikel erhalten.

Oxidkeramiken nehmen in etwa ein Viertel des Spritzpulververbrauchs ein. Dabei finden ZrO_2 basierte Keramiken vorwiegend Einsatz zur Wärmedämmung, während Cr_2O_3 und Al_2O_3(-TiO_2) Keramiken vorwiegend zum Verschleißschutz eingesetzt werden. Al_2O_3 wird teilweise auch zur elektrischen Isolation eingesetzt. Neben geschmolzenen bzw. gesinterten und gebrochenen Pulvern, die auf Grund des Mahlprozesses kantige Gestalt aufweisen, sind auch sphärodisierte sowie sprühgetrocknete und gesinterte Pulver erhältlich.

Bei einem weiteren Viertel des verbrauchten Pulvers handelt es sich um Cermets – Verbunde aus einer metallischen Matrix, die sprödes Versagen verhindert, und einer keramischen Verstärkungskomponente, die die Verschleißbeständigkeit verbessert. Die wichtigsten Cermet Werkstoffe sind Hartmetalle auf der Basis von WC-Co(Cr) sowie Cr_3C_2-Ni20Cr. Die Verbundpulver werden in der Regel durch Sprühtrocknen aus einer Suspension mit einem organischen Binder hergestellt, wobei die Verbundfestigkeit der Partikel durch ein anschließendes Sintern wesentlich verbessert wird. Zum Optimieren der Verschleiß- und Korrosionsbeständigkeit für einen bestimmten Anwendungsfall sind neben der Matrixzusammensetzung vor allem die Art des Hartstoffs, der Hartstoffgehalt und die Größe der Hartstoffe von Bedeutung. Auf Grund der kugeligen Gestalt weisen die Verbundpulver eine hervorragende Fließfähigkeit auf.

Mit Hilfe einer sorgfältigen Entwicklung eines metallurgischen Konzeptes sowie dem Einsatz angepasster Prozesstechnologie gelingt neuerdings auch der Einsatz von Hartstoffen, die zunächst keine Schichtherstellung ermöglichen, für Spritzapplikationen. SiC zeichnet sich zum einen durch hervorragende Verschleißschutzeigenschaften und zum anderen durch einen geringen Preis aus. Allerdings lassen sich auf Grund seines inkongruenten Schmelzverhaltens und der geringen Duktilität unterhalb der Zersetzungstemperatur keine reinen SiC Spritzschichten herstellen. Der Anwendung als Hartstoff in Cermets steht die hohe Reaktivität mit allen technisch relevanten metallischen Elementen bereits im festen Zustand entgegen. Untersuchungen zum Herstellen von SiC basierten Cermets mittels Sinterns weisen nach, dass die Kinetik des Auflösens in einer Eisenbasismatrixlegierung durch das Absättigen des Eisenmischkristalls mit Silicium und Kohlenstoff stark gehemmt wird. Gleichzeitig wird die Benetzbarkeit des Hartstoffs verbessert, woraus eine gute Anbindung im Verbund erfolgt. Zum Herstellen submikron strukturierter Cermet Verbundpulver mit homogener Verteilung der SiC Partikel in übersättigten Nickel- oder Kobaltmatrices lässt sich das Hochenergiemahlen einsetzen (Bild 2). Durch das Verarbeiten mittels mit Kerosin betriebener Hochgeschwindigkeitsflammspritztechnologie lässt sich die Mikrostruktur in die Schichten überführen. Dabei können Hartstoffgehalte von mehr als 50 Vol.-% realisiert werden. Somit steht in Folge einer integralen Spritzwerkstoffoptimierung eine preiswerte Alternative zu den konventionellen WC-Co(Cr) Cermet Schichten zur Verfügung.

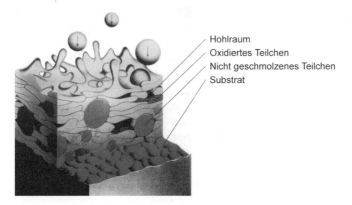

Bild 2: Schematische Darstellung der Spritzschichtenstehung

Auch thermoplastische Kunststoffe lassen sich aus Granulaten mittels thermischen Spritzens zu Schichten verarbeiten. Allerdings sind diese Beschichtungen nur von geringer wirtschaftlicher Bedeutung.

2.2 Substratwerkstoffe

Als Substrate eignen sich prinzipiell alle Werkstoffe, die sich mittels Strahlens ausreichend aufrauen lassen. Die wichtigsten metallischen Substratwerkstoffe sind: unlegierte bis hochlegierte Stähle, Grauguss, Superlegierungen auf Ni- und Co-Basis, Cu-Legierungen und Leichtmetalle auf der Basis von Aluminium und Titan. Keramiken und Kunststoffe können ebenso wie Verbundwerkstoffe mit Metall-, Keramik- oder Polymermatrix beschichtet werden. Beim Beschichten von langfaserverstärkten Verbundwerkstoffen ist eine Optimierung des Strahlprozesses erforderlich, um ein Schädigen außen liegender Fasern so weit wie möglich zu vermeiden. Von konstruktiver Seite gilt es zu beachten, dass alle Flächen gut zugänglich sein sollten. Hinterschneidungen können nicht beschichtet werden. Darüber hinaus sind scharfe Kanten und Spalte zu vermeiden.

2.3 Oberflächenvorbereitung

Die Eigenschaft der Substratoberfläche nimmt wesentlichen Einfluss auf die resultierende Schichthaftfestigkeit und kann durch eine sorgfältige Vorbehandlung eingestellt werden. Die Substratvorbereitung setzt sich in der Regel aus den drei Arbeitsschritten Vorreinigen, Strahlen und Nachreinigen zusammen. Das Vorreinigen dient in erster Linie dem Entfernen von Öl und Fett sowie gegebenenfalls Farbresten auf der Oberfläche und erfolgt entweder mechanisch oder chemisch.

Das Strahlen aktiviert, dekontaminiert und raut die zu beschichtende Oberfläche effektiv auf, um günstige Voraussetzungen für die im Weiteren beschriebenen Haftungsmechanismen zu schaffen. Ein Aufrauen der Substratoberfläche führt durch Zunahme der Leerstellenkonzentration, der Versetzungsdichte und der Häufigkeit der Stapelfehler sowie plastischer Verformung in den oberflächennahen Zonen zu einer erhöhten freien Oberflächenenergie. Die Oberfläche wird außerdem vergrößert und bietet den auftreffenden Spritzteilchen die Möglichkeit der mechanischen Verklammerung. Für das mechanische Aufrauen kommen unterschiedliche Strahlmittel, z. B. Hartgusskies, SiC oder Korund zum Einsatz. Die Strahlmittelhärte, -korngröße sowie die kinetische Energie der Teilchen und der Strahlwinkel beeinflussen die sich einstellende Oberflächenrauheit. Eine optimale Haftfestigkeit wird beim Einstellen eines Strahlwinkels von 75° zur Substratoberfläche erzielt.

Ein Nachreinigen z. B. durch ultraschallgestütztes Reinigen in Alkohol entfernt auf der Oberfläche verbliebene Rückstände aus der Strahlbehandlung. Darüber hinaus beseitigt es Schmutz- und Staubteilchen sowie Fette, die ein Deaktivieren der Oberfläche bewirken. Die Anwendbarkeit ist allerdings durch die Größe des Bades begrenzt.

Als chemische Vorbehandlung findet gelegentlich das Beizen Anwendung, das Reaktionsschichten von der Oberfläche entfernt. Es gilt, die Zusammensetzung der Beize, die Beiztemperatur und -zeit an den Werkstoff anzupassen, um die gewünschte Rauheit erzielen zu können.

2.4 Struktur und Eigenschaften von Spritzschichten

Thermisch gespritzte Schichten unterscheiden sich von Schichten, die mittels anderer Beschichtungsverfahren aufgebracht werden, hinsichtlich Struktur, Bindungsmechanismus sowie Nachbearbeitungsmöglichkeit. In Abhängigkeit von den zu verarbeitenden Werkstoffen und den eingesetzten Spritzverfahren sind die Schichten mehr oder weniger porös.

Der Spritzschichtaufbau ist als ein stochastischer Vorgang zu betrachten, denn bedingt z. B. durch die Korngrößenverteilung und die Formvariationen bei pulverförmigen Spritzwerkstoffen innerhalb einer Kornfraktion sowie die ortsabhängige Temperatur- und Geschwindigkeitsverteilung im Gasstrahl ergeben sich für die einzelnen Spritzpartikel unterschiedliche Bedingungen. Jedes Pulverteilchen bzw. jedes Spritzpartikel, das in die Gasströmung eingebracht wird, beschreibt entsprechend seiner Masse, Dichte, Form und Geschwindigkeit eine andere Bahn auf dem Weg zur Werkstückoberfläche. Durch die Vielzahl an Teilchenbahnen (Trajektorien) ist eine ebensolche Vielfalt an Variationen der Wechselwirkungen zwischen Gasströmung und Teilchen und schließlich zwischen Teilchen und Substrat gegeben. Das Entstehen einer Spritzschicht ist in Bild 3 schematisch dargestellt.

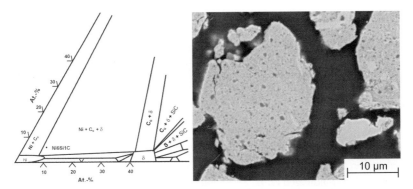

Bild 3: Zustandspunkt einer metallurgisch optimierten Ni6Si1C Matrix zum Herstellen SiC basierter Cermet (links) und REM-Bild des Querschliff durch ein hochenergiegemahlenes Co-Si-C / 70 Vol.-% SiC Verbundpulver Partikel (rechts)

Extreme Aufheiz- und Abkühlraten, Reaktionen während oder nach der Flugphase, mechanische Einflüsse bei der Erstarrung und Temperaturgradienten durch die Schichtlagen lassen eine Mikrostruktur entstehen, die durch eine Vielzahl von instabilen und metastabilen Zuständen charakterisiert ist. Thermische Spritzschichten weisen häufig eine lamellare Schichtstruktur auf und sind je nach eingesetztem Spritzverfahren und Spritzzusatzwerkstoff mehr oder weniger porös, mikrorissig, heterogen und anisotrop. Zum Teil sind nicht vollständig aufgeschmolzene oder vor dem Auftreffen auf die Substratoberfläche schon wieder erstarrte Spritzpartikel sowie Oxide oder Nitride in der Schicht eingelagert.

Die Spritzpartikel erreichen die Substratoberfläche mit einer bestimmten Geschwindigkeit und Temperatur, die sowohl oberhalb als auch unterhalb des Schmelzpunktes liegen kann. Bei einer gegebenen, glatten Substratoberfläche und einer bestimmten Teilchentemperatur und -viskosität entscheidet die Höhe der kinetischen Energie über das Ausbreitungsverhalten und somit die resultierende Form der Partikel. Die beim Ausbreiten geleistete Arbeit wirkt der Grenzflächenspannung entgegen, deren Größe von der temperaturabhängigen Partikelviskosität abhängt. Die Viskosität der Spritzteilchen nimmt mit steigender Temperatur ab und bedingt ein Verringern der Arbeit, die das Bilden der mit einer bestimmten Teilchenform verbundenen neuen Oberfläche erfordert. Spritzteilchen breiten sich auf polierten Oberflächen radial aus; beim Auftreffen auf eine aufgeraute Substratoberfläche oder auf bereits aufgetragene Spritzteilchen wird die Richtung bevorzugt, in der die geringste Arbeit gegen die Oberflächenspannung zu leisten ist. Die Morphologie von Spritzteilchen nach dem Erstarren beeinflusst die Haftfestigkeit der Schicht auf dem Substrat.

Metallische Spritzpartikel bilden in der Regel Lamellen aus. Die mehrlagige Mikrostruktur der Spritzschicht wird durch Verunreinigungen, wie z. B. Oxide, geometrisch bedingte Hohlräume und Poren hervorgerufen. Es treten zwei unterschiedliche Morphologien, der so genannte „Pfannkuchentyp" und der so genannte „Blumentyp", auf. Während im häufig beobachteten Pfannkuchentyp erstarrte Partikel insbesondere bei einer hohen Materialplastizität neben der runden Form auch abweichende Morphologietypen aufweisen, ist der Blumentyp für hohe Auftreffgeschwindigkeiten bei geringer Teilchenviskosität charakteristisch. Eine Zunahme der kinetischen Energie führt zu einem verstärkten Fließen und zum Zerspratzen bzw. zur Coronabildung, die vielfältige Erscheinungsformen aufweist. Erstarrte oxidkeramische Spritzpartikel weisen häufig Risse in der vertikalen und horizontalen Richtung auf. Die horizontal verlaufenden Risse sind kritisch und beeinträchtigen die Festigkeit der Spritzschicht. Nicht vollständig aufgeschmolzene bzw. wieder erkaltete Spritzpartikel prallen von einer polierten Oberfläche ab. Bei Vorliegen einer rauen Oberfläche können derartige Partikel in die Unebenheiten des Untergrunds eingedrückt werden. Hieraus ergibt sich jedoch nur eine relativ schwache Haftung.

Durch Reaktionen des Spritzzusatzwerkstoffs während der Flugphase der Teilchen kann es zu einer Veränderung der Zusammensetzung und der Struktur der gespritzten Schicht kommen. Die wesentlichen Reaktionen und Vorgänge sind:

- Selektives Verdampfen einer Komponente
- Reaktionen von Metallverbindungen (z. B. Zersetzung von Hartstoffen in Anwesenheit von O_2)
- Bildung nicht flüchtiger Metallverbindungen wie Oxide, Nitride und Hydride in Anwesenheit von O_2, N_2, H_2 (insbesondere bei reaktiven Metallen)

Von besonderer Bedeutung ist die Oxidation an der Oberfläche metallischer Spritzpartikel auf ihrem Weg zum Substrat. Die sich bildenden Oxide werden meist an den Grenzflächen der Spritzlamellen in die Spritzschicht eingebaut. Hierdurch besteht z. T. auch die Möglichkeit, die Schichthärte und damit die Verschleißbeständigkeit der Schicht zu erhöhen. Teilweise können Oxide auch als Festschmierstoffe dienen und somit Reibungsverluste vermindern.

Thermisch gespritzte Schichten sind – abhängig von dem verwendeten Spritzzusatz und dem Spritzverfahren – unterschiedlich porös. Die höchsten Porositäten ergeben sich beim Flamm- und Lichtbogenspritzen, während sehr dichte Schichten mit einer Porosität von ca. 1 % nur durch Hochenergieverfahren wie das Hochgeschwindigkeitsflammspritzen oder Vakuum-Plasmaspritzen sowie für einige Schichtwerkstoffe mit dem Kaltgasspritzen zu erzielen sind. Im Allgemeinen ergeben sich bei keramischen im Vergleich zu metallischen Werkstoffen sowie beim Einsatz grobkörniger Pulver porösere Schichten. Vor allem für Korrosionsschutzanwendungen ist daher oftmals eine entsprechende Nachbehandlung erforderlich. Ferner besitzen thermisch gespritzte Schichten eine raue Oberfläche mit Rautiefen zwischen 5 und 60 µm. In diesem Zusammenhang kommt der mechanischen Bearbeitung, d. h. sowohl den spanenden Verfahren mit geometrisch bestimmter Schneide als auch dem Schleifen und Polieren eine besondere Bedeutung zu. Auf Grund ihrer Rauheit stellen Spritzschichten einen ausgezeichneten

Haftgrund für Anstriche und Lackierungen dar. Dieses wird z. B. bei flamm- oder lichtbogengespritzten Zn- oder Al-Schichten zum atmosphärischen Korrosionsschutz ausgenutzt.

Thermisch gespritzte Schichten weisen in Abhängigkeit von der Prozessführung oftmals relativ hohe Eigenspannungen auf. Dieses ist auf die thermisch bedingte Kontraktion bei den Erstarrungs- und Abkühlvorgängen nach dem Auftreffen der Spritzpartikel auf die Substratoberfläche zurückzuführen. Da die Spritzpartikel bereits an dem Substrat bzw. anderen Spritzpartikeln fest haften, entstehen auf Grund der Schrumpfung Zugeigenspannungen. Da diese wiederum die Haftfestigkeit der Schicht herabsetzen, ist die maximal zulässige Schichtdicke vielfach begrenzt.

Während der Kontraktion metallischer Spritzteilchen können die entstehenden Schrumpfspannungen zum Teil plastisch abgebaut werden. Bei spröden Werkstoffen, wie z. B. Keramiken, erfolgt ein Abbau thermischer Eigenspannungen in der Regel durch Rissbildung. Ein Segmentieren durch vertikal verlaufende Risse bewirkt z. B. bei Wärmedämmschichten auf ZrO_2-Basis ein Verbessern der Thermoschockbeständigkeit. Hierbei kommt einer angepassten Temperaturführung während des Spritzprozesses eine besondere Bedeutung zu.

2.5 Haftung thermisch gespritzter Schichten

Die Haftung thermisch gespritzter Schichten auf in der Regel metallischen Grundwerkstoffen resultiert aus dem Zusammenwirken folgender physikalischer und chemischer Mechanismen:

- mechanische Verklammerung
- lokale chemisch-metallurgische Wechselwirkung zwischen Spritzschicht und Substrat (Diffusion, Reaktion, Bilden neuer Phasen)
- Adhäsion durch physikalische Adsorption
- Adhäsion durch chemische Adsorption

Der Haftungsmechanismus Adhäsion beruht auf Kräften, die ein Zusammenhaften einer festen Grenzfläche und einer zweiten Phase ermöglichen. Dabei ist zwischen der physikalischen Adsorption (Physisorption), die aufgrund von elektrostatischen Kräften bei einer genügend aktivierten (aufgerauten) Oberfläche und einem Annähern der Partikel auf Atomabstand wirkt und der chemischen Adsorption (Chemisorption) mit homöopolaren Bindungskräften, die von der Affinität des Metalls zum adsorbierten Stoff und der Aktivierungsenergie der chemischen Umgebung abhängen, zu unterscheiden. Physisorption beruht auf der relativ schwachen van der Waals'schen Bindung. Demgegenüber ist die Chemisorption durch große Bindungskräfte gekennzeichnet. Durch meist vorhandene Oberflächenverunreinigungen wird dieser Effekt jedoch vermindert und kommt nur in geringem Maße zum Tragen.

Die mechanische Verklammerung als Haftmechanismus wird durch die Oberflächenrauheit der Substratoberfläche ermöglicht. Die schmelzflüssigen Partikel dringen auf Grund ihrer hohen thermischen und kinetischen Energie und bedingt durch Kapillarkräfte in Unebenheiten und Hinterschneidungen ein, erstarren und bewirken eine mechanische Verklammerung. Verstärkt wird diese Wirkung durch Schrumpfspannungen, die auf Grund der sehr hohen Abkühlgeschwindigkeiten der ersten Spritzlagen entstehen, wenn diese auf das relativ kalte Substrat treffen.

Die Haftung von Spritzpartikeln auf dem Grundwerkstoff kann ebenfalls auf Grund gegenseitiger metallurgischer Beeinflussung durch Diffusion oder chemische Reaktion sowie einem Bilden neuer Phasen erfolgen. Die Diffusion bewirkt ein starkes Erhöhen der Bindungsenergien und ist ein wichtiger Haftungsmechanismus. Die Reaktion des Spritzwerkstoffes mit dem Grundwerkstoff stellt eine Ergänzung dar. Das Haften eines metallischen Spritzteilchens auf dem Substrat bzw. auf anderen Spritzteilchen erfolgt nicht über die gesamte Partikeloberfläche, sondern an einzelnen mikroskopisch sichtbaren „aktiven" Kontaktflächen, die von Poren und Oxiden getrennt werden. An diesen Stellen mit engem Kontakt zwischen Spritzteilchen und Substrat tritt bei einer ausreichend hohen Grenzflächentemperatur eine verstärkte Diffusion sowie eventuell Phasenumwandlungen auf. Hierbei beeinflussen die Vorgänge in den Spritzteilchen während und vor dem Aufprall auf das Substrat sowie zwischen den Spritzpartikeln und dem Substrat nach dem Kontakt die Grenzflächenreaktionen. Unter der Voraussetzung einer günstigen Elementaffinität und Bildungsenthalpie erfolgen haftungsverstärkende Reaktionen sowie das Bilden neuer Phasen bzw. fester Lösungen. Der Anteil der Bereiche mit dichten Kontaktzonen zwischen metallischen Spritzteilchen und einem Metallsubstrat hängt von der Abkühl- und Erstarrungszeit sowie der Grenzflächentemperatur der Spritzpartikel ab. Die Haftung von oxidkeramischen Spritzteilchen wird durch eine Verbindung mit Oxiden im Haftgrund beeinflusst und kann durch eine Oxidation des Haftgrundes (Substratoberfläche) erhöht werden. An plasmagespritzten Al_2O_3-Spritzschichten konnte nachgewiesen werden, dass im Grenzbereich Schicht/Substrat Eisen- und Mischoxidzonen auftreten, deren Entstehen durch die Vorwärmtemperatur beeinflussbar ist.

Die diskutierten Haftmechanismen wirken einzeln oder zusammen mit unterschiedlich großen Anteilen in Abhängigkeit vom Beschichtungsprozess, der Oberflächenvorbereitung und der Schicht-/Grundwerkstoff-Kombination. Einen Einfluss auf die Haftfestigkeit üben insbesondere die Höhe der Grenzflächentemperatur Spritzpartikel/Substrat, der Partikelimpuls beim Aufprall, die Eigenschaften von Partikel- und Substratoberfläche, der Wärmeinhalt der Spritzpartikel, die Wärmeleitfähigkeiten von Grundwerkstoff und Spritzpartikel sowie die sich in der Schicht ausbildenden Eigenspannungen aus. Eine hohe Grenzflächentemperatur verstärkt die Diffusion und Reaktionen an der Grenzfläche, wodurch im Allgemeinen die Haftung verbessert wird. Aus diesem Grund wirkt sich eine erhöhte Substrattemperatur meist positiv auf die Haftung aus. Jedoch können sich bei Auftrag metallischer Spritzschichten die bei hohen Temperaturen verstärkt einsetzenden Oxidationsreaktionen nachteilig auswirken.

2.6   Thermische Spritzverfahren

2.6.1 Flammspritzen

Als Wärmequelle wird beim Flammspritzen eine Brenngas-Sauerstoffflamme verwendet, in die der Spritzzusatz in Pulver-, Draht- oder Stabform eingebracht wird. Als Brenngas wird meistens Azetylen eingesetzt, aber auch Ethen, Methan, Propan, Propylen, Erdgas oder Wasserstoff sind möglich.

2.6.1.1 Pulverflammspritzen

Beim Pulverflammspritzen (Bild 4) werden nur geringe Partikelgeschwindigkeiten erzielt (< 50 m/s), woraus eine relativ lange Wechselwirkungszeit zwischen den heißen Verbrennungsgasen und den Pulverpartikeln resultiert. Dementsprechend weisen pulverflammgespritzte Schichten eine relativ hohe Porosität (> 5 %) und einen hohen Oxidgehalt sowie eine hohe Gasbeladung auf. In der Regel werden Spritzpulver mit einem Durchmesser zwischen 20 und 100 µm eingesetzt. Für metallische Spritzpulver werden Auftragleistungen zwischen 3 und 6 kg/h erzielt, während für Keramiken 1 bis 2 kg/h üblich sind.

Bild 4: Prinzip des Pulverflammspritzens (Linde AG)

Die mittels Pulverflammspritzen am häufigsten verarbeitete Werkstoffgruppe sind selbstfließende NiCrBSi Legierungen, die sich durch einen breites Erstarrungsintervall auszeichnen. Eine thermische Nachbehandlung der Spritzschichten, das Einschmelzen, führt zu einer metallurgischen Anbindung an Stahlsubstrate und zu einer sowohl flüssigkeits- als auch gasdichten Beschichtung. Das Einschmelzen erfolgt teilweise mit dem Brenner, der bereits zum Aufbringen der Schicht Verwendung fand, kann aber auch in Öfen oder durch induktives Erwärmen, das sich durch eine gezielte Erwärmung der Randzonen eines Bauteils auszeichnet, vorgenommen werden. Die Schichten weisen im Allgemeinen eine hervorragende Korrosionsbeständigkeit auf, und die Härte kann über den Gehalt von vornehmlich Chromkarbiden und -boriden in weiten Grenzen (zwischen HRC 20 und HRC 65) eingestellt werden. Derartige Beschichtungen finden bspw. für Wellenschonhülsen, Rollgangsrollen, Lagersitze, Ventilatoren oder Rotoren von Extruderschnecken Anwendung.

2.6.1.2 Kunststoffflammspritzen

Das Kunststoffflammspritzen (Bild 5) unterscheidet sich vom Pulverflammspritzen dadurch, dass das Kunststoffgranulat nicht direkt mit der Brenngas-Sauerstoff-Flamme in Wechselwirkung tritt. Auf der Achse der Flammspritzpistole befindet sich eine Pulver-Förderdüse. Umschlossen wird diese durch zwei ringförmige Düsenaustritte, wobei aus dem inneren Ring Luft oder ein inertes Gas und aus dem äußeren Ring der thermische Energieträger, die Brenngas-Sauerstoffflamme, austritt. Das Aufschmelzen des Kunststoffs erfolgt somit nicht direkt durch die Flamme, sondern durch die erhitzte Luft und Strahlungswärme. Wegen des Erfordernisses einer schmelzflüssigen Phase lassen sich nur Thermoplaste zu Schichten verarbeiten. Einsatzgebiete für das Kunststoffflammspritzen sind bspw. Geländer jeder Art, Rohrdurchführungen durch Mauern, Trinkwassertanks, Gartenmöbel oder Schwimmbeckenmarkierungen.

Bild 5: Prinzip des Kunststoffflammspritzens (Linde AG)

2.6.1.3 Draht- / Stabflammspritzen

Beim Drahtflammspritzen (Bild 6) wird der drahtförmige Spritzzusatzwerkstoff kontinuierlich in das Zentrum einer Brenngas-Sauerstoff-Flamme gefördert und abgeschmolzen. Die Schmelze wird in der Flammenströmung, deren Geschwindigkeit durch die Zugabe eines Zerstäubergases – üblicher Weise Druckluft – erheblich erhöht wird, zur Drahtspitze transportiert und in Primärtröpfchen von dieser abgelöst. In Abhängigkeit von den Strömungsbedingungen sowie der Viskosität und Oberflächenspannung der Schmelztröpfchen erfolgt im Gasstrom ein feines Zerstäuben, bevor die Partikel auf der Werkstückoberfläche auftreffen.

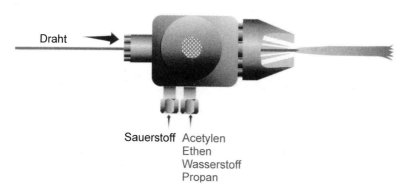

Bild 6: Prinzip des Draht- / Stabflammspritzens (Linde AG)

Typische Spritzwerkstoffe sind Molybdän, niedrig- und hochlegierte Stähle, sowie Aluminium-, Kupfer- und Nickelbasislegierungen. Im Vergleich zum Pulverflammspritzen werden mit bis zu 200 m/s deutlich höhere Partikelgeschwindigkeiten erzielt. Da die Schmelze an der Drahtspitze relativ lange in Wechselwirkung mit der Umgebung tritt, resultiert dennoch ein zum Pulverflammspritzen vergleichbarer Oxidgehalt. Die Aufnahme von Sauerstoff wird beim Aufbringen von Molybdänschichten ausgenutzt, da durch die Mischkristallverfestigung eine erhebliche Zunahme der Härte erreicht wird. Derartige Schichten finden in der Automobilbranche auf Schaltgabeln, Synchronringen oder Kolbenringen Einsatz. Im Vergleich zum Pulverflammspritzen kann durch das Vermeiden des Einbaus nicht aufgeschmolzener Partikel in die Schicht sowie die höheren Partikelgeschwindigkeiten eine geringere Porosität (> 3 %) erzielt werden. Die Auftragleistungen betragen beim Verarbeiten von Massivdrähten in der Regel zwischen 6 und 8 kg/h.

Zur Herstellung von keramischen Schichten können Schnüre mit Keramikpulverfüllung oder Sinterstäbe eingesetzt werden. Sinterstäbe erfordern eine kostenintensive Herstellung, stellen aber im Gegensatz zu Schnüren sicher, dass der Spritzzusatzwerkstoff vollständig aufgeschmolzen wird. Daher finden sie insbesondere für die Herstellung hochwertiger oxidkeramischer Schichten mit definierter Porosität Anwendung.

2.6.2 Detonationsspritzen

Das Detonationsspritzen (Bild 7) wurde in den 50er Jahren in den Vereinigten Staaten entwikkelt und ist der Vorläufer des Hochgeschwindigkeitsflammspritzens. Beim Detonationsspritzen handelt es sich um einen diskontinuierlichen Verbrennungsprozess. Dabei erfolgt sequentiell ein Befüllen eines einseitig offenen Rohrs mit einem Brenngas-Sauerstoffgemisch sowie pulverförmigem Spritzzusatzwerkstoff am geschlossenen Ende. Üblicher Weise kommt Azetylen als Brenngas zum Einsatz. Nach dem Zünden des Gemisches, woraus ein Aufschmelzen und Beschleunigen der Pulver auf hohe Geschwindigkeiten in Richtung des zu beschichtenden Substrates resultiert, erfolgt ein Spülen des Rohrs mit Stickstoff. Die Zündfrequenz kann zwischen 4 – 8 Hz bei älteren Systemen und bis hin zu 100 Hz bei modernen Systemen, die mit fluiddynamischer Regelung der Gasinjektion arbeiten und somit keine mechanisch betätigten Bauteile erfordern, variieren.

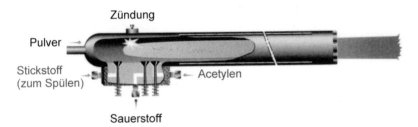

Bild 7: Prinzip des Detonationsspritzens (Linde AG)

Das Detonationsspritzen ist durch relativ hohe Prozessgastemperaturen (< 4.000 °C) und extrem hohe Partikelgeschwindigkeiten (< 900 m/s) charakterisiert. Die hohen Partikelgeschwindigkeiten führen zum einen zu einem kompakten Schichtaufbau sowie einer hervorragenden Haftung und auf Grund der geringen Wechselwirkungszeiten des Spritzzusatzes mit den heißen Verbrennungsgasen zu geringen Oxidgehalten.

Das Detonationsspritzen wird in erster Linie zum Herstellen hochwertiger verschleiß- und korrosionsbeständiger Cermet Schichten (z. B. WC-Co) eingesetzt. Darüber hinaus lassen sich auch keramische und metallische Schichten mit nahezu theoretischer Dichte herstellen.

2.6.3 Hochgeschwindigkeitsflammspritzen

Das Hochgeschwindigkeitsflammspritzen (Bild 8) oder auch HVOF-Verfahren (HVOF: High Velocity Oxyfuel) stellt eine Abwandlung des Detonationsspritzens auf eine kontinuierlicher Verbrennung dar und ist eine mittlerweile breit eingeführte Verfahrenstechnik. Neben Systemen, die gasförmige Brennstoffe wie Azetylen, Ethen, Propylen, Propan, Erdgas oder Wasserstoff nutzen, existieren auch mit Flüssigbrennstoff (Kerosin) betriebene Systeme. In modernen Systemen können die Brennkammerdrücke 10 bar überschreiten, sodass als gasförmiger Brennstoff bevorzugt Ethen oder Wasserstoff Anwendung findet.

Pulver
Sauerstoff
Acetylen
Ethen
Wasserstoff
Propan
Kerosin

Bild 8: Prinzip des Hochgeschwindigkeitsflammspritzens (Linde AG)

Das Hochgeschwindigkeitsflammspritzen ist gekennzeichnet durch hohe Spritzpartikelgeschwindigkeiten und geringe Prozesstemperaturen. Mit Flüssigbrennstoff betriebene Systeme erzielen Partikelgeschwindigkeiten von bis zu 650 m/s bei Flammentemperaturen von weniger als 2.700 °C. Daher ist das HVOF-Verfahren insbesondere zum Verarbeiten von WC/Co oder Cr_3C_2/NiCr Werkstoffen geeignet, denn in Folge der hohen Auftreffgeschwindigkeiten wird die metallische Matrix der Spritzpulver in einen teigigen Zustand überführt. Somit werden die Hartstoffe nicht in der metallischen Matrix aufgelöst und die Kombination einer duktilen mit einer äußerst verschleißfesten Komponente bleibt erhalten. Die hohen Auftreffgeschwindigkeiten bewirken eine geringe Porosität sowie hohe Haftfestigkeiten. Die geringen Wechselwirkungszeiten der Partikel mit den relativ kalten Flammen führen auch zu einer geringen Oxidation und Gasaufnahme des Spritzzusatzes, sodass hochwertige MCrAlY Schichten bei hohen Auftragleistungen herstellbar sind.

Die Temperaturbelastung des zu beschichtenden Bauteils, die oftmals das Verwenden von Kühlvorrichtungen erfordert, kann für Systeme mit axialer Pulverzufuhr durch sogenannte Flammenbegrenzer verringert werden. Die nicht für die Beschichtungsaufgabe notwendigen, äußeren Flammenbereiche können durch eine Blende ausgegrenzt werden. Der Durchmesser des Blendenloches ist 4 bis 6 mm kleiner als der sichtbare Flammendurchmesser. Das Verwenden derartiger Vorrichtungen ermöglicht zum Beispiel bei einem Expansionsdüsendurchmesser von 12 mm und einem Blendendurchmesser von 8 mm ein Verringern des Wärmeeintrags in das Substrat um ca. 55 %. Verringerte Kühlaggregatgrößen, kleinere Mengen an Kühlmedium und nicht zuletzt ein mögliches Beeinflussen des Eigenspannungszustandes in den hergestellten Schichten sind als Vorteile zu nennen.

Mittels Hochgeschwindigkeitsflammspritzens lassen sich hochwertige Beschichtungen aufbringen, die auch bei der konstruktiven Bauteilauslegung Berücksichtigung finden können. Bereits die Oberflächenvorbereitung mittels Rauheitsstrahlen bewirkt in Folge von induzierten Druckeigenspannungen eine deutliche Zunahme der Zeitfestigkeit und eine geringe Zunahme der Dauerfestigkeit für den Baustahl S355J2G3. HVOF WC-Co 88-12 Beschichtungen erlauben eine wesentliche Verbesserung sowohl der Zeit- als auch der Dauerfestigkeit von S355J2G3 (Bild 9). Die Beschichtungen dienen somit nicht allein der Erfüllung von oberflächenspezifischen Anforderungen sondern leisten darüber hinaus einen strukturellen Festigkeitsbeitrag.

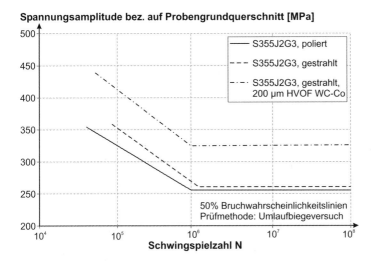

Bild 9: Dauerfestigkeit von HVOF WC-Co beschichteten Stahlwerkstoffen

Auf Grund des hohen Lärmpegels, der 140 dB(A) überschreiten kann, sind lärmgeschützte Spritzräume für das Hochgeschwindigkeitsflammspritzen erforderlich. Im Vergleich zum Detonationsspritzen weist das Hochgeschwindigkeitsflammspritzen ökonomische Nachteile auf Grund des wesentlich höheren Gasverbrauchs auf. Allerdings erfordert der Einsatz des Detonationsspritzens spezielle explosionsgeschützte Räume und das Handling der Detonationsspritzpistolen ist wegen des höheren Gewichts wesentlich aufwendiger als bei Hochgeschwindigkeitsflammspritzpistolen.

2.6.4 Kaltgasspritzen

Das Kaltgasspritzen (Bild 10) ist ein relativ neuer Spritzprozess, der das Herstellen von Schichten ohne wesentliche Erwärmung des Spritzpulvers erlaubt. Dabei werden die Partikel in einem Gasstrom moderater Temperatur (< 600 °C), der mit Überschallgeschwindigkeit aus einer Lavaldüse austritt, auf Geschwindigkeiten von über 500 m/s beschleunigt. Beim Auftreffen auf dem Substrat wird die kinetische Energie in Wärme gewandelt, wobei die Partikel zu einer fest haftenden Beschichtung mit nahezu theoretischer Dichte „zusammengeschmiedet" werden können. Da die Wandlung von kinetischer Energie in Wärme durch plastische Verformung erfolgt, muss der Spritzwerkstoff eine ausreichende Duktilität aufweisen. Insbesondere Metalle mit kubisch flächenzentriertem Kristallgitter wie Kupfer, rostfreier austenitischer Stahl oder Nickelbasislegierungen lassen sich hervorragend verarbeiten. Wegen seines niedrigen Schmelzpunkts ist auch Zink sehr gut verarbeitbar. Prinzipiell können auch Cermet Schichten hergestellt werden. Allerdings werden wesentlich geringere Härten als für HVOF Spritzschichten erzielt.

Für das Kaltgasspritzen sind eine angepasste Gasversorgung sowie spezielle Pulverförderer erforderlich, da Arbeitsdrücke bis zu 35 bar bei Gasflüssen von 75 m^3/h üblich sind. Üblicher Weise wird das Prozessgas in einer Spirale mittels Widerstandserwärmung erhitzt. Meistens kommt Stickstoff als Prozessgas zum Einsatz, aber auch Beimischungen von Helium oder das Anwenden reinen Heliums erfolgt insbesondere beim Spritzen von Werkstoffen, die hohe An-

Bild 10: Prinzip des Kaltgasspritzens (Linde AG)

forderungen in Bezug auf den Wärmeübergang auf die Pulverpartikel sowie die Gasgeschwindigkeiten stellen. Die hohen Kosten beim Einsatz von Helium haben zur Entwicklung von Anlagen, die eine Rückgewinnung von 90 % des Prozessgases ermöglichen, geführt.

Der wesentliche Vorteil des Kaltgasspritzens besteht im Vermeiden von Oxidation des Spritzzusatzes. Kaltgasgespritzte Kupferschichten erzielen 90 % der elektrischen und thermischen Leitfähigkeit von gegossenem Material. Dabei können Schichten mit mehreren Zentimetern Dicke hergestellt werden und selbst auf poliertem Glas können fest haftende Beschichtungen aufgebracht werden. In Folge der geringen Partikelstrahlaufweitung sind komplex geformte Strukturen herstellbar. Diese neue Technologie wird sich in den nächsten Jahren spezielle Anwendungsfelder erschließen.

2.6.5 Lichtbogenspritzen

Beim Lichtbogenspritzen (Bild 11) wird mittels elektrischen Stroms ein Lichtbogen erzeugt, durch den der drahtförmige Spritzzusatzwerkstoff aufgeschmolzen wird. Üblicher Weise werden zwei elektrisch leitfähige, metallische Drähte, die als Elektroden fungieren, kontinuierlich abgeschmolzen. Dazu wird zwischen den beiden Drähten eine Spannung von üblicher Weise 15 bis 50 V angelegt und diese unter einem Winkel gegeneinander geführt, wobei sich der Abstand der Drahtspitzen fortwährend reduziert. Bei ausreichender Annäherung zündet der Lichtbogen, dessen Wärme die Drahtenden abschmilzt. Ein Zerstäubergasstrom schert die Schmelze von den Drahtenden und beschleunigt die Tropfen auf das zu beschichtende Werkstück. Die Größe und Geschwindigkeit der Schmelztröpfchen ist abhängig von den Zerstäubungsbedingungen. Tendenziell führen hohe Zerstäubergasflussraten zu feinen, schnellen Partikeln und somit relativ dichten Schichten. Gleichzeitig fördert die große spezifische Oberfläche der Schmelztröpfchen Oxidationsreaktionen, sodass im Allgemeinen der Oxidgehalt zunimmt. Mit konventionellen Anlagen werden bis zu 20 kg/h Auftragleistung und Partikelgeschwindigkeiten bis zu 150 m/s erzielt. Der Durchmesser der Drähte beträgt meistens 1,6 bis 3,2 mm. In Hochleistungsanlagen finden auch Drähte mit 4,8 mm Durchmesser Anwendung.

Die Temperatur des Lichtbogens übersteigt die Schmelztemperatur des Spritzzusatzmaterials bei weitem. Daraus resultieren überhitzte Partikel, die lokale metallurgische Reaktionen mit der Werkstückoberfläche eingehen oder zur Ausbildung von Diffusionszonen führen können. Dieser Effekt wirkt insbesondere bei großen Partikeln und dementsprechend großer im Partikel gespeicherter Wärme und führt sowohl zu einer guten Haftfestigkeit als auch zu einer guten Kohäsion innerhalb der Schicht. Auf Grund der relativ geringen Partikelgeschwindigkeiten und

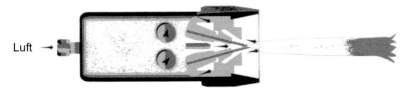

Bild 11: Prinzip des Lichtbogenspritzens (Linde AG)

der starken Überhitzung der Schmelztröpfchen ist der Oxidgehalt sowie die Gasbeladung in der Regel hoch. Üblicher Weise beträgt die Porosität der Schichten mindestens 2 %.

In der Regel wird Druckluft zum Zerstäuben eingesetzt, aber in einigen Fällen werden auch Stickstoff oder Argon eingesetzt. Turbulenzen im Zerstäubergastrom mindern die erhoffte Schutzwirkung beim Einsatz inerter Gase wesentlich. Der Einsatz eines zusätzlichen Gasstroms durch ringförmig um die Pistolendüse angebrachte Düsen, sogenannte shrouds, oder das Verlagern des Spritzprozesses in eine kontrollierte, inerte Atmosphäre erlaubt jedoch auch das Verarbeiten sehr sauerstoffaffiner Metalle wie bspw. Titanlegierungen.

Zum Herstellen hochwertiger Schichten ist es notwendig, dass die Tröpfchen unter vergleichbaren Bedingungen auf die Substratoberfläche auftreffen. Geschlossene Düsenkonfigurationen, durch die ein zusätzlicher Gasstrom in radialer Richtung auf die Drahtspitzen aufgebracht wird, führen zu einem fokussierten Spritzstrahl und sind somit förderlich zum Erreichen homogener Auftreffbedingungen der Schmelztröpfchen.

Die unmittelbare Nutzung der elektrischen Energie zum Schmelzen der Spritzdrähte macht das Lichtbogenspritzen zum Verfahren mit dem höchsten energetischen Wirkungsgrad. Durch den Einsatz drahtförmigen Spritzzusatzes wird vermieden, dass nicht aufgeschmolzene Partikel auf das Substrat geschleudert werden. Daraus resultieren wie beim Drahtflammspritzen herausragend hohe Auftragwirkungsgrade. Da die Investitionskosten für Lichtbogenspritzanlagen relativ gering sind, stellt das Lichtbogenspritzen, unter der Voraussetzung, dass die erforderlichen Schichteigenschaften erzielt werden können, das ökonomischste thermische Spritzverfahren dar.

Prozessbedingt ist die Auswahl des Spritzzusatzwerkstoffs auf elektrisch leitfähige, als Draht herstellbare Werkstoffe beschränkt. Neben Zink-, Aluminium- und Kupferlegierungen werden Stähle sowie Nickelbasislegierungen eingesetzt. Wie beim Drahtflammspritzen erweitert der Einsatz von Fülldrähten das Spektrum der Beschichtungswerkstoffe erheblich.

Das Lichtbogenspritzen in kontrollierter, inerter oder reaktiver Umgebung hat bislang keine industrielle Bedeutung gewonnen. Auch Eindraht-Lichtbogenspritzpistolen sind noch im Laborstadium. In diesen brennt der Lichtbogen zwischen dem Draht und der Düsenwand, die als permanente Elektrode fungiert. Ausgerichtete anodisch gepolte Drähte können mit äußerst geringem Aufweitungswinkel des Spritzstrahls verarbeitet werden.

2.6.6 Plasmaspritzen

2.6.6.1 DC Plasmaspritzen

Beim DC Plasmaspritzen (Bild 12) wird ein Lichtbogen zwischen einer als Ringdüse ausgebildeten, wassergekühlten Kupferanode und einer ebenfalls wassergekühlten, stiftförmigen Wolframkathode gezündet. Die zwischen beiden Elektroden strömenden Plasmagase (Ar, He, N_2, H_2) werden dabei dissoziiert, ionisiert und bilden einen Plasmastrahl, in den der Spritzzusatzwerkstoff eingebracht wird.

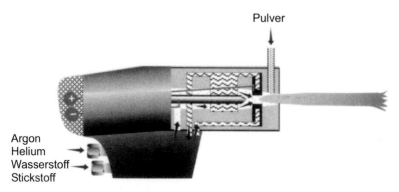

Bild 12: Prinzip des DC Plasmaspritzens (Linde AG)

Der herausragende Vorteil des Plasmaspritzens besteht in den hohen Plasmatemperaturen von ca. 6.000 bis 15.000 K, die auch das Verarbeiten sehr hoch schmelzender Werkstoffe ermöglichen. Neben Metallen und Keramiken können auch Cermets eingesetzt werden. Voraussetzung für eine Verarbeitbarkeit ist allein das Existieren einer schmelzflüssigen Phase. Die Leistung kommerziell erhältlicher Plasmaspritzanlagen reicht von kleinen Brennern mit 10 kW Leistung bis zu wasserstabilisierten 200 kW Plasmabrennern. Eine computerunterstützte Steuerung und Regelung der Anlagenparameter sowie der Manipulationsvorrichtung erlaubt das automatische und reproduzierbare Beschichten in der Massenfertigung und von Bauteilen mit komplexer Geometrie. Ein Erhöhen der Spritzpartikelgeschwindigkeiten durch das Verwenden von Hochgeschwindigkeitsplasmabrennern mit speziellen Düsensystemen ist zur Zeit Gegenstand aktueller Forschungsarbeiten. Höhere Gasgeschwindigkeiten im Vergleich zum konventionellen Plasmaspritzen sind beispielsweise mittels eines Zwischenelektrodeneinsatzes zu erreichen. Untersuchungen in diesem Zusammenhang zeigen, dass die Plasmagasgeschwindigkeiten bei Temperaturen zwischen 3.500 und 6.500 K zwischen 1.500 und 3.000 m/s variieren.

Die Verlagerung des Plasmaspritzprozesses in eine inerte Niederdruckumgebung führt zum Vakuum-Plasmaspritzverfahren (VPS). Die wesentliche industrielle Anwendung besteht im Beschichten von Turbinenschaufeln aus Superlegierungen mit MCrAlY Legierungen zum Heißgaskorrosionsschutz. Diese Schichten dienen auch als Haftvermittler für zusätzlich aufgebrachte keramische Wärmedämmschichten auf der Basis von ZrO_2. Die mittels VPS erzeugten MCrAlY Schichten zeichnen sich durch eine dichte, nahezu oxidfreie homogene Schichtstruktur aus. Mit geeignet adaptierbaren Überschalldüsen sowie internen Pulverinjektoren lassen sich verbesserte Schichtqualitäten erreichen, die auf der erhöhten Spritzpartikelgeschwindigkeit beruhen.

Konventionelle Plasmabrenner weisen Instabilitäten bei der Plasmaerzeugung auf. Diese sind hervorgerufen durch die Bewegung des Lichtbogens, was einerseits zu einer extremen Geräuschentwicklung und andererseits zu einem ungleichmäßigen Erwärmen der Pulverpartikel führt. Dieses bedingt auch einen relativ ungünstigen Auftragwirkungsgrad. Ein neu entwickelte Dreikathodenbrenner (Triplex) weist diese Nachteile nicht auf. Drei Lichtbögen brennen mit stationärem Anodenfusspunkt und stabilisieren sich gegenseitig. Daraus resultiert eine deutlich verringerte Geräuschemission und ein erheblich gesteigerter Wirkungsgrad.

2.6.6.2 HF Plasmaspritzen

Das Erzeugen von HF Plasmen beruht auf dem Erzeugen eines hochfrequenten Magnetfeldes in einer Induktionsspule, das unter der Voraussetzung, dass das Plasma bereits vorliegt, Ringströme induziert, die der Richtung des Primärstroms in der Spule entgegen verlaufen. Die Gase passieren das hochfrequente elektrische Feld, werden angeregt und im Fall molekularer Gase nahezu vollständig dissoziiert. Das elektrodenlose Erzeugen des Plasmas erlaubt den Einsatz einer breiten Palette von Gasen und ermöglicht somit das Einstellen sowohl reduzierender als auch oxidierender Bedingungen. Darüber hinaus ist die Zufuhr gasförmiger Ausgangsstoffe für plasmasynthetische Prozesse innerhalb des Plasmatrons möglich. Üblicher Weise beträgt die Generatorleistung zwischen 25 und 200 kW.

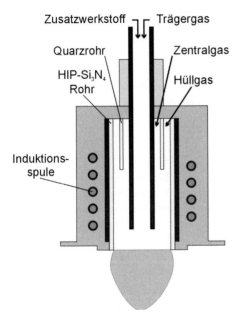

Bild 13: Prinzip des HF Plasmaspritzens

Der großvolumige und verhältnismäßig langsame Plasmastrahl gestattet hohe Materialdurchsätze, aber nur relativ geringe Partikelgeschwindigkeiten (< 50 m/s). Üblicher Weise wird die Schwerkraft genutzt, um einen weiteren Beitrag zum Beschleunigen der Spritzpulver zu erhalten. Auf Grund der langen Verweilzeiten im Plasmastrahl, in dem Temperaturen bis zu 10.000 K herrschen, können auch relativ grobe Pulver vollständig aufgeschmolzen werden und Reaktionen mit den Plasmagasen effektiv ausgenutzt werden. Allerdings sind die Schichten in Folge der geringen Auftreffgeschwindigkeiten relativ porös. Überschalldüsen für HF Plasmatrons sind derzeit in der Evaluation unter Laborbedingungen. Durch den Einsatz dieser Düsen wird allerdings auch der Strahlquerschnitt erheblich reduziert.

Der wesentliche Nachteil der HF Plasmaspritzbrenner besteht in den eingeschränkten Handhabungsbedingungen, da die Schwerkraft einen wesentlichen Einfluss auf die Partikeltrajektorien nimmt und das Einkoppeln der elektrischen Energie eine feste Verbindung zum Generator erfordert. Darüber hinaus entstehen starke elektromagnetische Felder, die den Einsatz elektronisch geregelter Handlingsysteme verhindert. Daher liegt das Hauptanwendungsgebiet von HF Plasmabrennern im Bereich des Sphärodisierens und der auf Emissionsspektroskopie basierenden Materialanalyse nach vollständigem Verdampfen im Plasmastrahl.

Für die Synthese von Schichten aus der Gasphase sind HF Plasmastrahlen dagegen hervorragend geeignet. Die axiale Injektion der Ausgangsstoffe innerhalb des Plasmabrenners verhindert große Materialverluste und ermöglicht auch den Einsatz flüssiger Precursoren, aus denen z. B. supraleitende $YBa_2Cu_3O_{7-x}$ Schichten mittels Plasmasynthese hergestellt werden können (Thermal Plasma Chemical Vapour Deposition, TPCVD).

Einen Kompromiss zwischen dem TPCVD Verfahren mit seinen hervorragenden Möglichkeiten zur Materialsynthese mit maßgeschneiderter Schichtstruktur und -morphologie einerseits und dem HF Vakuum-Plasmaspritzen von Pulvern mit seinen sehr hohen Auftragsraten andererseits stellt das Suspensions Plasmaspritzen (SPS) dar. Den Grundstein für einen schnellen Schichtauftrag legen hierbei die Festphasen einer in das Plasma injizierten Suspension, während die Flüssigphase der Suspension sowie die Plasmagase die Reaktionsfähigkeit gewährleisten. Diese Technologie wurde bereits erfolgreich zum Herstellen biokeramischer Hydroxylapatit Schichten aus Suspensionen mit nanoskaligen Partikeln eingesetzt.

2.7 Neue Anwendungen

Die Entwicklungs- und Forschungsarbeiten der letzten Jahre führten zu einigen wesentlichen Verfahrensneuentwicklungen und Verbesserungen der thermischen Spritztechnik, insbesondere im Hinblick auf das Erschließen neuer und das Erweitern traditioneller Anwendungsgebiete. In der Elektrotechnik ergeben sich neue Anwendungsgebiete beim Herstellen kupferbeschichteter Bauteile. Bedingt durch die geringen erforderlichen Schichtdicken war das Aufbringen von Kupferschichten aus wirtschaftlichen Gründen bis heute den bekannten Dünnschichtverfahren PVD (Physical Vapour Deposition) und Galvanisieren vorbehalten. Weiterentwicklungen auf dem Gebiet des Plasmaspritzens ermöglichen heutzutage jedoch ebenfalls das Erzeugen von Schichten mit Schichtdicken zwischen 40 und 250 μm. Vakuum-Plasmagespritzte Kupferschichten weisen eine mit konventionellem Kupfer vergleichbare Leitfähigkeit und eine ausreichende Schichthaftfestigkeit auf.

Insbesondere das Vakuum-Plasmaspritzen und das Plasmaspritzen bei gegenüber Atmosphärendruck erhöhtem Prozessdruck ermöglichen das Herstellen neuartiger Werkstoffe. Bedingt durch den Unterschied der Werkstoffeigenschaften von spritztechnisch und schmelzmetallurgisch bzw. pulvermetallurgisch hergestellten Werkstoffen eröffnen sich neue Möglichkeiten. Untersuchungen der mechanisch-technologischen Eigenschaften spritztechnisch hergestellter Werkstoffe im Vergleich mit Werkstoffen anderer Herstellungsweise verdeutlichen das Potenzial, welches die thermische Spritztechnik zum Herstellen neuartiger Werkstoffe bietet. Das Vakuum-Plasmaspritzen ist darüber hinaus eine effektive Technologie zum Aufbringen von kavitations- und erosionsbeständigen Schichten auf der Basis von Nickel-Aluminium. Vakuumplasmagespritzte NiAl-Legierungen erscheinen auf Grund ihres hohen Schmelzpunktes und hohen Elastizitätsmoduls sowie der geringen Dichte und hervorragenden Oxidationsbeständigkeit auch für Hochtemperaturanwendungen geeignet. Mittels Vakuum-Plasmaspritzen hergestellte oxid- und porenfreie Schichten sowie Formkörper aus NiAl-Legierungen weisen die gleiche Werkstoffstruktur auf wie die als Spritzzusatz verwendeten Ausgangspulver.

Durch Thermisches Spritzen erzeugte nanostrukturierte Werkstoffe erzielen exzellente Eigenschaften im Hinblick auf mechanische Festigkeit, Härte sowie Duktilität, wobei die Eigenschaften konventionell verarbeiteter Werkstoffe deutlich übertroffen werden. Das Kaltgas- oder Hochgeschwindigkeitsflammspritzen durch Hochenergiemahlen bzw. mechanisches Legieren gewonnener nanostrukturierter Pulver ist eine geeignete Verfahrensweise zum Erzeugen dichter Schichten sowie von Kompaktkörpern aus unkonventionellen Werkstoffen.

Auch in der Motorenfertigung im Automobilbau ist die thermische Spritztechnik inzwischen für das Innenbeschichten von Zylinderwandungen eingeführt worden. Für diese Anwendung musste ein spezieller Brenner, der ein schnelles Beschichten von Zylinderbohrungen mit teilweise weniger als 70 mm Durchmesser bei geringem Wärmeeintrag in den Al-Si Druckguss Motorblock und zuverlässiger, langer Lebensdauer der Brennerkomponenten ermöglicht, entwickelt werden. Es gelang Beschichtungen mit im Vergleich zu Grauguss Büchsen überlegenen tribologischen Eigenschaften bei zumutbaren Werkstoffkosten sowie eine ganzheitliche Technologie, die alle erforderlichen Vorbehandlungs- und Nachbearbeitungsschritte beinhaltet, zu entwickeln. Das von Sulzer Metco entwickelte Rota Plasma System rotiert mit konstantem Wandabstand in der Zylinderbohrung bei fest positioniertem Motorblock. Das im automatisierten Strahlprozess eingebrachte Strahlgut wird vor dem Beschichten vollständig entfernt. Als Beschichtungswerkstoffe werden neben Verbundpulvern mit Stahlmatrix und Festschmierstoffen auch niedrig legierte Kohlenstoffstähle eingesetzt. Da der Plasmaspritzprozess an Atmosphäre ausgeführt wird, oxidieren die Partikel teilweise. Die Oxide weisen gute Schmierwirkungen beim Motorenbetrieb auf. Darüber hinaus wirken offene Poren als Reservoirs für Flüssigschmierstoffe, sodass insgesamt geringere Reibungsverluste als bei Graugussbüchsen erzielt werden. Zum Erzielen dieser Eigenschaften ist eine sorgfältige Optimierung der Nachbearbeitung mittels Honen erforderlich.

Die weitere Verbreitung thermischer Spritzverfahren wird neben der Integrierbarkeit in Produktionsketten entscheidend davon abhängen, ob es gelingt, gezielt und reproduzierbar die Werkstoffstruktur und –morphologie einzustellen. Parameterstudien zur Erstarrung verdeutlichen, dass beim thermischen Spritzen die Randbedingungen so eingestellt werden können, dass ein Schmelzenfilm von der vier- bis fünffachen Dicke eines auf dem Substrat ausgebreiteten Partikels entstehen kann. Es gilt, die Erstarrung dieses ca. 10 bis 50 µm dicken Films so zu steuern, dass eine gerichtete Struktur entsteht. Dadurch kann das Potenzial von Werkstoffen mit anisotropen Eigenschaften voll ausgenutzt werden. Dadurch können beispielsweise elektromechanische oder elektro-chemische Oberflächeneigenschaften unter Berücksichtigung der Kristallorientierung optimiert werden. Darüber hinaus erwachsen auch neue Möglichkeiten, das thermische Spritzen als Fertigungsmethode für Halbzeuge aus z. B. Formgedächtnislegierungen einsetzen zu können.

2.8 Qualitätssicherung

Der Qualitätssicherung wird gerade in neuerer Zeit immer mehr Bedeutung beigemessen. In Europa ist dies insbesondere auf in letzter Zeit verschärfte Gesetze hinsichtlich der Produkthaftung zurückzuführen. Darüber hinaus führt ein gemeinschaftlicher europäischer Markt zu einer erhöhten Konkurrenz der Unternehmen und ihrer Produkte. Auf Grund der hohen Zertifizierungsgebühren haben die meisten auf dem Sektor des thermischen Spritzens tätigen Unternehmen und Institute die Gütegemeinschaft Thermisches Spritzen (GTS) gebildet. Deren Qualitätsrichtlinien basieren auf der DIN ISO 9000 bis 9004 mit Anwendung auf die Besonderheiten der Beschichtungstechnologie des thermischen Spritzens.

Prinzipiell gilt es, für die Qualitätssicherung Methoden und Instrumente zur online Steuerung und Regelung des Beschichtungsprozesses heranzuziehen und Methoden zu entwickeln, mit denen nach dem Beschichtungsprozess die Schichten zerstörungsfrei geprüft werden können. Stand der Technik ist heute das Steuern der Prozesseinstellgrößen auf der Eingangsseite einer Spritzpistole über einen Abgleich von Soll- und Ist-Größen. Das Monitoring dieser Größen ist heute ebenfalls Stand der Technik. Beispielsweise für das Herstellen von Halbzeugen und/oder Schichten mit spezieller Struktur und Morphologie ist es weit über die heute üblichen Anforderungen hinaus erforderlich, eine hohe Prozessfähigkeit sicherzustellen. Dieses verlangt nach einer online Regelung der Prozesseinstellgrößen mit dem Ziel den aus der Wechselwirkung zwischen Plasma-/Heißgasstrahl und den Partikeln resultierenden energetischen Zustand (Temperatur und kinetische Energie) vor dem Aufprall auf das Substrat zu reproduzieren. Hierzu ist es erforderlich, Prozessgrößen, die eine Korrelation mit der Partikelgeschwindigkeit und -temperatur ermöglichen, in der Wechselwirkungszone während des gesamten Beschichtungsvorganges zu messen.

Ein derartiges Meßsystem muss also an eine Spritzpistole adaptierbar und mitführbar sein. Die optische Emissionsspektroskopie bietet die Möglichkeit, eine Optik an den Brenner zu adaptieren und die Signale über einen Lichtwellenleiter an ein Spektrometer weiterzuleiten. Spektroskopische Untersuchungen belegen eine signifikante Veränderung der Emissionsintensität für charakteristische Wellenlängen der Prozessgase und der Elemente des Beschichtungswerkstoffs bei Veränderung der Prozesseinstellgrößen. Durch lokal aufgelöste Emissionsspektroskopie lassen sich Abweichungen des Prozesszustands empfindlich erfassen.

Innerhalb eines Qualitätssicherungssystems spielt die Qualitätsprüfung eine wichtige Rolle und erfordert die Verfügbarkeit verschiedener Prüfmethoden während des Produktionsprozesses. Als zerstörende Prüfverfahren bieten sich die klassischen Methoden der Metallographie sowie der Werkstoffprüfung an. Um ein Beeinflussen des beschichteten Bauteils durch derartige zerstörende Prüfverfahren möglichst gering zu gestalten, wurde ein Kleinstprobenentnahmesystem entwickelt. Dieses System erlaubt die Entnahme von Proben für Mikrostrukturuntersuchungen. Die gewonnenen Proben weisen lediglich Dicken im Bereich von 0,8 bis 2,5 mm auf, sodass der Schaden gering ist und eine Reparatur an der Probenentnahmestelle oftmals sogar unterbleiben kann.

Die ständig wachsende technische und wirtschaftliche Bedeutung des Thermischen Spritzens erfordert jedoch in zunehmendem Maße den Einsatz zerstörungsfreier Prüfverfahren. Die Anwendung zerstörungsfreier Werkstoffprüfmethoden befindet sich derzeit noch im Entwicklungsstadium. In diesem Zusammenhang sind z. B. Ultraschallverfahren, optische Holografie, Wirbelstromtechnik und Thermographie zu nennen. Eine sich ebenfalls im Entwicklungsstadium befindliche neue Methode zur online Qualitätskontrolle basiert auf der Schallemissionsanalyse. Der von den auf der Oberfläche auftreffenden Spritzpartikeln emittierte Schall liefert, mit Hilfe modernster Computertechnologie aufbereitet, Informationen über den Durchmesser, die Masse, Geschwindigkeit und Viskosität der Teilchen. Auf diese Art und Weise ist eine stetige Kontrolle der sich im Aufbau befindlichen Spritzschicht und eine dementsprechende Parameterregelung möglich. Das Anwenden neuronaler Netzwerke sowie von Fuzzy-Logik bietet darüber hinaus das Potenzial zur Prozesssteuerung. Es können Prozessregler adaptiert werden, die die Steuerung und Regelung der Prozessparameter in Abhängigkeit von den gewünschten Schichtcharakteristika vornehmen.

2.9 Umweltschutzaspekte

Das Thermische Spritzen ist heutzutage eine weit verbreitete Beschichtungstechnologie, die sich zudem durch eine hohe Umweltverträglichkeit auszeichnet. Beim Beschichten anfallender Spritzstaub und nicht zur Schichtbildung beitragende Spritzpartikel werden in besonderen Anlagen aufgefangen und gelangen nicht in die Umgebung. Es entstehen im Allgemeinen keine Probleme hinsichtlich der Entsorgung der Abfallstoffe. Gleichwohl sind bisher nur wenig Informationen bezüglich der Gefährdung des Anlagenbedieners während des Spritzprozesses verfügbar. Ein generell steigendes Umweltbewusstsein hat in diesem Zusammenhang jedoch zur Entwicklung neuer Messmethoden geführt, mit deren Hilfe dieses Informationsdefizit abgebaut werden kann. Insbesondere die unmittelbaren Auswirkungen auf die vor Ort Beschäftigten sowie neue Methoden zur Minimierung jedweder Emissionen sind zu untersuchen. Derartige Untersuchungen stoßen vor dem Hintergrund zunehmender Anforderungen seitens der Umweltschutzgesetzgebung auf wachsendes Interesse. Erste Forschungsarbeiten untersuchten verschiedene, durch das atmosphärische Plasmaspritzen verursachte Einflüsse auf die Umgebung. Die Ergebnisse belegen, dass neben der Staubbelastung mit dem Auftreten verschiedener gasförmiger Verbindungen, von ultravioletter bis infraroter Strahlungsemission sowie hohen Geräuschemissionen zu rechnen ist.

3 Auftragschweißen

Das Auftragschweißen ist gekennzeichnet durch das Aufbringen einer fest haftenden Schicht auf eine Substratoberfläche über den Schmelzfluss des Schweißzusatzes und partiell auch des Substratwerkstoffes. Durch das partielle Anschmelzen der Substratoberfläche wird eine metallurgische Anbindung zwischen Schicht und Substrat erzielt. Der Grad der dabei entstehenden Vermischung von Grund- und Beschichtungswerkstoff wird Aufmischung genannt und führt zu veränderten Eigenschaften der Beschichtung im Vergleich zum Schweißzusatzwerkstoff.

Das Auftragschweißen zeichnet sich durch die hervorragende Haftung der Schichten, die Möglichkeit porenfreie Schichten zu erzielen sowie einen exzellenten Wärmeübergang von der Beschichtung in das Substratbauteil aus. Es dient neben der Instandsetzung verschlissener Oberflächen vor allem zum Panzern (Verschleißschutz) oder Plattieren (Korrosionsschutz) von Bauteiloberflächen sowie zum Puffern (Zwischenschichten zum graduellen Anpassen der Eigenschaften von Substrat und Deckschicht). Teilweise kann nicht klar zwischen Panzern und Plattieren unterschieden werden. In Abhängigkeit von dem verwendeten Verfahren bestehen nur geringe Einschränkungen in Bezug auf die Bauteilgeometrie. Die Schichtdicken liegen einlagig bei 1 bis 5 mm. Es können Strichraupen sowie Pendelraupen bis 50 mm Breite realisiert werden. Durch Mehrlagentechnik ist ein flächiges Beschichten und formgebendes Auftragschweißen (endgeometrienahes Auftragschweißen bis zur „freien" Modellierung eines Bauteils) möglich. Die Beschichtungen sind selbsttragend und mechanisch nachbearbeitbar (Hartbearbeitung oder Schleifen).

3.1 Beschichtungswerkstoffe

Der Zusatzwerkstoff kann dem Auftragschweißprozess in Abhängigkeit vom eingesetzten Verfahren als Pulver, Draht oder Band zugeführt werden. Wie auch beim thermischen Spritzen ist das Spektrum der verarbeitbaren Werkstoffe für Pulver am größten. Allerdings sind auch die erzielbaren Flächen- und Abschmelzleistungen zumeist deutlich geringer. Die zum Auftragschweißen eingesetzten Pulver sind zumeist größer als beim Thermischen Spritzen. Üblicher Weise werden metallische Pulver mit einem Partikeldurchmesser zwischen 60 und 200 µm eingesetzt. In Abhängigkeit vom Anwendungsgebiet werden teilweise noch wesentlich gröbere Hartstoffpulver zum Verstärken der metallischen Matrix verwendet. Neben dem Schmelzverdüsen von metallischen Pulver kommt das Agglomerieren und Sintern für die Herstellung von Verbunden zum Einsatz. Die Fließfähigkeit der relativ groben Pulver ist durch die kugelige Form hervorragend.

Drahtförmiger Schweißzusatz findet in der Regel mit Durchmessern zwischen 1 und 8 mm Anwendung, während die Breite von Bändern teilweise 200 mm übersteigen kann. Die preisgünstigste Form für Schweißzusatzwerkstoffe sind massive Drähte und Bänder. Auf die Zusammensetzung der Auftragschweißung kann durch die Umhüllung eines Kerndrahtes gezielt Einfluss genommen werden. Auch durch den Einsatz von Fülldrähten oder -bändern kann das Spektrum der Beschichtungswerkstoffe analog zum Thermischen Spritzen wesentlich erweitert werden. Beim Einsatz von Sinterbandelektroden bestehen noch höhere Freiheitsgrade in Bezug auf das Einstellen der chemischen Zusammensetzung des Schweißzusatzes. Ein weiterer Vorteil im Vergleich zu Füllbändern besteht in der verbesserten Homogenität. Sinterbandelektroden werden durch das Walzen von Pulvern zu Coils von Grünbändern und einer anschließenden Wärmebehandlung in einem Durchlaufofen zum Erhöhen der mechanischen Festigkeit durch Sintern hergestellt. Der Einsatz pulverförmiger Ausgangswerkstoffe und die in der Regel in inerter Atmosphäre auszuführende Wärmebehandlung führen zu hohen Herstellungskosten, sodass der Einsatz von Sinterbandelektroden nur ökonomisch sinnvoll ist, wenn kleine Chargen eines teuren Werkstoffs benötigt werden und hohe Anforderungen an die Schichthomogenität bestehen.

Zum Plattieren kommen neben rostfreien Stählen, die in Abhängigkeit vom Anwendungsgebiet der beschichteten Bauteile erhebliche Anteile von Molybdän, Titan oder Niob zum Verhindern von Lochfraß oder interkristalliner Korrosion sowie Aluminium enthalten, vor allem Nickelbasislegierungen zum Einsatz. Der Aluminiumgehalt ist insbesondere für Anwendungen zum Oxidationsschutz hoch. Darüber hinaus werden zum Teil auch Kupferlegierungen auf artgleiche Substrate aufgebracht.

Bei den Beschichtungswerkstoffen für das Panzern wird zwischen einphasigen und mehrphasigen Werkstoffen unterschieden. Zu den einphasigen Legierungen zählen die klassischen Manganhartstähle wie z. B. X110Mn13. Bei diesen Legierungen nimmt die Abkühlgeschwindigkeit einen wesentlichen Einfluss auf die Gefügeausbildung. Ein sehr schnelles Abkühlen von ca. 1050°C auf Raumtemperatur bewirkt, dass sich ein rein austenitisches Gefüge mit einer Härte von nur 200 HB einstellt. Während des Einsatzes auftretende Schlag- Stoß- oder Druckbeanspruchung führt zu einer starken Kaltverfestigung und Härtesteigerung auf ca. 550 HB in einer weniger als 1 mm dicken Oberflächenschicht. Die Ursache für diese Verfestigung ist das Blockieren von Gleitebenen durch feinsten Martensit. In dem Fall, dass keine Kaltverfestigung in Folge mangelnder Betriebsbeanspruchung eintritt, entspricht der Verschleißwiderstand des austenitischen Manganhartstahls in etwa dem eines üblichen Baustahls.

Die hohen Abkühlgeschwindigkeiten beim Auftragschweißen dieses Werkstoffs, die es zu gewährleisten gilt, erfordern eine besondere Vorgehensweise. Üblicher Weise wird hierzu mit dünnen Elektroden, geringen Stromstärken und kurzem Lichtbogen in Strichraupentechnik gepanzert. Das Schweißen im Wasserbad erfolgt vorrangig an kleinen Bauteilen. Dieser Werkstoff erlaubt lediglich Einsatztemperaturen von unter 300 °C, da höhere Temperaturen leicht zu stark versprödenden Karbidausscheidungen führen. Ein Überschreiten dieser Temperatur ist auch beim plastischen Verformen im Betrieb oder bei spanender Bearbeitung nicht zulässig, da selbst geringe Wärmemengen auf Grund der schlechten Wärmeleitfähigkeit der Panzerung nur äußerst langsam abgeführt werden können.

Des Weiteren zählen zu den einphasigen Auftragwerkstoffen martensitische Chromstähle mit höchstens 2 % Kohlenstoff und bis zu 18 % Chrom. Das Schweißgut, das aus der Schweißhitze lufthärtend ist, weist nach einer Anlassbehandlung noch eine ausreichende Zähigkeit auf. Es lassen sich in Abhängigkeit vom Kohlenstoffgehalt Härten bis zu 500 HB erzielen. Ein Nachbearbeiten ist aus diesem Grund häufig nur durch Schleifen möglich. Einsatz finden diese Beschichtungswerkstoffe dort, wo starker Abrieb bei gleichzeitig auftretender Schlagbeanspruchung auftritt. Um die Gefahr der Härterissbildung zu minimieren, muss bei einigen Legierungen nach dem Schweißen oder Anlassen eine verlangsamte Abkühlung in heißem Sand oder im Ofen durchgeführt werden.

Mehrphasige Auftragschweißwerkstoffe weisen in erster Linie eine relativ duktile Matrix auf, in die Hartstoffe wie Karbide, Boride und Silizide eingelagert sind. In diese Gruppe fallen die Legierungen auf der Basis von Eisen, Nickel oder Kobalt mit hohem Anteil an Hartstoffbildnern, wie Chrom, Wolfram, Molybdän und Vanadium und den Metalloiden Kohlenstoff, Bor und Silizium (Tab. 1).

Tabelle 1: Einteilung der Hartlegierungen

Matrix	Hartstoffmetall	Metalloide	Matrixelemente	Hartstoffe
Fe	Cr, W, Mo, V	C, B, Si	Mn, Ni, Co	$M_{23}C_6$, M_7C_6, M_6C, M_3C, (M-B, M-Si)
Ni	Cr, W, Mo	B, Si, C	Fe, Co, Cu, Mn	Ni_3B, CrB, Ni_3Si, (M-C)
Co	Cr, W, Mo, V, Nb, Ta	C, B, Si	Ni, Fe, Cu, Mn	$M_{23}C_6$, M_7C_3, M_6C, (M-B, M-Si)

Während und nach der Erstarrung der aufgetragenen Schmelze bilden sich Karbide – vorzugsweise vom Typ M_7C_3 – aus. Zusätzlich können auch Karbide des Typs M_6C und $M_{23}C_6$ entstehen, was allerdings abhängig vom C-, W- und Fe-Gehalt ist. Die aufmischungsbeeinflussten Zonen stellen dabei diejenigen Orte dar, in denen sich diese Karbide bevorzugt bilden. In Ni-Basiswerkstoffen, die zusätzlich mit Bor und Silicium legiert sind, bilden sich darüber hinaus Phasen des Typs Ni_3B, CrB und Ni_3Si.

Ausschlaggebend für die Art und Menge der sich ausscheidenden Hartphasen ist die Aufmischung mit dem in der Regel niedriglegierten Grundwerkstoff. Diese Kenntnis ist von entscheidender Bedeutung, da hiervon in erster Näherung die Verschleißbeständigkeit der Beschichtung abhängig ist. Exemplarisch lassen sich die Zusammenhänge anhand von Legierungen auf der Basis Fe-Cr-C Legierungen diskutieren. Der Gehalt an ausgeschiedenen Karbiden wird sowohl von dem Verhältnis zwischen den Elementen Cr und C als auch von den absoluten Anteilen in der Auftragung bestimmt. Mit zunehmender Aufmischung kommt es zu einer Abnahme dieser

Gehalte, was zu einer sinkenden Karbidmenge führt. Dies ermöglicht es, mittels entsprechender Schweißprozessführung über die Aufmischung Karbidanteile von 15 % bis 40 % einzustellen. Ermittelte Härtewerte liegen dann zwischen 40 und 70 HRC. Mit zunehmender Lagenzahl nimmt der Einfluss der Aufmischung ab.

Hieraus ergeben sich vielfältige Möglichkeiten, um die Gebrauchseigenschaften mehrphasiger Beschichtungen auf legierungstechnischem Wege einzustellen. Ein Ende im Bereich der Werkstoffentwicklung ist nicht abzusehen, wobei jüngste Forschungsaktivitäten darauf abzielen, den Karbidanteil in den Panzerungen zu erhöhen, was die Verschleißbeständigkeit derartiger Beschichtungen weiter steigert.

Beschichtungen mit aus der Schmelze ausgeschiedenen Wolframkarbiden erzielen nicht die exzellenten Verschleißschutzeigenschaften, die für artgleiche Pseudolegierungen erzielt werden. Zum Herstellen von Pseudolegierungen haben NiBSi und NiCrBSi Legierungen als metallische Matrix in Kombination mit Wolframschmelzkarbiden die größte Bedeutung erlangt. Auf Stahlsubstraten lassen sich mittels Plasma Pulver Auftragsschweißens (PTA) Hartstoffgehalte von 60 Vol.-% ohne Rissbildung erzielen. Unterliegen die beschichteten Bauteile Schlagbeanspruchung wird der Hartstoffgehalt gesenkt, um die Eigenspannung zu reduzieren und den Anteil der duktilen metallischen Phase zu erhöhen. Bezüglich der Wahl der Schweißparameter ist darauf zu achten. dass diese Karbide nicht in der Schmelze in Lösung gehen und somit die Matrix verspröden. Mit Hilfe entsprechender Prozessführung sind dann in der Beschichtung Mischhärten von bis zu 70 HRC realisierbar.

Neben dem Kohlenstoffgehalt, der Größe und dem Gehalt des Wolframschmelzkarbids nimmt dessen Mikrostruktur einen wesentlichen Einfluss auf die Verschleißbeständigkeit der Panzerung. Ein feinfiedriges Gefüge, das durch das Einhalten eines Kohlenstoffgehalts zwischen 3,9 und 4,2 Gew.-% sowie das Vermeiden von Eisenverunreinigungen eingestellt und durch eine möglichst geringe thermische Beeinflussung während des Schweißprozesses erhalten werden kann, ermöglicht höchste Härten und den besten Verschleißwiderstand. Schließlich kann auch die Form der Karbide die tribologischen Eigenschaften beeinflussen. Kugelige, sphärodisierte, Wolframschmelzkarbide werden auf Grund der kleineren Oberfläche im Vergleich zu blockigen Karbiden, die mittels Schmelzen und Brechen hergestellt werden, durch die metallische Matrix weniger stark angelöst. Darüber hinaus wird eine innere Kerbwirkung von Kanten der Karbide vermieden und die Kugeln können eventuell auch ein besseres Abgleiten der Gegenkörper ermöglichen. Allerdings konnte nicht für jeden Anwendungsfall eine Zunahme der Standzeiten bei Verwendung der wesentlich teureren kugeligen Karbide nachgewiesen werden.

Vor dem Hintergrund des Auflösens von WSC in der Schweißschmelze erfolgen heute umfangreiche Untersuchungen insbesondere vanadinkarbidhaltige Verschleißschutzlegierungen zu entwickeln, da Vanadinkarbid metallurgische Vorteile aufweist. Wenn es durch Überhitzung geschmolzen und in der Schmelze gelöst wird, wird es primär und feindispers wieder ausgeschieden. Hierbei bilden sich keine vanadinreichen Mischkarbide, sodass keine unerwünschten Veränderungen der Hartphasen auftreten. Die hohe Karbidkeimdichte führt darüber hinaus zu einer feinen Gefügeausbildung.

Diese grundlegenden Erkenntnisse führten zu der Entwicklung eines Werkstoffsystems, das für Verschleißschutzzwecke und auch für kombinierte Verschleiß- und Korrosionsbeanspruchung angewendet werden kann. Träger der Verschleißbeständigkeit ist Vanadinkarbid, das in eine hochfeste Matrix eingebettet wird. Als Matrixwerkstoffe werden stahlähnliche Eisenbasislegierungen unterschiedlicher Zusammensetzung verwendet. Zur Sicherung einer martensitischen Härtung aus der Schweißhitze enthalten alle Varianten Chrom und Molybdän.

Entsprechend der geforderten Eigenschaften werden die Gehalte festgelegt, bzw. weitere Elemente zulegiert. Zur Sicherung einer guten Schweißbarkeit enthalten die Legierung ca. 1 % Silicium und 1 % Mangan. Für die martensitische Härtung des Matrixwerkstoffes sollten 0,4 % C zur Verfügung stehen. Dieser, als „freier" Kohlenstoff bezeichnete Gehalt, sichert Arbeitshärten oberhalb von 60 HRC. Kohlenstoffmangel unter 0,4 % führt dazu, dass sich Vanadin im Eisen löst und die Matrix ferritisch erstarrt. Kohlenstoffüberschuss führt zu stabilem Restaustenit und versprödet den Werkstoff.

Um eine signifikante Verbesserung der Verschleißbeständigkeit gegenüber konventionellen Werkzeugstählen zu erreichen, enthalten die Legierungen mindestens 10 % Vanadin. Bis zur Obergrenze von 20 % Vanadin sind alle Werkstoffzusammensetzungen verdüsbar. Aus praxisnahen Untersuchungen sind Vanadingehalte von 10 % bis 18 % erforderlich, um das Eigenschaftsspektrum legierter Werkstoffe auszuschöpfen.

Für eine weiter verbesserte Verschleißbeständigkeit wird den Grundlegierungen 4 % bis 6 % Chrom, 1 % bis 2 % Molybdän, ca. 1 % Silicium und ca. 1 % Mangan hinzulegiert. Damit wird eine sichere martensitische Härtung aus der Schweißhitze bei allen technisch relevanten Abkühlverläufen sowie eine sichere schweißtechnische Verarbeitbarkeit gewährleistet. Der Karbidgehalt beträgt 17 bis 20 Vol.-% VC für eine Legierungen mit 10 % bis 12 % Vanadin und 26 bis 31 Vol.-% VC für Legierungen mit 15 % bis 18 % Vanadin.

Eine Erhöhung des Chromanteils auf über 13 % bei gleichen Gehalten an den oben genannten Legierungselementen führt zu chrommartensitischen Varianten, die gegenüber organischen Säuren und atmosphärischen Belastungen korrosionsbeständig sind. Geringe Nickelgehalte wirken sich dabei positiv auf die plastischen Eigenschaften aus, sodass die typische Rissanfälligkeit dieser Werkstoffe verringert wird. Zum Ausscheiden von Chromkarbiden muss der Kohlenstoffgehalt erhöht werden.

Nickelgehalte von 6 % bis 8 % führen zu einem austenitischen Gefüge, sodass die Werkstoffe hochkorrosionsbeständig sind und durch den hohen Vanadinkarbidanteil eine exzellente Verschleißbeständigkeit besitzen.

Über Pulvermischungen sind Vanadinkarbidgehalte von bis zu 80 Vol.-% realisierbar. Im Gegensatz zu Wolframkarbid sind allerdings die Variationsmöglichkeiten hinsichtlich der Karbidkorngröße begrenzt, da Vanadinkarbid nur über das Carburieren feinkörniger Vanadinpulver und nachfolgendes Sintern herstellbar ist. Derzeit stehen Sinterkarbide in unterschiedlichen Aufmahlungen und agglomerierte Feinstkornkarbide zur Verfügung, die je nach Anwendungsfall eingesetzt werden können.

3.2 Substratwerkstoffe

Weil die Auftragschweißverfahren grundsätzlich ein Aufschmelzen der Bauteiloberfläche erfordern, kommen praktisch ausschließlich rein metallische Substratwerkstoffe zum Einsatz. Dabei nehmen Baustähle den größten Anteil ein. Darüber hinaus kommen auch niedrig- und hochlegierte Stähle sowie Nickel- und Kupferbasiswerkstoffe zum Einsatz. In Ausnahmefällen werden auch auf Bauteile aus Aluminiumlegierungen partiell Schutzschichten aufgebracht.

3.3 Auftragschweißverfahren

3.3.1 *Autogenes Auftragschweißen*

Das autogene Auftragschweißen ist das älteste Auftragschweißverfahren. Als Wärmequelle für das lokale Aufschmelzen der Bauteiloberfläche dient ein in der Regel handgeführter Autogenbrenner. Als Brenngas wird fast ausschließlich Azetylen eingesetzt, weil es die höchsten Flammentemperaturen und somit das schnellste Aufschmelzen der Bauteiloberfläche ermöglicht. Der Schweißzusatz kann in Form von Pulvern in der Flamme des Brenners oder durch externe Zufuhr in das Schweißbad injiziert werden. Darüber hinaus besteht die Möglichkeit des Drahteinsatzes. Neben massiven Drähten können auch Fülldrähte oder ummantelte Drähte Verwendung finden.

Die Anlagentechnik für das autogene Auftragschweißen ist äußerst preiswert und eignet sich hervorragend für den Einsatz vor Ort. Es findet beispielsweise zum Panzern von Pflugscharen in der Landwirtschaft Einsatz. Wegen der relativ starken Aufmischung mit dem Grundwerkstoff und der geringen Flächen- und Abschmelzleistung wird dieses Verfahren jedoch nur noch selten angewendet.

3.3.2 *Open Arc Auftragschweißen (OA)*

Beim Open Arc Auftragschweißen erfolgt das Aufschmelzen sowohl des Grundwerkstoffs als auch des Schweißzusatzes über einen zwischen diesen brennenden Lichtbogen. Der Prozess ist sowohl mit manuell geführten Stabelektroden als auch automatisiert mit kontinuierlicher Zufuhr von Fülldrahtelektroden möglich. Beim Einsatz von Stabelektroden ist die Ummantelung des Kerns von zentraler Bedeutung, während beim Einsatz von Fülldrähten die Füllung einen wesentlichen Einfluss auf die Prozessstabilität sowie die Zusammensetzung der Beschichtung nimmt. Die Technologie zeichnet sich durch die geringen versorgungstechnischen Anforderungen aus, da lediglich eine ausreichend dimensionierte Stromquelle und gegebenenfalls eine Drahtvorschubeinheit erforderlich sind.

Beim Einsatz von Stabelektroden schmilzt durch die Wärmeeinbringung des Lichtbogens neben dem Kerndraht auch die Umhüllung und bildet eine Schlacke, die das schmelzflüssige Drahtende sowie die sich bildenden Tropfen teilweise oder sogar auf der gesamten Oberfläche einhüllt. Metallurgische Reaktionen an der Grenzfläche zwischen Schlacke und Kerndraht nehmen Einfluss auf die Oberflächenspannung und damit die Tropfenbildung bezüglich Ablösefrequenz und Masse. Elektroden mit basischer Umhüllung fördern das Bilden großer Tropfen und Kurzschlüsse erfolgen seltener als bei Elektroden mit Titanoxid-Umhüllung, die insbesondere bei dicken Umhüllungen einen feintropfigen Übergang aufweisen. Neben der Zusammensetzung und Stärke der Elektrodenumhüllung nimmt die Länge des Lichtbogens, der Schweißstrom und die Stromquellencharakteristik Einfluss auf den Werkstoffübergang. Ein Erhöhen der Stromstärke führt zu feineren Tropfen und abnehmender Kurzschlussneigung. Schweißgleichrichter mit hoher Dynamik rufen höhere Tropfenfrequenzen hervor als solche mit niedriger Dynamik.

Beim Einsatz von Fülldrähten greift der Lichtbogen am rohrförmigen, äußeren Metallkörper an und wandert entlang der Kante, was zu einem instabilen Prozess führen kann. Dabei werden die sich bildenden Tropfen abgeschert und gehen auf unterschiedlichen Flugbahnen in das Schweißbad über. Im Allgemeinen bildet die Füllung einen mehr oder weniger ausgeprägten

Kegel des übergehenden Werkstoffs. Neben dem Drahtaufbau nehmen die Zusammensetzung der Füllung und der Füllgrad sowie die Schweißparameter wesentlichen Einfluss.

Automatisierte Open Arc Auftragschweißungen erfolgen insbesondere zum Panzern von Bauteilen mit großen Oberflächen beispielsweise in Zyklonen der Zementindustrie, für Bohrkronen in der Erdölexploration sowie für große Schaufeln im Tagebau und in der Baustoffgewinnung.

3.3.3 Unterpulver Auftragschweißen (UP)

Beim Unterpulver Auftragschweißen (Bild 14) brennt ein Lichtbogen zwischen dem Werkstück und einer kontinuierlich abschmelzenden Elektrode. Dabei brennt der Lichtbogen in einer Kaverne, die vom teilweise aufgeschmolzenen Pulver verdeckt ist und durch den sich im Inneren ausbildenden Gasdruck aufrecht gehalten wird. Der flüssige Pulveranteil erstarrt zu einer Schlackeschicht auf der Nahtoberfläche und platzt zumeist selbsttätig ab. Der nicht erschmolzene Anteil kann abgesaugt, gereinigt und wieder verwendet werden. Der Werkstoffübergang wird insbesondere durch die Schweißstromstärke, die Stromquellencharakteristik und das Pulver beeinflusst. Neben der Schütthöhe sind die chemische Zusammensetzung sowie die Herstellungsart des verwendeten Pulvers wesentliche Einflussgrößen, weil sie die Strombelastbarkeit, Gasdurchlässigkeit und durch Zubrand die Schichtcharakteristik bestimmen. Beispielsweise kann ein zu starker Silicium Zubrand für Anwendungen in einigen korrosiven Medien zum Übergang von der gleichmäßigen Flächen- zur selektiven Lochkorrosion führen.

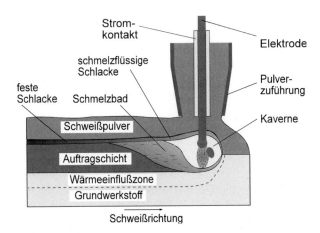

Bild 14: Prinzip des Unterpulver Auftragschweißens (ISAF, TU Clausthal)

Als Elektrodenmaterial werden neben teilweise mehrfach simultan zugeführten Drähten, auch Bänder, deren Breite 200 mm überschreiten kann, verwendet. Beim Einsatz breiter Bänder wird der Lichtbogen meist mit Hilfe einer magnetischen Ablenkvorrichtung an der unteren Bandkante entlang geführt. Industrielle Bedeutung haben insbesondere die Doppeldraht- und Bandtechnik zum Panzern sowie zum Plattieren von Stahlbauteilen mit Nickelbasislegierungen erlangt.

Bei Aufmischungen unter 10 % besteht die verfahrensspezifische Gefahr von Bindefehlern. Daher ist die Aufmischung mit 13 % bis 40 % relativ hoch und um die Korrosionsbeständigkeit zu gewährleisten, muss im Allgemeinen in drei Lagen, die jeweils eine Stärke zwischen 5 und 8 mm aufweisen, aufgetragen werden. Bei teuren Schweißzusätzen führt diese Erfordernis zu relativ hohen Kosten. In Bezug auf die Bauteilgeometrie ist die Anwendung des Verfahrens bei rotationssymmetrischen Körpern auf minimale Durchmesser von 150 mm beschränkt.

Wesentliche Verfahrensvorteile bestehen in der hohen Abschmelzleistung von bis zu 40 kg/h und der hohen Flächenleistung von bis zu 9.000 cm^2/h. Mit ca. 175 J/mm^2 ist die Flächenenergie geringer als beim Elektroschlacke Auftragschweißen.

3.3.4 Elektroschlacke Auftragschweißen (RES)

Das Elektroschlacke Auftragschweißen (Bild 15), **R**esistance **E**lectro **S**lag Welding, wird mechanisiert und mit hoher Wirtschaftlichkeit in erster Linie für das Beschichten von Bauteilen mit großer (Wand-)Stärke eingesetzt, weil die Flächenenergie mit ca. 190 J/mm^2 relativ hoch ist. Dabei ist nur die Verwendung von Bandelektroden, deren Breite bis zu 180 mm betragen kann, von wirtschaftlicher Bedeutung. Die abschmelzende Elektrode wird kontinuierlich zugeführt. Im Gegensatz zu den Lichtbogenverfahren dient bei diesem Widerstandsschmelzverfahren die Widerstandserwärmung des flüssigen Schlackebades als Wärmequelle. Dabei kann die Schweißstromstärke 3000 A übersteigen.

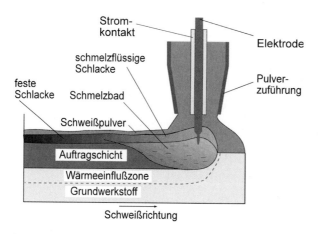

Bild 15: Prinzip des Elektroschlacke Auftragschweißens (ISAF, TU Clausthal)

Das Schweißpulver muss einerseits einen ausreichend hohen Widerstand des flüssigen Schlackebades aufweisen, um die erforderliche Wärme zu erzeugen. Andererseits darf der Widerstand keine unzulässig hohen Stromflüsse über das Schweißbad hervorrufen, um Kurzschlüsse oder das Zünden von Lichtbögen zu vermeiden. In der Regel werden Pulver mit einem CaF$_2$ Gehalt von 50 bis 90 Gew.-% und Al$_2$O$_3$ Gehalten zwischen 10 und 40 Gew.-% eingesetzt.

Beim Elektroschlacke Auftragschweißen sind Abschmelzleistungen von 15 kg/h und Flächenleistungen von ca. 5000 cm^2/h üblich. Einlagige Auftragschweißungen werden mit Dicken von 4 bis 5 mm ausgeführt. In Folge des Aufmischungsgrades von ca. 15 % ist beim Plattieren von Stählen mit Nickelbasislegierungen für einen ausreichenden Korrosionsschutz oft ein zweilagiges Auftragen erforderlich. Das Verfahren zeichnet sich durch den einfachen und robusten Aufbau sowie den gleichmäßigen Einbrand aus.

3.3.5 Metall Schutzgas Auftragschweißen (MSG)

Das Metall Schutzgas Auftragschweißverfahren (Bild 16) arbeitet wie die plasmastrahlbasierten Verfahren mit einem Gas als Schutz für den Lichtbogen, den Werkstoffübergang und das Schweißbad. Das Gas bildet sich dabei nicht unter Hitzeeinwirkung aus Schweißhilfsstoffen, sondern wird extern zugeführt. Bei besonders gasempfindlichen Werkstoffen sowie großen Schweißbädern kann der Einsatz einer Schutzkammer, Schutzgasbrause oder Gasschleppe sinnvoll sein, um das Schutzgas länger im Schweißbereich zu halten oder sogar zusätzliches Schutzgas gezielt auf das erstarrende und abkühlende Bad zu leiten.

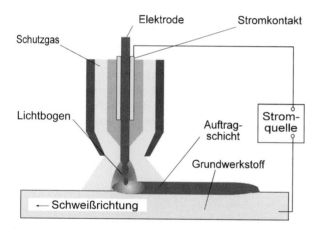

Bild 16: Prinzip des Metall-Schutzgas Auftragschweißens (ISAF, TU Clausthal). Bei diesem Verfahren schmilzt der Lichtbogen eine kontinuierlich zugeführte, stromdurchflossene Elektrode im Lichtbogen ab und die Oberfläche des Substratwerkstoffs teilweise an. Sowohl der Draht als auch der im Lichtbogen erfolgende Werkstoffübergang in das Schweißbad wird durch ein koaxial zugeführtes Prozessgas, das die Schmelze gegenüber der umgebenden Atmosphäre abgeschirmt. In Abhängigkeit von der verwendeten Werkstoffkombination finden inerte (**M**etal **I**nert **G**as) oder aktive (**M**etall **A**ctive **G**as) Gasmischungen Einsatz.

Üblicher Weise wird der Brenner senkrecht zur Schweißrichtung pendelnd geführt, um eine gleichmäßige Energieeinbringung zu erzielen. Je nach Prozessführung beträgt die Flächenenergie zwischen 160 und 185 J/mm^2. Mit Hilfe der Kaltdrahttechnik, bei der dem Lichtbogen im Schmelzbadbereich zusätzlich ein stromloser Draht zugeführt wird, kann der Wärmeeintrag in das Bauteil vermindert werden. Gleichzeitig lässt sich die Aufmischung auf 5 % begrenzen. Zur Gewährleistung einer durchgehenden Anbindung wird aber meistens eine Aufmischung von ca. 15 % eingestellt. Analog zur Kaltdrahttechnik lässt sich durch das Injizieren von Pulvern in das Schweißbad ein Reduzieren des Wärmeeintrags in das Bauteil erzielen.

Auch über die Stromversorgung lässt sich der Wärmeeintrag reduzieren. Die Impulslichtbogentechnologie arbeitet mit einem relativ niedrigen Grundstrom und in Intervallen überlagerten

Stromspitzen. Während der Grundstromphase wird an der Elektrodenspitze ein Tropfen, der die kritischen Ablösemasse noch nicht erreicht erschmolzen und durch den Pinch Effekt in der Hochstromphase abgelöst. Neben dem geringeren Wärmeeintrag in Folge des reduzierten Grundstroms wird durch den definierten Werkstoffübergang eine verbesserte Prozessstabilität erzielt.

Das Metall Schutzgas Auftragschweißen zeichnet sich durch die einfache, robuste Anlagentechnik sowie die unproblematische Automatisierbarkeit aus. Beim Auftragen der 4 bis 8 mm dicken Beschichtungen werden Flächenleistungen zwischen 2.000 und 3.000 cm^2/h bei Abschmelzleistungen von 8 bis 9 kg/h erzielt. Dieses Verfahren findet beispielsweise zum Panzern von Verbindungsstücken für Bohrgestänge in der Tiefbohrtechnik Anwendung.

3.3.6 Plasma MIG Auftragschweißen

Beim Plasma MIG Auftragschweißen (Bild 17) wird eine in der Brennermitte zugeführte Drahtelektrode in einem MIG Lichtbogen abgeschmolzen, wobei über eine separate Stromquelle ein konzentrischer Plasmalichtbogen zwischen dem Werkstück und einem wassergekühlten Kathodenring, der auch als Düse fungiert, brennt. Durch den Einsatz von zwei unabhängigen Strom- und somit auch Wärmequellen kann die Wärmeführung gezielt eingestellt werden. Darüber hinaus stabilisiert der Plasmalichtbogen den MIG Lichtbogen, wodurch hohe Schweißströme und somit hohe Abschmelzleistungen bei spritzerfreiem Werkstoffübergang erzielt werden können. Schweißbäder mit bis zu 40 mm Breite sind mit geringem Einbrand und einer geringen Aufmischung bis ca. 10 % möglich. Schließlich sind die Anforderungen in Bezug auf das Reinigen der Bauteiloberfläche gering, weil durch den Plasmastrahl eine vorlaufende kathodische Reinigung erfolgt.

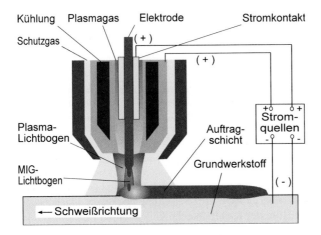

Bild 17: Prinzip des Plasma MIG Auftragschweißens (ISAF, TU Clausthal)

Das Plasma MIG Auftragschweißen zeichnet sich durch hohe Abschmelzleistungen von bis zu 25 kg/h sowie Flächenleistungen von 5.000 cm^2/h bei relativ geringen Flächenenergien von 150 J/mm^2 aus. Übliche Schichtdicken betragen 4 bis 6 mm. Typische Anwendungen sind das Panzern mit zähen oder harten Stählen sowie das Plattieren mit korrosionsbeständigen Stählen und artgleiches Plattieren von Kupfer- oder Nickelbasislegierungen. Allerdings konnte das Verfahren in Folge des relativ hohen apparativen Aufwands bisher keine verbreitete Anwendung finden.

3.3.7 Plasma Pulver Auftragschweißen (PTA)

Beim Plasma Pulver Auftragschweißen (Bild 18), **P**lasma **T**ransferred **A**rc Welding, dient ein durch eine nicht abschmelzende Elektrode erzeugter Plasmastrahl als Wärmequelle. Dabei kommen zwei über separate Stromquellen steuerbare Lichtbögen zum Einsatz. Der so genannte Pilotbogen brennt nach dem Zünden mittels Hochfrequenz zwischen einer stiftförmigen Kathode und einer anodisch gepolten Ringdüse. Er dient wiederum zum Zünden des übertragenden Hauptlichtbogens zwischen Werkstück und Stiftkathode. Durch die negative Polung wird deren thermische Belastung relativ gering gehalten.

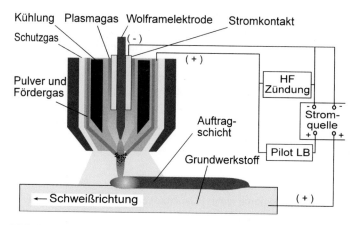

Bild 18: Prinzip des Plasma Pulver Auftragschweißens (ISAF, TU Clausthal)

Beim Plasma Pulver Auftragschweißen findet pulverförmiger Schweißzusatz, der mit Hilfe eines Fördergases dem Brenner zugeführt wird, Anwendung. Neben einer inneren Pulverzufuhr, bei der das Pulver unmittelbar im Bereich der Plasmadüse noch innerhalb der Brennergeometrie in die Plasmasäule injiziert wird, kann eine äußere Pulverzufuhr, bei der das Pulver außerhalb der Brennergeometrie dem Plasmastrahl zugeführt wird, erfolgen. Bei der inneren Zufuhr wird das Pulver in Folge der Injektorwirkung, die die thermisch expandierenden Plasmagase auf den Pulver / Fördergasstrom ausüben, in den Plasmastrahl gesaugt und entsprechend auf hohe Geschwindigkeiten beschleunigt. Während über den Pilotlichtbogen das Aufschmelzen der Schweißzusätze eingestellt wird, wird über den übertragenen Lichtbogen das Aufschmelzen des Grundwerkstoffs gesteuert.

Bei der äußeren Pulverzufuhr wird eine kürzere Verweildauer im Lichtbogen und somit ein geringerer Wärmeübertrag auf den Schweißzusatz erzielt. Einerseits erfolgt somit eine geringere thermische Belastung des Schweißzusatzes, sodass temperatursensitive Werkstoffe in ihrer ursprünglichen Struktur erhalten bleiben können, andererseits besteht die Gefahr von Bindefehlern bzw. einer zu hohen Aufmischung. Generell wird bei der äußeren Zufuhr ein geringerer Auftragwirkungsgrad als bei der inneren Zufuhr erzielt. Teilweise wird eine Kombination von innerer und äußerer Pulverzufuhr realisiert. Beim Auftragen von Ni-B-Si Wolframschmelzcarbid Verbundschichten kann die innere Zufuhr für die metallische Komponente und die äußere für den karbidischen Hartstoff genutzt werden. Dadurch wird die thermische Belastung des Hartstoffs minimiert und das vollständige Aufschmelzen der metallischen Komponente garantiert, sodass metallurgisch fest eingebundene Hartstoffe mit nahezu unveränderter Struktur resultieren, was eine optimale Verschleißbeständigkeit ermöglicht.

Sowohl für das Plasmagas des Pilotlichtbogens als auch für das Pulverfördergas kommen ausschließlich inerte Gase, das heißt Argon und Helium, zum Einsatz. Das Schutzgas kann auch Anteile aktiver Gase enthalten, um beispielsweise beim Einsatz von Wasserstoffbeimischungen durch die reduzierende Wirkung Einfluss auf die Badviskosität und damit das Fließverhalten zu nehmen.

Das Plasma Pulver Auftragschweißen zeichnet sich durch einen hohen Automatisierungsgrad sowie hohe Flächenleistungen von bis zu 5.000 cm^2/h aus. Dabei sind Abschmelzleistungen von mehr als 12 kg/h möglich. Ein weiterer Vorteil besteht in der hohen Flexibilität bezüglich der erzielbaren Schichtdicke, die zwischen 0,5 und 5 mm eingestellt werden kann. Schließlich zeichnet sich das Verfahren durch die Möglichkeit zum Herstellen bindefehlerfreier Beschichtungen bei einer Aufmischung von lediglich 5 % aus. Das Hauptanwendungsfeld dieses Verfahrens liegt im Beschichten von Bauteilen, die einer hohen korrosiven und / oder verschleißenden Beanspruchung unterliegen. Typische Einsatzbereiche sind das Panzern von Ventilen im Motorenbau oder hochbelasteter Zonen von Werkzeugen in der kunststoffverarbeitenden Industrie sowie das Aufbringen von Schutzschichten auf Dichtflächen von Armaturenteilen in der (petro-)chemischen Industrie.

3.3.8 Plasma Heißdraht Auftragschweißen

Das Plasma Heißdraht Auftragschweißen (Bild 19) ermöglicht ein getrenntes Steuern des Anschmelzens der Grundwerkstoffoberfläche durch einen Plasmabrenner mit übertragenem Lichtbogen und dem Aufschmelzen des Zusatzwerkstoffs durch die Heißdrahttechnik. Der Schweißzusatz wird dem Schweißbad in der Regel in Form zweier sich kreuzender Drähte zugeführt. Die Berührung der Drähte sowie der Kurzschluss über das Schweißbad ermöglicht einen Stromfluss von den Kontaktrohren über die freien Drahtenden und somit eine Widerstandserwärmung bis an die Solidus-Temperatur des Schweißzusatzwerkstoffs. Zur Minimierung des Magnetfeldeinflusses werden Wechselstromquellen verwendet, die zum Vermeiden von Überschlägen mit einer Spannungsbegrenzung ausgerüstet sind. Die erforderliche Restenergie zum Aufschmelzen des Zusatzwerkstoffes ist gering, sodass die thermische Behandlung des Substratwerkstoffes und des Schweißzusatzes weitgehend entkoppelt wird. Neben Drähten können prinzipiell auch Bandelektroden als Schweißzusatz eingesetzt werden. Durch das Kombinieren zweier unterschiedlicher Drähte kann die Zusammensetzung der Beschichtung in weiten Grenzen beeinflusst werden.

Der wesentliche Vorteil des Plasma Heißdraht Auftragschweißens besteht in der Kombination aus der hohen Abschmelzleistung von bis zu 30 kg/h und Flächenleistung von 7.000 cm^2/h mit Aufmischungen von lediglich 5 % für bindefehlerfreie Beschichtungen. Dabei werden Schichtdicken zwischen 2 und 7 mm eingestellt. Die Flächenenergie kann auf 95 J/mm^2 begrenzt werden, woraus eine sehr kleine Wärmeeinflusszone resultiert. Schließlich erlaubt dieses Verfahren eine weitgehende Automatisierung.

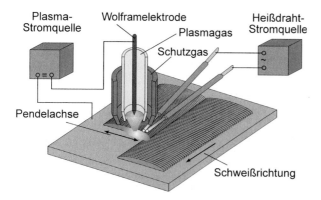

Bild 19: Prinzip des Plasma Heißdraht Auftragschweißens (ISAF, TU Clausthal)

Die geringe Aufmischung auch bei relativ dünnen Beschichtungen erlaubt erhebliche Einsparungen und macht das Verfahren insbesondere zum Verarbeiten teurer Schweißzusätze ökonomisch attraktiv. Für zweilagig ausgeführte Beschichtungen werden die gleichen Korrosionsschutzeigenschaften wie bei vergleichbarem Walzmaterial oder Walzplattierungen erzielt. Im Bereich des Apparate- und Reaktorbaus werden beispielsweise Plattierungen aus CrNi-Stählen, Kupfer- und Nickelbasislegierungen hergestellt. Darüber hinaus bestehen Anwendungen zum Korrosionsschutz im Bereich der Rauchgasentschwefelung, Müllverbrennung, Offshore Industrie sowie Kerntechnik.

4 Zusammenfassung und Ausblick

Beschichtungstechnologien sind heute ein ausschlaggebender Faktor für das Realisieren neuer Produkte und den technologischen Fortschritt. Lag der Schwerpunkt der eingesetzten Schichtsysteme bisher vorwiegend im Bereich des Verschleiß- und Korrosionsschutzes bzw. der Wärmedämmung, so finden zunehmend Schichten mit speziellen physikalischen, elektrischen, chemischen und elektrochemischen Eigenschaften Interesse. Derartige Schichtentwicklungen sind äußerst komplex und erfordern heute einen hohen experimentellen Aufwand. In Bezug auf das thermische Spritzen und das Auftragschweißen fehlen bisher Hilfsmittel, die Parameter des Beschichtungsprozesses und die verfahrenstechnischen Randbedingungen unter Berücksichtigung der eingesetzten Anlagentechnik und des verwendeten Werkstoffs im Hinblick auf die angestrebte Mikrostruktur vorherzusagen und den experimentellen Aufwand zu minimieren.

Ziel weiterführender werkstoffwissenschaftlicher und -technologischer Arbeiten ist die reale Beschreibung des gesamten Beschichtungsprozesses unter Berücksichtigung der anlagen- und werkstoffspezifischen Charakteristika und Parameter. Entscheidend ist hierbei die Verknüpfung von gemessenen Prozessgrößen und thermodynamischen Größen des zu verarbeitenden Schichtwerkstoffes mit der Simulation von Struktur und Morphologie der Spritzschicht.

Auf diese Art und Weise wird es möglich, die Struktur und Morphologie der Schichten in Abhängigkeit von den thermodynamischen Werkstoffeigenschaften zu optimieren und gleichzeitig die anlagenspezifischen Prozesseinstellgrößen zu erhalten. Der experimentelle Aufwand kann auf die Verifikation der berechneten Prozesseinstellgrößen beschränkt werden, was zu einer erheblichen Kosten- und Zeitersparnis bei der Entwicklung neuartiger Schichtsysteme führt.

5   Ausgewählte Literatur

[1]   Wilden, J., H.-D. Steffens, U. Erning: Thermisches Spritzen. Jahrbuch Oberflächentechnik, Band 51, 1995

[2]   Wilden, J., M. Brune: Thermisches Spritzen. Moderne Beschichtungsverfahren, Hrsg. Steffens, Wilden, DGM, 1996

[3]   N.N.: Thermische Spritzverfahren für metallische und nichtmetallische Werkstoffe. DVS-Merkblatt 2301

[4]   Werner, S., et al.: Praktische Erfahrungen mit der Kühlung beim thermischen Spritzen. TS 93, DVS-Berichte, Band 152, Deutscher Verlag für Schweißtechnik DVS-Verlag GmbH, Düsseldorf, 1993, 45

[5]   Schwarz, E., E. Hühne, D. Grasme, R. Kröschel: Modernes, zukunftsweisendes HVOF-Spritzen mit Acetylen und anderen Betriebsgasen. TS 93, DVS-Berichte, Band 152, Deutscher Verlag für Schweißtechnik DVS-Verlag GmbH, Düsseldorf, 1993, 47

[6]   Browning J. A.: Further developments on the HVIF process. Proc. of TS 93, 52

[7]   Ertürk, E.: Das thermische Spritzen von reaktiven Werkstoffen in Unterdruckkammern. Dissertation, Universität Dortmund, 1985

[8]   Matting, A., H.-D. Steffens: Haftung und Schichtaufbau beim Lichtbogen- und Flammspritzen. Metall, Vol. 17, 1963

[9]   Wewel, M.: Beitrag zum Lichtbogenspritzen im Vakuum. Dissertation, Universität Dortmund, 1992

[10] Grasme, E.: Thermisch gespritzte Aluminiumüberzüge aus galvanisch wirksamen Aluminiumlegierungen zum Korrosionsschutz von Stahl und Aluminiumwerkstoffen im maritimen Bereich. TS 93, DVS-Berichte, Band 52, Deutscher Verlag für Schweißtechnik DVS-Verlag GmbH, Düsseldorf, 1993, 188

[11] Huppart, W., H. Dahme, D. Wieser: Verbesserung der Korrosionsschutzwirkung durch Verwendung modifizierter Spritzlegierungen. TS 93, DVS-Berichte, Band 152, Deutscher Verlag für Schweißtechnik DVS-Verlag GmbH, Düsseldorf, 1993

[12] Schulz, W. D.: Zum Korrosionsverhalten von Zn-, Al- und ZnAl-Spritzschichten im Kurzzeitkorrosionsversuch. TS 93, DVS-Berichte Band 152, Deutscher Verlag für Schweißtechnik DVS-Verlag GmbH, Düsseldorf, 1993

[13] Nolde, K.: Auftragschweißen, Moderne Beschichtungsverfahren, Hrsg. Steffens, Wilden, DGM, 1996

[14] Gebert, A., H. Heinze, S. Heydel: Verlängerung der Standzeit von Messern und Verschleißleisten durch Plasma-Pulver-Auftragschweißen von hochkarbidhaltigen Werkstoffen, Wochenblatt für Papierfabrikation, Bd. 126, Heft 19, 1998, S. 946–949

[15] Gebert, A., U. Duitsch, U. Müller, T. Schubert: Bahngesteuertes Auftragschweißen zum Verschleißschutz komplizierter ebener Konturen. 2. Fachtagung Verschleißschutz von Bauteilen durch Auftragschweißen, 13.–14. Mai 1998, Halle/Saale

[16] Gebert, A., U. Duitsch, T. Schubert, U. Müller: Zum Verschleißschutz komplizierter ebener Konturen, Praktiker, Bd. 51, Heft 1, 1999, S. 24–28
[17] Gebert, A., H. Heinze, U. Duitsch: Verbundwerkstoffsystem mit Vanadinkarbid, Tagung Verbundwerkstoffe und Werkstoffverbunde, 5.–7.10. 1999, Hamburg
[18] Heinze, H., A. Gebert, B. Bouaifi, A. Ait-Mekideche: Korrosionsbeständige Auftragschweißschichten auf Eisenbasis mit hoher Verschleißbeständigkeit. Schweißen und Schneiden, Bd. 51, Heft 9, 1999, S. 550–555
[19] Gebert, A., H. Heinze: Plasma-Pulver Auftragschweißen mit zwei Brennem in Tandemanordnung. 3. Fachtagung „Verschleißschutz von Bauteilen durch Auftragschweißen", Halle / Saale, 17.–18. Mai 2000
[20] Friedrich, C., G. Berg, E. Broszeit, C. Berger: Datensammlung zu Hartstoffeigenschaften. Matwissenschaft u. Werkstofftechnik 28(1997)2, S. 59–76
[21] Gebert, A., H. Heinze, B. Bouaifi: Neuentwickelte Fe-Cr-V-C-Legierungen für das Plasma-Pulver Auftragschweißen, Thermische Spritzkonferenz, 6.–8. März 1996, Essen; DVS-Berichte 175, 1996, S. 151–155
[22] Gebert, A., B. Bouaifi, E. Teupke: Neue vanadinkarbidhaltige Schweißzusätze zum Schutz gegen Verschleiß und Korrosion, Große Schweißtechnische Tagung 2001, Kassel, DVS Verlag

Zerspantechnologische Aspekte von Al-MMC

K. Weinert, M. Buschka, M. Lange
Institut für Spanende Fertigung, Universität Dortmund

1 Einleitung

In den letzten Jahren gewinnen Werkstoffe mit einem geringen spezifischen Gewicht zunehmend an Bedeutung. In diesem Zusammenhang ist die Substitution von Fe-Basiswerkstoffen durch Leichtmetalle, wie Al, Mg und Ti, von Interesse. Speziell Al-Legierungen besitzen aufgrund günstiger gebrauchs- und fertigungstechnischer Eigenschaften eine besondere Stellung unter den Strukturwerkstoffen. In Teilbereichen, wie z. B. dem Automobilbau, lassen sich jedoch konventionelle Al-Legierungen infolge mangelnder Warmfestigkeit und Verschleißbeständigkeit nicht immer anwenden. Ein Ausweg ist der Einsatz von Al-Matrix-Verbundwerkstoffen (Al-MMC), bei denen die Gebrauchseigenschaften durch eingelagerte harte Partikel und/oder Fasern verbessert werden. Hierdurch können gezielt auf die Bauteilbeanspruchung hin angepasste Eigenschaftsprofile mittels Kombination von Leichtmetallmatrix und Verstärkungsphase realisiert werden [1, 2]. In Bild 1 sind die Gebrauchseigenschaften und die fertigungstechnischen Eigenschaften von Al-MMC sowie konkrete Anwendungsbeispiele dargestellt. Bei den Anwendungsbeispielen handelt es sich um partikelverstärkte Bremskomponenten [3], kurzfaserverstärkte Dieselkolben und an den Zylinderlaufflächen lokal verstärkte Zylinderkurbelgehäuse [4, 5]. Weitere Beispiele sind whiskerverstärkte Pleuelstangen [6] und partikelverstärkte Sitzschienen [7].

Gebrauchseigenschaften von Metallmatrix-Verbundwerkstoffen (MMC)

⇨ Erhöhte Streckgrenze, Steifigkeit, Zugfestigkeit und Dauerfestigkeit

⇨ Verbesserte Kriechbeständigkeit bei erhöhten Einsatztemperaturen

⇨ Verringerte Temperaturwechselempfindlichkeit

⇨ Erhöhtes Dämpfungsverhalten

⇨ Erhöhte Verschleißbeständigkeit

⇨ Verringerte Wärmeausdehnung

Fertigungstechnische Eigenschaften

⇨ erschwerte Zerspanbarkeit

Bild 1: Eigenschaften und Anwendungsbeispiele für Al-Matrix-Verbundwerkstoffe

2 Bearbeitungsproblematik, Schneidstoffauswahl und Randzonenbeeinflussung

Die Hersteller forcieren mit hohem Aufwand die endkonturnahe Herstellung von MMC-Bauteilen. Trotz dieser Bestrebungen ist für die Sicherstellung der Funktion und zur weiteren Gewichtsreduzierung der Bauteile eine spanende Bearbeitung erforderlich. Verursacht durch den direkten Kontakt zwischen den harten Partikeln bzw. Fasern und der Schneidplatte ist das Hauptproblem bei der spanenden Bearbeitung der Werkzeugverschleiß. Hierbei sind die dominierenden Verschleißmechanismen Abrasion und Oberflächenzerrüttung. Bei der Abrasion furchen die Verstärkungskomponenten durch die Schnittbewegung die Span- und die Freifläche des Werkzeuges. Oberflächenzerrüttung tritt dadurch auf, dass die Verstärkungsphasen beim Schnitt auf die Spanfläche prallen und somit diese dynamisch beanspruchen. Die Folge sind Kornausbrüche, verursacht durch Rissbildung und -ausbreitung im beanspruchten Bereich der Werkzeuge [8–10].

In Bild 2 ist ein Vergleich zwischen der Härte von Schneidstoffen bzw. Beschichtungen und der Härte der Verstärkungsphasen der Leichtmetallmatrix-Verbundwerkstoffe dargestellt. Aus diesem Vergleich wird nochmals die Problematik der spanenden Bearbeitung dieser Werkstoffgruppe deutlich. Für die mit Fasern bzw. Partikeln verstärkten Leichtmetall-Verbundwerkstoffe lassen die Schneidstoffe PKD und Diamant-Beschichtungen bzw. Diamant-Dickschichten, die im CVD-Verfahren hergestellt wurden, aufgrund ihrer sehr hohen Härte und dem damit einhergehenden guten Verschleißwiderstand gegen Abrasion die beste Eignung erwarten. Die Voraussetzung für den erfolgreichen Einsatz der Diamant-Beschichtung (Dünnschicht) ist, dass die Haftung der Beschichtung auf dem Hartmetall-Substrat ausreichend ist und diese aufgrund der

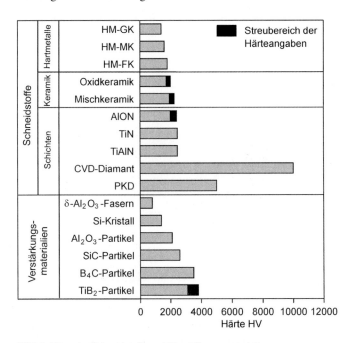

Bild 2: Härte der Schneidstoffe und Verstärkungsmaterialien

tribologischen Beanspruchung nicht abplatzt. Beschichtete Hartmetalle und Schneidkeramiken sind bei Leichtmetall-Verbundwerkstoffen mit SiC-, B_4C- und TiB_2-Partikelverstärkungen nur eingeschränkt einsetzbar, da deren Härte gleich ist oder unterhalb der Partikel liegt (2600 HV bis 3700 HV). Für die mit δ-Al_2O_3-kurzfaserverstärkten Leichtmetall-Verbundwerkstoffe bieten sich aufgrund der geringen Faserhärte (800 HV) alle Schneidstoffe an. Für die Bearbeitung von Si-partikelverstärkten Materialien (~1250 HV) ist der Einsatz von beschichteten Hartmetallen wirtschaftlich möglich [8–12].

In Bild 3 ist die Entwicklung der Verschleißmarke bei unterschiedlichen Schneidstoffen beim Drehen der sprühkompaktierten und warmumgeformten, zweiphasigen AlSi-Legierung AlSi25Cu2,5Mg1Ni1 in Abhängigkeit von der Schnittzeit gegenübergestellt. Das PKD-Werkzeug weist wegen seiner sehr hohen Härte (Bild 2) den geringsten Freiflächenverschleiß auf. Im Vergleich zum unbeschichteten Hartmetall (HM-MK) zeigen die Diamant- und TiAlN-beschichteten Werkzeuge einen geringeren Verschleiß, was auf die verschleißmindernde Wirkung der Beschichtung zurückzuführen ist. Dabei ragt gerade bei kurzen Bearbeitungszeiten das Diamant-beschichtete Werkzeug wegen der hohen Härte der Verschleißschutzschicht heraus. Während bei allen Werkzeugen die Verschleißmarkenbreite in der stationären Phase linear über der Schnittzeit ansteigt, ist beim Diamant-beschichteten Hartmetall ein progressiver Anstieg der Verschleißmarkenbreite zu bemerken. Die Ursache hierfür ist in der Abplatzung der Beschichtung an der Frei- und auch an der Spanfläche zu finden. Dadurch wird das Substrat freigelegt und der Verschleißbeanspruchung durch die harten Si-Kristalle des Werkstückstoffes ausgesetzt. An speziell für die Zerspannung von Al-Werkstoffen entwickelten Diamant-beschichteten Werkzeugen ist nach der Bearbeitung der übereutektischen AlSi-Legierung über einer Schnittzeit von 750 s (12,5 min) kein Werkzeugverschleiß nachzuweisen. Bei diesem Werkzeug wurden die Schneidengeometrie, die Substratzusammensetzung, die Schichthaftung und die Schichtdicke auf die Beanspruchung hin optimiert [10,11]. Bei der Bearbeitung einer SiC-partikelverstärkten Al-Legierung treten jedoch beim Einsatz dieser Schneidplatte Schichtabplatzungen auf.

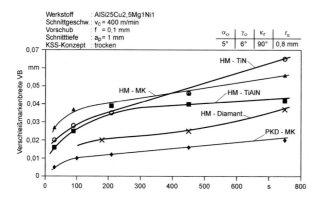

Bild 3: Werkzeugverschleiß verschiedener Schneidstoffe nach dem Drehen einer übereutektischen AlSi-Legierung

Im Vergleich zur Diamant-Beschichtung beträgt die Härte der TiAlN-Schicht etwa 2450 HV, wodurch ihr Widerstand gegen die abrasiv wirkenden Si-Partikel geringer ist und es folglich zu höherem Werkzeugverschleiß kommt. Obwohl die Härte der TiN-Beschichtung genauso hoch wie die der TiAlN-Schicht ist, liegt der Freiflächenverschleiß nach einer Schnittzeit von 750 s (12,5 min) wesentlich höher. Der Grund liegt in der hohen chemischen Affinität des TiN zum Al, sodass die Beschichtung durch die mechanische, thermische und tribochemische Beanspruchung in der Kontaktzone aufgelöst wird und somit das Werkzeug vor Verschleiß nicht schützt [10,11].

Bezüglich des Verschleißes von PKD-Werkzeugen ist die PKD-Korngröße von besonderer Bedeutung. Um den Einfluss der Korngröße des PKD auf den Werkzeugverschleiß bei der Bearbeitung von verschiedenen Al-Matrix-Verbundwerkstoffen zu untersuchen, wurden Versuche zum Drehen mit PKD mit einer mittleren Körnung (PKD-MK, KG = 10 µm) und einer groben Körnung (PKD-GK, KG = 25 µm) bei verschiedenen Al-Matrix-Verbundwerkstoffen durchgeführt. Darüber hinaus wurde zur Bearbeitung des SiC- und B_4C-partikelverstärkten Aluminiums auch eine feinkörnige PKD-Sorte (PKD-FK, KG = 2 µm) eingesetzt. Die Ergebnisse dieser Versuche bezüglich des Werkzeugverschleißes sind in Bild 4 zusammengefasst. Es zeigt sich, dass bei der Bearbeitung des δ-Al_2O_3-kurzfaserverstärkten Aluminiums die Körnung des PKD den Werkzeugverschleiß kaum beeinflusst. Demgegenüber ist für die Bearbeitung der SiC- und B_4C-partikelverstärkten Materialien eine deutliche Reduktion des Verschleißes mit zunehmender Korngröße des PKD festzustellen. Von besonderer Bedeutung ist das Korngrößenverhältnis zwischen den angreifenden Partikeln des Verbundwerkstoffes und den PKD-Körnern. Wenn das auf die Schneide treffende Partikel deutlich größer ist als die PKD-Körner, so wird beim Stoß eines Partikels die Diamantbrückenbindung von einem oder mehreren PKD-Körnern stark belastet. Dadurch kann es leicht zur Rissbildung und beim weiteren Schnittvorgang zum Ausbre-

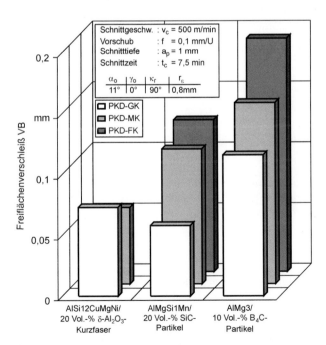

Bild 4: Einfluss der PKD-Korngröße auf den Werkzeugverschleiß beim Drehen von Al-Matrix-Verbundwerkstoffen

chen ganzer Körner kommen. Sind die Verbundpartikel kleiner als die PKD-Körner, wird beim Auftreffen eines Partikels auf das Werkzeug die Stoßbelastung überwiegend von einem PKD-Korn aufgefangen, wodurch das Ausbrechen ganzer Körner erschwert ist [9].

Ein wichtiger Aspekt bei der spanenden Bearbeitung von Metallmatrix-Verbundwerkstoffen ist neben dem Werkzeugverschleiß die Qualität der bearbeiteten Oberfläche und die bearbeitungsbedingte Beeinflussung der Randzone. Die mechanische und thermische Beanspruchung der Oberflächenrandzone beim Spanen kann zu Brüchen und Rissen in den harten Partikeln und/oder Fasern, plastischer Verformung der Metallmatrix, Porenbildung und auch Änderungen im Eigenspannungsprofil führen. Diese Randzonenveränderungen können die Werkstoffeigenschaften negativ beeinflussen, sodass die an das MMC-Bauteil gestellten Anforderungen beim Einsatz nicht erfüllt werden. Das Auftreten von Poren und Furchen an bearbeiteten MMC-Oberflächen ist für die Metallmatrix-Verbundwerkstoffe charakteristisch. Diese Schädigungen treten dadurch auf, dass Partikel und/oder Fasern beim Schnittvorgang aus der Oberfläche herausgelöst werden und diese weiterhin furchen.

Bild 5 verdeutlicht die Randzonenbeeinflussung am Beispiel einer mit Hartmetall (HM-MK) und PKD bearbeiteten übereutektischen AlSi-Legierung nach einer Schnittzeit von 750 s (12,5 min). Im Gegensatz zu dem mit Hartmetall bearbeiteten Werkstück zeigt das Randzonengefüge nach dem Drehen mit PKD keine Beeinflussung, wobei selbst die harten Si-Kristalle von dem PKD-Werkzeug geschnitten werden können. Nach dem Bearbeiten mit Hartmetall sind plastische Verformungen der Oberfläche und der Randzone, Risse in den Hartphasen wie auch Brüche der Hartphasen nachweisbar. Die Si-Partikel werden dabei in Schnittrichtung ausgerichtet. Ähnliche Veränderungen des Randzonengefüges werden auch bei SiC- und Al_2O_3-verstärkten Metallmatrix-Verbundwerkstoffen beobachtet [8].

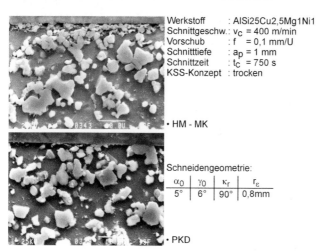

Bild 5: Randzonenbeeinflussung nach dem Drehen mit Hartmetall- und PKD-Werkzeugen

In analoger Weise, wie beim Drehen mit Hartmetall, reagiert der Verbundwerkstoff auf das Bearbeiten mit beschichteten Hartmetallen. Die Randzonenbeeinflussung ist dabei ähnlich stark ausgeprägt. Die erreichbaren Oberflächenrautiefen nehmen in der Reihenfolge PKD, unbeschichtetes und beschichtetes Hartmetall zu. Nach dem Bearbeiten liegen die gemittelten Rautiefen bei 2 bis 3 µm für PKD und 3 bis 6 µm für die Hartmetallwerkzeuge.

3 Bearbeitung von Bauteilen aus Metallmatrix-Verbundwerkstoffen

Ausgehend von den bisherigen Grundlagenergebnissen zum Drehen, Bohren und Fräsen von Al-Matrix-Verbundwerkstoffen [8–11, 13–15] werden Untersuchungen zur spanenden Bearbeitung konkreter Bauteile aus Al-Matrix-Verbundwerkstoffen durchgeführt. Das Ziel ist die Optimierung der Bearbeitungsstrategie und die Parameterauswahl unter Berücksichtigung der geforderten Bearbeitungsqualität. Bei den Bauteilen handelt es sich um im Semi-Permanent-Molding hergestellte SiC-partikelverstärkte Bremstrommeln, im Squeeze Casting-Verfahren gegossene Zylinderkurbelgehäuse mit lokal Si-partikel- und Al_2O_3-kurzfaserverstärkten Zylinderlaufbahnen sowie in situ TiB_2-partikelverstärkte Strangpressprofile für den Einsatz in Passagierflugzeugen, Bild 6. Bei der Herstellung des Zylinderkurbelgehäuses werden zunächst hochporöse, hohlzylindrische Formkörper (Preforms) auf die Zylinderpinole der Gießform gesteckt. Danach erfolgt durch das Gießverfahren Squeeze-Casting unter Druck die Schmelzinfiltration der Preforms mit der untereutektischen Sekundärlegierung AlSi9Cu3. Dies führt im Bereich der Zylinderlaufbahn zu einer lokalen Verstärkung [5].

Bauteil	Bremsenkomponenten	Zylinderlaufbahn	Strangpressprofile
Einsatzgebiet	Automobilbau	Automobilbau	Flugzeugbau
Herstellung	Semi-Permanent-Molding	Squeeze-Casting	Strangpressen
Matrixlegierung	AlSi9Mg	AlSi9Cu3	AA 5083, AA 7071
Verstärkung	SiC-Partikel	Si-Partikel + Al_2O_3-Kurzfaser	TiB_2-Partikel
Verstärk.- Anteil	20 Vol.-%	15 und 5 Vol.-%	5 bzw. 7 Gew.-%
Verstärk.- Größe	10 µm	30 bis 70 µm (Si)	1 µm
Verstärk.- Härte	3400 HV	1250 HV	3800 HV

Bild 6: Bauteile aus Al-Matrix-Verbundwerkstoffen

3.1 Werkstoffe, Schneidstoffe und Schnittparameter

Das Gefüge der bearbeiteten MMC-Bauteile ist in Bild 7 dargestellt. Die Bremstrommeln bestehen aus der Legierung AlSi9Mg, in der 20 Vol.-% SiC-Partikel eingebettet sind. Die SiC-Partikel haben eine Größe von 10 bis 15 µm. Die Zylinderkurbelgehäuse sind aus der Legierung AlSi9Cu3, wobei die Zylinderlaufbahnen lokal mit 15 Vol.-% Si-Partikeln und 5 Vol.-% Al_2O_3-Kurzfasern verstärkt sind (Lokasil I). Die Si-Partikel haben eine Größe zwischen 30 und

70 μm. Die Matrix der Strangpressprofile besteht einerseits aus der Legierung AA5083 (AlMg4,4Mn0,7Cr0,15) und andererseits aus der Legierung AA7071 (AlZn5.6Mg2,5Cu1, 6Cr0,23) in den die feinen TiB$_2$-Partikel eingebettet liegen. Dabei enthält die Legierung AA5083 7 Gew.-% TiB$_2$ und die Legierung AA7071 5 Gew.-% TiB$_2$. Die mittlere Größe der TiB$_2$-Partikel beträgt etwa 1 μm, wobei sie im Gefüge in Umformrichtung ausgerichtet liegen.

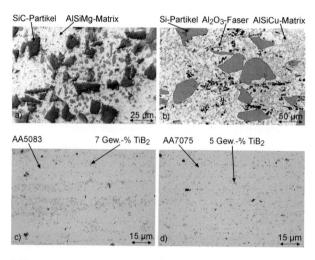

Bild 7: Gefüge der a) SiC-partikelverstärkten Bremstrommel, der b) Si-partikel- und Al$_2$O$_3$-kurzfaserverstärkten Zylinderlaufbahnen (Lokasil I) sowie der c) und d) TiB$_2$-partikelverstärkten Strangpressprofile

Eine Aufstellung der Prozessparameter, die bei der Bearbeitung der MMC-Werkstücke variiert wurden, ist in Tabelle 1 zusammenfassend dargestellt. Für die Drehbearbeitung der Bremstrommeln und zum Ausspindeln der Zylinderlaufbahnen wurde einerseits als Schneidstoff polykristalliner Diamant (PKD) eingesetzt. Andererseits kam ein Schneidstoff mit einer Diamant-Dickschicht zum Einsatz, die im CVD-Verfahren hergestellt wurde (CVD-Diamant). Die Eigenschaften der Schneidstoffe PKD und CVD-Diamant sind in Tabelle 2 gegenübergestellt [16]. Die Knoop-Härte von CVD-Diamant liegt mit 85 bis 100 GPa deutlich über der von PKD. PKD weist eine Knoop-Härte von 50 bis 75 GPa auf. Der im CVD-Verfahren hergestellte Schneidstoff besteht dabei zu 99,9 % aus Diamant, während PKD einen geringen Anteil an Co enthält. Dieser liegt bei rund 8 Vol.-%. Um die Leistungsfähigkeit der auf Diamant basierenden Schneidstoffe zu überprüfen, wurde zum Vorspindeln der Zylinderkurbelgehäuse zusätzlich als Schneidstoff unbeschichtetes und beschichtetes Hartmetall eingesetzt. Bei den verwendeten Beschichtungen handelte es sich um kommerziell erhältliche TiN- und Diamant-Schichten. Zum Drehen der Bremstrommeln und für das Feinspindeln der Zylinderlaufbahnen wurden Hartmetall-Werkzeuge nicht verwendet. Beim Bohren der verstärkten Strangpressprofile kamen unbeschichtete Vollhartmetall- und PKD-Werkzeuge zum Einsatz. Zum Fräsen wurden einerseits Schaftfräser mit einer TiAlN- bzw. Diamant-Beschichtung verwendet. Andererseits fand eine Bearbeitung mit verschiedenen PKD-Sorten statt, die sich hinsichtlich ihrer Korngröße unterscheiden.

Tabelle 1: Prozessparameter bei der spanenden Bearbeitung der MMC-Bauteile

Werkstück	Werkstoff	Verfahren	Schneidstoff	KSS-Konzept	Schnittparameter v_c in m/min	$f; f_z$ in mm	a_p in mm	a_e in mm
Bremstrommel	AlSi9Mg + 20 Vol.-% SiC	Längs- und Plandrehen	PKD-GK CVD-Diamant	trocken MMKS	[500; 1000]	[0,1; 0,7]	0,5	–
Zylinderkurbelgehäuse	AlSi9Cu3 + 15 Vol.-% Si + 5 Vol.-% Al_2O_3 (Lokasil I)	Vorspindeln	HM HM-TiN HM-Diamant PKD CVD-Diamant	trocken Emulsion	[100; 750]	[0,08; 0,12]	1,2 bis 1,4	–
		Feinspindeln	PKD CVD-Diamant	trocken	[500; 2500]	[0,1; 0,2]	[0,1; 0,3]	–
Strangpressprofile	AA5083 + 7 Gew.-% TiB_2	Vollbohren	HM PKD-MK	trocken	100	0,1	–	–
	AA7075 + 5 Gew.-% TiB_2							
		Umfangsfräsen	HM-TiAlN HM-Diamant PKD-FK PKD-MK PKD-GK	trocken	[100; 560]	[0,1; 0,2]	2	[0,5; 1]

Tabelle 2: Eigenschaften von polykristallinem Diamant (PKD) und CVD-Diamant-Dickschichten (CVD-Diamant), nach [3]

Eigenschaft	Einheit	PKD	CVD-Diamant
Schneidstoffdicke	mm	1	0,5
Dichte ρ	g/cm^3	4,1	3,51
E-Modul	GPa	800	1180
Härte nach Knoop	GPa	50 – 75	85 – 100
Querbruchfestigkeit	GPa	1,2	1,3
Bruchzähigkeit K_{IC}	MPa m$^{1/2}$	8,89	5,5
Wärmeausdehnungskoeffizient α	10^{-6}/K	4	3,7
Wärmeleitfähigkeit λ	W/mK	500	750 – 1500

3.2 Beurteilung der Zerspanbarkeit

Zur Beurteilung der Bearbeitbarkeit fand anhand der Kriterien Werkzeugverschleiß und Oberflächenrauigkeit statt, wobei die Verschleißerscheinungen und die Oberflächenausbildung in einem Rasterelektronenmikroskop beurteilt wurden. Zusätzlich folgte eine metallographische

Analyse der bearbeiteten Oberflächenrandzonen auf mögliche Gefügeveränderungen in Form von plastischer Verformung und Rissen in der Verstärkungsphase. Die Messung der Schädigungstiefe der Hartphasen erfolgte an einem Lichtmikroskop mit Mikrohärte-Messsystem. Zur Bestimmung der Rundheit nach dem Drehen der Bremstrommeln und dem Ausspindeln der Zylinderlaufbahnen wurden Messungen an einem Rundheitsmessgerät und an einer 3D-Koordinatenmessmaschine durchgeführt. Das Vermessen der Zylinderlaufbahnen erfolgte bei den drei Bohrungstiefen 10, 50 und 85 mm in drei Ebenen.

3.3 Drehbearbeitung von SiC-partikelverstärkten Bremstrommeln

In Bild 8 ist die Entwicklung des Werkzeugverschleißes über der Schnittzeit nach dem Einsatz der Schneidstoffe PKD und CVD-Diamant beim Drehen der Bremsfläche mit einer Schnittgeschwindigkeit von 500 m/min und einem Vorschub von 0,3 mm verdeutlicht. Zusätzlich ist anhand von rasterelektronenmikroskopischen Aufnahmen die Verschleißentwicklung dokumentiert. Beim direkten Vergleich der beiden Schneidstoffe zeigt sich, dass CVD-Diamant ein deutlich günstigeres Verschleißverhalten als PKD aufweist.

Aufgrund der deutlich höheren Härte des CVD-Diamant-Schneidstoffes wird dieser beim Drehen im Vergleich zum PKD in einem geringeren Maße durch die SiC-Partikel geschädigt. Die im Gegensatz zu den SiC-Partikeln wesentlich höhere Härte der Diamant-Schneidstoffe macht einen abrasiven Verschleißabtrag durch die Verstärkungsphase des Al-Verbundes an den Werkzeugen nicht möglich. Vielmehr muss hier von Oberflächenzerrüttung ausgegangen wer-

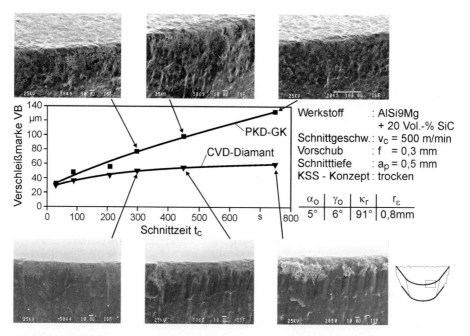

Bild 8: Verschleißmarkenbreite beim Drehen mit polykristallinem Diamant (PKD) und CVD-Diamantdickschicht Schneidplatten

den. Der Nachweis von Furchen auf der Span- und/oder Freifläche ist auf Selbstfurchung durch ausgebrochene Diamantkörner oder Teile davon zurückzuführen, die bei der Schnittbewegung über die Span- und Freifläche gleiten und somit diese furchen. Der gradierte Aufbau des CVD-Diamanten führt dazu, dass durch Oberflächenzerrüttung des Schneidstoffs im Eingriffsbereich nur kleine Bereiche an der Schneidkante ausbrechen. Die Korngröße an der Spanfläche der Schneide liegt bei bis zu 2 µm, die in Richtung Substratinneres bis auf 25 µm ansteigt [16]. Beim isotropen PKD können größere Bereiche ausbrechen, sodass die Verschleißrate höher liegt. Außerdem ist die Neigung zur Bildung von Materialablagerungen der Al-Legierung auf der Span- und Freifläche der Schneidplatte beim Einsatz des CVD-Diamanten im Vergleich zum PKD geringer. Dies lässt beim CVD-Diamanten im Gegensatz zum PKD auf eine geringere Adhäsionsneigung zwischen der Al-Legierung und dem Schneidstoff schließen. Dabei enthält CVD-Diamant kein Co, der in Wechselwirkung mit dem Werkstückstoff treten könnte.

In Bild 9 sind beispielhaft rasterelektronenmikroskopische Aufnahmen einer CVD-Diamant- und einer PKD-Schneidplatte nach einer Schnittzeit von 210 s dargestellt. Zu erkennen sind für die jeweiligen Werkzeuge typische Verschleißerscheinungen, die die bereits beschriebenen Verschleißmechanismen anschaulich verdeutlichen. Auf der Spanfläche des PKD-Werkzeugs sind in unmittelbarer Schneidkantennähe Ausbrüche zu sehen, die aus dem kontinuierlichen Prallen der SiC-Partikel auf die Spanfläche beim Drehen resultieren. Die Oberflächenrauigkeit der Schneidplatte auf der Spanfläche nimmt damit zu. Das CVD-Diamantwerkzeug weist keine zerrüttete Spanfläche auf, jedoch treten hier Ausbrüche an der Schneidkante auf. Ferner ist in diesem Bild die feine Schneidstoffkornstruktur des CVD-Diamant-Schneidstoffs erkennbar.

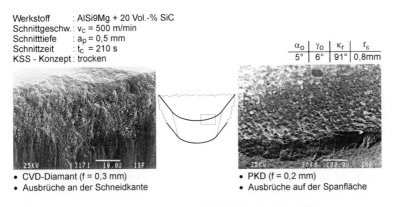

Bild 9: Verschleißerscheinungen an PKD- und CVD-Diamant-Schneidplatten

Mit zunehmender Schnittgeschwindigkeit steigt die thermische und mechanische Beanspruchung des Schneidstoffs an. Dies kann auf der einen Seite zu einem höheren Werkzeugverschleiß führen und auf der anderen Seite kann es wegen der steigenden Prozesstemperatur zur Scheinspanbildung oder zu starken Materialablagerungen auf dem Werkzeug kommen. Die Bearbeitungsqualität kann bei diesem Vorgang negativ beeinflusst werden. Um die Neigung zur Entstehung von Materialablagerungen zu verringern, wurden die Versuche zum Einsatz der CVD-Diamant-Schneidplatten bei höheren Schnittgeschwindigkeiten unter Einsatz der Minimalmengenkühlschmierung (MMKS) durchgeführt. In Bild 10 ist der Einfluss der Schnittgeschwindigkeit auf den Werkzeugverschleiß beim Drehen der SiC-verstärkten Al-Bremstrommeln dargestellt. Bei höherer Schnittgeschwindigkeit nimmt der Werkzeugverschleiß wegen der ebenfalls ansteigenden thermischen und dynamischen Schneidstoffbeanspruchung zu. Bei einer Schnittgeschwindigkeit von 750 m/min wird nach einer Schnittzeit von 750 s (12,5 min) eine Verschleißmarke von über 100 µm gemessen. Durch die weitere Steigerung der Schnittgeschwindigkeit auf v_c = 1000 m/min zeigt sich bereits nach kurzer Schnittzeit ein extremer Freiflächenverschleiß. Dabei mussten die Drehversuche bereits nach einer Schnittzeit von 210 s (3,5 min) abgebrochen werden. Die gemessene Verschleißmarke erreicht bereits einen Wert von über 130 µm. Ein Einfluss des Kühlschmierstoffkonzeptes (MMKS, Trockenbearbeitung) auf den Werkzeugverschleiß wird bei den Drehversuchen nicht deutlich.

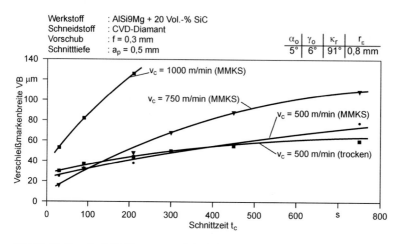

Bild 10: Einfluss des KSS-Konzeptes und der Schnittgeschwindigkeit auf den Werkzeugverschleiß

In Bild 11 ist der Einfluss des Vorschubs auf den Freiflächenverschleiß VB nach dem Drehen mit PKD-Schneidplatten dargestellt. Die gemessene Verschleißmarkenbreite ist nur für die Werkzeuge mit einem Eckenradius von 1,2 mm aufgetragen, da ein signifikanter Einfluss des Eckenradius auf den Verschleiß nicht deutlich wurde. Mit zunehmendem Vorschub steigt der Freiflächenverschleiß an, wobei eine Änderung der Verschleißerscheinungsform und somit der Verschleißmechanismen nicht auftritt. Bei der Vorschuberhöhung nimmt die Anzahl der SiC-Partikel, die auf die Spanfläche prallen bzw. über die Span- und Freifläche gleiten, nicht zu, jedoch steigt die Belastung des Schneidstoffes aufgrund der höheren Spanungsdicke an. Beispielsweise steigt beim Einsatz eines Werkzeuges mit einem Eckenradius von 0,8 mm die Schnittkraft von 52 N (f = 0,1 mm) auf 249 N (f = 0,7 mm) an, sodass der Werkzeugverschleiß in gleicher Richtung wächst.

Ferner stellt Bild 11 den Einfluss des Vorschubes und des Eckenradius der Schneidplatte auf die gemittelte Rautiefe dar. Die Rauigkeit der Bremsfläche nach der Endbearbeitung darf die obere Grenze für die gemittelte Rautiefe von 11 µm nicht überschreiten. Der Vorschub für die Endbearbeitung der Bremsfläche kann somit in Abhängigkeit vom Eckenradius nicht größer als 0,25 mm bei einem Eckenradius von 0,8 mm und 0,3 mm bei einem Eckenradius von 1,2 mm gewählt werden. Bei der Vorbearbeitung, also zum Entfernen der Gusshaut und der Entformschräge an der Bremsfläche sowie bei der Bearbeitung im Bereich der Nabe, beim Innen-Plan-

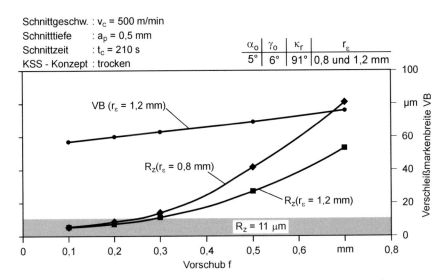

Bild 11: Einfluss des Vorschubes auf den Werkzeugverschleiß und die gemittelte Rautiefe

drehen und bei der Außenbearbeitung, können deutlich höhere Vorschübe eingestellt werden. Sofern die Werte für den Vorschub nicht über 0,5 mm gewählt werden, ist die Bremstrommelbearbeitung auch prozesssicher möglich. Beim Einsatz der CVD-Diamant- und der PKD-Schneidplatten können bei einem Vorschub von 0,7 mm gelegentlich kleine Ausbrüche an den Schneidkanten auftreten. Die Bearbeitung der SiC-verstärkten Bremstrommeln mit hohen Vorschüben bedeutet auch im Hinblick auf die geringe Abhängigkeit des Werkzeugverschleißes vom Vorschub eine kurze Bearbeitungszeit und somit hohe Produktivität.

Bild 12 zeigt die Oberfläche und die Randzone nach dem Drehen der Bremstrommel im Bereich der Bremsfläche mit PKD nach einer Schnittzeit von 210 s (3,5 min). Die rasterelektronenmikroskopische Aufnahme der Oberfläche zeigt eine typische Oberflächenausbildung, die nach der Bearbeitung SiC-verstärkter Al-Legierungen vorliegt. In den Bereichen, wo die harten SiC-Partikel getrennt werden, sind Poren zu erkennen. Teilweise liegen auch SiC-Bruchstücke in den Poren vor. Insgesamt ist die Oberfläche und die Randzone der Al-Legierung geringfügig plastisch verformt. Verdeutlicht wird dies anhand der lichtmikroskopischen Aufnahme der entsprechenden Randzone. Hierbei sind in unmittelbarer Nähe der bearbeiteten Oberfläche lediglich zerbrochene SiC-Partikel zu sehen.

Ausgehend von den Untersuchungen zur Parameter- und Schneidstoffauswahl, die im Bereich der Bremsfläche der SiC-partikelverstärkten Bremstrommel durchgeführt wurden, fand eine Drehbearbeitung im Bereich der Nabe, der Befestigungsbohrungen und der Bremsfläche sowie die Außenbearbeitung statt. In Bild 13 ist die aufgespannte, bearbeitete Bremstrommel mit den durchgeführten Bearbeitungsoperationen und den ausgewählten Prozessparametern dargestellt. Die Bremstrommel wird in einem konventionellen Dreibackenfutter, das speziell auf die Außengeometrie der Trommel eingepasst wurde, eingespannt. Mit dieser Einspannung kann nach der Fertigbearbeitung im Bereich der Bremsfläche bereits eine Rundheit von 14 µm erreicht werden. Als Werkzeuge kommen CVD-Diamant-Schneidplatten mit einem Eckenradius von 1,2 mm zum Einsatz. Die komplette Drehbearbeitung findet bei einer Schnittgeschwindigkeit von 500 m/min im Trockenschnitt statt. Im Bereich der Nabe, der Befestigungsbohrungen und bei der Außenbearbeitung kann mit einem Vorschub von 0,4 bzw. 0,5 mm gearbeitet werden. Zur Bearbeitung der Bremsfläche muss der Vorschub beim letzten Bearbeitungsschritt auf 0,3 mm reduziert werden, um eine gemittelte Rautiefe von 11 µm nicht zu überschreiten.

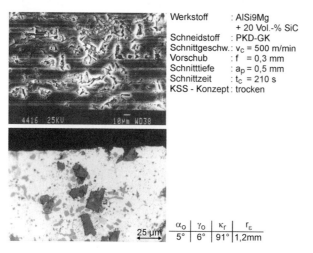

Bild 12: Oberflächenausbildung und Randzone nach dem Drehen der Bremsfläche

Bild 13: Drehen von SiC-partikelverstärkten Bremstrommeln: Bearbeitungsoperationen, Anforderungen, Prozessparameter

3.4 Ausspindeln von Si-partikel- und Al_2O_3-faserverstärkten Al-Zylinderlaufbahnen

In Bild 14 sind das für die Untersuchungen ausgewählte, im Bereich der Zylinderlaufbahnen lokal verstärkte Zylinderkurbelgehäuse (4-Zylinder in einer Open-Deck-Bauweise) sowie die eingesetzten Ausspindelwerkzeuge dargestellt. Zum Vorspindeln wird ein zweischneidiges

Werkzeug eingesetzt, wobei es zum Entfernen der Gusshaut und der Entformschräge auf einen Bearbeitungsdurchmesser von 83,4 mm eingestellt wurde. Die Schnitttiefe lag damit zwischen 1,2 und 1,4 mm. Das anschließende Feinspindeln dient als Vorbearbeitung für das Honen. Der Bearbeitungsprozess beim Feinspindeln war so auszulegen, dass eine für die erste Honstufe notwendige gemittelte Rautiefe von 5 bis 9 µm erreicht wird. Die Rundheit durfte dabei einen Wert von 15 µm nicht überschreiten. Als Bearbeitungsdurchmesser wurde der Durchmesser 83,8 mm mit Honaufmaß eingestellt.

Bild 14: Zylinderkurbelgehäuse mit lokal Si- und Al_2O_3-verstärkten Zylinderlaufbahnen und Werkzeuge zum Vor- und Feinspindeln

3.4.1 Vorspindeln

Bei der Vorbearbeitung im Trockenschnitt kam es zu starkem Materialaufrieb und Scheinspanbildung. Das Vorspindeln musste somit unter Emulsion erfolgen. In Bild 15 sind rasterelektronenmikroskopische Aufnahmen von unbeschichteten und TiN- bzw. Diamant-beschichteten Werkzeugen nach dem Vorspindeln eines Zylinderkurbelgehäuses (4 Zylinderlaufbahnen) dargestellt. Anhand der Aufnahmen der Verschleißmarken wird deutlich, dass Schneidplatten mit handelsüblichen Verschleißschutzschichten wie TiN und Diamant nach dem Ausspindeln einen höheren Freiflächenverschleiß aufweisen als unbeschichtetes Hartmetall. Beim TiN erfolgt eine tribochemische Auflösung der Beschichtung bei der Zerspanung [10–12], während die Diamant-Beschichtung beim Ausspindeln aufgrund einer zu geringen Haftung auf dem Hartmetall-Substrat bereits frühzeitig abplatzt.

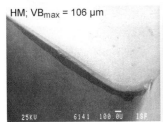 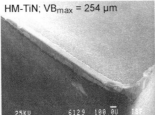 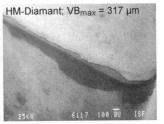

Bild 15: Werkzeugverschleiß an beschichteten und unbeschichteten Hartmetall-Werkzeugen

Ausgehend von den durchgeführten Untersuchungen zum Vorspindeln der Zylinderlaufbahnen mit Hartmetall-Werkzeugen scheint eine wirtschaftliche Bearbeitung nicht möglich. Einerseits begründet sich dies in dem starken Werkzeugverschleiß. Anderseits fand die Bearbeitung in Anlehnung an bisherige Grundlagenuntersuchungen bei einer Schnittgeschwindigkeit von 100 m/min statt, wodurch die Schnittzeit (Hauptzeit) für die Vorbearbeitung eines Zylinderkurbelgehäuses mit den gewählten Schnittparametern 554 s (9,2 min) betrug. Aufgrund der hohen Verschleißbeständigkeit von PKD können beim Einsatz dieses Schneidstoffes deutlich höhere Schnittgeschwindigkeiten eingestellt werden. Bei Versuchen zur Variation der Schnittgeschwindigkeit und des Vorschubs zeigte sich, dass günstige Schnittparameter bei der Vorbearbeitung der Zylinderlaufbahnen mit PKD eine Schnittgeschwindigkeit von 400 m/min und ein Vorschub pro Zahn von 0,12 mm sind. Bei einer Schnittgeschwindigkeit von 500 m/min kommt es zu einem deutlich höheren Freiflächenverschleiß und zu starkem Materialaufrieb auf den Schneidplatten, wodurch der Vorschub pro Zahn auf 0,08 mm reduziert werden musste. Die Schnittzeit für die Vorbearbeitung eines Zylinderkurbelgehäuses mit den günstigeren Schnittparametern beträgt 92 s (1,5 min).

Die weitere Untersuchung des Einsatzverhaltens der Schneidstoffe PKD- und CVD-Diamant beim Vorspindeln erfolgte bei einer Schnittgeschwindigkeit von 400 m/min und einem Vorschub pro Zahn von 0,12 mm. Bild 16 zeigt einen Vergleich der Verschleißentwicklung für die beiden Schneidstoffe beim Bearbeiten der MMC-Zylinderlaufbahnen. Beim Ausspindeln mit PKD-Schneidplatten zeigt sich eine progressive Verschleißentwicklung, wobei bereits nach dem Vorspindeln von sechs Zylinderkurbelgehäusen (24 Zylinderlaufbahnen) eine maximale Verschleißmarkenbreite von etwa 200 µm erreicht wird. Im Gegensatz dazu entwickelt sich der Werkzeugverschleiß beim Einsatz der Schneidplatten mit der CVD-Diamant-Dickschicht linear und auf einem deutlich niedrigeren Niveau als PKD. An einer Schneidplatte kann aufgrund eines kleinen Ausbruches, der nach drei Zylinderkurbelgehäusen (12 Zylinderlaufbahnen) sichtbar wurde, eine maximale Verschleißmarke von ca. 120 µm gemessen werden, die bei der weiteren Bearbeitung nicht ansteigt. Die rasterelektronenmikroskopischen Aufnahmen in

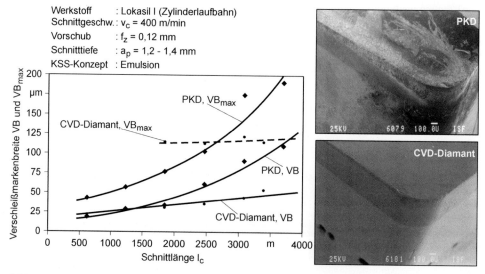

Bild 16: Werkzeugverschleiß beim Vorspindeln mit den Schneidstoffen mit polykristalliner Diamant (PKD) und CVD-Diamant-Dickschicht

Bild 16 verdeutlichen den starken Unterschied beim Werkzeugverschleiß nach dem Vorspindeln mit beiden Schneidstoffen. Ferner ist auf der Aufnahme des CVD-Diamant-Werkzeuges der aufgetretene Schneidkantenausbruch zu erkennen.

3.4.2 Feinspindeln

In gleicher Weise wie bei der Drehbearbeitung der SiC-verstärkten Bremstrommeln und beim Vorspindeln der MMC-Zylinderlaufbahnen zeigt sich auch beim Feinspindeln, dass Werkzeuge mit einer CVD-Diamant-Dickschicht nach der Bearbeitung einen geringeren Verschleiß als PKD-Werkzeuge aufweisen. In Bild 17 ist der Einfluss der Schnittgeschwindigkeit auf den Werkzeugverschleiß nach dem Feinspindeln der verstärkten Zylinderlaufbahnen beim Einsatz von CVD-Diamant-Dickschicht-Schneidplatten im Trockenschnitt dargestellt. Zusätzlich sind anhand rasterelektronenmikroskopischer Aufnahmen die Verschleißerscheinungen zu sehen. Eine günstige Schnittgeschwindigkeit für den Einsatz der CVD-Diamant-Dickschicht-Werkzeuge ist 500 m/min. Die Bearbeitung bei höheren Schnittgeschwindigkeiten führt bereits bei kleinen Schnittlängen zu einem starken, progressiv verlaufenden Freiflächenverschleiß und zu Ausbrüchen auf der Spanfläche. Diese Ausbrüche treten bereits bei einer Schnittgeschwindigkeit von 600 m/min auf.

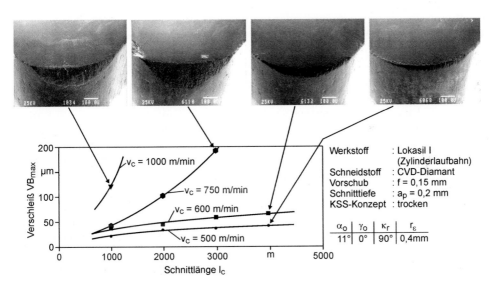

Bild 17: Einfluss der Schnittgeschwindigkeit auf den Freiflächenverschleiß nach dem Feinspindeln von Si- und Al$_2$O$_3$-verstärkten Zylinderlaufbahnen

In Bild 18 ist die gemittelte und die theoretische Rautiefe nach dem Feinspindeln der Zylinderlaufbahnen als Funktion des Vorschubes und der Schnittgeschwindigkeit dargestellt. Der Verlauf der gemittelten Rautiefe liegt sowohl in Abhängigkeit vom Vorschub als auch in Abhängigkeit von der Schnittgeschwindigkeit immer oberhalb der theoretischen Rautiefe. Um die nach dem Feinspindeln der Zylinderlaufbahnen geforderte gemittelte Rautiefe von 5 bis 9 µm zu erreichen, muss ausgehend von den gemessenen Rautiefen bei der Schnittgeschwindigkeit

500 m/min und einem Werkzeug mit einem Eckenradius von 0,4 mm ein Vorschub zwischen 0,1 und 0,15 mm gewählt werden.

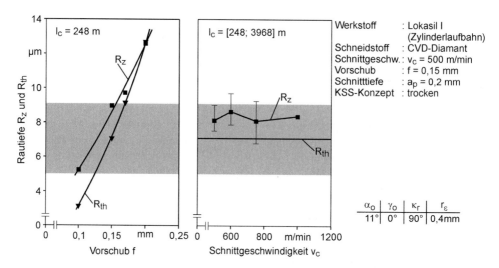

Bild 18: Rauheit nach dem Feinspindeln von MMC-Zylinderlaufbahnen – Einfluss des Vorschubes und der Schnittgeschwindigkeit

Nach dem Feinspindeln bei einer Schnittgeschwindigkeit von 500 m/min treten auf der bearbeiteten Oberfläche immer Ausbrüche auf, Bild 19. Diese liegen insbesondere an den Stellen, an denen die harten Si-Partikel getrennt werden. Die Schädigungstiefe, bis zu der die Si-Partikel in der Randzone Risse aufweisen bzw. aus der Oberfläche ausgebrochen sind, kann bis zu 30 µm betragen. Stichprobenartige Versuche zur Vermeidung von Ausbrüchen an bearbeiteten Oberflächen zeigen, dass bei sehr hohen Schnittgeschwindigkeiten von 2000 und 2500 m/min die bei der Spanbildung entstehenden Ausbrüche deutlich reduziert werden können, Bild 19. Jedoch kommt es bei diesen Schnittgeschwindigkeiten zu einem extrem hohen Werkzeugverschleiß, was die Feinbearbeitung der Zylinderlaufbahnen mit diesen Parametern ausschließt. Eine plastische Verformung der Al-Matrix ist nach der Bearbeitung im Schnittgeschwindigkeitsbereich von 500 bis 2500 m/min an den metallographischen Randzonenproben nicht zu beobachten.

Außer den Oberflächenkenngrößen ist eine wichtige Forderung an das Feinspindeln die Form der bearbeiteten Zylinder. Dabei darf für das anschließende Honen eine maximale Rundheit von 15 µm bei allen vier Zylindern nicht überschritten werden. Bei den beiden inneren Zylinderlaufbahnen wird nach dem Feinbearbeiten bei einer Schnittgeschwindigkeit von 500 m/min, einem Vorschub von 0,15 mm und einer Schnitttiefe von 0,2 mm in Abhängigkeit von der Bohrungstiefe eine Rundheit zwischen 3 (L_z = 10 mm) und 5 µm (L_z = 90 mm) erreicht. Die beiden äußeren Zylinder weisen aufgrund der offenen Bauweise des Zylinderkurbelgehäuses eine deutlich schlechtere Rundheit auf, die insbesondere bis zu einer Bohrungstiefe von 50 mm den Grenzwert für die Rundheit von 15 µm überschreitet. Um die geforderte Rundheit auch bei den äußeren Zylinderlaufbahnen zu erreichen, fanden Untersuchungen zum Einfluss der Schnitttiefe auf die Rundheit statt. In Bild 20 ist die Rundheit in Abhängigkeit von der Schnitt-

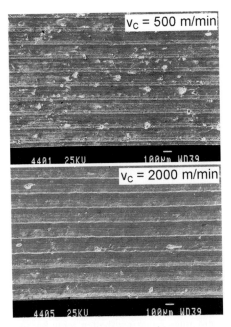

Bild 19: Oberfläche nach dem Feinspindeln bei verschiedenen Schnittgeschwindigkeiten

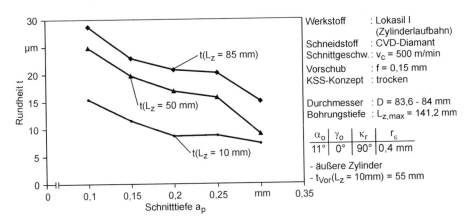

Bild 20: Rundheit nach dem Feinspindeln von verstärkten Zylinderlaufbahnen – Einfluss der Schnitttiefe

tiefe beim Feinspindeln dargestellt. Da die Rundheit nach dem Vorspindeln bei den beiden äußeren Zylindern bei 55 µm liegt, kommt es mit zunehmender Schnitttiefe zu einer Verbesserung der Rundheit nach der Feinbearbeitung. Bei einer Schnitttiefe von 0,3 mm wird die geforderte Rundheit von 15 µm bei den äußeren Zylindern erreicht. Eine weitere Möglichkeit zur Verbesserung der Rundheit könnte ein Vorspindeln in zwei Schnitten sein. Dadurch lässt sich die mechanische Beanspruchung der Zylinderlaufbahnen reduzieren, sodass die Rundheit nach der Vorbearbeitung besser wäre.

3.5 Bohren und Fräsen von TiB$_2$-partikelverstärkten Strangpressprofilen

Für den Einsatz von TiB$_2$-partikelverstärkten Strangpressprofilen im Flugzeugbau müssen nach der umformtechnischen Herstellung der Profile Zerspanoperationen folgen mit dem Ziel der Anbringung von Befestigungsmöglichkeiten und zur Gewichtsreduzierung. Es werden dabei die Verfahren Vollbohren und Umfangsfräsen betrachtet. Die besondere Bearbeitungsproblematik liegt darin, dass einerseits extrem harte Partikel in der Al-Matrix eingebettet liegen und es sich andererseits bei diesen Strangpressprofilen um dünnwandige Werkstücke handelt, die insbesondere bei der Bearbeitung im unterbrochenen Schnitt (Fräsen) die Schwingungsempfindlichkeit des Prozesses erhöhen. Dies kann gerade bei der Bearbeitung mit dem spröden Schneidstoff PKD zu einem erhöhten Werkzeugverschleiß durch Ausbrüche an den Schneiden führen.

3.5.1 Vollbohren

In Bild 21 ist der Werkzeugverschleiß nach dem Bohren der TiB$_2$-verstärkten Strangpressprofile bei einer Schnittgeschwindigkeit von 100 m/min und einem Vorschub von 0,1 mm in Abhängigkeit vom Bohrweg bzw. in Abhängigkeit von der Anzahl der Bohrungen dargestellt. Dabei wird der Einfluss des eingesetzten Schneidstoffs (Hartmetall und PKD) und des TiB$_2$-Gehalts in der Al-Matrix deutlich. Während die Legierung AA7075 mit 5 Gew.-% TiB$_2$ bei der Bearbeitung mit einem unbeschichteten Hartmetall-Werkzeug ein gutes Zerspanverhalten zeigt, kommt es beim Bohren der Legierung AA5083 mit 7 Gew.-% TiB$_2$ zum deutlich stärkeren Werkzeugverschleiß. Die Verschleißmarke an der Freifläche des Werkzeugs erreicht dabei bereits nach 50 Bohrungen einen Wert von 200 µm, wobei nach der Bearbeitung des Werkstoffs mit 5 Gew.-% TiB$_2$ eine Verschleißmarkenbreite von 50 µm gemessen wird. Obwohl sich beide Al-Verbundwerkstoffe sowohl im TiB$_2$-Gehalt als auch in der Art der Al-Matrix unterscheiden, liegt der starke Unterschied im Verschleißverhalten der Hartmetall-Bohrer im TiB$_2$-Gehalt. Von einem

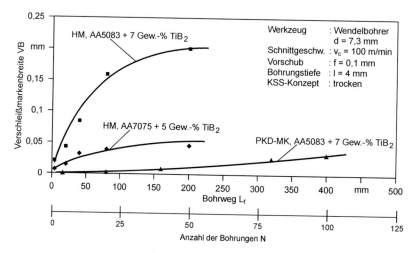

Bild 21: Werkzeugverschleiß nach dem Bohren von TiB$_2$-partikelverstärkten Strangpressprofilen mit Hartmetall- und PKD-Werkzeugen

so deutlichen Einfluss der Art der Al-Metallmatrix auf den Werkzeugverschleiß ist nicht auszugehen.

Beim Vergleich der Verschleißentwicklung nach der Bearbeitung der Al-Legierung mit 7 Gew.-% TiB_2 mit einem Hartmetall- und PKD-Bohrer (Bild 21) zeigt sich, dass das PKD-Werkzeug im Gegensatz zum Hartmetall-Bohrer ein deutlich günstigeres Verschleißverhalten aufweist. Die Verschleißmarkenbreite beträgt nach der Bearbeitung von 100 Bohrungen etwa 30 μm und liegt damit sogar niedriger als nach dem Bohren der Al-Legierung mit 5 Gew.-% TiB_2 beim Einsatz des Hartmetall-Werkzeugs nach 50 Bohrungen.

Die gemittelte Rautiefe nach dem Bohren der Al-Legierung mit 7 Gew.-% TiB_2 mit einem PKD-Werkzeug liegt zwischen 3 und 7 μm, wobei aufgrund des über dem Bohrweg zunehmenden Werkzeugverschleißes zum Ende der Versuchsreihe die kleineren Oberflächenkennwerte gemessen werden. Bei Verwendung des Hartmetallwerkzeugs erreicht die gemittelte Rautiefe Werte zwischen 1 und 3 μm. Die im Gegensatz zur Bearbeitung mit PKD-Bohrern bessere Oberflächenrauigkeit ist mit dem deutlich ausgeprägteren Werkzeugverschleiß des Hartmetall-Werkzeugs und mit einem deutlich höheren Bohrmoment zu erklären. Über dem Bohrweg steigt das Bohrmoment beim Einsatz des PKD-Bohrers nur geringfügig an und erreicht nach einem Bohrweg von 400 mm (100 Bohrungen) einen Wert von fast 1 Nm. Beim Einsatz des Hartmetall-Werkzeugs beträgt das Bohrmoment nach einem Bohrweg von 200 mm (50 Bohrungen) 2,2 Nm.

Der starke Verschleißzustand und das hohe Bohrmoment führen bei Verwendung des Hartmetall-Werkzeugs zu einer plastischen Verformung der Bohrungsrandzone, Bild 22. Dabei weist die Randzone nach dem Bearbeiten der 1. Bohrung eine ähnlich starke Ausrichtung des Gefüges in Schnittrichtung auf, wie nach der Herstellung der 50. Bohrung. Die Bohrungsrandzone nach dem Bohren mit dem PKD-Werkzeug zeigt wegen des kleineren Bohrmoments und des niedrigen Werkzeugverschleißes eine deutlich geringere Beeinflussung. Bei der metallographischen Untersuchung der Randzone der 1. Bohrung ist keine Veränderung des Gefüges nachweisbar. Lediglich bei der 100. Bohrung ist eine leichte Ausrichtung des Gefüges in Schnittrichtung erkennbar.

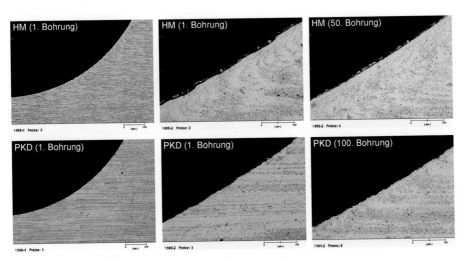

Bild 22: Oberflächenrandzone nach dem Bohren der Legierung AA5083 + 7 Gew.-% TiB_2

3.5.2 Umfangsfräsen

Aufgrund des unterbrochenen Schnitts beim Fräsen der dünnwandigen Strangpressprofile zeigt sich bei der Verschleißentwicklung ein deutlicher Einfluss der Spannvorrichtung, mit der die Werkstücke auf dem Maschinentisch aufgespannt werden. Bei einer Befestigung der 700 mm langen Profile auf dem Maschinentisch mit drei Pratzen kommt es bereits bei Verwendung von Hartmetall-Schaftfräsern nach einmaligem Überfräsen zu Schneidkantenausbrüchen. Werden die Werkstücke über der gesamten Länge mit einer Leiste aufgespannt, so treten wegen der geringeren Schwingungsbeanspruchung keine Ausbrüche auf. Um die Schwingungsbeanspruchung beim Umfangsfräsen zu reduzieren, wurde der überwiegende Teil der Versuche im Gegenlauffräsen durchgeführt. Dabei erfolgt der Schneideneingriff jeweils im Bereich der Mindestspanungsdicke, wobei die Spanungsdicke im weiteren Schnittverlauf kontinuierlich ansteigt, bis die Schneide aus dem Eingriff geht. Beim Gleichlauffräsen findet der Schneideneingriff in das Werkstück mit der größten Spanungsdicke statt, sodass aufgrund des starken Eintrittsimpulses der Prozess zu stärkeren Schwingungen angeregt wird.

Bild 23 zeigt die Entwicklung der Verschleißmarkenbreite über dem Vorschubweg beim Umfangsfräsen der Legierung AA5083 mit 7 Gew.-% TiB_2 mit Hartmetall- und PKD-Werkzeugen. Darüber hinaus werden rasterelektronenmikroskopische Aufnahmen der Verschleißmarken von beiden Fräswerkzeugen, die zum Ende der Bearbeitung erstellt wurden, gezeigt. Das Hartmetall-Werkzeug weist nach dem Fräsen bei einer Schnittgeschwindigkeit von 100 m/min im Gegensatz zum PKD-Fräser einen deutlich höheren Freiflächenverschleiß auf. Nach einem Vorschubweg von 2,1 m liegt die Verschleißmarkenbreite bei 70 µm. Im Vergleich dazu erreicht das PKD-Werkzeug nach einem Vorschubweg von 5,6 m für den Freiflächenverschleiß einen Wert von 25 µm. Das günstigere Verschleißverhalten des PKD-Werkzeugs wird auch in den rasterelektronenmikroskopischen Aufnahmen von beiden Werkzeugen deutlich. Ausbrüche an den Schneidkanten treten an beiden Werkzeugen nicht auf.

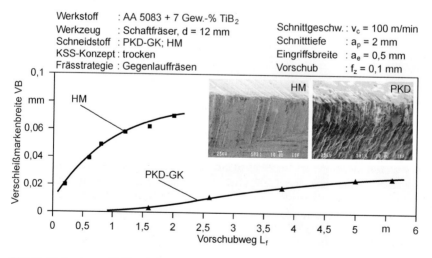

Bild 23: Werkzeugverschleiß nach dem Fräsen mit Hartmetall- und PKD-Werkzeugen

Der Einfluss der Schnittparameter Schnittgeschwindigkeit, Vorschub und Eingriffsbreite auf den Werkzeugverschleiß für die Bearbeitung mit PKD-Fräsern ist in Bild 24 dargestellt. Die drei Kurven für die Schnittgeschwindigkeiten 100, 250 und 560 m/min zeigen eine degressive, annähernd parallel verlaufende Verschleißentwicklung. Es wird dabei deutlich, dass mit ansteigender Schnittgeschwindigkeit eine leichte Tendenz zum höheren Werkzeugverschleiß vorliegt. Bei einer Steigerung der Schnittgeschwindigkeit von 100 auf 560 m/min tritt der aus produktionstechnischer Sicht positive Effekt auf, dass die Schnittzeit, die zur Bearbeitung eines Werkstücks gebraucht wird, in gleicher Richtung um den Faktor 5,6 reduziert wird. Da der Werkzeugverschleiß bei einer Schnittgeschwindigkeit von 560 m/min im Vergleich zu den niedrigeren Schnittgeschwindigkeiten nicht deutlich ansteigt, ist die TiB_2-partikelverstärkte Al-Legierung bei hohen Schnittgeschwindigkeiten wirtschaftlicher zerspanbar. Da bei der Fräsbearbeitung der Al-Legierung ein Einfluss des Vorschubes und der Eingriffsbreite auf die Verschleißentwicklung nicht deutlich wird, können bei der Bearbeitung für diese Schnittparameter auch entsprechend hohe Werte gewählt werden.

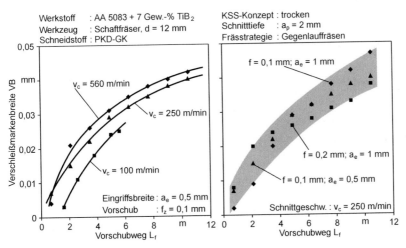

Bild 24: Werkzeugverschleiß in Abhängigkeit von den Schnittparametern beim Fräsen mit PKD-Werkzeugen

Der Einfluss der Frässtrategie Gleichlauf- und Gegenlauffräsen auf das Einsatzverhalten von TiAlN-beschichteten Hartmetall- und PKD-Werkzeugen ist in Bild 25 zu sehen. Bei der Bearbeitung mit PKD-Fräsern zeigt sich, dass aufgrund der hohen Härte und der damit zusammenhängenden geringen Duktilität das Gegenlauffräsen im Gegensatz zum Gleichlauffräsen die bessere Strategie darstellt. Während für die mittlere Verschleißmarkenbreite eine unabhängig von der Frässtrategie verlaufende Verschleißentwicklung festzustellen ist, kommt es nur beim Gleichlauffräsen zu Schneidkantenausbrüchen. Die Ursache für die Ausbrüche liegt in dem hohen Eintrittsimpuls der PKD-Schneiden in das TiB_2-verstärkte Werkstück. Wegen der Schneidkantenausbrüche ist beim Gleichlauffräsen nach einem Vorschubweg von 4,9 m eine maximale Verschleißmarkenbreite von über 100 µm zu messen. Aufgrund der im Gegensatz zu PKD besseren Duktilität von Hartmetall zeigt sich beim Fräsen mit TiAlN-beschichteten Hartmetall-Werkzeugen ein anderes Verhalten. Dabei ist beim Gleichlauffräsen der Werkzeugverschleiß kleiner als beim Gegenlauffräsen. Es treten sowohl beim Gegenlauf- als auch beim Gleichlauffräsen Ausbrüche an den Schneidkanten auf, sodass in beiden Fällen eine maximale Verschleißmarkenbreite gemessen werden kann, die deutlich oberhalb der mittleren Verschleißmarkenbreite liegt.

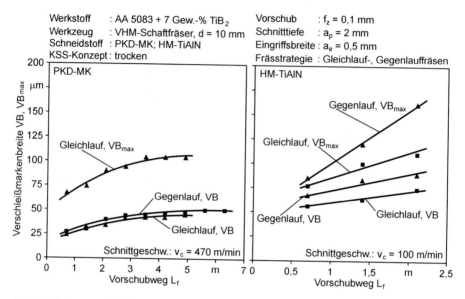

Bild 25: Werkzeugverschleiß in Abhängigkeit von der Frässtrategie beim Fräsen mit TiAlN-beschichtetem Hartmetall- und PKD-Werkzeugen

Der Einsatz von Diamant-beschichteten Hartmetall-Schaftfräsern bringt bei der Bearbeitung der TiB_2-verstärkten Strangpressprofile gegenüber den TiAlN-Beschichteten Werkzeugen keine Verbesserung des Einsatzverhaltens, da die Diamant-Beschichtung bei der Fräsbearbeitung abplatzt. Ein Einfluss der Korngröße des PKD (2 und 10 µm) auf die mittlere Verschleißmarkenbreite nach dem Fräsen im Gegenlauf ist nicht festzustellen. Allerdings treten beim Einsatz der feinkörnigen PKD-Sorte mit einer Korngröße von 2 µm nach einem Vorschubweg von 2,8 m Schneidkantenausbrüche auf. Die maximale Verschleißmarkenbreite erreicht dadurch bei einem Vorschubweg von 6,3 m einen Wert von fast 100 µm.

Eine Veränderung der Mikrostruktur in der Randzone z. B. in Form einer plastischen Verformung nach dem Bearbeiten der Strangpressprofile mit den Hartmetall- und PKD-Fräsern konnte anhand metallographischer Untersuchungen nicht nachgewiesen werden. Die parallel zur Vorschubrichtung gemessene gemittelte Rautiefe liegt nach dem Fräsen im Gleich- oder Gegenlauf mit PKD-Werkzeugen immer zwischen 1 und 2 µm. Beim Einsatz der Hartmetall-Werkzeuge wird beim Gleichlauffräsen ebenfalls eine gemittelte Rautiefe zwischen 1 und 2 µm gemessen. Nach dem Gegenlauffräsen liegen die Werte aufgrund von starker Materialaufriebbildung auf den Werkzeugen im Bereich von 5 bis 15 µm. Das auf dem Werkzeug aufgeriebene Material kann sich beim Eintritt der Schneide in das Werkstück ablösen, sodass es dabei auf die Werkstückoberfläche aufgepresst wird.

4 Zusammenfassung

Das Hauptproblem bei der spanenden Bearbeitung von Metallmatrix-Verbundwerkstoffen ist der starke Werkzeugverschleiß, verursacht durch den direkten Kontakt zwischen der harten Verstärkungsphase des Verbundwerkstoffs und dem Schneidkeil. Aus diesem Grund sind für die spanende Bearbeitung insbesondere hochharte Schneidstoffe geeignet. Bei der Bearbeitung von SiC-verstärkten Al-Legierungen zeigt sich, dass im Vergleich zum feinkörnigen PKD grobkörnige PKD-Sorten einen geringeren Verschleiß aufweisen. Anhand von SiC-partikelverstärkten Bremstrommeln, lokal Si-partikel- und Al_2O_3-kurzfaserverstärkten Zylinderkurbelgehäusen und TiB_2-partikelverstärkten Strangpressprofilen werden bisherige Grundlagenerkenntnisse zur spanenden Bearbeitung von Metallmatrix-Verbundwerkstoffen auf die Bearbeitung konkreter Bauteile übertragen. Zur Beurteilung der Bearbeitbarkeit dienen der Werkzeugverschleiß und die Bearbeitungsqualität (Oberfläche, Randzone und Rundheit). Bei der Drehbearbeitung von SiC-verstärkten Bremstrommeln und beim Ausspindeln von Si- und Al_2O_3-verstärkten Zylinderlaufbahnen führt der Einsatz eines neuen Schneidstoffes mit einer im CVD-Verfahren hergestellten Diamant-Dickschicht zu einem im Vergleich zu PKD deutlich geringeren Werkzeugverschleiß. Beim Vollbohren und Umfangsfräsen der TiB_2-verstärkten Strangpressprofile zeigt sich eine deutliche Überlegenheit der PKD-Werkzeuge zu den eingesetzten Hartmetall-Werkzeugen. Für die spanende Bearbeitung der MMC-Bauteile werden günstige Prozessparameter genannt.

5 Literatur

[1] Schulte, K., Faserverbundwerkstoffe mit Metallmatrix: Auf Hochleistung getrimmt. Industrie-Anzeiger (1987) 48, S. 23–28

[2] Tillmann, W., Lugscheider, E., Möglichkeiten des stoffschlüssigen Fügens metallischer Verbundwerkstoffe. Schweißen und Schneiden (1994) 46, S. 543–549

[3] Richter, D., Bremsscheiben aus Keramik-Partikel-verstärktem Aluminium. Aluminium (1991) 67, S. 878–879

[4] Beer, S., Henning, W., Liedschulte, M., MMC-Motorenkomponenten: Herstellung und Eigenschaften. In: Spanende Fertigung (Hrsg.: K. Weinert), Vulkan-Verlag, Essen, (1997), S. 333–346

[5] Köhler, E., Ludescher, F., Niehues, J., Peppinghaus, D., LOKASIL-Zylinderlaufflächen – Integrierte lokale Verbundwerkstofflösung für Aluminium-Zylinderkurbelgehäuse. ATZ/MTZ-Sonderausgabe „Werkstoffe im Automobilbau" (1996)

[6] Tank, E., Erfahrungen bei der Erprobung von experimentellen Motor-Bauteilen aus faser- und partikelverstärkten Leichtmetallen. Metall 10 (1991) 44, S. 988–994

[7] Weinert, K., Buschka, M., Liedschulte, M., Biermann, D., Huber, U., Niehues, J., Mechanische Bearbeitung von Komponenten aus Leichtmetallverbundwerkstoffen. In: Verbundwerkstoffe und Werkstoffverbunde (Hrsg.: Schulte, K.; Kainer, K.-U.). Wiley-VCH Verlag, 1999, S. 207–212

[8] Biermann, D., Untersuchungen zum Drehen von Aluminiummatrix-Verbundwerkstoffen. Dissertation, Universität Dortmund 1994

[9] Weinert, K., Biermann, D., Buschka, M., Liedschulte, M., Be- und Verarbeitungstechnologien für Verbundwerkstoffe. In: Metallische und metall-keramische Verbundwerkstoffe (Hrsg.: F.-W. Bach; H.-D. Steffens), KONTEC Gesellschaft für technische Kommunikation mbH, Hamburg, 1999, S. 133–169

[10] Weinert, K., Buschka, M., Niehues, J., Schoberth, A., Spanende Bearbeitung von Bauteilen aus Al-Matrix-Verbundwerkstoffen, Materialwissenschaft und Werkstofftechnik 32 (2001) S. 447–461

[11] Weinert, K., Biermann, D., Buschka, M.: Drehen sprühkompaktierter, übereutektischer AlSi-Legierungen. Aluminium 74 (1998) 5, S. 352–359

[12] Weinert, K., Biermann, D., Buschka, M., Liedschulte, M., Machining of Spray Deposited Al-Si Alloys. Production Engineering - Annals of the German Academic Society of Production Engineering Vol. V/2 (1998), S. 19–22

[13] Meister, D., Untersuchungen zum Vollbohren partikelverstärkter Aluminiumlegierungen mit Wendelbohrern. Dissertation, Universität Dortmund, 1991

[14] Changwaro, S. K., Fräsen von Faserverbundwerkstoffen mit Aluminiummatrix. Dissertation, Universität Dortmund, 1990

[15] Müller, P., Untersuchungen zum Bohren von Faserverbundwerkstoffen mit Aluminiummatrix. Dissertation, Universität Dortmund, 1988

[16] Hay, R., CVD-Diamantwerkzeuge eröffnen neue Möglichkeiten. Der Schnitt- & Stanzwerkzeugbau (1998) 4

Mechanisches Verhalten und Ermüdungseigenschaften von Metallmatrix-Verbundwerkstoffen

O. Hartmann
Institut für Werkstoffwissenschaften, Lehrstuhl Allgemeine Werkstoffeigenschaften, Universität Erlangen-Nürnberg, Martensstr. 5, 91058 Erlangen

H. Biermann
Institut für Werkstofftechnik, TU Bergakademie Freiberg, Gustav-Zeuner-Str. 5, 09599 Freiberg

1 Einleitung

Durch eine schichtweise Überlagerung von gehärtetem und weichem Stahl mit anschließender Massivumformung, z. B. durch Faltungen und Hämmern, fertigte man beispielsweise in Japan bereits vor vielen Jahrhunderten Schwerter an, die die gegensätzlichen Anforderungen an die Eigenschaften eines Klingenwerkstoffes erfüllten: Der Stahl sollte einerseits möglichst hart sein, um die Klinge gut schärfen zu können, andererseits jedoch eine hohe Bruchzähigkeit aufweisen. Aus technischer Sicht bieten Verbundwerkstoffe dem heutigen Ingenieur in äquivalenter Weise die Vorteile, die man damals schon kannte: Durch die Verbindung mehrerer Werkstoffe erhält man einen Kompromiss aus den Eigenschaften der einzelnen Komponenten, wobei die Eigenschaften des Verbundwerkstoffes oft die der homogenen Bestandteile weit übertreffen. Die Wahl der Zusammensetzung wird dabei von diesen Einzeleigenschaften bestimmt. So ergibt z. B. die Kombination aus einem duktilen Metall und einer spröden Keramik einen Verbundwerkstoff mit (im Vergleich zum reinen Metall) höherem Elastizitätsmodul, aber auch geringerer Duktilität.

Im letzten Viertel des vergangenen Jahrhunderts wurden immer mehr Metallmatrix-Verbundwerkstoffe (metal-matrix composite, MMC) für technische Anwendungen entwickelt. Insbesondere die gegenüber nichtverstärkten Werkstoffen verbesserten mechanischen Eigenschaften führten zu einem Impuls für die Materialforschung sowie zu erheblichen Verbesserungen technologischer Verfahren zur Herstellung von Verbundwerkstoffen. Vor allem die Verringerung der Herstellungskosten verhalf einigen Arten von Verbundwerkstoffen, vor allem diskontinuierlich verstärkten Metallmatrix-Verbundwerkstoffen, zu industriellen Anwendungen. Dennoch sind MMCs Nischenwerkstoffe, die jedoch aufgrund spezieller Eigenschaften andere Werkstoffe als Konstruktions- oder als Funktionswerkstoff ersetzen können [1].

Technische Anwendungen sind meist mit einer zyklisch wechselnden mechanischen Beanspruchung und einer daraus resultierenden Ermüdungsschädigung verknüpft, auf die viele Versagensfälle zurückzuführen sind. Die verhältnismäßig leicht ermittelbaren mechanischen Kennwerte eines Werkstoffs bei einsinniger Belastung sind jedoch nicht ohne weiteres auf die Eigenschaften bei zyklischer Beanspruchung übertragbar. Die Kenntnis darüber, wie die Struktur und die Zusammensetzung eines Verbundwerkstoffes dessen Ermüdungseigenschaften beeinflussen, ist daher von besonderem Interesse.

Die im Folgenden dargestellten Ergebnisse sind Teil einer umfangreichen Untersuchung zum mechanischen Verhalten von Metallmatrix-Verbundwerkstoffen [2]. Dabei wird der Einfluss der Matrixfestigkeit und der Verstärkungsmorphologie auf das zyklische Verformungs- und Ermüdungsverhalten näher betrachtet. Hierzu wurden an einem unverstärkten Werkstoff (aushärtbare

Al-Legierung AA6061) sowie an partikel- bzw. kurzfaserverstärkten Verbundwerkstoffen mit Aluminiummatrix isotherme, gesamtdehnungsgeregelte Wechselverformungsversuche an drei verschiedenen Verbundwerkstoffen durchgeführt. Diese unterscheiden sich entweder in der Form der Verstärkung (Partikel bzw. Kurzfasern (Saffilfasern) aus Al_2O_3) oder in der Festigkeit der Matrix (AA6061-Legierung bzw. technisch reines Aluminium Al99,85).

2 Grundlagen und Kenntnisstand

2.1 Thermische Eigenspannungen

Thermisch induzierte Eigenspannungen sind während des Abkühlens von der Prozess- auf Raumtemperatur nicht zu vermeiden, da der thermische Ausdehnungskoeffizient von Aluminium größer ist als der der meist keramischen Verstärkungen. Beim Abkühlen kommt es deshalb zu unterschiedlichen thermischen Kontraktionen in den einzelnen Phasen. Die auftretenden Eigenspannungen stehen zueinander im Gleichgewicht, und es gilt [3]:

$$f \cdot \left\langle \sigma_R^{th} \right\rangle + (1-f) \cdot \left\langle \sigma_M^{th} \right\rangle = 0 \qquad (1)$$

Im Verbund ergeben sich zwangsläufig im Mittel Zugeigenspannungen in der metallischen Matrix (*M*: matrix) ($\left\langle \sigma_M^{th} \right\rangle > 0$) und Druckeigenspannungen in der keramischen Verstärkungsphase (*R*: reinforcement) ($\left\langle \sigma_R^{th} \right\rangle < 0$) (siehe z. B. [4,5]). Nach Gleichung 1 entstehen in der Verstärkungsphase größere thermisch induzierte Spannungen als in der Matrix, sofern der Volumenanteil der Verstärkungsphase, *f*, kleiner als 50 % ist. Diese Eigenspannungen lassen sich experimentell z. B. mittels Röntgen- oder Neutronenbeugung messen, aber auch numerisch bestimmen. Die Höhe der thermisch induzierten Spannungen hängt von verschiedenen Kennwerten der Verbundwerkstoffe, wie z. B. Volumenanteil, Größe, Morphologie oder Anordnung der Verstärkungsphase sowie natürlich von der Festigkeit der Matrix und damit auch von der Wärmebehandlung ab.

2.2 Verformungsverhalten von Metallmatrix-Verbundwerkstoffen

Bild 1 zeigt das einsinnige mechanische Verhalten eines Metallmatrix-Verbundwerkstoffs in schematischer Weise. Die metallische Matrix weist dabei ein vereinfachtes ideal elastisch-plastisches Verhalten auf. Die keramische Verstärkungsphase verformt sich bis zum Versagen (Bruch) rein elastisch. Im Vergleich zum unverstärkten Material (Matrix) ergibt sich für den Verbundwerkstoff eine höhere Steifigkeit (E-Modul), eine größere Verfestigung (Steigung der σ–ε Kurve nach einsetzender plastischer Verformung) sowie eine höhere Festigkeit und eine geringere Bruchdehnung.
Durch einen einfachen Ansatz lassen sich die zu erwartenden Werte des Elastizitätsmoduls in Abhängigkeit von den Eigenschaften der Komponenten und deren Anteilen abschätzen [6,7]. Man unterscheidet zwischen einer parallelen und einer seriellen Anordnung der Verstärkungen, die die Grenzen des zu erwartenden E-Moduls des Verbundes, E_{MMC}, darstellen.

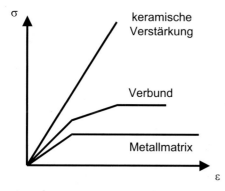

Bild 1: Schematische Darstellung des Verformungsverhaltens von Verbundwerkstoffen, resultierend aus dem mechanischen Verhalten der einzelnen Phasen

$$E_{MMC} = f \cdot E_R + (1-f) \cdot E_M \qquad (2)$$

$$E_{MMC} = \frac{E_M \cdot E_R}{f \cdot E_M + (1-f) \cdot E_R} \qquad (3)$$

Bild 2 gibt den Zusammenhang zwischen dem E-Modul des Verbundwerkstoffes und dem Volumenanteil der Verstärkung (f) für die beiden möglichen Grenzfälle wieder. Demnach erreichen Verbundwerkstoffe mit kontinuierlicher Anordnung der Verstärkungen (Langfasern) größere E-Moduln als solche mit diskontinuierlichen Verstärkungen (Kurzfasern oder Partikel).

Die höhere Verfestigung der Verbundwerkstoffe ergibt sich aus der im Vergleich zum unverstärkten metallischen Werkstoff stärkeren Behinderung der Versetzungsbewegung durch die Anwesenheit der keramischen Phase. Diese verursacht einerseits eine meist sehr viel kleinere

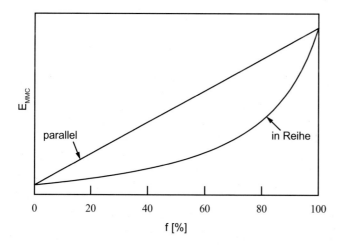

Bild 2: Einfluss des Volumenanteils der Verstärkung f auf den E-Modul nach Gl. 2 und Gl. 3. Die Einhüllenden geben die Grenzen der Verbundeigenschaften für parallele (Gl. 2) bzw. für serielle (Gl. 3) Anordnung der Verstärkungen wieder.

Korngröße (Hall-Petch Härtung) sowie eine bereits vor der Verformung durch thermische Eigenspannungen hervorgerufene höhere Versetzungsdichte.

Aus Bild 1 geht auch hervor, dass die Beanspruchung der Verstärkungsphase im Verbundwerkstoff bei gegebener makroskopischer Belastung wesentlich größer ist als die der Matrix (Lastübertragung). Ein Versagen der Verstärkungen tritt daher bereits bei einer geringeren äußeren Spannung auf als im homogenen keramischen Werkstoff. Diese Schädigung wirkt der Zunahme der Festigkeit der Matrix aufgrund der plastischen Verformung entgegen und führt zu einem im Vergleich zum unverstärkten Werkstoff auf die Dehnung bezogen früheren Versagen des Verbundwerkstoffes.

Bild 3 zeigt Spannungs-Dehnungs-Kurven der unverstärkten Al-Matrixwerkstoffe AA6061-T6 und Al99,85 sowie von partikel- bzw. kurzfaserverstärkten Verbundwerkstoffen. Alle Verbundwerkstoffe weisen einen größeren E-Modul als der entsprechende Matrixwerkstoff auf. Ebenso verfestigen die Verbundwerkstoffe in höherem Maße. Im Falle der Kurzfaserverstärkung mit AA6061-T6-Matrix liegt die Kurve des MMC aufgrund früh einsetzender Schädigung der Fasern beim Erreichen der Streckgrenze unterhalb derer der unverstärkten Matrix.

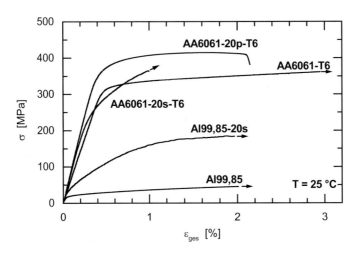

Bild 3: Spannungs-Dehnungs-Kurven von AA6061-T6 und Al99,85 sowie von deren partikel- (20p) bzw. kurzfaserverstärkten (20s) Varianten. Die Pfeile deuten an, dass die Verformung vor dem Versagen der Probe beendet wurde.

2.3   Bestimmung der Schädigung in Verbundwerkstoffen

Die Schädigung keramischer Verstärkungen (insbesondere der Bruch von Teilchen) kann anhand metallographischer Schliffe mikroskopisch ausgewertet werden. Lloyd [8] untersuchte nach jeweils einem festgelegten Dehnungsschritt die polierte und elektrochemisch markierte Oberfläche einer mit f = 10 Vol.% bzw. 20 Vol.% SiC-Partikeln verstärkten AA6061-Legierung im Rasterelektronenmikroskop (REM) und verknüpfte die Anzahl geschädigter Partikel mit der Dehnung bzw. Spannung.

Eine in den letzten Jahren vermehrt angewandte Methode zur Erfassung der Schädigung in MMCs ist die in situ Verformung im REM [9–12], bei der lokale Veränderungen an der polierten Oberfläche einer Probe beobachtet werden können. Neben rein qualitativen Aussagen, z. B. über den Ort der zuerst eintretenden oder der größten beobachtbaren Schädigung, können auch quantitativ Schädigungswerte erfasst werden. Allerdings erlaubt die in situ Methode nur Aussagen über den Schädigungsanteil an der Oberfläche einer Probe, der sich durchaus von dem im Probeninneren unterscheiden kann [13].

Eine andere Methode zur Erfassung der Schädigung ist die Messung der elastischen Steifigkeit einer Probe, die durch Teilentlastungen bestimmt werden kann. Dabei wird eine Verringerung der Steifigkeit mit einer durch die Verformung eingebrachten Schädigung der Verstärkungen verknüpft [14–22], da der lasttragende Anteil der Verstärkungen abnimmt. Kouzeli et al. [19] untersuchten zudem den Zusammenhang zwischen verformungsbedingter Schädigung und der Abnahme der Dichte und definierten daraus einen Schädigungsparameter, der mit dem aus den Entlastungsversuchen ermittelten Wert verknüpft werden kann.

Singh und Lewandowski [23] fanden einen Bezug zwischen der Änderung der Querkontraktionszahl und der durch mechanische Verformung hervorgerufenen Schädigung. Dabei wurde die Dehnung sowohl in Spannungsrichtung als auch quer dazu gemessen. Mit zunehmender Verformung wird die Poissonzahl größer, wobei ein sprunghafter Anstieg ab einer Schwellenspannung (-dehnung) gefunden wurde.

Die Mikrotomographie stellt ein Untersuchungsverfahren zur Verfügung, mit dem die Verhältnisse in der Probe abgebildet werden können, ohne diese zu zerstören (vgl. [13,24–27]). Dabei wird mit Hilfe eines monochromatischen, hoch kohärenten Synchrotron-Röntgenstrahls eine bis zu 2 mm dicke MMC-Probe durchstrahlt und der durch die unterschiedliche Absorption der beiden Phasen (Schwächung des Röntgenstrahls) verursachte Intensitätskontrast mittels einer CCD-Kamera erfasst. Anstatt des Intensitätsunterschieds kann auch der Phasenkontrast zur Abbildung verwendet werden. Während der Rotation der Probe werden mehrere hundert zweidimensionale Aufnahmen erhalten, die mit der Information des Rotationswinkels zu einer dreidimensionalen Abbildung des Verbundwerkstoffes rückgerechnet werden. Mit diesen Daten können beliebige (virtuelle) Schnitte durch das Material dargestellt werden. Der Vorteil dieses Verfahrens liegt darin, dass ein zerstörungsfreier Einblick ins Materialinnere möglich ist und diese nach der Messung weiter verformt werden kann. Damit kann die Entwicklung der Schädigung detaillierter dargestellt werden als bisher. Die laterale Auflösung dieses Verfahren liegt derzeit bei maximal 0,7 µm.

Zu den zerstörungsfreien Untersuchungsmethoden zur Quantifizierung der Schädigung zählt weiterhin die Schallemissionsanalyse (siehe z. B. [28–34]). Dabei wird der emittierte Schall an der Probenoberfläche detektiert, der beispielsweise beim Brechen eines Partikels auftritt. Die aufgezeichneten Signale können zudem über deren Intensität und Frequenz einer durch die Schädigung freigesetzten Energie (elastisch gespeicherte Verzerrungsenergie) zugeordnet werden, die ein Maß für die (zumindest relative) Größe eines Partikels ist.

Die in der Literatur übliche Größe für die Schädigung D ist die Änderung $X-X_0$ einer mit der Schädigung verknüpfbaren Messgröße X bezogen auf die Ausgangsgröße X_0:

$$0 \leq D = \frac{X - X_0}{X_0} = 1 - \frac{X}{X_0} \leq 1 \qquad (4)$$

D nimmt dabei Werte zwischen 0 (keine Schädigung) und 1 (maximale Schädigung) an. Die Schwierigkeit liegt nun meist darin, diesem Schädigungswert eine kritische Größe zuzuordnen, da unterschieden werden muss, ob der erhaltene Wert repräsentativ für den Gesamtzustand ist oder nicht. In mehreren Veröffentlichungen, z. B. [20,35–38], wird gezeigt, dass die Bruchwahrscheinlichkeit von Partikeln mit der Partikelgröße zunimmt und somit die größten Partikel zuerst brechen werden. Dies liegt an der mit zunehmendem Partikelvolumen ansteigenden Defektwahrscheinlichkeit eines Partikels sowie an der zunehmenden Verzerrungsenergie.

D, definiert nach Gleichung 4, ist allerdings ein Parameter, der die globale (mittlere) Schädigung beschreibt – vorausgesetzt man untersucht mehrere statistisch gleichverteilte Bereiche der Probe – und keine Aussagen über den lokalen Schädigungsanteil oder die Zuordnung zu einer bestimmten Klasse (z. B. die Lage des Partikels zur Spannungsrichtung) zulässt. Zudem versagt eine Probe an der Stelle, an der zuvor die größte Schädigung vorzufinden war [18,28,39,40]. Da diese Stelle nicht immer bekannt ist, ist ein in der gesamten Probe integral gemessener Schädigungswert nicht unbedingt geeignet, um ein Versagen von Bauteil bzw. Probe vorherzubestimmen.

2.4 Grundlagen und Begriffe der Ermüdung

Unter einer zyklischen Belastung versteht man eine zeitlich sich ändernde, wechselnde und sich wiederholende plastische oder rein elastische Verformung eines Bauteils. Durch mikrostrukturelle Vorgänge, wie z. B. eine lokalisierte Verformung oder eine lokal auftretende „Überbelastung" und dadurch lokalisierte Schädigung, kommt es zu einer Schwächung (Ermüdung) des Materials und letztendlich zum Versagen des Bauteils. In Ermüdungsversuchen wird eine solche Belastung in reproduzierbarer Weise auf das normierte Bauteil (Ermüdungsprobe) übertragen. So werden z. B. Kurzzeitermüdungsversuche (low cycle fatigue, LCF) in Dehnungsregelung durchgeführt, d. h. die zeitlich sich ändernde Dehnung der Probe verfolgt einen vorgegebenen Verlauf. Bild 4 zeigt eine entsprechende Versuchsführung mit dreiecksförmigem Signalverlauf der Gesamtdehnung ε_{ges} und der damit resultierenden Werkstoffreaktion, der Spannung s. Eine Auftragung der Spannung gegen die Dehnung ergibt die in Bild 5 dargestellte Spannungs-Dehnungs-Hysteresekurve. Die daraus ermittelbaren charakteristischen Kenngrößen sind:

$\varepsilon_{ges,min}$, $\varepsilon_{ges,max}$	Minimale bzw. maximale Gesamtdehnung
σ_{min}, σ_{max}	Minimale bzw. maximale Spannung
$\Delta\varepsilon_{ges} = \varepsilon_{ges,max} - \varepsilon_{ges,min}$	Gesamtdehnungsschwingbreite
$\sigma_m = (\sigma_{max} + \sigma_{min})/2$	Mittelspannung
$\Delta\sigma = \sigma_{max} - \sigma_{min}$	Spannungsschwingbreite
E_T	Probensteifigkeit nach Lastumkehr im Zug (Tension)
E_C	Probensteifigkeit nach Lastumkehr im Druck (Compression)

Oft wird anstatt der Schwingbreite den Begriff der Amplitude verwendet, der sich aus der Halbierung der Schwingbreite ergibt (Bsp.: Spannungsamplitude $\Delta\sigma/2$). Diese Kenngrößen hängen vom momentanen mikrostrukturellen Zustand des Werkstoffs ab und können sich im Verlauf der Ermüdungsbeanspruchung ändern. Die Darstellung der Spannungs- bzw. Dehnungsamplituden als Funktion der Zyklenzahl N wird als Wechselverformungskurve bezeichnet (ein Zyklus entspricht einer Wiederholung der Wechselverformung). Bilder 6a und 6b zeigen

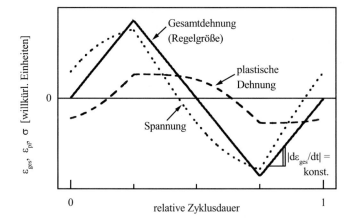

Bild 4: Verlauf der Signale von Spannung, Gesamtdehnung und plastischer Dehnung während eines Zyklus ($N > 1$) bei Regelung der Gesamtdehnung

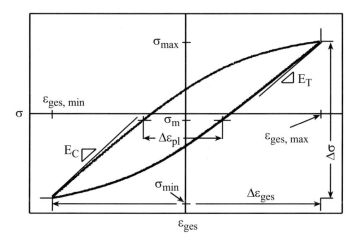

Bild 5: Mechanische Kenngrößen einer Hysteresekurve

für den Fall einer gesamtdehnungsgeregelten Versuchsführung schematisch den möglichen Verlauf von Wechselverformungskurven, welcher meist in drei Abschnitte unterteilt werden kann. Je nachdem, ob der Ausgangszustand eine höhere Festigkeit (z. B. bedingt durch eine Massivumformung beim Herstellungsprozess) oder eine geringere Festigkeit (z. B. bedingt durch eine vor dem Versuch durchgeführte Erholungs- oder Rekristallisationsglühung) aufweist, nimmt die Festigkeit, dargestellt durch die Spannungsamplitude, während der ersten Zyklen ab bzw. zu. Man spricht daher im Bereich I von einer anfänglichen zyklischen Ent- bzw. Verfestigung des Werkstoffs. Durch die wiederkehrende mechanische Verformung stellt sich oft eine zyklisch stabile Mikrostruktur ein, z. B. eine gleichbleibende Dichte und Anordnung der Versetzungen. Ein solcher Zustand spiegelt sich in einem konstanten Verlauf der Wechselverformungskurve, vgl. Bereich II in Abbildung 6, wieder. Infolge der mechanischen Belastung wird der Werkstoff, meist durch Lokalisierung der Dehnung, geschädigt, wodurch es zur Ausbildung eines Ermüdungsrisses und bei dessen Wachstum zu einem steilen Abfall der Spannungsamplitude (Bereich III) kommt. Aus Abbildungen 6a und 6b geht hervor, dass die Veränderungen von Spannungs- und plastischer Dehnungsamplitude entgegengesetzt verlaufen.

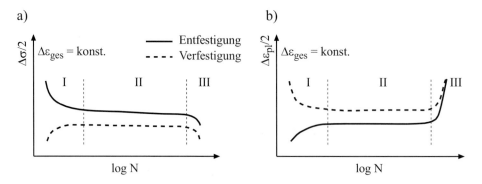

Bild 6: Schematische Darstellungen von Wechselverformungskurven. Charakterisierung des zyklischen Werkstoffverhaltens zweier Werkstoffe mit zyklischer Entfestigung (durchgezogene Linien) bzw. zyklischer Verfestigung (gestrichelte Linien) unter Gesamtdehnungsregelung ($\Delta\varepsilon_{ges}/2$ = const.) anhand a) der Spannungsamplitude ($\Delta\sigma/2$) und b) der Amplitude der plastischen Verformung ($\Delta\varepsilon_{pl}/2$).

Eine weitere Möglichkeit zur Beschreibung des Ermüdungsverhaltens ergibt sich aus der Auftragung der Spannungsamplituden mehrerer Versuche gegen die entsprechenden (plastischen) Dehnungsamplituden aus jeweils einer Hysterese der zyklischen Sättigung. Die daraus erhaltene Kurve wird als zyklische Spannungs-Dehnungs-Kurve (ZSD-Kurve) bezeichnet, siehe Bild 7. Sie enthält die Information darüber, welche Festigkeit sich bei einer gegebenen Dehnungsamplitude einstellt. Zudem ergibt der Vergleich mit der aus dem Zugversuch ermittelten

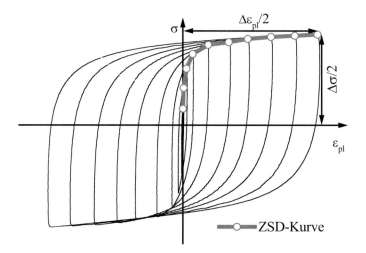

Bild 7: Zusammenhang zwischen Hysteresekurven der zyklischen Sättigung und der ZSD-Kurve

einsinnigen Spannungs-Dehnungs-Kurve direkt die Information über zyklisches Ent- oder Verfestigungsverhalten.

Die Lebensdauer eines Werkstoffs (Anzahl der Zyklen bis zum Versagen) unter zyklischer Belastung hängt von der jeweiligen Spannungs- bzw. Dehnungsamplitude ab. Der Einfluss der Verformungsparameter auf die Lebensdauer wird bei spannungsgeregelten Versuchen in den sogenannten Wöhler- bzw. bei Dehnungsregelung in Dehnungs-Wöhlerdiagrammen erfaßt. Im Wöhlerdiagramm wird die während des Versuchs konstante Spannungsamplitude $\Delta\sigma/2$ gegen die Bruchlastspielzahl aufgetragen. Bei Dehnungsregelung erfolgt eine doppeltlogarithmische Auftragung der Gesamt-, plastischen und elastischen Dehnungsamplituden im Sättigungszustand gegen die doppelte, bis zum Bruch erreichte Zyklenzahl, $2N_B$. Tritt keine zyklische Sättigung auf, so werden die Werte aus der Hysterese bei maximaler Festigkeit ($N = N_{\Delta\sigma max}$) oder bei halber Bruchlastspielzahl ($N = 0{,}5 \cdot N_B$) entnommen. Den Zusammenhang zwischen plastischer Dehnungsamplitude und der Anzahl der Lastwechsel bis zum Versagen einer Probe erkannten Manson [41] und Coffin [42] und stellten unabhängig voneinander eine mathematische Beziehung zwischen N_B und $\Delta\varepsilon_{pl}/2$ auf:

$$\frac{\Delta\varepsilon_{pl}}{2} = \varepsilon_f \cdot (2N_B)^c \quad . \tag{5}$$

Dabei ist ε_f der Ermüdungsduktilitätskoeffizient und c der Ermüdungsduktilitätsexponent. In analoger Weise fand Basquin [43] schon am Anfang des 20. Jahrhunderts eine Beziehung zwischen elastischer Dehnungsamplitude $\Delta\varepsilon_{el}/2$ und der Lebensdauer:

$$\frac{\Delta\varepsilon_{el}}{2} = \frac{\sigma_f}{E} \cdot (2N_B)^b \quad . \tag{6}$$

σ_f/E heißt Ermüdungsfestigkeitskoeffizient und b Ermüdungsfestigkeitsexponent. Da mit zunehmender elastischer bzw. plastischer Dehnungsamplitude die Lebensdauer abnimmt, sind die Exponenten in Gleichungen 5 und 6 stets negativ.

Im Grunde kommen bei diskontinuierlich verstärkten Werkstoffen drei Typen von Schädigung durch eine zyklische Belastung in Frage: i) Bruch der Verstärkungen, ii) Versagen der Haftung zwischen Verstärkung und Matrix (Delamination) sowie iii) Versagen der Matrix. Meist liegt eine Kombination aller Typen vor, wobei einer davon überwiegt. Bild 8 zeigt schematisch die möglichen, je nach Versagenstyp unterschiedlichen Pfade des Ermüdungsrisses am Beispiel eines partikelverstärkten Verbundwerkstoffs (nach [44]). Demnach verläuft ein Ermüdungsriss bevorzugt durch geschädigte Bereiche. Die Art der Schädigung hängt von dem Verhältnis zwischen der lokalen Belastung und der jeweiligen Festigkeit bzw. Bruchfestigkeit der Matrix bzw. der Verstärkung sowie der Grenzflächenhaftung zwischen beiden Phasen ab. Letztere wird stark durch Grenzflächenreaktionen zwischen Elementen der Verstärkung und der Matrix beeinflusst. Je nach System des MMC, der thermischen Vorgeschichte und dem Herstellungsverfahren können unterschiedliche Grenzflächenprodukte auftreten. Deren Eigenschaften, insbesondere deren Haftung an die Matrix und an die Verstärkung, beeinflussen die Eigenschaften des Verbundwerkstoffes, insbesondere die Fähigkeit, Lasten von der Matrix auf die Verstärkung zu übertragen, da hiervon in hohem Maße die Festigkeit des MMC abhängt [45].

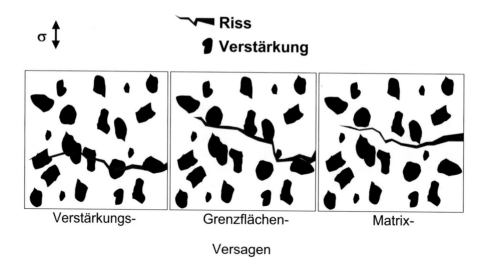

Bild 8: Schematische Darstellung der möglichen Risspfade für unterschiedliche Versagensfälle

Die Belastung des Werkstoffs an der Rissspitze wird durch die makroskopische Beanspruchung, gegeben durch die Spannungsschwingbreite $\Delta\sigma$, sowie durch die Länge des Risses, a, beeinflusst und wird durch die Spannungsintensitätsschwingbreite ΔK charakterisiert:

$$\Delta K = K_{max} - K_{min} = \Delta\sigma \cdot Y \cdot \sqrt{\pi \cdot a}$$
mit
$$K_{max} = \sigma_{max} \cdot Y \cdot \sqrt{\pi \cdot a}$$
$$K_{min} = \sigma_{min} \cdot Y \cdot \sqrt{\pi \cdot a}$$
(7)

Y ist dabei ein von der Probengeometrie abhängiger Wert. Aus Gleichung 7 folgt, dass die Belastung an der Rissspitze mit der Risslänge zunimmt.

Bei kleinen Spannungsintensitätsfaktoren werden die Verstärkungen nicht geschädigt und daher vom Riss umgangen. Die Größe der plastischen Zone vor der Rissspitze wird durch die Partikel beeinflusst (reduziert) und das Risswachstum dadurch gehemmt. Bei größeren Spannungsintensitäten bildet sich vor der Rissspitze eine große plastische Zone aus, in der aufgrund einer Spannungsüberhöhung die Verstärkungen brechen, durch die dann der Riss verläuft. Der Einfluss der plastischen Zone vor der Rissspitze hängt dabei bei gegebener Spannungsamplitude von der Risslänge ab. So zeigten Li und Ellyin, dass Risse erst ab einer Länge von wenigen hundert Mikrometer Länge entlang der Partikel vor der Rissspitze verlaufen [46], da ab dieser Länge ein Wert von ΔK erreicht wird, bei dem die Partikel bzw. die Grenzfläche zur Matrix geschädigt werden. Zu einem ähnlichen Ergebnis kamen auch Wang und Zhang [47].

Die sich bei gegebener Beanspruchung einstellende Risswachstumsgeschwindigkeit da/dN wird an standardisierten Proben bestimmt, wobei die Rissverlängerung mit der Zyklenzahl N bei gegebener Spannungsintensitätsschwingbreite ΔK gemessen wird. Die Auftragung von da/dN gegen ΔK ergibt eine Risswachstumskurve, wie sie in Bild 9 dargestellt ist. Demnach erfordert nennenswertes Risswachstum einen hinreichend großen Wert der Spannungsintensitätsschwingbreite. Unterhalb eines kritischen Schwellenwertes ΔK_{krit} wird kein Risswachstum gefunden. Bei größeren Werten von ΔK ist die Kurve durch einen linearen Verlauf gekennzeichnet, der mit dem Paris-Gesetz beschrieben werden kann:

$$\frac{da}{dN} \propto \Delta K^m \qquad \text{Gl. 8}$$

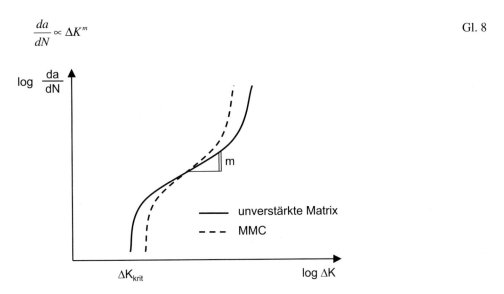

Bild 9: Abhängigkeit der Risswachstumsgeschwindigkeit da/dN von der Spannungsintensitätsschwingbreite ΔK für das unverstärkte Matrixmaterial und einen MMC

Bei großen ΔK-Werten nimmt die Risswachstumsgeschwindigkeit in höherem Maße zu, bis überkritisches Risswachstum und somit ein Versagen der Probe eintritt.

Ermüdungsrisse entstehen in Metallmatrix-Verbundwerkstoffen vorwiegend an geschädigten Verstärkungen in oberflächennahen Bereichen [48,49]. Ergebnisse von Chen *et al.* [50], Habel *et al.* [51] sowie Lukasek und Koss [52] zeigen, dass – bezogen auf NB – Rissinitiierung bei großen Beanspruchungsamplituden früher eintritt als bei geringen Amplituden (hohen Lebensdauern), bei denen kleine Risse erst relativ spät auftreten. Da bei Kurzzeitermüdung eine Schädigung innerhalb der ersten Zyklen auftritt, liegt oft schon nach etwa 10 % der Lebensdauer ein etwa 10 µm großer Riss vor; bei einer kleinen Amplitude mit entsprechend hohen Bruchzyklenzahlen kommt es jedoch erst gegen Ende (70–90 %) der Lebensdauer zur Rissinitiierung.

Im Allgemeinen wird der Schwellenwert des zyklischen Spannungsintensitätsfaktors ΔK_{krit} durch die Zugabe keramischer Verstärkungen leicht erhöht [53,54], es setzt allerdings früher kritisches Risswachstum ein als bei der unverstärkten Matrix [55,56], siehe Bild 9. Die Rissfortschrittsgeschwindigkeit nimmt dabei mit dem Volumenanteil zu [49,57–60].

2.5 Ermüdungsverhalten von Verbundwerkstoffen

In technischen Anwendungen sind Bauteile so ausgelegt, dass das Verhältnis zwischen maximaler Beanspruchung und Fließgrenze deutlich kleiner als eins ist. Der Werkstoff unterliegt daher einer HCF-Beanspruchung (high cycle fatigue, dt.: Langzeitermüdung). Viele Untersuchungen zum Ermüdungsverhalten wenden eine spannungsgeregelte Versuchsführung an, da hierbei die Regelgröße (Spannungsamplitude) leichter geregelt werden kann, als die sehr geringe Dehnungsamplitude. Im Bereich kurzer Lebensdauern sind die maximalen Dehnungen größer, sodass in diesem Fall oft die Dehnungsregelung Anwendung findet. Der Umstand jedoch, dass durch das Hinzufügen einer Phase mit erhöhtem Elastizitätsmodul der E-Modul des Verbundes und meist auch der Verfestigungsexponent sowie die Fließgrenze erhöht werden, macht es notwendig, in einem Vergleich zwischen MMC und dem unverstärkten Werkstoff die Art der Versuchsführung mit zu berücksichtigen [61]. Dieser Zusammenhang wird in Bild 10 verdeutlicht, in der die Hysteresekurve eines unverstärkten Metalls mit den Hysteresekurven eines Metallmatrix-Verbundwerkstoffes bei verschiedenen Fällen der Regelungsart verglichen wird. Es ist deutlich zu erkennen, dass bei Gesamtdehnungsregelung der MMC eine höhere Belastung (Spannung) erfährt und zudem die plastische Dehnungsschwingbreite $\Delta\varepsilon_{pl}$ größer ist als beim unverstärkten Werkstoff. Vergleicht man jedoch die Hysteresen der beiden Werkstoffe unter Spannungsregelung miteinander, so sind sowohl die plastische als auch die Gesamtdehnungsamplitude beim Verbundwerkstoff wesentlich geringer. Der unverstärkte Werkstoff wird daher in Versuchen mit gleicher Spannungsamplitude plastisch stärker belastet und daher eine geringere Lebensdauer erreichen [62–64]. Unter Gesamtdehnungsregelung ist dies meist umgekehrt [59,62,65].

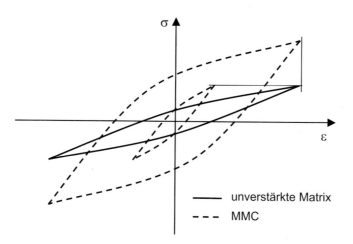

Bild 10: Vergleich der Hysteresekurven des unverstärkten Matrixmaterials (durchgezogene Linie) mit den Hysteresekurven des verstärkten Werkstoffes (gestrichelte Linien) bei gleicher Gesamtdehnungsamplitude (äußere Hysterse) bzw. gleicher Spannungsamplitude (innere Hysterese)

Aufgrund der mit zunehmender Größe der keramischen Verstärkung bei gegebener Spannung ebenso zunehmenden Bruchwahrscheinlichkeit kann jedoch auch unter spannungsgeregelter Versuchsführung die Lebensdauer beim MMC geringer sein als beim unverstärkten Material, wenn die Verstärkungen hinreichend groß sind [38,66]. Der Effekt der Lebensdauererhöhung (bei Spannungsregelung) mit zunehmendem Volumenanteil an Verstärkungsphase ist mit abnehmender Spannungsamplitude um so ausgeprägter, da der MMC von Beginn an weniger Schädigung durch Brechen der Verstärkungen erfährt. Es sollte auch berücksichtigt werden, dass plastische Verformung im MMC stark lokalisiert auftritt. Dies konnte durch finite Elemente Rechnungen nachgewiesen werden [67–70]. Aus diesem Grund ist die mikroplastische Dehnung in der Matrix lokal größer als die anhand der Hysteresenöffnung makroskopisch gemessene plastische Dehnung.

Mehrere Arbeiten untersuchten den Einfluss der mittleren Größe der Verstärkungen auf das Ermüdungsverhalten [38,66,71,72] und fanden eine verminderte Bruchlastspielzahl mit zunehmender Partikelgröße. Hierfür werden meist zwei Ursachen genannt: Analog zum einsinnigen Verhalten [67] nimmt der Anteil an geschädigten Verstärkungen bei gegebener Spannung mit der Größe der Verstärkungen zu, da die Wahrscheinlichkeit des Auftretens eines bruchauslösenden Defektes zunimmt [60]. Zudem wird der Abstand zwischen den Verstärkungen und damit die freie Weglänge für Versetzungsgleitbewegungen von deren mittlerer Größe beeinflusst, was wiederum bei der Ausbildung von Versetzungsanordnungen (Versetzungszellstrukturen, Gleitbänder) eine Rolle spielt [73]. Eine aktuelle Übersicht zum Ermüdungsverhalten diskontinuierlich verstärkter Verbundwerkstoffe gibt Llorca [74].

3   Experimentelles

3.1   Werkstoffe

Bei den untersuchten Werkstoffen handelt es sich um eine aushärtbare AA6061-Legierung (AlMgSiCu), die entweder mit $f = 20$ Vol.% Partikeln (kommerziell verfügbarer MMC der Fa. Duralcan), oder Saffil-Kurzfasern aus Al_2O_3 verstärkt ist. Diese MMCs werden im Folgenden mit AA6061-20p (p: particle) bzw. AA6061-20s (s: short fibre) bezeichnet. Als Referenzmaterial dient eine unverstärkte AA6061-Legierung. Zudem wurde ein weiterer Verbundwerkstoff aus kurzfaserverstärktem, technisch reinen und daher sehr weichen Aluminium Al99,85 untersucht (Al99,85-20s). Die Proben mit AA6061-Matrix wurden durch eine T6-Warmauslagerung ausgehärtet (30 min Lösungsglühung bei 560 °C, gefolgt von Abschrecken in Wasser, 16 h Aushärtung bei 165 °C für AA6061-20p und 8 h Aushärtung für AA6061-20s). Für die mechanischen Versuche wurden die Meßlängen der runden Proben nach der T6-Wärmebehandlung mit einer Diamantsuspension bis zu einer Körnung von 1 µm mechanisch poliert. Weitere Details finden sich in [2,75,76].

Die Bilder 11 und 12 zeigen jeweils in einem Schliff parallel zur Probenachse das Gefüge des Verbundwerkstoffes mit Partikelverstärkung bzw. (stellvertretend für die beiden kurzfaserverstärkten MMCs) einer Probe mit Kurzfaserverstärkung. Der partikelverstärkte MMC wurde nach einem Flüssigeinrühr-Verfahren zu Stangen extrudiert. Bild 11 zeigt die Ausrichtung der etwa 13 µm langen, quaderförmigen und annähernd gleichverteilten Partikel in Extrusionsrichtung (Vertikale). Das zu Platten schmelzinfiltrierte, kurzfaserverstärkte Material hingegen weist eine sogenannte zufällig planare Anordnung der zirka 3–5 µm dicken und 200 µm langen Fasern auf, d. h., die Fasern liegen bevorzugt parallel zu einer Ebene, in der auch die Probenachse liegt.

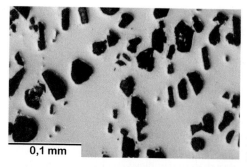

Bild 11: Lichtmikroskopische Gefügeaufnahme des partikelverstärkten Verbundwerkstoffs A6061-20p

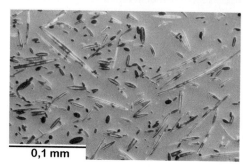

Bild 12: Lichtmikroskopische Gefügeaufnahme des kurzfaserverstärkten Verbundwerkstoffs A6061-20s

3.2 Mechanische Versuche

Die mechanischen Versuche wurden in einer servohydraulischen Universalprüfmaschine in Gesamtdehnungsregelung ($|d\varepsilon/dt| = 0{,}002$ s^{-1}) durchgeführt, wobei die Dehnung mit einem clip-on Extensometer direkt in der Meßlänge gemessen wurde. Die symmetrischen Zug-Druck-Wechselversuche wurden mit Amplituden der Gesamtdehnung, $\Delta\varepsilon_{ges}/2$, zwischen 0,001 und 0,01 bei Raumtemperatur durchgeführt (siehe auch [2]).

4 Ergebnisse und Vergleich verschiedener MMCs

4.1 Wechselverformungsverhalten

Die Wechselverformungskurven der unverstärkten AA6061-T6-Legierung sowie der Verbundwerkstoffe mit AA6061-T6-Matrix sind in Bild 13 wiedergegeben (vgl. auch [2,76,77]). Die Zahlen neben den Kurven kennzeichnen die für den jeweiligen Versuch geltende Gesamtdehnungsamplitude. Der unverstärkte Werkstoff weist zyklische Verfestigung erst bei $\Delta\varepsilon_{ges}/2 = 0{,}008$ auf. Bei geringeren Dehnungsamplituden liegt zyklisch stabiles Verhalten vor. Die Zugabe einer keramischen Verstärkungsphase bewirkt eine Erhöhung der Festigkeit. Die Wechselverformungskurven der Verbundwerkstoffe liegen daher – bei vergleichbarer Dehnungsamplitude – oberhalb derer von AA6061-T6, wobei der partikelverstärkte MMC größere Spannungsamplituden aufweist als der kurzfaserverstärkte Verbundwerkstoff. Zudem tritt bei den Verbundwerkstoffen eine anfängliche zyklische Verfestigung bereits ab einer Verformungsamplitude von $\Delta\varepsilon_{ges}/2 = 0{,}002$ auf, die der unverstärkte Werkstoff nicht zeigt. Bei kleinerer Dehnungsamplitude ist das Wechselverformungsverhalten der Verbundwerkstoffe zyklisch stabil.

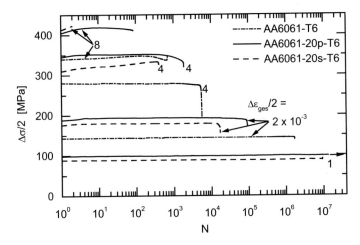

Bild 13: Wechselverformungskurven von AA6061-T6 und der Verbundwerkstoffe mit AA6061-T6-Matrix für verschiedene Gesamtdehnungsamplituden [2]

Der Betrag an anfänglicher zyklischer Verfestigung hängt von der plastischen Verformung der Legierung ab, da die Verfestigung auf der gegenseitigen (sich behindernden) Wechselwirkung der Versetzungen beruht. Da die plastische Verformung in MMCs lokalisiert auftritt und daher lokal größer ist als makroskopisch meßbar, verfestigen die Verbundwerkstoffe in höherem Maße als die unverstärkte Legierung. Der kurzfaserverstärkte Verbundwerkstoff verfestigt dabei mehr als der partikelverstärkte.

Im partikelverstärkten MMC tritt bei größeren Dehnungsamplituden eine zyklische Entfestigung auf (in Abbildung 13 nur bei $\Delta\varepsilon_{ges}/2 = 0{,}004$ zu erkennen), die nicht auf das Wachsen eines Makrorisses zurückzuführen ist, sondern auf Entfestigungsvorgänge in der Matrix [2].

In Bild 14 sind die Wechselverformungskurven der kurzfaserverstärkten MMCs mit unterschiedlicher Matrixfestigkeit dargestellt [2]. Die Kurven von Al99,85-20s liegen aufgrund der geringeren Festigkeit der Matrix bei vergleichbarer Dehnungsamplitude unterhalb derer von AA6061-20s-T6. Zudem zeigt Al99,85-20s eine deutliche zyklische Verfestigung während der ersten Zyklen, welche mit zunehmender Dehnungsamplitude ausgeprägter ist. Zyklische Verfestigung tritt beim MMC AA6061-20s-T6 dagegen erst ab einer Gesamtdehnungsamplitude von $\Delta\varepsilon_{ges}/2 = 0{,}004$ auf. Der Bereich anfänglicher zyklischer Verfestigung ist bei Al99,85-20s auf wenige Zyklen begrenzt, während AA6061-20s-T6 bei Amplituden mit hinreichend großer plastischer Verformung ($\Delta\varepsilon_{ges}/2 \geq 0{,}003$) stetig während der gesamten Lebensdauer verfestigt (der Abfall der Kurve bei $\Delta\varepsilon_{ges}/2 = 0{,}002$ ist auf das Wachsen des Makrorisses zurückzuführen). Die bei Amplituden bis $\Delta\varepsilon_{ges}/2 = 0{,}006$ auftretende erneute (sekundäre) Verfestigung von Al99,85-20s (vgl. auch [74]) ist bei dem anderen MMC nicht vorhanden. Zyklische Entfestigung von Al99,85-20s tritt erst ab hohen Verformungsamplituden von $\Delta\varepsilon_{ges}/2 \geq 0{,}008$ auf und ist auf die Schädigung von Matrix und Fasern zurückzuführen.

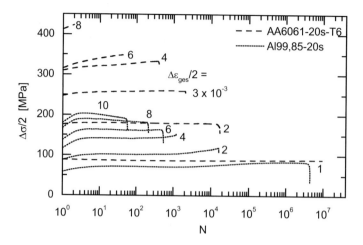

Bild 14: Wechselverformungskurven von AA6061-20s und Al99,85-20s bei verschiedenen Gesamtdehnungsamplituden (nach [2])

Durch eine Überalterung der MMCs mit AA6061-Matrix (T6 + 300 °C/24 h) wird die Festigkeit der Matrix und damit die des Verbundwerkstoffes in hohem Maße durch Vergröberung der härtenden Ausscheidungen vermindert. Die in Bild 15 dargestellten Wechselverformungskurven von AA6061-20p und AA6061-20s im überalterten Zustand liegen weit unterhalb derer, die im T6-Zustand gemessen wurden, vgl. Bild 13 und 14. Der kurzfaserverstärkte MMC weist im Gegensatz zum maximal ausgehärteten Zustand in den dargestellten Fällen überalterter Proben eine höhere Festigkeit auf als der partikelverstärkte MMC. Durch die aufgrund der Vergröberung der Ausscheidungen fehlende Behinderung der Versetzungsbewegung ist die nun vorhandene zyklische Verfestigung der überalterten Werkstoffe vergleichbar mit der von

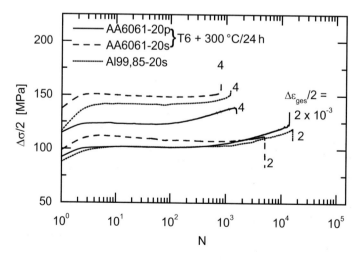

Bild 15: Wechselverformungskurven von überalterten MMCs mit AA6061-Matrix im Vergleich zu Al99,85-20s ($\Delta\varepsilon_{ges}/2 = 0,002$ bzw. $\Delta\varepsilon_{ges}/2 = 0,004$) [2]

Al99,85-20s. Ebenso sind zyklische Sättigung und sekundäre Verfestigung zu beobachten. Der Effekt der zyklischen Verfestigung kann somit direkt mit der Duktilität der Matrix korreliert werden, welche bei dem Verbundwerkstoff mit der weicheren Matrix größer ist [2].

4.2 Lebensdauerverhalten

Um den Zusammenhang zwischen den zyklischen Verformungsparametern und der erreichten Bruchlastspielzahl N_B zu untersuchen, wurden den Hysteresen bei halber Bruchlastspielzahl die entsprechenden Amplituden der Spannung, der Gesamtdehnung sowie der elastischen und plastischen Dehnung entnommen. Bild 16 zeigt die Auftragung der Dehnungswerte gegen die Anzahl der Lastwechsel $2N_B$ (ein Zyklus entspricht zwei Lastwechseln) für den Verbundwerkstoff AA6061-20p (vgl. [2,76]). Die Werte der plastischen und elastischen Dehnungsamplituden können nach Gleichungen 5 bzw. 6 beschrieben werden. Die Summe der beiden Geraden ergibt die Kurve, die das Lebensdauerverhalten als Funktion der Gesamtdehnungsamplitude beschreibt. Diese Kurven sind für die bereits vorgestellten Verbundwerkstoffe zusammenfassend in Bild 17 eingetragen. Zudem werden darin die Ergebnisse aus Untersuchungen an AA6061-15p dargestellt [75]. Danach bewirkt bei Gesamtdehnungsregelung eine Verstärkung sowohl durch Partikel als auch durch Kurzfasern eine Verringerung der Lebensdauer gegenüber der unverstärkten Legierung. Der Vergleich von AA6061-15p-T6 mit AA6061-20p-T6 zeigt weiterhin, dass die Lebensdauerreduzierung mit zunehmendem Volumenanteil ausgeprägter ist (siehe auch [72]). Der kurzfaserverstärkte MMC erreicht unter allen Versuchsbedingungen die geringste Lebensdauer [2].

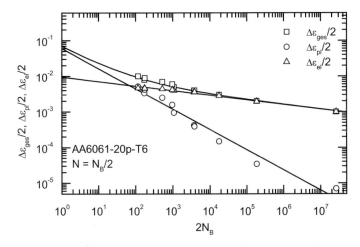

Bild 16: Auftragung der jeweiligen Dehnungsamplituden bei halber Bruchlastspielzahl und deren Beschreibung durch die Gesetze nach Manson-Coffin und Basquin für AA6061-20p-T6 [2]

In Bild 18 wird der Einfluss der Spannungsamplitude bei halber Bruchlastspielzahl auf die Lebensdauer betrachtet (Bild 18 entspräche im Falle einer spannungsgeregelten Versuchsführung einem Wöhlerdiagramm) [2]. Das Verhalten der partikelverstärkten Verbundwerkstoffe ist darin im Rahmen einer gewissen Streuung identisch. Im Vergleich zum unverstärkten Werkstoff erreichen sie die gleiche, im Bereich großer Spannungsamplituden sogar tendenziell eine längere Lebensdauer. Die Lebensdauer des kurzfaserverstärkten MMC ist auch in dieser Darstellung geringer als die der übrigen Verbundwerkstoffe mit AA6061-Matrix.

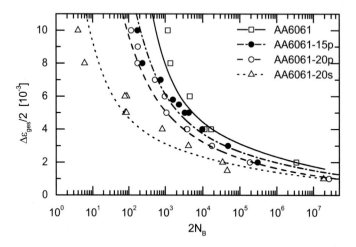

Bild 17: Zahl der erreichten Lastwechsel, $2N_B$, für AA6061-T6, AA6061-15p-T6, AA6061-20p-T6 und AA6061-20s-T6 als Funktion von $\Delta\varepsilon_{ges}/2$ (nach [2,75])

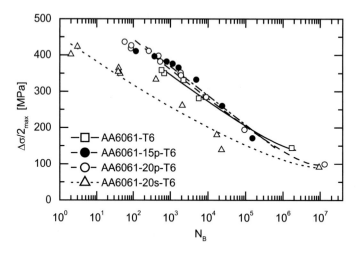

Bild 18: Zusammenhang zwischen Bruchlastspielzahl und maximaler Spannungsamplitude für AA6061-T6, AA6061-15p-T6, AA6061-20p-T6 und AA6061-20s-T6 [2]

In analoger Weise ist in den Bildern 19 und 20 der Einfluss der Matrixfestigkeit auf die Lebensdauer dargestellt (aus [2]). In Bild 19 ist die Anzahl der Lastwechsel bis zum Versuchsende als Funktion der Gesamtdehnungsamplitude für die beiden kurzfaserverstärkten Verbundwerkstoffe sowie für die beiden Versuche mit überalterter AA6061-Matrix (vgl. auch Bild 15) aufgetragen. Die Kurven weichen für größere Dehnungsamplituden deutlich voneinander ab. Der MMC mit der weicheren Matrix erreicht bei gegebener Dehnungsamplitude eine längere Lebensdauer für Amplituden $\Delta\varepsilon_{ges}/2 > 0{,}002$. Bei einer Bruchlastspielzahl von $N_B \approx 25000$ ($\Delta\varepsilon_{ges}/2 < 0{,}002$) schneiden sich die Regressionskurven. Die zusätzliche Wärmebehandlung verlängert die Lebensdauer bei $\Delta\varepsilon_{ges}/2 = 0{,}004$; eine Verringerung der Bruchlastspielzahl ergab sich dagegen bei $\Delta\varepsilon_{ges}/2 = 0{,}002$. Demnach scheint bei einer geringen zyklischen Belastung eine festere Matrix von Vorteil zu sein.

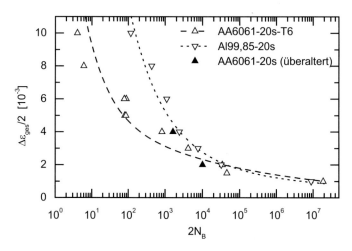

Bild 19: Vergleich der Lebensdauern von Al99,85-20s und AA6061-20s-T6, bezogen auf die Gesamtdehnungsamplitude (ausgefüllte Symbole bezeichnen die überalterten Proben) [2]

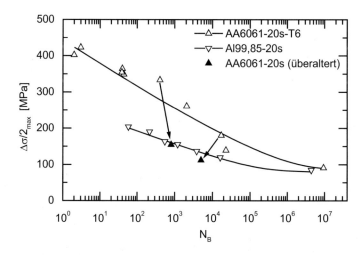

Bild 20: Vergleich der Lebensdauern von Al99,85-20s und AA6061-20s-T6, bezogen auf die maximale Spannungsamplitude (ausgefüllte Symbole bezeichnen die überalterten Proben; die eingezeichneten Pfeile kennzeichnen den Einfluss der Überalterung) [2]

Die Auswertung der plastischen Dehnungsamplitude ergab für den Versuch mit $\Delta\varepsilon_{ges}/2 = 0{,}004$ aufgrund der Überalterung eine Erhöhung um den Faktor 7, während diese beim Versuch mit der kleineren Dehnungsamplitude um das 47fache anstieg. Aus dieser Sicht ist bei beiden Versuchen eine Reduzierung der Lebensdauer zu erwarten. Bei der Beurteilung der Lebensdauer in Abhängigkeit von der Matrixfestigkeit ist aber zu unterscheiden, ob man den Vergleich auf die Dehnungs- oder auf die Spannungsbelastung bezieht. Aus Bild 20 geht hervor, dass der MMC AA6061-20s-T6 bei spannungsgeregelter Versuchsführung einen Vorteil im Lebensdauerverhalten gegenüber Al99,85-20s über das gesamte Spektrum der Spannungsamplitude aufweist. Durch die Überalterung der AA6061-Matrix werden Spannungs-amplituden und Lebensdauern erreicht, die in etwa auf der Regressionskurve von Al99,85-20s liegen (die Wirkung der Überalterung wird durch die eingezeichneten Pfeile dargestellt). Dabei wird die Spannungsamplitude bei dem Versuch mit der größeren Dehnungsamplitude in einem weitaus höheren Maß reduziert als bei dem Versuch mit $\Delta\varepsilon_{ges}/2 = 0{,}002$. Die Beeinflussung der Lebensdauer ist daher direkt auf die Festigkeit der Matrix zurückzuführen, da hiervon stark die Belastung der Fasern abhängt.

Untersuchungen des Verlaufes des Ermüdungsrisses ergaben, dass der Riss mit zunehmender Spannungsamplitude durch gebrochene Fasern bzw. Partikel verläuft [2]. Für kleine Spannungen, insbesondere bei den Versuchen mit Al99,85, bleiben die Verstärkungen weitgehend intakt, der Riss verläuft daher in diesem Fall überwiegend durch die Matrix [2].

4.3 Entwicklung der Schädigung

Die Schädigung der Verbundwerkstoffe während der zyklischen Verformung wurde anhand von Steifigkeitsmessungen untersucht (vgl. [2,14,76]). Dabei wurde der Bereich der elastischen Entlastung nach der Lastumkehr (E_T im Zug und E_C im Druck, vgl. Bild 5) als Funktion der Zyklenzahl für verschiedene Gesamtdehnungsamplituden für die MMCs mit AA6061-T6 Matrix ausgewertet. Die Änderung der Werte von E_T bzw. E_C wurde auf den E-Modul der Probe im Ausgangszustand (E_0) normiert, wodurch sich die für die Schädigung charakteristischen Werte D_T und D_C ergeben. Bild 21 zeigt die Entwicklung von D_T und D_C als Funktion der Zyklenzahl für AA6061-20p bei verschiedenen Gesamtdehnungsamplituden. Demnach nimmt die Probensteifigkeit während der Ermüdung ab (dies entspricht der Zunahme der Schädigungswerte) und zwar um so ausgeprägter, je größer die Gesamtdehnungsamplitude ist. Dabei zeigt sich gerade zu Beginn der Wechselverformung ein steiler Anstieg der Kurven und somit eine Anhäufung von Schädigungsereignissen während der ersten Zyklen. Dies konnte auch anhand der Messung der Schallemission während der zyklischen Verformung nachgewiesen werden [33,34]. Für Amplituden bis $\Delta\varepsilon_{ges}/2 = 0{,}004$ ergibt sich ein Bereich, in dem die Schädigungswerte mit zunehmender Zyklenzahl nur gering weiter ansteigen. Am Ende der Versuche steigen die D_T-Kurven erneut sehr steil an, was auf das Wachstum des Ermüdungsrisses zurückzuführen ist. Die Schädigungskurven für den im Druck ermittelten Schädigungswert D_C liegen immer unterhalb der Kurven von D_T, da geschädigte Bereiche unter Druck teilweise wieder Last tragen können und somit der Verlust an Probensteifigkeit nicht so hoch ist. Im Vergleich der Schädigungskurven von AA6061-20p und AA6061-20s zeigt sich qualitativ kein signifikanter Unterschied, vgl. Bild 22.

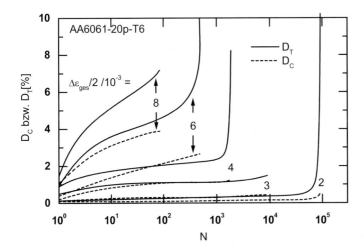

Bild 21: Entwicklung der Schädigungsparameter D_C und D_T für den partikelverstärkten Verbundwerkstoff bei verschiedenen Gesamtdehnungsamplituden (nach [2])

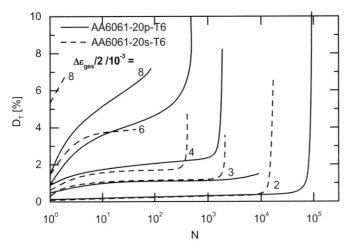

Bild 22: Entwicklung des Schädigungsparameters D_T für den partikelverstärkten und den kurzfaserverstärkten Verbundwerkstoff mit AA6061-T6 Matrix bei verschiedenen Gesamtdehnungsamplituden (nach [2]

5 Zusammenfassung

In der vorliegenden Arbeit wurden drei verschiedene Metallmatrix-Verbundwerkstoffe (Al_2O_3 partikel- und kurzfaserverstärkte Al-Legierung AA6061 sowie kurzfaserverstärktes, technisch reines Al 99,85) bezüglich ihres Verformungsverhaltens, insbesondere bei zyklischer Beanspruchung, untersucht. Dazu wurden Ermüdungsversuche in Gesamtdehnungsregelung mit Gesamtdehnungsamplituden zwischen $\Delta\varepsilon_{ges}/2 = 0,001$ und $0,01$ bei Raumtemperatur durchgeführt. Die wichtigsten Ergebnisse lassen sich wie folgt zusammenfassen (siehe auch [2]):

1. Die Zugabe einer keramischen Verstärkung bewirkt eine Erhöhung des E-Moduls und der Festigkeit. Aufgrund der inhomogenen Spannungsverteilung in der Matrix findet bei den MMCs im Vergleich zum unverstärkten Referenzwerkstoff früher plastisches (Mikro-) Fließen statt. Schädigung tritt bei einer einsinnigen mechanischen Beanspruchung überwiegend durch Brechen der keramischen Verstärkungen, in geringerem Maße auch durch Grenzflächenversagen auf.
2. Die Verbundwerkstoffe weisen im Falle der zyklischen Verformung bei hinreichend großer Dehnungsamplitude eine anfängliche zyklische Verfestigung auf, die höher als im unverstärkten Werkstoff ist. Die Verfestigung nimmt mit zunehmender Dehnungsamplitude zu. Sie ist für den kurzfaserverstärkten MMC (bei gleicher Matrix) höher als für den partikelverstärkten MMC. Dies wird darauf zurückgeführt, dass bei der Kurzfaserverstärkung mehr Matrix durch das Vorhandensein der Verstärkungen beeinflusst wird als bei Partikelverstärkung, da die Partikel im Mittel deutlich größer als die Fasern sind und somit die Abstände der Verstärkungen bei Partikelverstärkung größer als bei Kurzfaserverstärkung sind.
3. Die Lebensdauern der in dieser Arbeit untersuchten Werkstoffe können durch die Beziehungen von Manson-Coffin und Basquin beschrieben werden. Bezogen auf die Gesamtdehnungsamplitude bewirkt die Zugabe einer keramischen Verstärkung im Bereich der in dieser Arbeit untersuchten Dehnungsamplituden eine Reduzierung der Lebensdauern. Die Verringerung der Bruchlastspielzahlen ist bei identischer Matrix bei Kurzfaserverstärkung vor allem im Bereich großer Dehnungsamplituden größer als bei Partikelverstärkung. Im Falle der Kurzfaserverstärkung erreicht der MMC mit der weicheren Matrix (Al 99,85-20s) eine höhere Lebensdauer als der MMC mit legierter Matrix.
4. Wird die Lebensdauer auf die in einem Versuch auftretende maximale Spannungsamplitude bezogen, so ergeben sich für den unverstärkten Werkstoff und die mit 15 bzw. 20 Vol.% Al_2O_3 partikelverstärkten MMCs vergleichbare Bruchlastspielzahlen. Der kurzfaserverstärkte MMC weist wiederum die geringsten Lebensdauern auf.
5. Aus den Spannungs-Dehnungs-Hysteresekurven wurde ein Parameter ermittelt, der es erlaubt, die Schädigung anhand der Abnahme der Probensteifigkeit zu ermitteln. Der Verlauf der Schädigung mit der Zyklenzahl ist streng monoton steigend. Die Kurven weisen zu Beginn der Wechselverformung einen starken Anstieg auf, nehmen im weiteren Verlauf nur gering und kurz vor dem Versagen (im letzten Drittel der Lebensdauer) in hohem Maße zu. Dieses Verhalten weist, wie auch ergänzende Messungen der akustischen Emission, darauf hin, dass die MMCs während der ersten Zyklen bereits die erste Schädigung durch Partikel- bzw. Faserbruch erfahren. Der Anstieg zu Versuchsende ist auf das Wachstum des Makrorisses zurückzuführen, das somit gut detektiert werden kann. Das Niveau der Schädigungskurven hängt von der Dehnungsamplitude ab.

6 Danksagung

Die Autoren danken Herrn Prof. Dr. H. Mughrabi für sein Interesse an der Arbeit, Herrn Dipl.-Ing. M. Kemnitzer für seine Mitarbeit sowie der Deutschen Forschungsgemeinschaft für die finanzielle Förderung im Rahmen des Gerhard Hess-Programmes (Bi 418/5-1 und 5-2).

7 Literatur

[1] M.D. Skibo and D.M. Schuster, Mat. Tech., 10: 243–246, 1995.
[2] O. Hartmann, Dissertation, Universität Erlangen-Nürnberg, 2002.
[3] S.F. Corbin and D.S. Wilkinson, Acta metall. mater., 42: 1319–1327, 1994.
[4] H. Biermann, A . Borbély und O. Hartmann. In B. Wielage und G. Leonhardt, Hrsg., Verbundwerkstoffe und Werkstoffverbunde, S. 134–139, Wiley-VCH, Weilheim, 2001.
[5] P.J. Withers, D. Juul Jensen, H. Lilholt, and W.M. Stobbs. In Proc.
[6] 6th Int. Conf. Composite Materials (ICCM VI),
[7] Hrsg. F.L. Matthews, N.C.R. Buskell, J.M., Hodgkinson and J. Morton,
[8] Vol. 2, S. 255–264, Elsevier Applied Science, London, 1987.
[9] W. Voigt. Lehrbuch der Kristallphysik. Teubner-Verlag, Leipzig, 1928.
[10] A. Reuss, Z. Angew. Math. Mech., 9: 49–58, 1929.
[11] D. J. Lloyd, Acta metall. mater, 39: 59–71, 1991.
[12] A. Karimi, Mater. Sci. Eng., 63: 267–276, 1984.
[13] A. Mocellin, R. Fougeres and P.F. Gobin, J. Mater. Sci., 28: 4855–4861, 1993.
[14] M. Manoharan and J.J. Lewandowski, Scripta metall, 23: 1801–1804, 1989.
[15] S. B. Wu and R. J. Arsenault. In P. K. Liaw und M. N. Gungor, Hrsg., Fundamental Relationships Between Microstructure & Mechanical Properties of Metal-Matrix Composites, S. 241–253. TMS, Warrendale, 1990.
[16] J.-Y. Buffière, E. Maire, P. Cloetens, G. Lormand and R. Fougéres, Acta mater, 47: 1613–1625, 1999.
[17] H. Biermann, M. Kemnitzer and O. Hartmann, Mater. Sci. Eng., A 319–321: 671–674, 2001.
[18] S. Elomari and R. Boukhili, J. Mater. Sci., 30: 3037–3044, 1995.
[19] O. Hartmann, H. Biermann and H. Mughrabi. In K.-T. Rie and P. D. Portella, Hrsg., Proc. 4th Int. Conf. Low Cycle Fatigue and Elasto-Plastic Behaviour of Materials (LCF-4), S. 431–436, Garmisch-Partenkirchen, Elsevier Science Ltd., Amsterdam, 1998.
[20] M. S. Hu, Scripta metall. Mater., 25: 695–700, 1991.
[21] W.H. Hunt, J.R. Brockenbrough and P.E. Magnusen, Scripta metall. mater., 25: 15–20, 1991.
[22] M. Kouzeli, L. Weber, C. San Marchi and A. Mortensen, Acta mater., 49: 497–505, 2001.
[23] J. Llorca, A. Martin, J. Ruiz and M. Elices, Metall. Trans. A, 24A: 1575–1588, 1993.
[24] T. Mochida, M. Taya and M. Obata, JSME Int. J. Series I, 34: 187–193, 1991.
[25] M. Vedani and E. Gariboldi, Acta mater., 44: 3077–3088, 1996.
[26] P. M. Singh and J. J. Lewandowski, Metall. Mater. Trans. A, 26 A: 2911–2921, 1995.

[27] J.-Y. Buffière, E. Maire, C. Verdu, P. Cloetens, M. Pateyron, G. Peix and J. Baruchel, Mater. Sci. Eng., A 234–236: 633–635, 1997.
[28] E. Maire, A. Owen, J.-Y. Buffière and P.J. Withers, Acta mater., 49: 153–163, 2001.
[29] P. M Mummery, B. Derby and J.C. Elliot, J. Microscopy, 177: 399–406, 1995.
[30] A. Borbély, H. Biermann, O. Hartmann and J.-Y. Buffiére, Comput. Mater. Sci., eingereicht.
[31] E. Gariboldi, C. Santulli, F. Stivali, and M. Vedani, Scripta mater., 35: 273–277, 1996.
[32] P. M. Mummery, B. Derby and C. B. Scruby, Acta metall. mater., 41: 1431–1446, 1993.
[33] A. Niklas, L. Froyen, M. Wevers and L. Delaey, Metall. Mater. Trans. A, 26A: 3183–3189, 1995.
[34] A. Rabiei, M. Enoki and T. Kishi, Mater. Sci. Eng., A293: 81–87, 2000.
[35] H. Suzuki, M. Takemoto and K. Ono, J. Acoustic Emission, 11: 117–128, 1994.
[36] H. Biermann, A. Vinogradov and O. Hartmann, Z. Metallkd., eingereicht.
[37] A. Vinogradov, H. Biermann and O. Hartmann, Mater. Sci. Eng. A, eingereicht.
[38] M. Manoharan and J. J. Lewandowski, Mater. Sci. Eng., A 150: 179–186, 1992.
[39] P. Mummery and B. Derby, Mater. Sci. Eng., A 135: 221–224, 1991.
[40] M. Suéry and G. L'Esperance, Key Engng. Mat., 79–80: 33–46, 1993.
[41] A. R. Vaida and J. J. Lewandowski, Mater. Sci. Eng., A 220: 85–92, 1996.
[42] C. González and J. Llorca, Scipta mater., 35: 91–97, 1996.
[43] J. Llorca and P. Poza. In G. Lütjering und H. Nowack, Hrsg., Proc. 6th Int. Fatigue Congress (Fatigue '96), S. 1511–1516, Elsevier Science Ltd., Oxford, 1996.
[44] S. S. Manson. Technical report, National Advisory Commission on Aeronautics NACA, Report TN-2933, Lewis Flight Propulsion Laboratory, Cleveland, Oh., 1953.
[45] L. F. Coffin, Trans. ASME, 76: 931–950, 1954.
[46] O. H. Basquin, Proc. of American Society for Testing and Structures, 10: 625–630, 1910.
[47] K. K. Chawla. In T. W. Chou, Hrsg., Structure & Properties of Composites. S. 121–181. VCH, Weinheim, 1993.
[48] M. Suéry and G. L'Esperance, Key Engng Mat., 79–80: 33–46, 1993.
[49] C. Li and F. Ellyin, Metall. Mater. Trans. A, 26A: 3177–3182, 1995.
[50] Z. Wang and J. Zhang, Mater. Sci. Eng., A171: 85–94, 1993.
[51] M. Levin and B. Karlsson, Int. J. Fatigue, 15: 377–387, 1993.
[52] S. Kumai, J. E. King and J. F. Knott, Fatigue Fract. Engng. Mater. Struct., 13: 511–524, 1990.
[53] E. Y. Chen, L. Lawson and M. Meshii, Scripta metall. mater., 30: 737–742, 1994.
[54] U. Habel, C.M. Christenson, J.W. Jones and J.E. Allison. In A. Poursartip und K. Street, Hrsg., Proc. of ICCM-10, S. 397–404, Woodhead Publishing, Cambridge, 1995.
[55] D. A. Lukasek and D. A. Koss, J. Comp. Mater., 24: 262–269, 1993.
[56] M. Levin, B. Karlsson and J. Wasen. In P.K. Liaw and M.N. Gungor, Hrsg., Fundamental Relationships between Microstructure and Mechanical Properties of MMCs, S. 1–2, TMS, Warrendale, 1990.
[57] A. K. Vasudévan and K. Sadananda, Scripta metall. mater., 28: 837–842, 1993.
[58] F. Ellyin and C. Li. In A. Poursartip und K. Street, Hrsg., Proc. of ICCM-10, S. 565–573, Woodhead Publishing, Cambridge, 1995.

[59]   M. Papakyriacou, H. R. Mayer, S.E. Tschegg-Stanzl and M. Gröschl, Fatigue Fract. Engng Mater. Struct., 18: 477–487, 1995.
[60]   O. Botstein, R. Arone and A. Shpigler, Mater. Sci. Eng., A128: 15–22, 1990.
[61]   W. A. Logsdon and P. K. Liaw, Engng. Fract. Mech., 24: 737–751, 1986.
[62]   J. K. Shang and R. O. Ritchie. In R. K. Everett und R. J. Arsenault, Hrsg., Metal Matrix Composites: Mechanisms and Properties, S. 255–285. Academic Press, Boston, 1991.
[63]   Y. Sugimura and S. Suresh, Metall. Trans. A, 23A: 2231–2242, 1992.
[64]   J. E. Allison and J. W. Jones. In G. Lütjering und H. Nowack, Hrsg., Proc. 6th Int. Fatigue Congress (Fatigue' 96), S. 1439–1450, Elsevier Science Ltd., Oxford, 1996.
[65]   J. J. Bonnen, J. E. Allison and J. W. Jones, Metall. Trans A, 22A: 1007–1019, 1991.
[66]   F. Ellyin and L. Chingshen. In G. Lütjering und H. Nowack, Hrsg., Proc. 6th Int. Fatigue Congress (Fatigue' 96), S. 1475–1480, Elsevier Science Ltd., Oxford, 1996.
[67]   V. V. Ogarevic and R. I. Stephens. In M. R. Mitchell und O. Buck, Hrsg., Cyclic deformation, fracture, and nondestructive evaluation of advanced materials: 2nd Volume, ASTM STP 1184, S. 134–155. American Society for Testing and Materials, Philadelphia, 1994.
[68]   N. J. Hurd, Mater. Sci. Tech., 4: 513–517, 1988.
[69]   K. Toka ji, H. Shiota and K. Kobayashi, Fatigue Fract. Engng. Mater. Struct., 22: 281–288, 1999.
[70]   M. Finot, Y.-L. Shen, A. Needleman and S. Suresh, Metall. Mater. Trans. A, 25A: 2403–2420, 1994.
[71]   J. Llorca, S. Suresh and A. Needleman, Metall. Trans. A, 23A: 919–934, 1992.
[72]   G. Meijer, F. Ellyin and Z. Xia, Composites: Part B, 31: 29–37, 2000.
[73]   A. Borbély, H. Biermann and O. Hartmann, Mater. Sci. Eng., A313: 34–45, 2001.
[74]   J. N. Hall, J. W. Jones and A. K. Sachdev, Mater. Sci. Eng., A183: 69–80, 1994.
[75]   M. Papakyriacou, H. R. Mayer, S. E. Stanzl-Tschegg and M. Gröschl, Int. J. Fatigue, 18: 475–481, 1996.
[76]   N. L. Han, Z. G. Wang and L. Z. Sun, Scripta metall. mater., 32: 1739–1745, 1995.
[77]   J. Llorca, Progr. Mater. Sci., 47: 283–353, 2002.
[78]   O. Hartmann. Diplomarbeit, Universität Erlangen-Nürnberg, 1997.
[79]   M. Kemnitzer, Diplomarbeit, Universität Erlangen-Nürnberg, 2000.
[80]   O. Hartmann, M. Kemnitzer and H. Biermann, Int. J. Fatigue, 24: 215–221, 2002.

Grenzschichten in Metallmatrix-Kompositen: Charakterisierung und materialwissenschaftliche Bedeutung

J. Woltersdorf, A. Feldhoff[*)], E. Pippel
Max-Planck-Institut für Mikrostrukturphysik, Weinberg 2, D-06120 Halle
[*)]seit Jan. 2002: Centre d'Etudes de Chimie Métallurgique (CECM-CNRS), 15 Rue George Urbain, F-94407 Vitry sur Seine, France

1 Zusammenfassung

Als zur Eigenschaftsverbesserung von Metallmatrix-Kompositwerkstoffen geeignetes Prinzip wird die Modifizierung der Grenzschicht-Reaktionskinetik durch Prozess- und Materialparameter beschrieben. Die strukturellen und nanochemischen Besonderheiten der jeweiligen Grenzschichten werden bis hinab zu atomaren Dimensionen diskutiert und mit den resultierenden, durch in-situ-Experimente gemessenen makroskopischen Eigenschaften korreliert. Es wird gezeigt, wie durch Steuerung der chemischen Reaktionen während der Prozessführung (insbesondere durch Auswahl der Reaktionspartner und durch geeignete Vorbeschichtungen) gewünschte Grenzschichteigenschaften und dadurch Werkstoffparameter einstellbar sind. Am Beispiel der besonderen Probleme des Grenzbereiches zwischen Beschichtung und Faser wird detailliert dargestellt, wie konkrete materialwissenschaftliche Aussagen aus der quantenmechanischen Durchdringung moderner festkörperanalytischer Verfahren gewonnen werden können.

2 Die besondere Rolle der inneren Grenzflächen und -schichten

Für alle Festkörper gilt, dass ihre inneren Grenzflächen und Grenzschichten (also Phasen-, Korn- und Zwillingsgrenzen sowie spezielle Korngrenzenphasen und Reaktionsschichten) die wesentlichen Orte des mikrostrukturellen Geschehens bilden, und zwar wegen ihrer energetischen und strukturellen Besonderheiten. Daher lassen sich durch Einflussnahme auf Art und Verteilung dieser Grenzflächen bzw. Grenzschichten die Materialeigenschaften steuern [1], wie dies in *monolithischen* Werkstoffen beispielsweise bei der Optimierung des Festigkeits-, Hochtemperatur- und Bruchzähigkeitsverhaltens durch Einbau einer polymorphen Zweitphase geschieht [2, 3]. In ganz besonderem Maße betrifft diese Aussage aber die *Komposit*werkstoffe, weil es hier erst die inneren Grenzschichten zwischen den jeweiligen Komponenten sind, die aus den Partnern eines Verbundsystems einen kompakten Werkstoff entstehen lassen.

Die immer höher und komplexer werdenden Anforderungen an Hochleistungsverbundwerkstoffe mit metallischen Matrices können nur durch die Entwicklung speziell optimierter Grenzflächen bzw. Grenzschichten (oder Grenzschichtsysteme) erfüllt werden, die in unterschiedlicher Hinsicht eine jeweils geeignete Parameterkombination erfüllen müssen. Dies betrifft z. B. Bindungsstärke bzw. Haftvermittlung, Diffusionshemmung, chemische Reaktivität, thermomechanisches Verhalten, insbesondere Hochtemperaturfestigkeit.

Neben der Erzeugung einer Grenzschicht oder Grenzschichtsequenz durch Vorbeschichtung der Einlagerungsphase (z. B. der Verstärkungsfasern), die i. A. unter Benutzung pyrolytischer

Verfahren aus organischen Präkursoren erfolgt, bietet sich die gewissermaßen intrinsische Bildung von Zwischenphasen durch festkörper-chemische Reaktionen an, die während oder nach der Prozessführung auftreten und durch komplexe thermochemische Vorgänge im Nanometerbereich charakterisiert sind.

Im Falle der Metallmatrix-Komposite (MMCs) wird angestrebt, die hohen Festigkeiten und Elastizitätsmoduln keramischer und graphitischer Fasern mit den metallischen Eigenschaften der Matrix zu verbinden, wobei Leichtmetalle und ihre Legierungen im Vordergrund stehen. Insbesondere sind graphitfaserverstärkte Magnesium-Aluminium-Legierungen von großem Interesse für potentielle Anwendungen, und zwar sowohl wegen der geringen Dichte ihrer Komponenten (jeweils ca. 1,8 g cm^{-3}) als auch wegen der hohen Festigkeiten (3...4 GPa) bzw. E-Moduln (einige 100 GPa) der Graphitfasern. In diesem System könnten also durch Optimierung der Faser/Matrix-Grenzbereiche (bei gleichzeitiger Verhinderung von Faserdegradationen) Werkstoffe entwickelt werden, die zwei- bis dreimal so fest wie die besten Stähle sind, dabei aber nur etwa ein Drittel der Dichte des Stahls besitzen.

Der vorliegende Text ist wie folgt aufgebaut:

Nach einem Überblick über die benutzten experimentellen Verfahren werden die mikrostrukturellen und nanochemischen Besonderheiten der Grenzschichten in MMCs bis hinab zu atomaren Dimensionen diskutiert, woraus Reaktionsmechanismen und kristallgeometrische Modelle abgeleitet werden. Außerdem erfolgt eine Korrelation der Befunde mit den jeweils resultierenden, durch in-situ-Experimente gemessenen makroskopischen Eigenschaften. Danach wird auf die Möglichkeiten eingegangen, durch geeignete Faservorbeschichtungen gewünschte Grenzflächeneigenschaften einzustellen. In diesem Zusammenhang wird detailliert gezeigt, wie konkrete materialwissenschaftliche Aussagen aus der quantenmechanischen Durchdringung moderner festkörperanalytischer Verfahren gewonnen werden können.

3 Experimentelles

Die Aufklärung der Mikrostruktur der Grenzflächenbereiche erfolgte mittels Methoden der Transmissionselektronenmikroskopie (TEM) sowohl am Höchstspannungselektronenmikroskop (HVEM) JEOL JEM 1000 bei 1MV Beschleunigungsspannung als auch am Hochauflösungs/Rastertransmissions-Elektronenmikroskop (HREM/STEM) Philips CM20 FEG, das mit einer thermisch gestützten Feldemissionsquelle ausgerüstet ist (Öffnungsfehlerkonstante der Objektivlinse C_s = 2,0 mm; Punktauflösung 0,24 nm) und mit einer Beschleunigungsspannung von 200 kV arbeitet. Neben den Methoden Beugungskontrast und Feinbereichsbeugung wurde insbesondere die hochauflösende, wesentlich durch Phasenkontrast bestimmte Netzebenenabbildungstechnik angewendet [4]. Dabei wurden Atomebenenscharen speziell interessierender Grenzschichtbereiche sichtbar gemacht, sodass diese Methode – parallel zur Nanoanalytik – zur Charakterisierung des Materialaufbaus bis zu atomaren Dimensionen genutzt wurde.

Auch zur Bestimmung der chemischen Zusammensetzung in Nanometerbereichen mittels energiedispersiver Röntgenspektroskopie (EDXS) und Elektronenenergieverlustspektroskopie (EELS) wurde das CM20 FEG eingesetzt. Dazu wurde es mit einem Leichtelement-Röntgendetektorsystem Voyager II (Fa. Tracor) und einem abbildenden Energiefilter (Gatan Imaging Filter GIF 200) kombiniert. Die chemische Zusammensetzung und die laterale Verteilung der durch Diffusion und chemische Reaktionen an Grenzflächen auftretenden Phänomene mit Dimensionen von oftmals nur einigen Nanometern können nicht ausreichend gut durch röntgenmikroanalytische Methoden abgebildet werden, denn hier ist die laterale Auflösung durch Fluoreszenz-Phänomene in benachbarten Bereichen begrenzt, und die Aufnahme der Röntgenintensitäts-verteilungsbilder ist sehr zeitintensiv. Deshalb wurden die Interfacebereiche im wesentlichen mittels EELS untersucht (vgl. z. B. [5, 6]). Von besonderer Bedeutung war dabei die Analyse der kantennahen Feinstrukturen (ELNES, Energy Loss Near Edge Structure), welche bei hinreichend guter Energieauflösung (< 1 eV) an der jeweiligen Ionisationskante in einem Bereich von etwa 30 eV zu beobachten sind (s. [7] bis [10]). Ursache der ELNES-Merkmale ist eine Anregung von Elektronen innerer Schalen in unbesetzte Zustände oberhalb der Fermi-Energie. Die Gestalt, die Energielage und die Signalintensität der ELNES-Details werden sowohl durch die chemische Bindung als auch durch die Koordination und die Abstände zu nächsten Nachbarn bestimmt. Die kantennahen Feinstrukturen bilden gewissermaßen die lokale partielle Zustandsdichte oberhalb der Fermienergie ab. Außerdem tritt in Abhängigkeit von der Elektronegativitätsdifferenz der Bindungspartner eine chemische Verschiebung des Schwellenwertes der Ionisationsenergie von einigen eV auf, die gleichfalls Aussagen zur Bindung erlaubt. Insgesamt können also den EEL-Spektren in Ionisationskantennähe diffizile, weit über die bloße chemische Zusammensetzung hinausgehende Informationen entnommen werden. Die Identifizierung der chemischen Bindungszustände erfolgte sowohl durch den Vergleich mit ELNES-Strukturen von Standardproben (ELNES-Fingerprinting) als auch mit Hilfe der Ergebnisse quantenchemischer Berechnungen, die mit unterschiedlichen, problemangepassten Näherungsverfahren gewonnen wurden.

Die in-situ-Dreipunkt-Biegeversuche an gekerbten MMC-Proben wurden in einem atmosphärischen Rasterelektronenmikroskop ESEM-3 (Fa. Electro-Scan, Wilmington) unter Verwendung eines speziellen Mikrodeformierungstisches (Fa. Raith, Dortmund) ausgeführt.

4 Grenzschichtoptimierung in C/Mg-Al-Kompositen durch Wahl der Reaktionspartner

In MMC-Werkstoffen ist – anders als bei Verbunden mit keramischen Matrices – die Bruchdehnung der Fasern geringer als die der (hier) duktilen Matrix, sodass sich nach ersten Faserrissen die Metallmatrix elastisch und plastisch verformt und das Versagensverhalten von den grenzflächengesteuerten *sekundären* Mikroprozessen bestimmt wird (z. B. Delamination in der Faser/Matrix-Grenzfläche, Einzelfaser- oder Bündel-Pullout, duktiles oder sprödes Matrixversagen). Im Falle von Graphitfasern in Metallen ist der entscheidende Parameter die Grenzflächenreaktivität, die i. A. zur Carbidbildung führt. Unsere systematischen Untersuchungen [11–18] an unterschiedlichen, mittels Gasdruck-Schmelzinfiltrations-Verfahrens [19] hergestellter C/Mg-Al-Komposite zeigten,

1. dass das jeweilige Ausmaß der Carbidbildungsreaktionen für die Kompositeigenschaften entscheidend ist,
2. dass nicht – wie allgemein angenommen wird – dabei das binäre Carbid Al_4C_3, sondern im wesentlichen eine ternäre Verbindung entsteht,
3. dass es möglich ist, die Grenzflächenreaktionen und damit die Kompositeigenschaften durch Variation des Aluminiumgehaltes der Matrix und durch Verwendung von Kohlenstofffasern unterschiedlicher Oberflächenmikrostruktur zu steuern.

Dieses zuletzt erwähnte Einstellen der Grenzflächenreaktivität durch Variation beider Kompositpartner beruht auf folgenden Eigenschaften der Faser- und Matrixmaterialien:

Die *Fasern* werden um so reaktiver, je mehr frei endende hexagonale graphitische Atombasisebenen die Oberfläche durchstoßen und als Andockpunkte für chemische Reaktionen in der Metallschmelze dienen können. Das heißt: Der Übergang vom hochmoduligen zum hochfesten Fasertyp erhöht die Reaktivität.

Die Reaktionsfreudigkeit der *Magnesiummatrix* wird gesteigert durch Erhöhung des Aluminiumanteils, denn nur mit Aluminium, nicht aber mit Magnesium vermag der Faserkohlenstoff beständige Carbide zu bilden.

Die entsprechend modifizierten C/Mg-Al-Metallmatrix-Komposite wurden an der Universität Erlangen-Nürnberg bei 720 °C und mit einem Fasergehalt von ca. 63 Vol.-% hergestellt. Zur Steuerung der Grenzflächenhaftung wurden zwei kommerzielle Mg-Al-Legierungen mit 2 und 9 Gew.-% Aluminium (AM20 und AZ91) mit der hochmoduligen Kohlenstofffaser M40J (oberflächenparallel verlaufende Graphitbasisflächen, chemisch inert) oder der hochfesten Faser T300J (an der Oberfläche frei endende Basisebenen, chemisch reaktiv) kombiniert. Es wurden die folgenden drei Komposite untersucht, welche gemäß den obigen Ausführungen eine jeweils steigende Faser/Matrix-Reaktivität aufweisen: M40J/AM20, T300J/AM20 und T300J/AZ91. Die Untersuchungen ergaben, *dass weder bei zu geringer, noch bei zu hoher Faser/Matrix-Reaktivität eine optimale Ausnutzung der Faserfestigkeiten gelingt, sondern dass eine mittlere, moderate Kopplung die besten Resultate erbringt.*

Der in-situ-Verformungsversuch des Verbundes geringer Grenzflächenreaktivität – erreicht durch Kombination zweier reaktionsträger Partner – zeigt mit zunehmender Verformung zunächst einen linearen Lastanstieg, der mit dem gehäuften Auftreten von Einzelfaser-Schädigungen abflacht und nach Überschreiten des Maximums der Zugfestigkeit σ_B von etwa einem halben Gigapascal in einen kontinuierlichen Lastabfall übergeht (vgl. Bild 1). Die ebenfalls in Bild 1 gezeigte Bruchfläche ist durch Einzelfaser-Pullout geprägt, bedingt durch eine geringe Faser/Matrix-Haftung. Entsprechend zeigen auch die HVEM- und HREM-Beobachtungen kei-

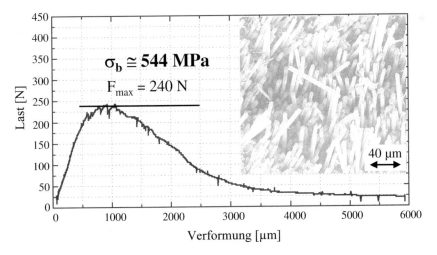

Bild 1: Last-Verformungs-Diagramm und Bruchflächenbild des Komposits M40J/AM20 (geringe Grenzflächenreaktivität); $\sigma_B \cong 544$ MPa

nerlei Carbidbildung oder andere Wechselwirkungen zwischen Matrix und Faser, vielmehr ist ein Replica-artiges Ablösen nachweisbar.

Bei mittlerer Grenzflächenreaktivität (erreicht durch Kombination reaktionsfreudiger Faser und träger Matrix) ergibt sich eine Verdopplung der Festigkeit auf etwa 1 GPa, und die Bruchfläche zeigt kollektives Bündel-Bruch-Verhalten (vgl. Bild 2). Der Lastabfall erfolgt in charakteristischen Stufen, die dem Versagen einzelner Faserbündel zugeordnet werden können. Innerhalb der aus jeweils ca. 30 bis 80 durch Matrixmetall miteinander verbundenen Fasern bestehenden Bündel treten relativ planare Bruchflächen auf. Die HREM-Aufnahmen lassen erkennen, dass eine moderate Carbidbildungsreaktion in der Faser/Matrix-Grenzschicht auftritt, die zu 10 bis 20 nm großen Ausscheidungen führt.

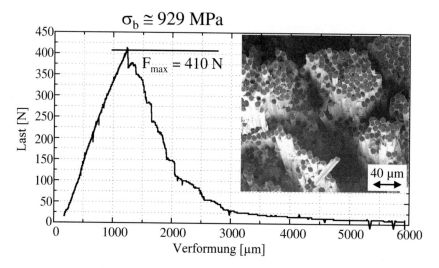

Bild 2: Last-Verformungs-Diagramm und Bruchflächenbild des Komposits T300J/AM20 (moderate Grenzflächenreaktivität); $\sigma_B \cong 929$ MPa

Bei hoher Grenzflächenreaktivität, also bei Verbindung zweier reaktionsfreudiger Partner, tritt Sprödbruch auf, bedingt durch die starke Faser/Matrix-Kopplung, und die Festigkeit liegt nur bei etwa einem Sechstel GPa (vgl. Bild 3). Die glatte Bruchfläche deutet auf Sprödbruch hin, wie er von monolithischen Keramiken her bekannt ist. Entsprechend der hohen Grenzflächenreaktivität zeigen die HVEM-Beobachtungen (vgl. Bild 4) Mikrometer große Carbidplättchen, die die gesamte Matrix als Armierung durchziehen. Die Hochauflösung (Bild 5) macht deutlich, dass die Carbide unmittelbar von den Graphitatomebenenbündeln der Faseroberfläche ausgehen und dass demzufolge bei entsprechenden Belastungssituationen bruchauslösende Kerbwirkungen auf die Fasern ausgeübt werden können.

Aus Abb. 1 bis 5 wird nicht nur ersichtlich, dass, wie oben schon angedeutet, eine optimale Ausnutzung der Faserfestigkeiten nur bei moderater Faser/Matrix-Reaktivität gelingt. Es ergibt sich auch, dass die Kompositfestigkeiten bei zunehmender Faser/Matrix-Reaktivität mit drei typischen Versagensmustern korrelieren, dem Einzelfaser-Pullout, dem Bündelbruchverhalten und dem Sprödbruch.

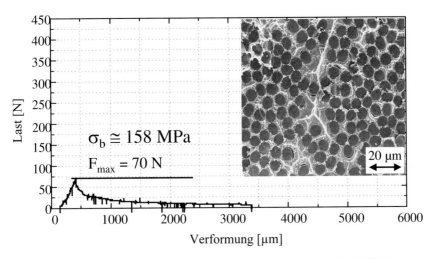

Bild 3: Last-Verformungs-Diagramm und Bruchflächenbild des Komposits T300J/AZ91 (hohe Grenzflächenreaktivität); $\sigma_B \cong 158$ MPa

Bild 4: HVEM-Aufnahme der von den Faser/Matrix-Grenzflächen ausgehenden plättchen- förmigen Carbidausscheidungen des stark grenzflächenreaktiven Systems T300J/AZ91; Mitte: Mg-Matrix

Die drei Komposite zeigen entsprechend ihrer Faser/Matrix-Reaktivität ein unterschiedliches Ausmaß plättchenförmiger Ausscheidungen in der Grenzfläche, deren Häufigkeit und Größe die jeweilige Grenzflächenreaktivität kennzeichnet und die mechanischen Eigenschaften steuert. Daher war es von allgemeinem Interesse für die Optimierung von C/Mg-Al-Kompositwerkstoffen, Zusammensetzung, Struktur und Wachstumskinetik dieser Ausscheidungen aufzuklären.

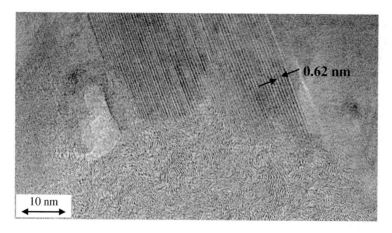

Bild 5: HREM-Aufnahme des Atomebenenverlaufs einer der in Bild 4 gezeigten Carbidplättchen, unmittelbar im Wachstumsursprung an der Faseroberfläche (unten)

EDXS- und EELS-Untersuchungen ergaben zunächst, dass die Ausscheidungen die drei Elemente Mg, Al und C enthalten. Wie in Abschnitt 2 erläutert, können den EEL-Spektren in Ionisationskantennähe über die Zusammensetzung hinausgehende Informationen entnommen werden, da die ELNES-Merkmale wesentlich von Bindungszuständen geprägt sind. In Bild 6 werden die gemessenen Feinstrukturen der $Mg-L_{23}$-, $Al-L_{23}$- und C-K-Ionisationskanten der Ausscheidungsphase jeweils denen verschiedener Standardsubstanzen gegenübergestellt. Aus dem Vergleich der $Mg-L_{23}$-ELNES-Verläufe in Bild 6a folgt, dass sich die Bindungsverhältnisse der Magnesiumatome in der Ausscheidung wesentlich von denen in metallischem (unten) oder oxidischem Magnesium (oben) unterscheiden. Die $Al-L_{23}$-ELNES (Bild 6b) des Al_4C_3-Standards (Onset bei etwa 73 eV) und der Ausscheidungsphase unterscheiden sich deutlich von der des metallischen Aluminiums und der des Aluminiumoxids. Untereinander stimmen sie jedoch weitgehend überein. An der C-K-Ionisationskante (Bild 6c) zeigen die Spektren des Al_4C_3-Standards und der Ausscheidungsphase beide einen steilen Signalanstieg, der zu einem Peak mit einem Maximum bei etwa 291 eV führt. In der Flanke des Peaks flacht der Signalanstieg im Falle der Ausscheidung bei ca. 287 eV leicht ab, was auf eine zusätzliche Wechselwirkung des Kohlenstoffs *auch* mit den 2s-Elektronen des *Magnesiums* zurückgeführt werden kann, die in unbesetzte σ*-Orbitale angeregt werden. Es handelt sich dabei um sp^3-s-σ-Bindungen.

Diese und weitere ELNES-Merkmale legen es nahe, die Ausscheidungsphase als Al-Mg-Mischcarbid zu interpretieren, das aufgrund der deutlichen Gemeinsamkeiten in der $Al-L_{23}$- und in der C-K-ELNES (Abbn. 6b und 6c) mit dem binären Carbid Al_4C_3 diesem kristallchemisch eng verwandt sein muss. In der Tat gaben detaillierte kristallographische und morphologische Untersuchungen den Hinweis darauf, dass es sich bei den hier beobachteten Ausscheidungsphasen um Al_2MgC_2-Mischcarbide mit einem (0002)-Netzebenenabstand von 0,62 nm handelt. Ein Vorschlag für die Kristallstruktur, der das ternäre Carbid Al_2MgC_2 analog dem wohlbekannten binären Carbid Al_4C_3 als Einlagerungsmischcarbid beschreibt (vgl. [12, 14]), ist in Bild 7 gezeigt, in der die entsprechende Atomanordnung in der (11$\underline{2}$0)-Ebene dargestellt und mit der des binären Carbids (links) verglichen ist.

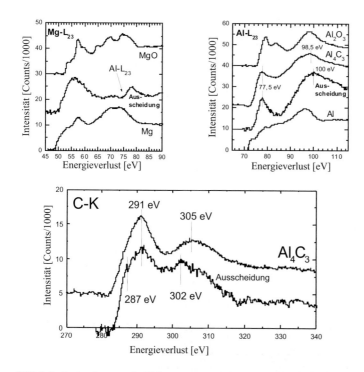

Bild 6: Ionisationskantennahe Elektronenenergieverlust-Feinstrukturen der carbidischen Ausscheidungsphase im Vergleich zu Standardsubstanzen; Umgebung der Mg-L$_{23}$-Kante, b) Umgebung der Al-L$_{23}$-Kante, c) Umgebung der C-K-Kante

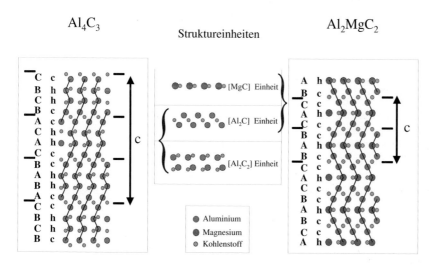

Bild 7: rechts: Atomanordnung in der (1120)-Ebene des ternären Carbids Al$_2$MgC$_2$ (Strukturvorschlag) und Vergleich mit dem binären Carbid Al$_4$C$_3$ (links)

Somit besteht das Al_2MgC_2 aus einer dichtgepackten Metallatomanordnung, in der sich die Al-Atome in einer kubisch-dichten (c) und die Mg-Atome in einer hexagonal-dichten (h) Stapelung befinden. Die Kohlenstoffatome füllen Lücken des Metallatomwirtsgitters derart, dass sie zwischen aufeinanderfolgenden Aluminiumatomschichten eine oktaedrische und in Höhe der Magnesiumatomschichten eine trigonal-bipyramidische Umgebung haben. Der Vergleich mit Al_4C_3 zeigt, dass eine Al_2C-Struktureinheit beiden Carbiden gemeinsam ist.

Wie schon in der HVEM-Übersichtsaufnahme (Bild 4) erkennbar, ist die Morphologie der in den C/Mg-Al-Kompositen gebildeten Mischcarbide plättchenförmig, d. h., die longitudinale Achse der Carbidkristallite ist stets senkrecht zu ihrer [0001]-Richtung orientiert. Bild 8 zeigt in Atomebenenauflösung, dass die Kanten bzw. Stirnflächen der Carbidkristalle atomar gestuft sind, entsprechend den dort in der Metallmarix endenden Carbidatomebenen, während sie zwischen den (0001)-Habitusflächen und der Metallmatrix atomare Glätte zeigen.

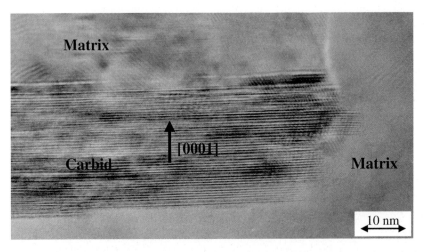

Bild 8: Atomebenen-Verlauf an den zwei Oberflächentypen einer Mischcarbid-Ausscheidung in einer Mg-Al-Matrix (Komposit T300J/AZ91)

Dieser morphologische Unterschied der beiden Grenzflächen bedingt zwei verschiedene Wachstumsmechanismen, aus denen die plättchenförmige Gestalt der Ausscheidungen resultiert: Die atomar-raue Grenzfläche bewegt sich durch einen kontinuierlichen *diffusions*gesteuerten Wachstumsmode; die atomar glatte Grenzfläche kann sich nur durch einen viel langsameren *grenzflächen*gesteuerten Stufenmechanismus bewegen, der mehrfache zweidimensionale Keimbildung oder einen spiraligen Wachstumsmechanismus erfordert. Der diffusionsgesteuerte Wachstumsprozess ist bei kleiner Triebkraft um ein Vielfaches schneller als der grenzflächengesteuerte, sodass die beobachtete plättchenförmige Morphologie der Mischcarbid-Kristallite verständlich wird.

5 Grenzschichtoptimierung in C/Mg-Al-Kompositen durch Faser-Vorbeschichtung

Ein gänzlich anderer Weg zur Modifizierung der Grenzflächeneigenschaften wird durch eine definierte Faservorbeschichtung ermöglicht, was insbesondere für Hybridbauteile von praktischem Nutzen ist, in denen die Faserverstärkung nur lokal in hochbelastete Bereiche eingebracht wird: Hier ist es erforderlich, in den weniger belasteten Bereichen zumindest über Legierungsbildung eine ausreichende Festigkeit zu erreichen. Deshalb wird hierfür der Einsatz von Mg-Al-Legierungen mit relativ hohen Al-Gehalten von ca. 5 Gew.-% oder mehr angestrebt, die in Verbindung mit einer unbeschichteten Kohlenstoffaser vom hochfesten Typ jedoch zu extensiver Carbidbildung und damit zum oben beschriebenen Sprödbruchverhalten führen. Durch Vorbeschichten der Faser mit Titannitrid als Diffusionshemmer kann die Carbidbildung weitgehend unterbunden und damit eine Versprödung des Komposits vermieden werden [20, 21]. Die mittels chemischer Gasphasenabscheidung aus einer Titantetrachlorid-N_2-H_2-Atmosphäre aufgebrachten Schichten von 10 bis 50 nm Dicke dienen dabei einerseits als Diffusionsbarriere zwischen Faserkohlenstoff und Matrixmetall, andererseits vermitteln sie eine mikromechanisch geeignete Faser/Matrix-Haftung. Die homogene Bedeckung der Faseroberflächen ist auf Bild 9 gut erkennbar. Die Atomebenen-Auflösung (Bild 10) zeigt, dass die Schicht polykristallin ist, mit Korngrößen in der Größenordnung der Schichtdicke. Deutlich sichtbar enden die Atomebenen der Mg-Matrix an der Schichtoberfläche.

Mit einem Punkt-zu-Punkt-Abstand von 1,3 nm wurden EEL-Spektren quer über die Grenzschicht an 30 äquidistanten Punkten aufgenommen. In dem auf Bild 11 gezeigten Energieintervall zwischen 250 und 750 eV treten die C-K, N-K, Ti-L_{23} und O-K-Ionisationskanten mit ihren Feinstrukturen auf. Im Bereich der Faser (hinten liegende Spektren) hebt sich lediglich die C-K-

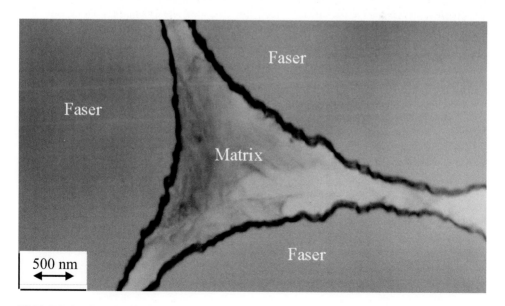

Bild 9: Tripelpunkt dreier TiN-beschichteter C-Fasern; Mitte: Reinmagnesiummatrix; dunkel: TiN-Schicht

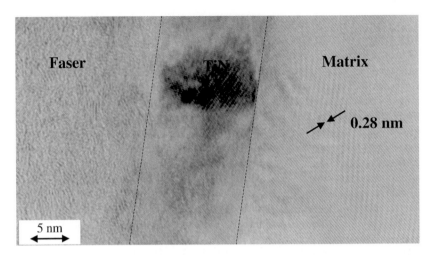

Bild 10: HREM-Aufnahme der polykristallinen TiN-Faserbeschichtung (Mitte), links: turbostratisch verknäuelte Atomebenen der Graphitfaser; rechts: (1010) Atomebenen der Reinmagnesiummatrix, auf der TiN-Schicht endend

Kante bei 284 eV aus dem exponentiell abfallenden Untergrund heraus. An der Faser/Schicht-Grenzfläche tritt eine Ti-L_{23}-Kante hinzu, und die Feinstruktur der C-K-Kante ändert sich. Innerhalb eines Gradienten von circa 5 nm taucht eine N-K-Kante auf (mit ähnlicher Feinstruktur wie die örtlich benachbarte C-K-Kante), bei gleichzeitigem allmählichem Rückgang der C-K-Kante. Die Ti-L_{23}-ELNES hebt sich klar und dominant über dem Streu-Untergrund ab, infolge der scharfen weißen Linien, die an den L_{23}-Ionisationskanten der Übergangsmetalle auftreten, weil hier genau an bzw. über der Fermikante eine hohe Dichte unbesetzter 3d-Zustände existiert.

Um die Bindungsverhältnisse unmittelbar an der Faser/Schicht-Grenze, die für die Kompositeigenschaften wesentlich sind, im Detail zu analysieren, wurden die C-K-, N-K- und Ti-L_{23}-Feinstrukturen quer über die Grenzfläche noch zusätzlich mit einer Dispersion von 0,1 eV pro Kanal gemessen und sowohl mit den TiC- und TiN-Standards (vgl. Abbn. 12, 13, 14) als auch mit Elektronenübergangsenergien verglichen [22], die mit eigens dazu durchgeführten quantenchemischen Berechnungen auf der Grundlage der Dichtefunktionaltheorie bestimmt wurden (vgl. Bild 15). Die gewonnenen Resultate sollen im folgenden etwas detaillierter dargestellt werden, weil sie auf anschauliche Weise demonstrieren, wie konkrete materialwissenschaftliche Aussagen aus der quantenmechanischen Durchdringung moderner festkörperanalytischer Verfahren ableitbar sind.

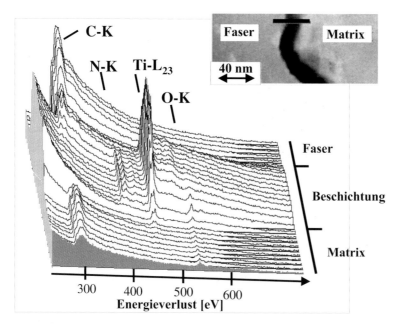

Bild 11: EEL-Spektren, quer über die Faser/Matrix-Grenzschicht in C/TiN/Mg-Kompositmaterial; aufgenommen mit 1,3 nm Punktabstand

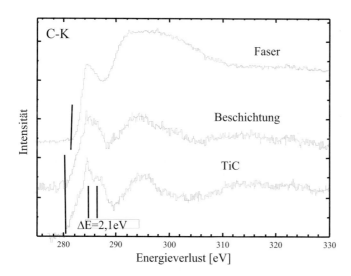

Bild 12: C-K-ELNES-Merkmale des Faser/Schicht-Grenzbereichs und des TiC-Standards (unten); Untergrundsubtrahiert und skaliert

Die aufgenommene C-K-Standard-ELNES von TiC (unteres Spektrum von Bild 12) beginnt bei 280 eV (Onset) und zeigt drei Hauptmaxima: 1. einen relativ scharfen Peak etwa 4,5 eV oberhalb des Onsets, der selbst wieder nach $\Delta E = 2{,}1$ eV ein Nebenmaximum hat, 2. einen weniger scharfen Peak etwa 14 eV oberhalb des Onsets und 3. ein sehr flaches Maximum etwa 34 eV oberhalb der Onset-Energie. Das obere Spektrum in Bild 12 zeigt das ELNES-Signal des Komposits im Faser-Randbereich unmittelbar an der Faser/Schicht-Grenze, das mittlere Spektrum jenes des Schichtbereichs unmittelbar an der Grenze zur Faser. Der Übergang von der Faser zur Schicht ist demnach verbunden mit einer Erniedrigung der Onset-Energie um etwa 2 eV, einer Verbreiterung des ersten Peaks und einer Stauchung des zweiten. Die im TiC-Standard (untere Kurve) beobachtbare Aufspaltung des ersten Peaks kann in der Schicht nicht mehr aufgelöst werden, da wegen der hier erforderlichen Verringerung der Messzeit ein Anwachsen des Rauschpegels unvermeidlich ist.

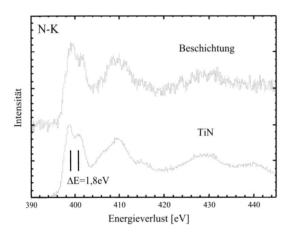

Bild 13: N-K-ELNES-Merkmale der Schicht und des TiN-Standards (unten); Untergrund-subtrahiert und skaliert

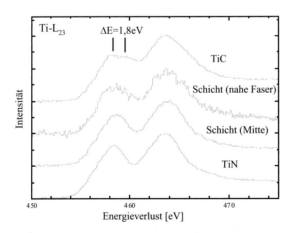

Bild 14: Ti-L_{23}-ELNES-Merkmale des Faser/Schicht-Grenzbereichs (mittlere Kurven) und des TiC- und TiN-Standards (oben, bzw. unten); Untergrund-subtrahiert und skaliert

Für die Interpretation der ELNES-Details von TiC, TiN und eines hypothetischen Carbonitrids TiC_xN_y wurden mit Hilfe der Dichtefunktionaltheorie (DFT) Molekülorbital(MO)-Schemata abgeleitet, die in Bild 15 dargestellt sind. Diese ab-initio-Rechnungen erfolgten unter Einsatz des nichtlokalen selbstkonsistenten Becke-Perdew-Modells (BP) (vgl. [23, 24]) mit einem doppelt-numerischen Basissatz (DN*), d. h. einer Funktion für die core-Elektronen (1s) und zwei Funktionen für die Valenz-Elektronen (2s, 2p für C und N; 3s, 3p, 4s für Ti). Außerdem wurde für Ti ein Satz von fünf 3d-Funktionen als zusätzlicher Valenzelektronensatz behandelt, während fünf weitere 3d-Funktionen die Polarisationsfunktionen bildeten. Letzteres entspricht der oben erwähnten Besonderheit der 3d-Metalle, dass die Fermikante eben dieses 3d-Band durchschneidet. Das Prinzip der DFT wird in [25, 26] vorgestellt, eine umfassende Übersicht bietet [27].

Die in Bild 15 (rechts) gezeigte Wechselwirkung von C-2p-Elektronen mit Ti-3d-Elektronen führt somit zu zwei unbesetzten MOs mit t_{2g}- und e_g-Symmetrie, die sich 2,3 eV bzw. 4,5 eV oberhalb der Fermikante befinden. Die letzteren Bezeichnungen sind gruppentheoretischen Ursprungs und wurden zunächst bei Symmetrieanpassungen von Linearkombinationen atomarer

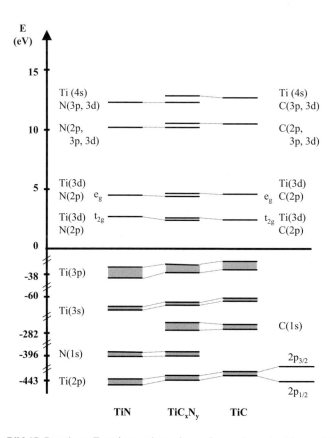

Bild 15: Berechnete Energien von kernnahen und von unbesetzten Niveaus für TiN (links), für TiC (rechts) und für ein hypothetisches Carbonitrid TiC_xN_y (Mitte) oktaedrisch koordinierten Titans; DFT-BP-DN*-Rechnungen (s. Text)

Orbitale (AOs) [28] verwendet. Dabei repräsentieren die t_{2g}- und die e_g-Orbitale MOs mit oktaedrisch koordinierten Zentralatomen (wie Ti mit d-artigen AOs), wobei die entstehenden Bindungen π-artig im Falle von t_{2g}-MOs und σ-artig im Falle von e_g-MOs sind. Es folgt dabei auch (i), dass die t_{2g}-MOs dreifach entartete Orbitale sind, bestehend aus d_{xy}-, d_{yz}- und d_{zx}-Atomorbitalen des Zentralatoms und p-Atomorbitalen des Bindungspartners, und (ii), dass die e_g-MOs zweifach entartet sind, mit Beiträgen von d_{x2-y2}- und d_{z2}-Atomorbitalen des Zentralatoms und p-artigen Atomorbitalen des Bindungspartners. Da beide Typen von MOs Beiträge von p-artigen AOs (Nebenquantenzahl $l = 1$) enthalten, führt die Anregung von 1s-Elektronen ($l = 0$) in diese MOs zu entsprechenden Peaks in der ELNES der jeweiligen K-Kanten: Die Anregung von 1s-Elektronen des Kohlenstoffs in diese zwei unbesetzten MOs ist die Ursache für den beobachteten relativ scharfen ersten Peak oberhalb des Onsets der C-K-ELNES des TiC-Standards (vgl. Bild12, untere Kurve) und seine Aufspaltung um $\Delta E = 2,1$ eV. Diese gemessene Aufspaltung entspricht sehr gut dem berechneten Wert von 2,2 eV zwischen dem t_{2g}- und dem e_g-Niveau, was nicht überrascht, da die relativen Peak-Lagen naturgemäß besser erfassbar sind als z. B. die absolute Lage des ELNES-Onsets und seine Zuordnung zur Lage der Fermikante, wo spezifische Apparatefunktionen von Einfluss sind (Energieauflösung des Spektrometers, Energiebreite der emittierten Elektronenstrahlung, Kalibrierung der Energieskala). Der in Richtung höherer Energiewerte nächstfolgende gemessene (weniger scharfe) Peak etwa 14 eV oberhalb des Onsets ist, wie Bild 15, rechts oben, zeigt, eine Folge der Anregung von 1s-Elektronen des Kohlenstoffs in unbesetzte Zustände mit 2p-, 3p- und 3d-Symmetrie, die am Kohlenstoffatom lokalisiert sind.

Analoge Messungen bezüglich der Reaktionen zwischen Titan und Stickstoff zeigt Bild 13, wobei das untere Spektrum an einer TiN-Standardprobe aufgenommen wurde und das obere, das sehr gut diesem Standardsignalverlauf entspricht, dem mittleren Bereich der Beschichtung entstammt. Man erkennt, dass die N-K-ELNES von TiN bei etwa 396 eV beginnt (Onset) und im wesentlichen dieselben Merkmale zeigt wie die von TiC (vgl. dazu z. B. [29]), wobei die Aufspaltung des ersten Peaks mit $\Delta E = 1,8$ eV leicht geringer als im Carbid ist. Die quantenchemische Interpretation der N-K-ELNES-Merkmale wird wieder durch Molekülorbital-Schemata möglich, die mit Hilfe von ab-initio-Rechnungen auf der Grundlage der Dichtefunktionaltheorie gewonnen wurden (gleichfalls wieder DFT-BP-DN*-Rechnungen, s. o.). Die Ergebnisse zeigt Bild 15, links: Die Anregung von 1-s-Elektronen des Stickstoffs in unbesetzte, energetisch benachbarte t_{2g}- und e_g-MOs, entstanden durch Wechselwirkung von N-2p- und Ti-3d-Elektronen, führt zum ersten, nach dem Onset auftretenden ELNES-Peak und seiner gemessenen Aufspaltung.

Die beobachteten ELNES-Merkmale der Titan-L_{23}-Ionisationskanten von TiC- und TiN-Standardsubstanzen sind in Bild 14 als oberstes bzw. unterstes Spektrum wiedergegeben. Man erkennt die von der Spin-Bahn-Kopplung herrührende Aufspaltung in zwei getrennte Peaks L_3 und L_2, wobei L_2 wegen der stärkeren Bindung an den Kern der höheren Energielage entspricht. Eine zusätzliche Aufspaltung des L_3-Peaks im Falle von TiC um etwa $\Delta E = 1,8$ eV lässt sich als Kristallfeld-Splitting deuten. Zwar sollte letzterer Effekt auch prinzipiell im Nitrid beobachtbar sein, jedoch wird hier (vgl. [30]) die Übergangsmetall-Nichtmetall-Hybridisierung als schwächer beschrieben, wodurch die Aufspaltung nicht in Erscheinung tritt.

Außerdem wurden Titan-L_{23}-Ionisationskanten des Kompositmaterials, quer über die Beschichtung, von der Faser zur Matrix, mit einem Punkt-zu-Punkt-Abstand von 2,5 nm aufgenommen. Bild 14 zeigt zwischen den Standardspektren zwei Beispiele solcher Kantenprofile, und zwar ein in Fasernähe (oben) und ein in der Schichtmitte gemessenes. Zunächst entsprechen im wesentlichen alle in der Schicht registrierten Ti-L_{23}-Merkmale denen des Titannitrids. Hinzu kommt jedoch die Beobachtung, dass in den fasernahen Spektren eine Verbreiterung des L_3-Peaks auftritt, wie sie für die carbidische Bindung typisch ist.

Insgesamt zeigen die in den Abbildungen 11 bis 14 dargestellten ELNES-Merkmale, dass die auf die graphitischen Fasern gebrachten Schichten aus einem TiC/TiN-Gemisch veränderlicher Zusammensetzung bzw. einem Titan-Carbonitrid (TiC_xN_y) bestehen, wobei die Schichten einen hohen Kohlenstoffanteil in der Nähe der Faser/Schicht-Grenzfläche besitzen und in Richtung Schichtmitte zunehmend stickstoffreicher werden. Die in Bild 15 (Mitte) dargestellten, wieder mit Hilfe von DFT-BP-DN*-Rechnungen bestimmten Energieniveaus eines hypothetischen Carbonitrids und ihr Vergleich mit den entsprechenden TiN- und TiC-Niveaus (Bild 15, links und rechts) machen deutlich, dass eine ELNES-analytische Unterscheidung zwischen einem TiN/TiC-Gemisch und einer Verbindung, bei der Titan gleichzeitig an Kohlenstoff und Stickstoff gebunden ist, sich mit den gegenwärtig zur Verfügung stehenden Energieauflösungen nicht erreichen lässt, denn die berechneten Unterschiede zwischen diesen Bindungszuständen resultieren in Energieverschiebungen der zu messenden Ionisationskanten, die geringer als 0,1 eV sind.

Andererseits geben die gemessenen und die berechneten bindungs- und zusammensetzungsspezifischen Veränderungen innerhalb der aufgebrachten Schichten eindeutige Hinweise auf eine chemische Reaktion des $TiCl_4/N_2/H_2$-Reaktorgasgemisches mit dem Kohlenstoff der Faseroberfläche zu Beginn des CVD-Prozesses: Die Ti-3d-Elektronen wechselwirken sowohl mit den N-2p-Elektronen des Gasgemisches als auch mit den C-2p-Elektronen der graphitischen Fasern, wobei sich in der oben beschriebenen Weise eine Mischung von p-d-π-Bindungen (die zu t_{2g}-MOs führen) und p-d-σ-Bindungen (die zu e_g-MOs führen) ergibt.

Somit erweist es sich, dass die Kinetik der während des Schichtwachstums ablaufenden chemischen Prozesse weit komplexer ist, als sie bei Betrachtung der üblicherweise angenommenen einfachen Umsetzungsreaktion $TiCl_4 + 1/2\ N_2 + 2H_2 \rightarrow TiN + 4\ HCl$ erscheint. Demzufolge sollte die Abscheidung der hier untersuchten Grenzschichten am treffendsten durch den Begriff „reactive chemical vapour deposition" [31] beschrieben werden. Die Einbeziehung des Faserkohlenstoffs in die Reaktionskinetik während der ersten Stadien des Schichtwachstums aus dem Precursorgas kann auch die beobachtete gute Haftung der TiN-Schichten auf den Fasern erklären.

Abschließend zeigt Bild 16 die Wirkung dieser TiN-Schichten im Falle der Einbettung der Fasern in eine Mg-Al-Legierung mit hohem Al-Gehalt von 5 Gew.-%: Während an der Oberfläche der unbeschichteten Kohlenstofffaser stets zahlreiche Al_2MgC_2-Carbidplättchen beobachtet wurden (analog zu Bild 4), die zur Versprödung des Verbundes führten, kann die TiN-Vorbeschichtung diese extensive Reaktion deutlich erkennbar unterbinden und damit eine erhebliche Festigkeitssteigerung bewirken.

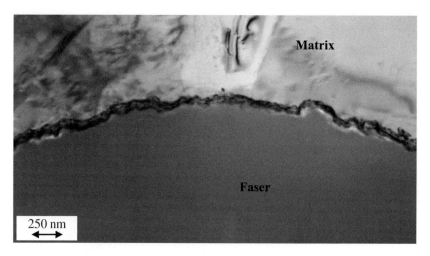

Bild 16: HVEM-Aufnahme des Faser/Matrix-Grenzbereichs in C/TiN/Mg+5 Gew.-%Al-Kompositmaterial

6 Danksagung

Wir danken unserem Projektpartner Prof. Dr. R. Singer und und seinen Mitarbeitern (Universität Erlangen) für die Herstellung der Metallmatrix-Komposite. Für die Berechnung der Energien von Elektronenübergängen mittels Dichtefunktionaltheorie sind wir unserem Mitarbeiter Dr. O. Lichtenberger zu Dank verpflichtet. Einige der beschriebenen Untersuchungen sind Bestandteil des Projekts "Grenzschicht-Reaktionskinetik", für deren Förderung der Deutschen Forschungsgemeinschaft gedankt sei.

7 Literatur

[1] Woltersdorf, J.: Elektronenmikroskopie von Grenzflächen und Phasentransformations-Phänomenen als Beitrag zum mikrostrukturellen Konstruieren neuer Hochleistungswerkstoffe. Universität Halle, Habilitationsschrift, 220 S., 1989

[2] Pippel, E. und Woltersdorf, J.: High-voltage and high-resolution electron microscopy studies of interfaces in zirconia-toughened alumina. Philos. Mag. A 56, 595–613 (1987)

[3] Woltersdorf, J. und Pippel, E.: The structure of interface in high-tech ceramics. Colloq. Phys. C1, Suppl. au no 1, T. 51, 947–956 (1990)

[4] Woltersdorf, J. und Heydenreich, J.: Hochauflösungselektronenmikroskopie keramischer Werkstoffe. Materialwiss. Werkstofftech. 21, 61–72 (1990)

[5] Schneider, R. und Woltersdorf, J.: The Microchemistry of Interfaces in Fibre-Reinforced Ceramics and Glasses. Surface and Interface Analysis (SIA), 22, 263–267 (1994)

[6] Schneider, R., Woltersdorf, J. und Röder, A.: Characterization of the chemical bonding in inner layers of composite materials. Fresenius J. of Analytical Chemistry, 353, 263–267 (1995)

[7] Lichtenberger, O., Schneider, R. und Woltersdorf, J.: Analyses of EELS fine structures of different silicon compounds. phys. stat. sol. (a) 150, 661–672 (1995)

[8] Schneider, R., Woltersdorf, J. und Lichtenberger, O.: ELNES across interlayers in SiC(Nicalon) fibre-reinforced Duran glass. J. Phys. D: Appl. Phys. 29,1709–1715 (1996)

[9] Schneider, R., Woltersdorf, J. und Röder, A.: Chemical-bond characterization of nanostructures by EELS. Mikrochimica Acta Suppl. 13, 545–552 (1996)

[10] Schneider, R., Woltersdorf, J. und Röder, A.: EELS nanoanalysis for investigating both chemical composition and bonding of interlayers in composites. Mikrochimica Acta 125, 361–365 (1997)

[11] Feldhoff, A., Pippel, E. und Woltersdorf, J.: Interface reactions and fracture behaviour of fibre reinforced Mg/Al alloys. J. of Microscopy 185, Pt. 2, 122–131 (1996)

[12] Feldhoff, A., Pippel, E. und Woltersdorf, J.: Structure and composition of ternary carbides in carbon-fibre reinforced Mg-Al alloys. Philosophical Magazine A, 79, 1263–1277 (1999)

[13] Feldhoff, A., Pippel, E. und Woltersdorf, J.: Carbon-fibre reinforced magnesium alloys: Nanostructure and chemistry of interlayers and their effect on mechanical properties. Journal of Microscopy, 196, 185–193 (1999)

[14] Feldhoff, A.: Beiträge zur Grenzschichtoptimierung im Metall-Matrix-Verbund Carbonfaser/Magnesium, Shaker-Verlag, Aachen (1998)

[15] Woltersdorf, J., Pippel, E. und Feldhoff, A.: Steuerung des Bruchverhaltens von C/Mg-Verbunden durch Grenzflächenreaktionen, in: "Verbundwerkstoffe und Werkstoffverbunde", Herausgeber K.Friedrich, DGM-Verlag, Frankfurt/M. 1997, pp. 567–572

[16] Woltersdorf, J., Feldhoff, A. und Pippel, E.: Nanoanalyse der Reaktionskinetik von Carbonfasern in Magnesiumschmelzen zur Optimierung von Metallmatrixkompositen. In: Nichtmetalle in Metallen '98, Ed. D. Hirschfeld, DGMB-Informationsgesellschaft, Clausthal-Zellerfeld 1998, 105–112

[17] Woltersdorf, J., Feldhoff, A. und Pippel, E.: Formation, composition and effect of carbides in C-fibre reinforced Mg-Al alloys. Erzmetall 51, 616–621 (1998)

[18] Woltersdorf, J., Feldhoff, A. und Pippel, E.: Bildung und Kristallographie ternärer Carbide in C/Mg-Al-Compositen und ihr Einfluß auf die Verbundeigenschaften in: „Verbundwerkstoffe und Werkstoffverbunde", ed. by K. Schulte u. K.U. Kainer, WILEY-VCH, Weinheim, New York, 147–152, 1999

[19] Öttinger,O. und Singer, R.F.: An advanced melt infiltration process for the net shape production of metal matrix composites, Z. Metallkunde 84, 827–831 (1993)

[20] Feldhoff, A., Pippel, E. und Woltersdorf, J.: TiN coatings in C/Mg composites: microstructure, nanochemistry and function. Philosophical Magazine A 80 (3), 659–672 (2000)

[21] Woltersdorf, J., Feldhoff, A. und Pippel, E.: Titannitrid-Beschichtungen für Carbon-faserverstärkte Leichtmetallegierungen, Freiberger Forschungshefte, B 297, 49–56 (1999)

[22] Woltersdorf, J., Feldhoff, A. und Lichtenberger, O.: The complex bonding of titanium nitride layers in C/Mg composites revealed by ELNES features, Cryst. Res. Technol. 35, 653–661 (2000)

[23] Becke, A. D.: Density-functional exchange-energy approximation with correct asymptotic behavior, Phys. Rev. A (General Physics), 38, 3098–3100 (1988)

[24] Perdew, J. P.: Density-functional approximation for the correlation energy of the inhomogeneous electron gas, Phys. Rev. B 33, 8822–8825 (1986)
[25] Hohenberg, P. und Kohn, W.: Inhomogeneous electron gas, Phys. Rev. B 136, 864–868 (1964)
[26] Kohn, W. und Sham, L. J.: Self-consistent equations including exchange and correlation effects, Phys. Rev. A 140, 1133–1137 (1965)
[27] Parr, R. G. und Yang, W.: Density functional theory of atoms and molecules, Oxford University Press, 1989
[28] Shriver, D. F., Atkins, P. W. und Cooper, H. L.: Inorganic Chemistry, Oxford University Press, 1990
[29] Fink, J., Pflüger, J. und Müller-Heinzerling, Th., in: Earlier and recent aspects of superconductivity, ed. by J. G. Bednarz and K. A. Müller, 377–406, Springer, Berlin, 1990
[30] Hosoi, J., Oikawa, T., und Bando, Y.: Study of titanium compounds by electron energy loss spectroscopy, J. Electron Microsc. 35 (2), 129–131 (1986)
[31] Vincent, H., Vincent, C., Scharff, J.P., Mourichoux, H. und Bouix, J.: Thermodynamic and experimental conditions for the fabrication of a boron carbide layer on high-modulus carbon fiber surfaces by RCVD, Carbon 30 (3), 495–505 (1992)

Metallische Verbundwerkstoffe für die Zylinderlaufbahnen von Verbrennungsmotoren und deren Endbearbeitung durch Honen

J. Schmid, G. Barbezat

1 Einleitung

Der Verbrauch und die Emission von Verbrennungsmotoren sind zu einem relevanten Wettbewerbsfaktor in der Automobilindustrie geworden. Auf der anderen Seite werden Sonderausstattungen immer mehr zum Serienstandard und heben andernorts erzielte Gewichts- und Verbrauchsreduzierungen zumindest teilweise wieder auf.

Unter der Betrachtung steigender Kraftstoffkosten und der Endlichkeit unserer Ressourcen ist nur mit modernen, leistungsfähigen, aber zugleich sparsamen und leichten Motoren für die Zukunft ein Imagegewinn zu erwarten.

Dies verlangt neben konstruktiven Entwicklungen auch zunehmend den Einsatz neuer Materialien. Beides muss Hand in Hand gehen, denn viele konstruktive Verbesserungen sind erst durch den Einsatz neuer Werkstoffe realisierbar.

Moderne Leichtmetall-Verbundwerkstoffe vereinigen in sich gleich mehrere positive Eigenschaften:

- Gewichtsersparnis
- Höhere Belastbarkeit im Betrieb und damit bessere Wirkungsgrade
- Tribologisch günstigere Oberflächen, dadurch Senkung von Emissionen durch geringeren Öl- und Kraftstoffverbrauch

2 Verbundwerkstoffe auf Leichtmetallbasis

2.1 Herstellungsmöglichkeiten

Gegenüber herkömmlichem Grauguss bieten Leichtmetalle eine große Variationsbreite, nicht nur an Eigenschaften, sondern auch an Herstellungsmöglichkeiten.

2.1.1 *Gießen übereutektischer Legierungen*

Dieser klassische und heute noch häufig hierzu verwendete „Verbundwerkstoff" aus Aluminium und aus der Schmelze ausgeschiedenen Siliziumkristallen wird im relativ teuren Niederdruckguss-Verfahren hergestellt. Es werden sowohl Laufbuchsen als auch Motorblöcke produziert, wobei letztere sich bisher auf die relativ kleinen Acht- und Zwölfzylinder-Baureihen beschränken, Bild 1.

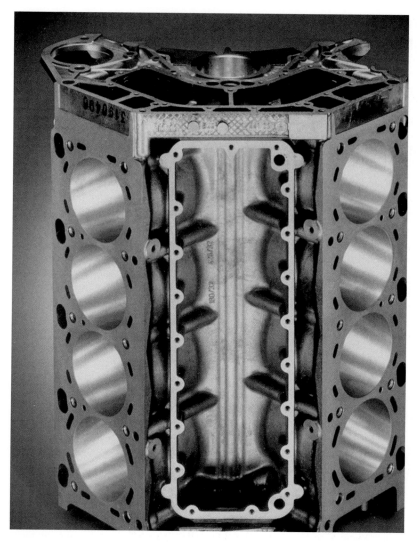

Bild 1: Monolithischer V8-Motorblock aus AlSi$_{17}$

2.1.2 Infiltration

Partikel oder Fasern aus unterschiedlichen Materialien werden zu einem offenporigen Gerüst (Preform-Zylinder) miteinander verbunden und anschließend unter langsam steigendem Druck (Squeeze casting) mit einer Leichtmetallschmelze infiltriert, Bild 2. Durch die Verwendung von Fasern sind Festigkeitssteigerungen möglich. Speziell bei Magnesium-Matrixlegierungen, wo die Ausscheidung von Hartphasen aus der Schmelze problematisch ist, kann die Infiltration eine Lösung darstellen, Bild 3.

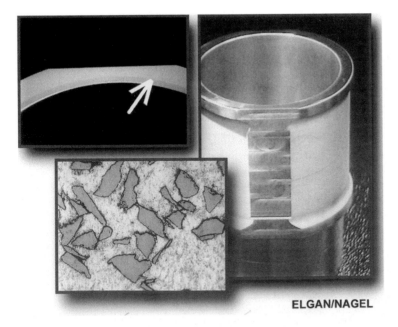

Bild 2: Infiltrationswerkstoff Locasil von Kolbenschmidt: Detailaufnahme des Preformbereiches und der fertig gehonten Oberfläche

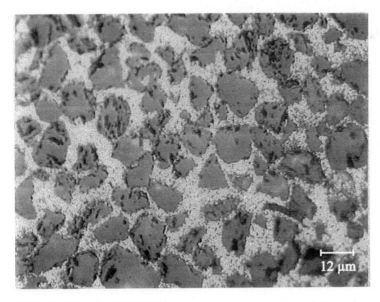

Bild 3: Partikelgehalt ca. 60 Vol.%

2.1.3 Sintern

Nichtmetallische Partikel und Leichtmetallpulver werden kalt vorgepresst und unter Schutzgas gesintert oder heißgepresst. Durch das Sintern können relativ gut reproduzierbare, gleichmäßige Gefügestrukturen erzeugt werden.

2.1.4 Einrühren von Hartpartikeln in die Schmelze

Durch das spezielle Duralcan®-Verfahren werden Korund- bzw. SiC-Partikel in die Schmelze eingerührt und seigerungsfrei verteilt. Der Rohling wird dann durch Extrusion zu Buchsen umgeformt. Eine interessante Variante stellt das Co-Extrudieren dar, Bild 4. Hier wird in einem Arbeitsprozess eine innere Schicht aus verschleißfestem, partikelhaltigem Werkstoff mit einer partikelfreien leicht bearbeitbaren Umhüllung hergestellt.

Bild 4: Abschnitt einer co-extrudierten Laufbuchse (LKR/Ranshofen)

2.1.5 Sprühkompaktieren

Feinverdüste Aluminiumschmelze und ein Partikelstrahl (alternativ eine überhitzte, übereutektische Al-Si-Schmelze) werden auf einen rotierenden Träger gerichtete und daraus ein massiver Rohkörper geformt. Anschließend werden daraus die Zylinderbuchsen extrudiert. Dieses Verfahren ist gut geeignet zur Herstellung homogener, feindisperser Werkstoffe. Zur Verringerung der Porosität muss allerdings in der Regel in einem weiteren Prozess (Schmieden, Walzen, Hämmern) nachverdichtet werden.

2.1.6 Zugabe reaktiver Komponenten in die Schmelze

Durch Reaktionen in der Schmelze können Hartphasen (z. B. Boride oder Nitride) ausgeschieden werden.

2.1.7 Thermisches Beschichten

Eine Schicht aus Leichtmetall-Legierung und Keramikpartikeln (z. B. Si, Al_2O_3) wird mittels Laser oder Plasmakanone auf die Zylinderlaufflächen aufgespritzt. Der eigentliche Motorblock kann im preiswerten Druck-Guss-Verfahren hergestellt werden. Dabei darf – wie bei allen Beschichtungsverfahren – eine bestimmte Maximalgröße der Gussporen nicht überschritten werden. Zur Zeit werden jedoch ausschließlich Plasmabeschichtungen auf Eisenbasis eingesetzt. Diese werden in Abschnitt 3 behandelt.

2.1.8 Laserlegieren

Im Gegensatz zum Laserbeschichten wird in ein lokal erzeugtes Schmelzbad nur das Si aus externer Quelle eingebracht. In dem stark überhitzten Schmelzfleck der Oberfläche der Zylinderbohrung wird das Si-Pulver sehr schnell resorbiert und – wegen der sehr raschen Abkühlung – als extrem feine (2–10 µm Durchmesser) Primärkristalle mit unregelmäßiger Form ausgeschieden. Der besondere Vorteil ist die intermetallische Verbindung zum Grundmaterial mit hervorragender Haftung und optimalem Wärmeübergang, Bild 5.

Bild 5: Laserlegierte Al-Si-Laufschicht (ca. 20 % Si) auf Niederdruckguss

All diesen Varianten gemeinsam ist die in der Laufschicht vorhandene Leichtmetallmatrix. Dadurch können die bei anderen Lösungen, etwa Graugussbuchsen oder galvanischen Beschichtungen, möglicherweise auftretende Probleme wie Unbeständigkeit gegenüber bestimmten Kraftstoffen, schlechter Wärmeübergang, Spaltbildung und Verzug durch unterschiedliche Ausdehnungskoeffizienten vermieden oder zumindest verringert werden. Man bezeichnet den Überbegriff der hier behandelten Werkstoffe als Metal Matrix Composites (MMC).

Bild 6 gibt einen Überblick über die Möglichkeit zur Laufflächengestaltung von Leichtmetallmotoren.

1. Graugussbuchse (Schleuderguss mit höherem P-Gehalt)
2. Übereutektische „$AlSi_{17}$" im Niederdruck-/Schwerkraftguss z.B. Alusil, Silumal
3. Infiltrationswerkstoffe mit keram. Partikeln und/oder Fasern z.B. Lokasil (Squeeze Casting, Reaktionsinfiltration)
4. Zugabe reaktiver Komponenten in die Metallschmelze, z.B. in situ-Bildung von TiB_2
5. Einrühren inerter Hartstoffe (Al_2O_3, SiC) in die Leichtmetallschmelze z.B. Duralcan
6. PulvermetallurgischeWerkstoffe (Sintern) aus LM-Pulvern und versch. Keramikpulvern (Si, SiC usw.)
7. Sprühkompaktieren
   a) stark übereutektische Legierungen ($AlSi_{25}$) z.B. „Silitec"
   b) Al-Legierungen mit Al_2O_3/SiC-Partikeln
8. Feinkörnige, übereutektische $AlSi_{17/18}$-Legierungen durch Unterdrückung des Si-Kristallwachstums und anschließende Wärmebehandlung
9. Laserlegieren von Al-Blöcken durch Zugabe von Si-Pulvern (o.ä.)
10. Thermisches Beschichten (Plasma, HVOF)
    a) reine Metalle (überwiegend auf Fe-Basis)
    b) Al-Si-Legierungen
    c) MMC´s
    d) reine Keramikschichten

Bild 6: Werkstoffmöglichkeiten für die Laufflächen von Leichtmetallmotoren

2.2 Auswahlkriterien

2.2.1 Festigkeit

Die Zugabe oder die Ausscheidung von Hartstoffen muss nicht zwangsläufig zu einer höheren Festigkeit führen. Sie kann sich bei gröberen Partikeln durch die innere Kerbwirkung sogar verringern. Wesentliche Festigkeitssteigerungen durch die gezielt für die Laufeigenschaften eingesetzten Hartphasen lassen sich erst erzielen, wenn deren Partikelgrösse vom Mikron- in den Submikronbereich übergeht. Bei den bisher angewandten Werkstoffen ist dies nicht der Fall, deshalb sind auf diesem Wege allein nur moderate Festigkeitserhöhungen erreicht worden. Deutliche Festigkeitserhöhungen werden erreicht durch:

- Bei Dispersionsverfestigung der Matrix beispielsweise auf pulvermetallurgischem Weg (Sprühkompaktieren, Sintern) aber auch beim Gießen tragen feinste Ausscheidungen intermetallischer Phasen zu höheren Festigkeiten bei. Wichtig für den Einsatz als Wandung eines Verbrennungsraums ist vor allem die Festigkeit bei erhöhten Temperaturen. Deshalb sind solche intermetallischen Verbindungen, die sich bei Temperaturerhöhung (auch beim Eingießen) wieder auflösen oder zu größeren Körnern rekristallisieren, zu vermeiden.
- Bei der Verwendung von Fasern ist ein möglichst großes Länge/Durchmesser-Verhältnis entscheidend. Entsprechend ließe sich mit Endlos-Fasern die höchste Stabilitätsverbesserung erreichen. Damit wird auch eine Verwendung für hochverdichtende Motoren möglich. Ein weiterer Vorteil liegt in der guten Hochtemperaturfestigkeit.

2.2.2 Tribologie

Hier öffnet sich der systematischen Forschung noch ein weites Feld. Es sind bisher nur wenige Erfahrungen über den Einfluss von Art, Verteilung, Gehalt und Größe der Hartphasen auf die im Motorbetrieb real existierenden Reibungsverhältnisse bekannt. Bezüglich der Haftung des Ölfilms sind vermutlich weniger die direkten Materialeigenschaften als die durch die Partikel und das Honen erzeugbare Oberflächenstruktur entscheidend.

2.2.3 Flexibilität

Hinsichtlich Art, Form und Größe der Hartstoffe erscheinen Preform-Lösungen wie Locasil® sehr anpassungsfähig. Vor allem beim Einsatz von Fasern ist deren günstige Ausrichtung gut beherrschbar.

Nicht nur für kleinere Serien mit wechselnden Bohrungsdurchmessern ist die anpassungsfähige Laser- oder Plasmabeschichtung eine sehr interessante Lösung. Der Beschichtungsprozess kann beim Motorenhersteller in die Produktionslinie integriert werden. Des Weiteren ist man damit in der Schichtzusammensetzung sehr flexibel. Die Beschichtung mit Leichtmetall-Legierungen ist wegen der erforderlichen Vakuum- und Schutzgaseinrichtung jedoch relativ aufwendig. Deshalb kommen vermehrt atmosphärisch spritzbare Legierungen auf Stahlbasis zur Anwendung. (siehe Abschnitt 3)

Betrachtet man die nochmals wesentlich niedrigere Dichte von Magnesium (1,74 g/cm³) gegenüber Aluminium (2,70 g/cm³), so mag für manchen Anwender beim Blick in die Zukunft auch die Anwendbarkeit der hier besprochenen Möglichkeiten bei Magnesium eine Rolle spielen. Dann scheidet zum Beispiel die Verwendung von Silizium als Hartphase wegen dessen Reaktivität und Verschlechterung der mechanischen Eigenschaften aus.

2.2.4 Konstruktive Kriterien

Aus Gründen der Gewichtseinsparung wird die Stegbreite zwischen den Zylinderbohrungen oft so schmal ausgelegt, dass ein Einsatz von Buchsen nicht mehr möglich ist. Für diese Fälle kommen monolithische, also vollständige aus einer Metallmatrix und Hartstoffen bestehende Blöcke aus übereutektischen Legierungen oder lokale Werkstoffänderungen durch Preforminfiltration oder Aufbringen dünner Schichten (Galvanik, Plasma, Laserlegieren) in Frage.

2.2.5 Ver- und Bearbeitbarkeit

Grobe Hartphasen neigen beim Umformen (Extrudieren) verstärkt zum Zerbrechen. Deshalb bleibt dieser Verfahrensweg den relativ feinkörnigen MMCs wie Dispal® oder Duralcan® vorbehalten. Zumindest beim Zerspanen mit geometrisch definierter Schneide (Bohren, Drehen, Fräsen) werden bei abnehmender Partikelgröße auch höhere Standzeiten erzielt. Generell betragen – vom Honen der Zylinderbohrung abgesehen – die Werkzeugstandzeiten bei der sonstigen Bearbeitung monolithischer MMC-Blöcke nur einen Bruchteil im Vergleich zur Bearbeitung partikelfreier Druckgussgehäuse. Deshalb erscheinen zumindest für Großserien lokale Werkstofflösungen geeigneter.

2.2.6 Festigkeit des Stoffverbundes

Entgegen weitverbreiteter Meinung sind selbst in Aluminiumkurbelgehäusen eingeschlossene Laufbuchsen aus Aluminiumlegierungen nicht wie „aus einem Guss" mit dem Block verbunden. Der Grund dafür liegt sowohl in der Oxidhaut der Laufbuchse als auch in deren Temperaturunterschied zur heißen Schmelze. Weder ein Beschichten noch ein Vorwärmen der Buchse konnte bisher ein vollständiges Anschmelzen bewirken. Gerade im oberen (kopfseitigen) Bereich der Bohrung, wo die höchsten thermischen und mechanischen Beanspruchungen herrschen, ist die Anbindung wegen der dünnen Wandstärke und damit kurzen Einwirkzeit der Schmelze noch problematisch. Diese Beobachtung wurde übrigens bei allen bisher verwendeten Laufbuchsen-Typen gemacht. Aus diesem Grund werden fast alle Buchsen zusätzlich mechanisch verankert. Unter diesem Gesichtspunkt sind wiederum monolithische Blöcke oder Infiltrations-Lösungen von Vorteil. Bei die Haftfestigkeit der plasmagespritzten Laufschichten liegen in der Zwischenzeit zumindest aus der Kleinserie positive Erfahrungen aus dem Dauerbetrieb vor.

2.2.7 Wärmeleitfähigkeit und -ausdehnung

Gegenüber reinem Aluminium führen Hartstoffzugaben von Korund und Siliziumcarbid zu einer erheblichen, Zugaben von reinem Silizium zu einer geringen Einbuße in der Wärmeleitfähigkeit. Entsprechend verringert sich diese auch mit dem zunehmenden Gehalt solcher Stoffe. Umgekehrt verhält es sich mit der Wärmeausdehnung. Zumindest bei der Verwendung von eingegossenen oder eingepressten Buchsen ist in dieser Hinsicht auf eine möglichst geringe Abweichung vom Grundmaterial zu achten.

2.3 Feinbearbeitung

Die besten Eigenschaften im Innern eines Werkstoffes sind nutzlos, wenn eine ungeeignete Oberflächenbeschaffenheit zu einem schlechten Reib- und Verschleißverhalten führt. Werkstoffe von Reibungspartnern sind deshalb nur so gut wie ihre Oberflächen. Somit kommt dem Honen als letztem Bearbeitungsschritt zur Herstellung funktioneller Laufflächen die entscheidende Bedeutung zu. Gerade bei aus harten und weichen Komponenten zusammengesetzten Verbundwerkstoffen war die bisherige Endbearbeitung auf Grund des leichten Umkippens vom reibungsgünstigen in den ungünstigen Zustand kostenintensiv und für Großserien nicht geeignet. Es wird im folgenden gezeigt, dass sich durch die konsequente Weiterentwicklung der Hontechnik moderne, vorteilhafte Werkstoffe sowohl kostengünstig als auch in großen Stückzahlen reproduzierbar bearbeiten lassen.

2.3.1 Bearbeitung vor dem Honen

In der Regel wird bei den hier besprochenen Materialien mit MKD (monokristallinem) bzw. PKD (polykristallinem Diamant) feingebohrt oder feingedreht. Der Gehalt an abrasiven Partikeln wie Silizium und Korund erlaubt derzeit keine sinnvolle Alternative.

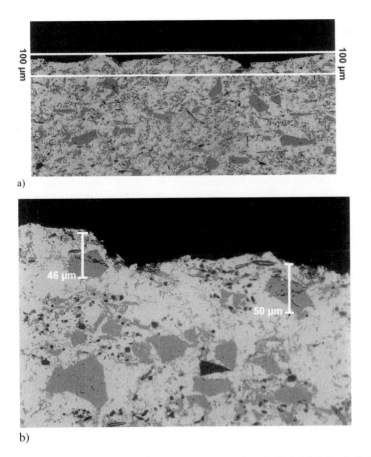

Bild 7: a) Seitlicher Anschliff einer feingedrehten Zylinderbuchse. Allein durch die Welligkeit der feingebohrten Oberfläche ist hier ein Mindestabtrag von 100 µm (pro Seite) erforderlich; b) Auch bei unterhalb der Oberfläche liegenden Kristallen sind wegen der tiefer gehenden Kaltverformung Risse vorhanden

Trotz der Verwendung von Diamant wird die geometrisch definierte Schneide des Werkzeugs bereits nach wenigen Bohrungen verrundet bzw. es tritt Freiflächenverschleiß auf. Die Folgen für das Werkstück sind tiefgehende Kaltverformung und Ausbrüche der eigentlich zur Verstärkung eingebrachten Hartphasen. Selbst bei unterhalb der Oberfläche liegenden Partikeln sind noch Rissbildungen zu beobachten, Bild 7a und b.

2.3.2 Honstufe 1

Für das Vorhonen wurden folgende Entwicklungsziele gesetzt:

1. Hohe Abtragsrate wegen den tiefgehenden Zerstörungen in der Vorbearbeitung
2. Gute Schneidfreudigkeit bei geringem Anpressdruck zum Erreichen einer optimalen Bohrungsgeometrie
3. Möglichst geringe Beschädigung der eingelagerten Hartstoffe
4. Hohe Werkzeugstandzeit

Diese Ziele wurden folgendermaßen erreicht:

Zum Schrupphonen wurde ein Werkstoffabtrag von mehr als 0,3 mm bei 60 s Honzeit bereits erzielt (Alusil®, Locasil® und Silitec®). Selbst bei den als schwer zerspanbar geltenden Verbundwerkstoffen aus Aluminium und Korund oder Siliziumcarbid (z. B. Duralcan®) lassen sich – nach werkstoffbezogener Anpassung des Schneidmittels – mit dem Honen vergleichbare Abtragsleistungen in der ersten Honstufe erreichen.

Der große Vorteil des Honens gegenüber jeder Bearbeitung mit definierter Schneide ist die permanente Selbstschärfung der Honleisten. Bei richtiger Abstimmung von Schneidkorn und Bindung werden diese auch bei der Bearbeitung von MMCs niemals stumpf. Somit lassen sich auch die Werkzeuge für das Feinbohren längerer Zeit einsetzten, weil selbst tiefer gehende Verformungen und Zerstörungen in relativ kurzer Zeit abgetragen werden. Mit entsprechender Maschinen- und Werkzeugausrüstung erzielt man auch beim Honen die Rechtwinkligkeit zwischen Zylinder- und Hauptlagerbohrung. Selbst Korrekturen des Bohrungszentrums sind damit noch möglich. Somit kann das Feinbohren zumindest bei kritischen Materialien mit Verstärkungen aus z. B. Al_2O_3 oder SiC völlig durch das dann wirtschaftlichere Honen ersetzt werden. Durch die wesentlich höheren Werkzeugstandzeiten beim Honen ergeben sich deutliche Vorteile in den Bearbeitungskosten. Zusätzlich werden durch die gute Selbstschärfung neu entwickelter Honleisten konstante und niedrige Verformungstiefen erreicht. Damit lassen sich bei den nachfolgenden Operationen die Bearbeitungszeiten verkürzen. Für leichter zerspanbare Werkstoffe wie z. B. aus $AlSi_{17}$ liegen beim Vorhonen die Materialzugaben zwischen 60 und 120 µm.

Fast alle neuen Motoren erlauben wegen der gewichtssparenden Bauweise nur noch einen geringen Werkzeugüberlauf. Zur Erzielung einer guten Zylinderform ist neben der Wahl des richtigen Schneidstoffes auch der Einsatz dazu geeigneter Honwerkzeuge entscheidend. Auch hier gibt es Verbesserungen, die ein wiederholtes Überschleifen der Werkzeuge auch bei der Sacklochbearbeitung ganz oder teilweise ersparen.

Durch die Verwendung von Diamant als Schneidkörnung können Standmengen von einigen tausend bis weit über zehntausend Bohrungen erzielt werden. Wie auch bei der Bearbeitung geläufiger Werkstoffe besteht dabei eine überproportionale Abhängigkeit vom bezogenen Zeitspanvolumen.

2.3.3 Honstufe 2

Sowohl die verbesserte Bohrungsgeometrie als auch die geringe Schädigungstiefe der Kristalle verlangen dank dem verbesserten Vorhonprozess nur noch einen geringen Abtrag. Damit können in der zweiten Honstufe die Schwerpunkte überwiegend auf die Bereiche Oberflächenqualität und Werkzeugstandzeit gelegt werden. Dabei kann der Zerstörungsgrad der Siliziumkristalle bei Alusil® in der Serie von über 40 % auf unter 10 % verringert werden. Oberflächenrauigkeiten hinunter bis zu $Ra = 0,03$ µm sind möglich. Die Oberflächenqualität ist nahezu mit der eines metallographischen Schliffes vergleichbar, selbst Phasenunterschiede innerhalb der Aluminiummatrix werden deutlich. Weiterhin konnte die durch Riefenbildung bedingte, relativ hohe Ausschussquote praktisch auf Null gesenkt werden, Bild 8 und 9.

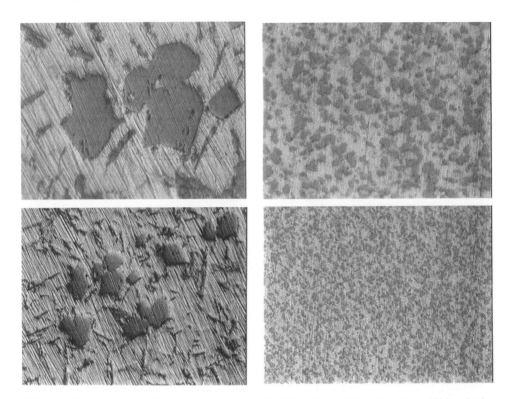

Bild 8: Alusil nach der zweiten Honstufe

Bild 9: Sprühkompaktierte Aluminium-Silizium-Legierung nach der zweiten Honstufe

Durch die Umstellung von keramischen Schneidkörnern auf Diamant werden in der Serie Standmengen von 10.00 bis 20.000 Bohrungen erreicht. Auch dies ist eine wichtige Voraussetzung zu mehr Konstanz im Bearbeitungsprozess.

2.3.4 Honstufe 3

Speziell bei Zylinderlaufflächen von Motoren wird für deren Funktionalität ein teilweises Herausragen der Hartphasen aus der Metallmatrix gefordert. Dies erfolgt bisher mit einem sehr kostenintensiven Ätzverfahren. Auch hinsichtlich seiner Reproduzierbarkeit (Probleme mit der Reinigung der Motorblöcke, unterschiedliche Reaktivität beim Ätzen) hat es sich als problematisch erwiesen. Deshalb wurde eine dritte Honstufe mit dem Ziel entwickelt, das Ätzen durch ein kostengünstigeres, zuverlässiges mechanisches Verfahren zu ersetzen. Erreicht wurden (materialabhängig) Freilegungstiefen bis zu 4 µm. Die erforderlichen Honzeiten liegen zwischen 30 s und 90 s. Die in einer bestimmten Zeit erreichbare Freilegungstiefe ist nicht für alle Werkstoffe gleich. Zusammensetzung und Gefüge haben einen starken Einfluss, sodass zum Erreichen eines optimalen Gesamtergebnisses eine frühzeitige Zusammenarbeit von Werkstoff- und Bearbeitungsentwicklung sinnvoll ist, Bild 10, 11 und 12.

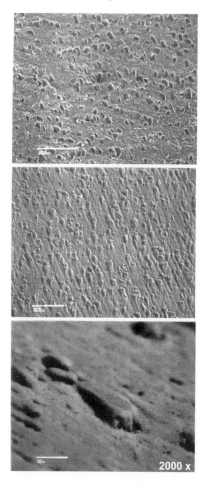

Bild 10: REM-Aufnahme eines Aluminium-SiC-Verbundwerkstoffes des LKR Ranshofen. Je nach Anforderung ist sowohl einseitige (Mitte) als auch allseitige (oben) Freilegung möglich.

Bild 11: Aus sprühkompaktiertem Material hergestellte Laufbuchse, Oberfläche nach mechanischer Freilegung

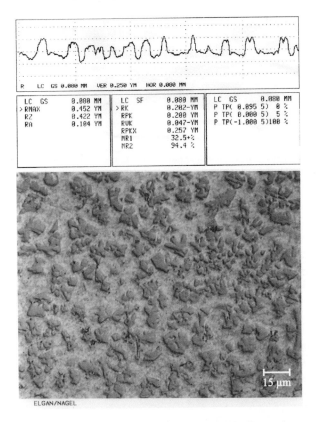

Bild 12: Laserlegierte Al-Si-Laufschicht nach dem Freilegungshonen

Prinzipiell kann mit den neu entwickelten Schneidstoffen ein Freilegen der Hartphasen auch schon in der zweiten Honstufe erreicht werden. Es bedingt aber einige Zugeständnisse an die Taktzeit und Werkzeugstandzeit, wodurch sich eine dreistufige Honung zumindest bei Großserien als rentabler erweist.

Wie die Bilder 10 und 13 am Beispiel Duralcan® zeigen, sind die damit möglichen extremen Freilegungstiefen auch bei der Aussenbearbeitung möglich. Die dabei erreichte Oberfläche ist optisch mit der von geätzten Werkstoffen vergleichbar. Neben der enormen Kosteneinsparung hat sich bei diesem Honverfahren noch ein weiterer Vorteil herausgestellt. Beim Rücksetzen der Leichtmetallmatrix durch Ätzen werden die Kristalle mit ihren relativ scharfkantigen Rändern freigelegt. Im Gegensatz dazu sind deren Kanten durch die mechanische Freilegung bei der dritten Honstufe leicht verrundet. Dadurch lassen sich bereits in der Einlaufphase Beschädigungen des Kolbenringes verhindern, die durch Riefenbildung zu hohem Ölverbrauch und schlechten Abgaswerten führen können.

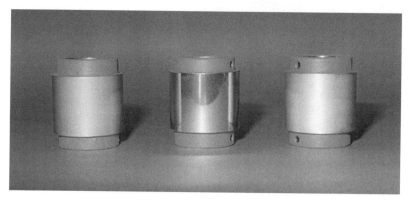

Bild 13: links: Duralcan (mit SiC-Partikeln) nach der dritten Honstufe, Mitte: Duralcan (mit SiC-Partikeln) nach der zweiten Honstufe, rechts: Duralcan (mit Al_2O_3-Partikeln) nach der dritten Honstufe

Vergleicht man die noch relativ gleichförmigen, aus der Schmelze ausgeschiedenen Si-Kristalle, zum Beispiel bei Alusil®, mit den durch Zerkleinerung hergestellten, scharfkantigen Hartphasen von Duralcan® oder Locasil®, so sind bei der letzteren Gruppe die Vorteile des mechanischen Freilegens deutlicher ersichtlich, Bild 14.

Aber auch bei der Bearbeitung faserverstärkter Werkstoffe ist dies ein wichtiger Aspekt. An oder knapp unter der Oberfläche, in Längsrichtung liegende Fasern können nämlich nach dem Ätzen wie Nadeln aus der Matrix herausragen.

Eine interessante Neuentwicklung besonders für feinkörnige Werkstoffe stellt das zusätzliche Strukturieren der Oberfläche dar. Mit geringem Kostenaufwand lässt sich in der letzten Bearbeitungsstufe mit einem Doppelhonwerkzeug in wenigen Sekunden eine variable Struktur überlagern, die durch eine Vergrößerung der spezifischen Oberfläche die Haftung des Ölfilms vor allem in der Einlaufphase verbessert, Bild 15 und 16.

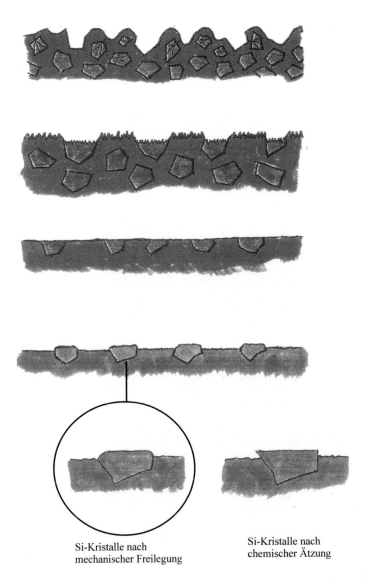

Bild 14: Bearbeitungsablauf beim Honen von MMCs. Das Bild zeigt von oben nach unten den Ausgangszustand sowie das Honen der Stufen 1 bis 3

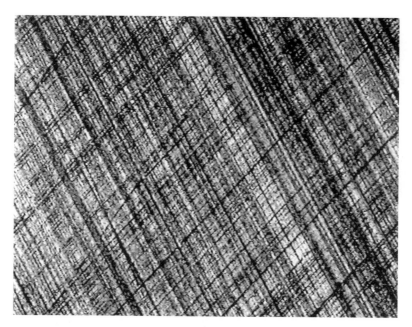

Bild 15: Beispiel einer Oberflächenstrukturierung auf einem sprühkompaktierten Material

Bild 16: Detailaufnahme: die zusätzliche Strukturierung bewirkt keine Zerstörung der Siliziumkristalle

2.4 Randbedingungen

2.4.1 Aufweitsysteme

Die beschriebenen Honoperationen wurden sowohl mit hydraulischer als auch mechanischer Zustellung erfolgreich durchgeführt. Beim Vorhonen ist allgemein eine mechanische Zustellung zu bevorzugen, beim Zwischenhonen sind beide Aufweitsysteme sinnvoll einsetzbar. Hinsichtlich optimal reproduzierbarer Oberflächen empfiehlt sich für die dritte Honstufe wegen der konstant wirkenden Anpresskraft ein hydraulisches Aufweitsystem.

2.4.2 Kühlschmierstoffe

Von den bisher erprobten Kühlschmierstoffen haben sich als praktikabel erwiesen:

- ein dünnflüssiges, mineralisches Produkt
- ein dickflüssiges, mineralisches Produkt
- mittelviskose, veresterte Honöle auf pflanzlicher oder mineralischer Basis

Neben dem Schneidmittel hat auch der Kühlschmierstoff einen Einfluss auf Abtragsleistung und Erhaltungszustand der Hartphasen. Der Schwerpunkt sollte hier jedoch auf die Filtrierbarkeit gelegt werden, da die Reinigung von Kühlschmierstoffen bei der Leichtmetallbearbeitung technisch anspruchsvoller ist. So muss auf die bei der Gussbearbeitung üblichen Magnetabscheider verzichtet werden.

Bei hoch konzentrierten, wässrigen Emulsionen (mehr als 10 % Mineralölanteil) kann bei gutem Schneidverhalten ein Zuschmieren der Honleisten durch den Materialabtrag zwar verhindert werden. Dennoch ist deren Einsatz nur bei geringen Zeitspanvolumina empfehlenswert, da sonst durch das aggressive Schneidverhalten die Kristallzerstörung relativ groß und die Werkzeugstandzeiten wesentlich niedriger sind. Wegen der daraus resultierenden unsicheren Prozessführung kann zu einem Einsatz wasserhaltiger Kühlschmierstoffe noch nicht geraten werden.

2.4.3 Schnittgeschwindigkeiten

Untersuchungen haben gezeigt, dass eine Optimierung der Schnittgeschwindigkeit für jede einzelne Honstufe Vorteile bringt. Die richtige Anpassung hängt stark vom Werkstoff, der Zustellung, dem Kühlschmiermittel und der geforderten Oberfläche ab, sodass hier keine generellen Empfehlungen gegeben werden können. Auf jeden Fall empfiehlt sich bei der Verwendung von Doppelhonwerkzeugen eine Maschine mit ansteuerbarer, variabler Drehzahl.

2.5 Zusammenfassung

Der Honprozess wurde im Hinblick auf die neuen Leichtmetall-Verbundwerkstoffe im Motorenbau optimiert. Dabei konnte folgendes erreicht werden:

1. Die Entlastung oder der Ersatz des Feinbohrens durch Honen mit hoher Abtragsleistung. Das selbstschärfende System beim Honen ermöglicht hohe Werkzeugstandzeiten. Im Zusammenhang mit einem bereits bewährten Maschinenkonzept, das sowohl das Bohrungszentrum als auch die Rechtwinkligkeit zur Hauptlagerbohrung garantiert, ist dies vor allem bei Materialien mit stark verschleissenden Hartstoffen wie Al_2O_3 eine wirtschaftlich interessante Lösung.
2. Die Verwendung spezieller Diamanthonleisten mit hoher Werkzeugstandmenge in der zweiten Honstufe. Damit können bei allen Aluminiumwerkstoffen extrem glatte Oberflächen mit unzerstörten Hartphasen erreicht werden. Dies ist zugleich eine optimale Basis für eventuelle weitere Schritte wie das Rücksetzen der Metallmatrix.
3. Der Ersatz des chemischen Ätzens durch einen Honprozess. Durch die Entwicklung eines dafür geeigneten, selektiv schneidenden Werkzeuges wurde ein weiterer Beitrag zur wirtschaftlichen Bearbeitung moderner Verbundwerkstoffe geleistet.

3. Plasmabeschichtungen

3.1 Allgemeines

Die in einem Plasma zum Schmelzen des Pulvers zur Verfügung stehende hohe Wärmeenergiedichte, verbunden mit der Möglichkeit, Plasmabrenner für spezifische Anwendungen mit kurzen Spritzdistanzen zu bauen, hat die Anwendungsgebiete des Plasmaspritzens rasch erweitert. Praktisch alle Materialien, die eine stabile flüssige Phase aufweisen und im richtigen Pulvergrössenbereich und in der richtigen Form erhältlich sind, können auf metallische Substrate aufgetragen werden, was einen grossen Freiheitsgrad bei der Wahl des Beschichtungsmaterials erlaubt.

Im besonderen Fall der Beschichtung von Zylinderbohrungen muss die Übertragung von Wärme während der Beschichtung in Grenzen gehalten werden. Die erreichten Temperaturen sollen unter der maximalen Betriebstemperatur des Motors bleiben, sodass keine unerwünschte Änderung des Mikrogefüges und der mechanischen Eigenschaften des Substrates auftritt. Das Plasmaspritzen erlaubt die Auftragung einer weiten Bandbreite von Schichttypen ohne Nachteile bezüglich Gefüge und Verformung der Motorblöcke, da die Temperatur an Grenzfläche zwischen Schicht und Grundmaterial etwa 100 °C beträgt, Bild 17.

Eine freie Auswahl und Nutzung dieser vielfältigen Beschichtungswerkstoffe ist jedoch nur dann möglich, wenn dafür geeignete Bearbeitungslösungen vorhanden sind. Im Bereich der Zylinderlaufflächen ist das Honen bisher bei allen Materialien der letzte – bei einigen Werkstoffen auch der einzige überhaupt sinnvolle – Bearbeitungsprozess. Um bei der Werkstoffauswahl die Einschränkung „Honbarkeit" möglichst auszuklammern, ist der für die Endbearbeitung zuständige Maschinenhersteller in der Pflicht, bereits in einem sehr frühen Stadium direkt mit dem Werkstoffhersteller an einer Bearbeitungslösung zu arbeiten.

Bild 17: Plasmaspritzen erlaubt die Auftragung einer weiten Bandbreite von Schichttypen

3.1.1 Schichtwerkstoffe

Verschiedene Werkstoffe kommen als Schichtmaterial zur Anwendung, insbesondere Eisenkohlenstofflegierungen von unterschiedlicher chemischer Zusammensetzung. Da die Beschichtung in der Regel mit dem APS Verfahren (atmosphärisches Plasma-Spritzen) erfolgt, wird ein gewisser Oxidationsgrad der Schicht erreicht, der sich positiv auswirkt, da sich bei entsprechender Optimierung des Sauerstoffgehaltes die richtige Oxidtypen bilden.

Die Oxide FeO (Wüstit) und Fe_3O_4 (Magnetit) sind als Festschmierstoffe zu betrachten und verbessern die tribologischen Eigenschaften der Schichten sowie auch die Zerspanbarkeit, Bild 18.

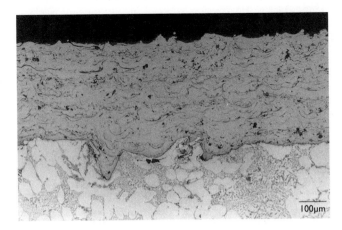

Bild 18: Festschmierstoffe verbessern die tribologischen Eigenschaften der Schichten

Die Auftragung von korrosionsbeständigen Schichten aus Eisenbasislegierungen durch Zugabe von Chrom und Molybdän ist ebenfalls möglich. Diese Schichten sind gegenüber Schwefel- und Ameisensäure beim Einsatz in Verbrennungskraftmaschinen beständig. Diese Werkstoffe können noch durch Zugabe von feinen Partikeln aus tribologisch funktionsfähiger Keramik verstärkt werden. Dadurch wird eine Erhöhung der Druckfestigkeit, der Abrasionsbeständigkeit als auch eine Reduzierung der Fressneigung erreicht. Diese MMC-Schichten sind bereits erprobt worden und besonders für hoch belastete Benzin- oder Dieselmotoren geeignet.

Weitere Verbundwerkstoffe bestehend aus mehreren metallischen Legierungen bzw. Komponenten werden ebenfalls verwendet.

Vor der Beschichtung werden die Bohrungen durch Korundstrahlen vorbereitet. Die erzielte Rauheit ermöglicht eine stabile mechanische Verklammerung der Schichten.

3.1.1.1 Schichtcharakteristiken und tribologische Eigenschaften

Die Haftfestigkeitswerte der Schicht liegen (im Falle der Beschichtung von Grundwerkstoffen aus Al-Si-Legierungen mit etwa 7 % bis 10 % Silizium) im Bereich von 40 bis 50 Mpa, Bild 19.

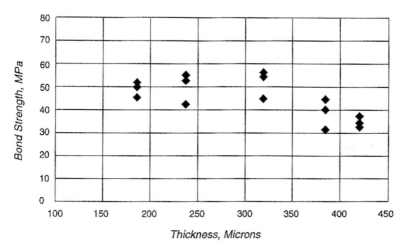

Bild 19: Haftzugfestigkeit der Plasmabeschichtungen von Zylinderbohrungen in Abhängigkeit zur Schichtdicke (Werkstoff: niedrig legierter Stahl; Oberflächenbehandlung: Korundstrahlen, Ra = 10 µm; Substrat: AlSi-Gusslegierung; Prüfung: DIN EN 582)

Die Erfahrung hat gezeigt, dass ein Mindestwert von 30 MPa erreicht werden soll, um Probleme beim Betrieb der Verbrennungskraftmaschinen zu vermeiden.

Die Mikrohärte ist so gewählt, dass die notwendige Druckfestigkeit erreicht wird (mind. $HV_{0,3}$ = 350) und dass die Zerspanbarkeit durch Honen noch auf einem vernünftigen Niveau bleibt, um die Prozesszeiten zu begrenzen (max. $HV_{0,3}$ = 650). Die Restporosität der Schichten (1–3 % Volumen), fein stochastisch verteilt, erlaubt günstige tribologische Eigenschaften.

Die Poren von einigen Mikrometern Durchmesser füllen sich mit dem Schmieröl und deren feine Verteilung erlaubt so eine sichere Schmierung des Systems, wobei der Ölverbrauch gegenüber Gusseisen weiter gesenkt werden kann.

3.1.1.2 Anwendungspotential

Die Technologie des Innenplasmaspritzens für Zylinderlaufflächen kann sowohl in Benzin- als auch in Dieselmotoren eingesetzt werden.

Diese Technologie wird bereits in Serien in Europa eingeführt. Das dadurch erreichte Verhältnis zwischen Kosten und Leistung kann für die Automobilindustrie als hoch attraktiv betrachtet werden.

Die wesentlichen technischen Vorteile liegen bei der Reduktion des Reibungskoeffizienten zwischen Kolbenring und Zylinderlauffläche, der potentiellen Reduktion des Ölverbrauches und auch in einer deutlichen Erhöhung der Verschleissfestigkeit.

Zudem kann der Abstand zwischen den Zylindern verringert werden, sodass durch die Kompaktbauweise das Gewicht und der Platzbedarf reduziert werden können. Bei grösserem Volumen (10.000 Bohrungen pro Tag) liegen die Beschichtungskosten (je nach verwendeter Pulversorte) günstiger als bei der Verwendung von Graugussbuchsen.

3.1.2 Vergleich des Honens mit anderen Bearbeitungstechniken

Beim Schleifen, Bohren oder Drehen konzentriert sich der Abtragungsprozess auf einen sehr engen Kontaktbereich. Bei dieser quasi linienförmigen Eingriffszone treten relativ hohe Wirkkräfte auf, welche mit zunehmender Härte bzw. Sprödigkeit der Schicht zu Rissbildung oder gar zum Abplatzen ganzer Schichtbereiche führen können.

Bild 20: Vergleich der Bearbeitungsprozesse zwischen geometrisch definierter Schneide (oben) und dem Honen (unten)

Im Gegensatz dazu verteilen sich die abtragenden Kräfte beim Honen auf die relativ große Fläche der im Eingriff befindlichen Honleisten. Hinzu kommt, dass das Honen ein sich selbst schärfendes System darstellt und damit gegenüber der Bearbeitung mit geometrisch definierter Schneide einen konstanten Bearbeitungsprozess mit konstant niedrigen spezifischen Abtragskräften bis zum Ende des Schneidbelages garantiert, Bild 20.

Bezogen auf die Bearbeitung von Plasma-Spritzschichten ergeben sich durch das Honen folgende Vorteile:

- Schichtschädigungen (Risse, Ausbrüche) als auch ein Zuschmieren der Poren (wichtig als Öltaschen) können verhindert werden.
- Eine sehr grosse Bandbreite von Schichtarten wird für die Serie anwendbar. Dank des Selbstschärfungsprozesses beim Honen lassen sich auch sehr harte keramische bzw. metall.-keramische (MMC-) Beschichtungen bei hohen Werkzeugstandzeiten bearbeiten. Solche Schichten führen ansonsten – selbst bei Verwendung von Diamanteinsätzen – schnell zur Verrundung der geometrisch definierten Schneiden.

3.2 Definition der Bearbeitungsaufgabe

3.2.1 Bearbeitungszugabe, Geometrie

Die maximal mögliche Schichtdicke wird durch den Wärmeausdehnungskoeffizienten und die mechanischen Eigenschaften der Schicht bestimmt. Bei zu unterschiedlicher Wärmeausdehnung gegenüber dem Grundmaterial, zu geringer Elastizität bzw. Duktilität kann es bei zu großer Schichtdicke auf Grund der Eigenspannung zur Ablösung kommen. Andererseits wird eine Restschichtdicke nach dem Honen von 100–180 µm gefordert, um eventuelle Gussporen des Grundmaterials sicher zu überdecken. Somit ist es das Ziel, den notwendigen Honabtrag oberhalb der geforderten Mindestschichtdicke so gering wie möglich zu halten. Er muss jedoch ausreichen, um die durch das Beschichten auftretenden Formabweichungen zu korrigieren.

Bei einem eingefahrenen, stabilisierten Beschichtungsprozess liegt die Bearbeitungszugabe zwischen 100 und 150 µm im Bohrungsdurchmesser. Bei Einzelbeschichtungen können anfangs jedoch noch deutlich höhere Honzugaben erforderlich sein.

3.2.2 Anforderungen an die Oberflächenbearbeitung

Die ersten Honversuche an Plasma-Beschichtungen wurden nach Spezifikationen analog zur Gussbearbeitung durchgeführt. Das Resultat waren starke Ausbrüche an der Oberfläche. Anschließende Motorversuche ergaben negative Ergebnisse hinsichtlich Verschleiß und Ölverbrauch. Zur Festlegung einer funktionsfähigen Oberfläche wurden deshalb vom Maschinenhersteller eigene Materialuntersuchungen durchgeführt. Dazu wurden metallographische Schliffe sowohl konventionell quer zur Schicht als auch parallel zur Schichtoberfläche (d. h. zur Lauffläche der Kolbenringe) hergestellt. Beide Untersuchungen ergaben wichtige Hinweise zur Optimierung des Honverfahrens. Bild 21 zeigt im Querschliff bei stärkerer Vergrößerung nochmals die typische Struktur der thermisch gespritzten Schichten. Durch die hohe Aufprallgeschwindigkeit werden die Schmelztropfen fladen- bzw. linsenartig verformt. Bei einer Honoperation wie bei Gusseisen werden diese einzelnen Linsen komplett aus ihrem Verband

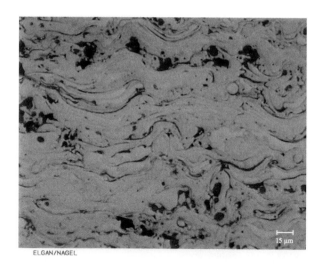

Bild 21: Metallographischer Querschliff einer Plasmaspritzschicht (vergrößerter Ausschnitt)

gerissen. Dies erklärt auch, weshalb bei einer solchen Honung – innerhalb eines gewissen Kornspektrums – die Rauhigkeit der Schicht unabhängig von der verwendeten Schneidkorngröße ist. Diese unregelmäßig geformten Ausbrüche erhöhen nicht nur den Ölverbrauch, sie verringern auch als Kerbstellen die Dauerfestigkeit der Schicht. Als Konsequenz daraus mussten – zumindest für die letzten Honoperationen – Schneidleisten entwickelt werden, welche diese deformierten Schmelztröpfchen durchschneiden, ohne dass deren Verbund untereinander geschwächt wird.

Unabhängig davon war auch zu klären, welche Oberflächentopographie aus tribologischer Sicht für die Plasmaschicht überhaupt sinnvoll ist. Dazu wurde der polierte Schliff parallel zur Oberfläche untersucht. Gegenüber dem Querschliff ergibt sich dabei ein völlig anderes Bild, Bild 22. Es zeigt, dass sich in der Plasmaschicht bereits eine ausreichende Zahl von Poren d. h. Öltaschen befindet. Für die weiteren Versuche wurde deshalb auf die Einbringung zusätzlicher Honriefen verzichtet. Ohnehin sind nur sehr feine d. h. nicht die Schicht schädigende Honstrukturen möglich, welche nach einer gewissen Einlaufzeit wieder verschwinden würden. Somit spielt auch der Honwinkel – unter tribologischen Gesichtspunkten – keine Rolle.

Der Vorteil einer glatten Plateaustruktur besteht ja gerade darin, dass damit das Einlaufverhalten und somit der erhöhte Anfangsölverbrauch vorweggenommen werden. Dies wurde bereits mit dem Gleithonen von Grauguss-Zylinderlaufflächen eindrucksvoll bewiesen. [4;5]

Für ein sicheres Laufverhalten ist es dabei wichtig, dass durch das Honen auch alle Poren geöffnet werden. Bei zugeschmierten Poren verringert sich nicht nur das Ölhaltevolumen, Bild 23. Im Laufe des Betriebes können sich diese Verschuppungen ablösen. Dies führt entsprechend der Kolbenbewegung zu axialen Riefen, wodurch sowohl der Ölverlust in den Brennraum als auch das blow by in das Kurbelgehäuse ansteigen. Aus diesen Gründen kann die optimale Funktionalität der Oberfläche einer gehonten Plasmaschicht nicht mit der pauschalen Forderung nach einem möglichst niedrigen Rz-Wert bzw. „so glatt wie möglich" erfüllt werden. Bei der Festlegung von Spezifikationen ist stets die schichteigene Porosität zu berücksichtigen.

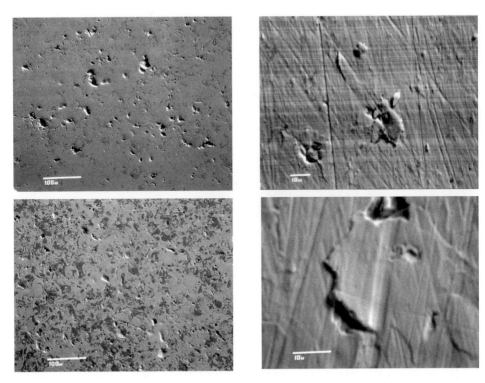

Bild 22: Parallel zur Laufbahnfläche metallographisch präparierte Plasmaspritzschichten – reine Stahlschicht (oben) – partikelverstärkte Schicht (unten)

Bild 23: Schuppenbildung von Plasmaspritzschichten bei nicht optimaler Bearbeitung

3.3 Ergebnisse der Honversuche

3.3.1 Untersuchungen zur Haftfestigkeit

Die Versuche zu diesem Thema wurden vom Maschinenhersteller nur unter jenen Gesichtspunkten durchgeführt, welche für das Honen relevant sind.

3.3.1.1 Haftung der Plasmaschicht bei hohen Zerspanraten (Schrupphonen):

Beim Einsatz von nicht für Plasmaschichten geeigneten Schneidmitteln können schon bei konventionellen Abtragsraten großflächige Schichtabplatzungen auftreten. Ursache dafür ist einerseits der zu hohe Anpressdruck der Honleisten wodurch die flexible Plasmaschicht in das weiche Aluminium-Grundmaterial hineingedrückt wird. Dies führt zu schichtablösenden Spannungen. Andererseits kann die Schicht auch bei zu grossen Schneidkörnern verhaken und damit abgerissen werden. Deshalb wurden für diese Beschichtungen spezielle Schneidleisten entwickelt, welche selbst bei kleinen Korngrössen ein hohes Selbstschärfungsvermögen besitzen und dadurch bei niedrigen spezifischen Zustellkräften einen hohen Werkstoffabtrag ermöglichen.

Mit diesen Schneidmitteln konnte eine Abtragsleistung von bis zu 200 µm (im Durchmesser) in 30 sec. Honzeit ohne Rissbildung bzw. Abplatzern vom Substrat erreicht werden.

3.3.1.2 Haftfestigkeit beim Honen dünner Schichten:

In weiteren Versuchen wurde überprüft, ob es unterhalb einer gewissen Mindestschichtdicke bei der Honbearbeitung zu Ablösungen kommen kann. Dazu wurde die Plasmaschicht in 15 µm-Schritten abgetragen. Es wurde für diesen Versuch eine Schicht mit keramischer Partikelverstärkung ausgewählt, da wegen des geringen Metallanteils die Haftung als kritischer angesehen wurde. Überraschender Weise konnten – bei einer Abtragsrate von 15 µm in 5 sec. – auch bei noch so geringer Schichtdicke keine Abplatzungen festgestellt werden. Die gute Haftung zeigt Bild 24 nach Versuchsende: Selbst in den Vertiefungen der Bearbeitung *vor* dem Beschichten (Sandstrahlen) ist die Plasmaschicht noch vollständig erhalten.

Bild 24: Prüfung der Haftfestigkeit beim Honen. Nach Versuchsende: keine Ausbrüche der Plasmaschicht aus den Sandstrahlkratern.

3.3.2 Oberflächenqualitäten, Beseitigung von Verschuppungen

In den Versuchen wurde angestrebt, bereits in der vorletzten Honstufe die Verschuppung der Poren zu minimieren. Dadurch lässt sich der Schwerpunkt in der Bearbeitungsendstufe auf eine möglichst glatte Plateauausbildung bei wirtschaftlichen Taktzeiten legen. Auch dieses Ziel wurde in erster Linie durch den Einsatz schneidfreudiger Honleisten erreicht, welche bereits bei einem niedrigen spezifischen Anpressdruck effektiv arbeiten. Des weiteren wurde die Zusammensetzung dieser Schneidmittel soweit verändert, dass eine Adhäsionsneigung zwischen Plasmaschicht und Schneidmittel weitestgehend verhindert wurde. Bild 25 zeigt Querschliffe durch die Poren einer in dieser 2. Honstufe bearbeiteten Plasmaschicht.

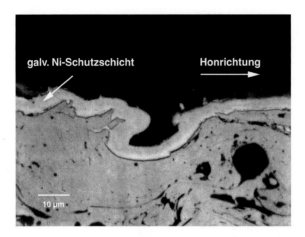

Bild 25: Minimale Zungenbildung nach dem Zwischenhonen in Abhängigkeit von der Honrichtung

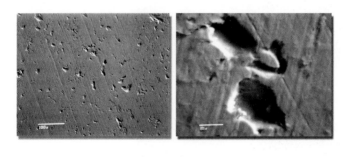

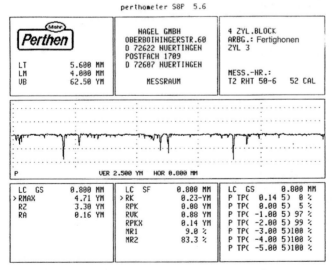

Bild 26: Fertiggehonte Oberfläche (REM-Aufnahmen und Rauigkeitsmessschrieb) der Schicht XPT 512

Nur durch die aufwendige Präparation der Probe mittels einer nach dem Honen aufgebrachten Nickelschutzschicht an der Oberfläche lassen sich noch feinste Zungen bzw. Schüppchen aus der Plasmaschicht erkennen. Diese sind entsprechend der Drehrichtung des Honwerkzeugs orientiert. Durch einen einfachen Drehrichtungswechsel – wie ihn das Honverfahren ermöglicht – lassen sich diese bei der letzten Honstufe leicht beseitigen. Das Ergebnis sind quasieingelaufene Zylinderlaufflächen mit offenen Poren und glatten, unverschuppten Plateaus. Bild 26 zeigt dies am Beispiel der Schicht XPT 512. Bei besonders zähen und duktilen Schichten wie zum Beispiel solchen aus rostfreiem Stahl können jedoch selbst nach 3-stufigem Honprozess in einzelnen Fällen noch feinste Schüppchen an der Oberfläche zurückbleiben. Diese können durch einen nachfolgenden nur wenige Sekunden dauernden Bearbeitungsschritt sicher entfernt werden. Dieses „Entschuppen" erfolgt durch den Einsatz speziell dafür entwickelter, elastischer Schneidleisten. Bild 27 zeigt hierzu den Vergleich anhand elektronenmikroskopischer Aufnahmen. Das sonst bei der Graugussbearbeitung zur Dokumentation verwendete Oberflächenabdruckverfahren (Fax-Film) ist hierzu weniger geeignet, da es solche Strukturen nur unvollständig wiedergibt.

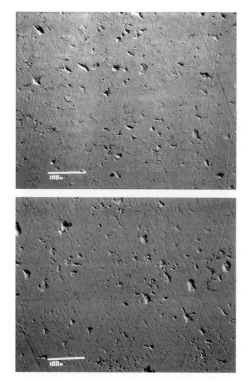

Bild 27: duktile Plasmaspritzschicht vor (oben) und nach (unten) dem Entschuppen

Von einer weiteren Entwicklung zu einem noch schonenderen Honverfahren wurde abgesehen. Die Erfahrung mit dem Honen einer Vielzahl von Werkstoffen (nicht nur der Plasmaschichten) hat gezeigt, dass mit entsprechendem Aufwand auch von sehr empfindlichen und labilen Schichten funktionsfähige Oberflächen erzeugt werden können. In den anschließenden Motortests zeigte sich jedoch, dass einige dieser Beschichtungen z. B. in puncto Dauer- oder Haftfestigkeit den realen Belastungen im Motorbetrieb nicht standhielten. So gesehen sind produktionsnahe d. h. taktzeitorientierte Honversuche auch eine Eignungsprüfung für Laufbahnbeschichtungen. Im weitesten Sinne ließe sich die Honbearbeitung sogar als Bestandteil der Qualitätskontrolle interpretieren, weil hier schlecht haftende Beschichtungen bereits während der Bearbeitung abgerissen und vor dem Zusammenbau des Kurbelgehäuses (z. B. mittels Reflektometrie, Ultraschall- oder Wirbelstromdetektoren) entdeckt werden können.

3.3.3   Erreichbare Formgenauigkeiten

Die eingeschlossenen Metalloxide als auch die Porosität der Plasmaschicht führen zu kurzen Honspänen und wirken sich positiv auf die Zerspanbarkeit aus. Zusammen mit den freischneidenden Werkzeugen, die für diese Schichten entwickelt wurden, lassen sich sehr gute Formgenauigkeiten erreichen. Nach dem Honen von 4-Zylinder-Aluminium-Kubelgehäusen mit rein metallischer Plasmaspritzschicht unter Serienbedingungen sind Werte von 3,5 µm für die Zylindrizität typisch. Bei diesen hervorragenden Bohrungsgenauigkeiten erübrigt sich ohnehin die Notwendigkeit einer rauheren Oberfläche zum „Einlaufen" der Kolbenringe. Die Kombination hoher Bohrungsgenauigkeiten mit glatten Plateauoberflächen (welche sich am besten durch die niedrigen R_{pk}-Werte charakterisieren lassen) ist eine ideale Voraussetzung für niedrige Ölverbräuche – und zwar vom Anfang des Motorbetriebes an.

3.3.4   Bearbeitung von Metall-Keramik-Schichten

Bei der Bearbeitung von MMC-Werkstoffen (Metal Matrix Composites) kommt zusätzlich zu den bereits für die rein metallischen Spritzschichten gestellten Forderungen eine weitere hinzu: Die unzerstörte Wiedergabe der eingeschlossenen keramischen Partikel an der gehonten Oberfläche. Durch ein Ausbrechen dieser Partikel würde sich einerseits die Porosität der Schicht und damit der Ölverbrauch des Motors erhöhen, andererseits führen partiell ausgebrochene Keramikpartikel wegen ihrer Härte und Scharfkantigkeit zu einer Abrasion der Kolbenringe.

Bereits gemachte Erfahrungen mit dem Diamanthonen von übereutektischen Aluminium-Silizium-Legierungen bildeten eine gute Basis zu Optimierung eines Honprozesses für diese Plasmaschicht [5]. Durch die Entwicklung dazu geeigneter Schneidmittel gelang es bereits in der 2. Honstufe eine Schädigung der Keramikpartikel weitestgehend zu vermeiden. Bild 28 zeigt dies an einem Querschliff einer ebenfalls oberflächlich vernickelten Probe. Mit insgesamt 3 Honstufen lassen sich Oberflächen erzeugen, wie sie in Bild 29 dargestellt sind. Die Matrix der hier gehonten MMC-Schichten ist ein niedrig legierter Stahl. Im Gegensatz zu Verbundwerkstoffen mit einer Aluminiummatrix konnte in diesem Fall auf ein Freilegen der Keramikpartikel durch Ätzen bzw. Freilegungshonen verzichtet werden. Prüfstandversuche mit Motoren dieser gehonten Laufflächenbeschichtung verliefen positiv, auch hinsichtlich Fressneigung und Abrasion der Kolbenringe.

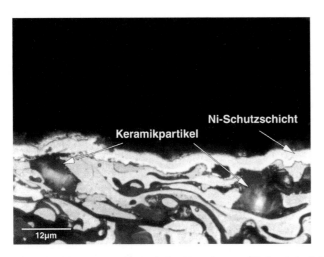

Bild 28: Erhaltungszustand keramischer Verstärkungspartikel nach der 2. Honstufe. Plasmaschicht mit ferritischer Matrix.

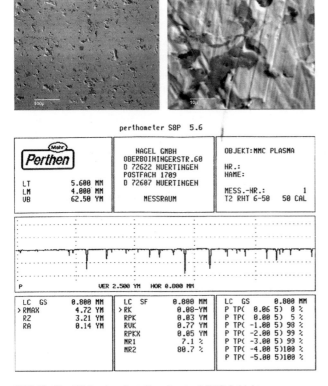

Bild 29: Oberfläche einer 3-stufig gehonten MMC-Schicht

3.3.5 Kühlschmierstoffe

3.3.5.1 Zum Honen von rein metallischen Plasmaschichten

Diese sind sowohl mit Honölen als auch mit Kühlschmierstoffen auf Wasserbasis (Emulsionen oder Lösungen) gut bearbeitbar. Geringe Vorteile zeigten sich bei der Verwendung von Honöl in der Oberflächenglättung. Ein unbestreitbarer Vorteil ist das bessere Benetzungsverhalten von Honölen. Dadurch setzt sich weniger Material aus dem Honabtrag in den Schichtporen fest. Nach den bisherigen Motorversuchen reicht eine anschließende, serienmäßige Waschung aus, um diese Poren zu reinigen. Andererseits erlaubt der Einsatz von wässrigen Kühlschmierstoffen ein problemloses anschließendes Reinigen der Poren durch Druckstrahlen der Zylinderbohrungen mit ebenfalls wässrigen Medien.

3.3.5.2 Metallische Verbundwerkstoffe:

Bei MMC-Schichten mit Aluminiummatrix ist für eine Großserienfertigung Honöl auf jeden Fall zu empfehlen, beim Einsatz von Emulsionen besteht häufig die Gefahr, dass die abgetragenen Aluminium-Partikel die Schneidleisten zuschmieren. Auch für MMC-Werkstoffe mit einer Matrix aus Eisenlegierungen ist der Einsatz von Honöl sinnvoll. Bisherige Versuche ergaben, dass damit die geringste Schädigung als auch die beste Plateauausbildung der eingelagerten Keramikpartikel gewährleistet werden kann. Bei geringeren Ansprüchen ist allerdings für diese Schichten auch die Verwendung spezieller Emulsionen möglich, ein höherer Schmiermittel- bzw. Mineralölgehalt ist dabei anzustreben.

Hinsichtlich der Reinigung der Kühlschmiermittel sind Plasmabeschichtungen auf ferritischer Basis vorteilhaft. Bei diesen lässt sich – analog zur Graugussbearbeitung – das abgetragene Material zum größten Teil mittels eines vorgeschalteten Magnetabscheiders kostengünstig aus dem Kühlschmierstoffkreislauf entfernen. Gerade bei einer Serienfertigung in grossen Stückzahlen ist dieser Kostenvorteil von wesentlicher Bedeutung.

3.4 Zusammenfassung

Die Plasmabeschichtung ist ein von der Kostenseite sehr attraktives Verfahren zur Erzeugung funktioneller Oberflächen für Leichtmetallmotoren. Dabei bietet es eine hochflexible Auswahl an Werkstoffen. Durch die Entwicklung geeigneter Bearbeitungsprozesse ist diese Flexibilität jetzt voll nutzbar. Dabei stehen auch innerhalb einer Schichtgruppe verschiedene Honvarianten zur Auswahl um unterschiedliche Vorstellungen hinsichtlich Oberflächenqualität, -struktur und Bearbeitungskosten zu realisieren.

Die konkrete Prozessauslegung für die Serienfertigung wird auch weiterhin kundenspezifisch erfolgen. Die Basis dafür bilden nach wie vor die Prüfstandergebnisse, nach denen das optimale Kosten/Nutzen-Verhältnis entsprechend den motorischen Eigenheiten festgelegt wird.

4   Literatur:

[1] G. Barbezat, S. Keller, K.H. Wegner: Innenbeschichtung für Zylinderkurbelgehäuse Thermisch Spritzkonferenz TS 96, Essen, 1996
[2] G. Barbezat: The state of the art of the internal plasma spraying on cylinder bores in AlSi cast alloy. FISITA congress, Seoul, June 12–15, 2000
[3] M. Winterkorn; P. Bohne; L. Spiegel; G. Söhlke: Der Lupo FSI von Volkswagen – so sparsam ist sportlich. In ATZ 102 (2000) Nr. 10
[4] G. Haasis und U.-P. Weigmann: Neues Honverfahren für umweltfreundliche Verbrennungsmotoren. WB Werkstatt und Betrieb Jahrg. 132 (1999) 3
[5] A. Robota und F. Zwein: Einfluss der Zylinderlaufflächentopografie auf den Ölverbrauch und die Partikelemissionen eines DI-Dieselmotors MTZ 60 (1999) 4
[6] J. Schmid: Moderne Leichtmetallwerkstoffe für den Motorenbau und deren Endbearbeitung durch Honen. MTZ 59 (1998) 4

Pulvermetallurgisch hergestellte Metall-Matrix-Verbundwerkstoffe

N. Hort und K. U. Kainer
GKSS Forschungszentrum Geesthacht GmbH

1   Zusammenfassung

Pulvermetallurgisch hergestellte Metall-Matrix-Verbundwerkstoffe (PM-MMC) bieten wirtschaftliche Lösungen zur Erzeugung von Hochleistungswerkstoffen. Es lassen sich mit ihnen eine Vielzahl von Werkstoffkombinationen herstellen, die optimal auf ihre jeweiligen Anwendungszwecke hin angepasst werden können. Gleichzeitig bieten die derzeit verfügbaren Verfahren zur Herstellung der Ausgangspulver sowohl für die metallische Matrix als auch für die ausgewählten Verstärkungskomponenten weitere gestaltbare Parameter, mit denen sich die Eigenschaften von Werkstoffen und Bauteilen optimal auf ihren Einsatzzweck hin konzipieren lassen. Mit den zur Verfügung stehenden Fertigungs- und Verarbeitungsverfahren lassen sich endkonturnahe Bauteile erzeugen, die neben optimalen Eigenschaftskombinationen kostengünstig auch in große Serien herstellbar sind. Gleichzeitig kann man mit PM-MMC viele der Nachteile vermeiden, die mit der schmelzmetallurgischen Herstellung von Verbundwerkstoffen mit metallischer Matrix (MMC) verbunden sind.

2   Einleitung

Metall-Matrix-Verbundwerkstoffe (MMC) stellen gegenüber herkömmlichen Werkstoffen eine Alternative zur Erzeugung von Hochleistungswerkstoffen dar. Es lassen sich so Werkstoffe herstellen, die eine Kombination der Eigenschaften der metallischen Matrix und der Verstärkungsphase aufweisen. Das dabei entstehende Eigenschaftsprofil kann den jeweiligen Anforderungen im Einsatz angepasst werden und ermöglicht so eine optimale Ausnutzung der Eigenschaften von Matrix und Verstärkungskomponente. Matrix und Verstärkungskomponenten bilden dabei gemeinsame Grenzflächen aus, die für die Erfüllung der an die MMCs gestellten Aufgaben unbedingt erforderlich sind.

Bei der Definition von Metall-Matrix-Verbundwerkstoffen gibt es eine Reihe von Möglichkeiten, die sich in der Regel stark unterscheiden. Während man sich darüber einig ist, dass die Matrix den prozentual größten Teil an der Gesamtzusammensetzung hat, so gibt es derzeit kaum Klarheit darüber, was alles an Verstärkungskomponente bezeichnet werden und ab welchem Volumenprozentgehalt man von einer Verstärkung reden kann. Es hat sich jedoch weitestgehend durchgesetzt, bei einer zweiten Phase ab einem Volumengehalt von etwa 5 Vol.-% von einer Verstärkung zu sprechen. Diese Definition vernachlässigt jedoch praktisch alle ODS- (oxide dispersion strengthened) Werkstoffe, die in aller Regel deutlich geringere Gehalte an oxidischen Bestandteilen enthalten [1]. Dennoch wird im folgenden auf diese ODS-Legierungen eingegangen werden, da sie mit den üblichen pulvermetallurgischen Methoden hergestellt werden und auch gewisse keramische Anteile als Verstärkungskomponente enthalten.

Im Allgemeinen wird auch davon ausgegangen, dass die Verstärkungskomponente keramischer Natur ist. Auch bei dieser Definition vernachlässigt man eine Reihe von Verbundwerkstoffen wie zum Beispiel einige Supraleiter, bei denen beide Phasen metallischer Natur sind oder auch Hochtemperaturbauteile [2]. Ein dritter Diskussionspunkt bei der Definition von Verbundwerkstoffen ergibt sich aus der Tatsache, dass es in situ bei der Herstellung zur Bildung von intermetallischen Phasen oder keramischen Komponenten kommen kann, die auf Grund ihres Eigenschaftsprofiles in Kombination mit der Matrix einen Verbundwerkstoff entstehen lassen. Auch dieser Punkt wird von einigen Definitionen so ausgelegt, dass es sich nicht um einen Verbundwerkstoff handelt [1].

In der vorliegenden Ausführung zum Thema pulvermetallurgisch hergestellter Metall-Matrix-Verbundwerkstoffe (PM-MMC) werden die oben aufgeführten Definitionen und die damit verbundenen Problematiken jedoch weitestgehend vernachlässigt. Sobald bei der Herstellung zwei oder mehrere Phasen schon im Ausgangszustand vorliegen oder in der Folge der Herstellung oder weiteren Verarbeitung entstehen, wird das Endprodukt als PM-MMC bezeichnet werden. Wesentlich ist dabei nur der deutliche Unterschied in den physikalischen und/oder mechanischen Eigenschaften zwischen den Phasen.

Zur Herstellung von Verbundwerkstoffen existieren eine Reihe von Verfahren. Bei den Verfahren, die schmelzflüssiges Metall einsetzen, haben sich vor allem Schmelzinfiltrationsverfahren wie das Squeeze Casting, die Gasdruckinfiltration wie auch das sogenannte Compocasting durchgesetzt (oft auch Meltstirring genannt) [1, 3–14]. Beim Squeeze Casting und auch bei der Gasdruckinfiltration werden sogenannte Preforms verwendet, d. h. Formkörper, die aus den gewählten Verstärkungskomponenten bestehen [15–18]. Dabei kommen sowohl Kurzfaserpreforms als auch Partikelpreforms zum Einsatz, ebenso wie Hybridpreforms, bei denen anteilig Kurzfasern und Partikel eingesetzt werden. Im weiteren Verfahrensverlauf werden dann die Preforms mit einer überhitzten Schmelze infiltriert. Im Fall des Compocasting werden die zur Verstärkung dienenden Partikel oder Fasern direkt in eine Metallschmelze eingerührt und dann zu einem Halbzeug oder direkt zum Bauteil vergossen. Beispiele für mit schmelzmetallurgischen Mitteln hergestellten Verbundwerkstoffen finden sich in [1].

Verbundwerkstoffe auf pulvermetallurgischem Wege herzustellen beruht darauf, dass es oft unmöglich ist, schmelzmetallurgische Verfahren einzusetzen. Dafür gibt es eine Reihe von Gründen. Einer liegt in einem zu hohen Schmelzpunkt des beteiligten metallischen Partners. Bei der schmelzflüssigen Herstellung von MMCs kann man davon ausgehen, dass gravierende Probleme auftreten, sobald die metallische Matrix einen Schmelzbereich von ca. 1200 °C überschreitet. Während Cu, Al und Mg sowie die auf ihnen aufbauenden Legierungen erfolgreich auch als Metallschmelzen zur Herstellung von MMCs eingesetzt wurden, so hat dies Einschränkungen bei anderen Metallen und Legierungen mit höheren Schmelzpunkten. Neben der schwieriger werdenden Handhabung der Schmelze kommt auch der Einfluss der Temperatur selbst hinzu. Es können vor allem bei höheren Temperaturen Reaktionen auftreten, bei denen die Verstärkungskomponenten während der Herstellung so stark geschädigt werden, dass sie ihren Zweck nicht mehr erfüllen können [19]. Weiterhin sind einige Metalle und Legierungen derart reaktiv, dass es praktisch unmöglich ist, sie in Schmelzverfahren zur Herstellung von MMCs einzusetzen. Beispiele hierfür sind im besonderen Titan und seine Legierungen. Die hohe Reaktivität von Titan verursacht in jedem Fall unerwünschte Reaktionen zwischen der Schmelze und der Verstärkungskomponente [20]. Als Folge davon zeigt der Verbundwerkstoff generell schlechtere Eigenschaften als die Theorie erwarten lässt. Abhilfe schafft hier der Einsatz von pulvermetallurgischen Methoden. Dabei lassen sich sowohl elementare Metallpulver als auch

Legierungspulver einsetzen. Im ersteren Fall werden Mischungen mit vorher abgestimmter Zusammensetzung zum Beispiel über mechanisches Legieren verarbeitet, um zusammen mit der Verstärkungskomponente zu einem Verbundwerkstoff zu gelangen. Auch der Einsatz von Elementpulvern und Verstärkungskomponenten und darauf folgenden Verarbeitungsverfahren wie dem heißisostatischem Pressen kann bei geeigneten Verfahrensparametern zur Erzeugung von Verbundwerkstoffen führen. Auf diesem Weg lassen sich neben diskontinuierlichen Verstärkungen auch Langfaserverstärkungen realisieren. Allerdings sind die langfaserverstärkten Titan-MMCs extrem kostenintensiv, vor allem durch die speziellen Langfasern als auch durch in der Regel erforderliche Beschichtungen der Fasern, um eine Faserschädigung durch die Titanbasis zu vermeiden.

Der Einsatz von pulverförmigen Ausgangsstoffen stellt daher insgesamt ein wirtschaftliches Verfahren zur Herstellung hochbeanspruchbarer MMCs für ein breites Anwendungsfeld in allen Bereichen der Technik dar. Dazu gehören unter anderem die Verkehrs-, Energie-, Informations-, Verarbeitungstechnik und der Anlagenbau. Es handelt sich hierbei um Anwendungen sowohl für Struktur- als auch für Funktionswerkstoffe. Große Bedeutung besitzen die PM-MMCs vor allem auch im Verschleiß- oder Korrosionsschutz, wo sie als Spritzpulver eingesetzt werden. Auf Grund der breit gefächerten Einsatzmöglichkeiten, den praktisch unbegrenzten Kombinationsmöglichkeiten, die zwischen den metallischen Pulvern und dem Verstärkungsmaterialien möglich sind, sowie in der nahezu unbegrenzten Variationsbreite in der Form der Pulver, bestehen große Anforderungen an die Herstellungsverfahren für derartige Pulver. Je nach Einsatzbereich und Verarbeitungsverfahren muss das resultierende Eigenschaftsprofil der Werkstoffe oder Composite-Schichten gewährleistet werden. Dabei kommt es in erster Linie auf eine homogene, angepasste Verteilung der Verbundkomponenten, eine hohe Zuverlässigkeit des Pulverherstellungsverfahrens, stabile Zusammensetzungen der Werkstoffe und vor allem eine hohe Wirtschaftlichkeit an. Auf Grund der großen Vielfalt an Verbundpulvern für Spritzpulver sowie die vielfältigen dafür einsetzbaren Verfahren wird hier jedoch auf diese Thematik nicht näher eingegangen.

3 Ausgangswerkstoffe

3.1 Metallische Pulver

Für die Erzeugung von pulvermetallurgischen Verbundwerkstoffen mit metallischer Matrix kommen etliche Herstellungsverfahren in Frage. Allen gemeinsam ist jedoch die Ausgangsbasis: reine Metallpulver und/oder Legierungspulver. Zur Herstellung der metallischen Pulver sind eine Reihe chemischer Prozesse relevant, ebenso wie die mechanische Zerkleinerung vorhandener monolithischer Metalle oder Legierungen. Allerdings sind mechanische Prozesse wie zum Beispiel das Zerspanen nur bedingt dazu geeignet, sehr feine Ausgangspulver zu erzeugen [21]. Funkenerosion stellt ebenfalls eine weitere Möglichkeit zur Herstellung von Pulvern dar [22, 23]. Die Erträge sind in aller Regel nicht sehr hoch und es muss mit einer Verunreinigung der Pulver gerechnet werden. Es lassen sich mit diesem Verfahren jedoch sehr feine Pulver erzeugen.

Bei der chemischen Abscheidung lassen sich in aller Regel nur reine Metallpulver sehr unregelmäßiger Gestalt abscheiden, obwohl hier als Vorteil der hohe Feinanteil im Pulver zu sehen ist. Die Erzeugung von Eisen- oder Nickelpulver durch das Karbonylverfahren gehört wohl zu den bekanntesten Verfahren zur Erzeugung hochreiner Pulver [21]. Neben dem Karbonylverfahren erlauben auch elektrolytische Verfahren oder die Reduktion metallischer Verbindungen die Erzeugung einer breiten Palette an reinen, sehr feinen Metallpulvern [21]. Noch wesentlich feinere Metallpulver lassen sich durch Verdampfen und anschliessende Abscheidung des Metalldampfes an kalten Flächen herstellen. Um derartige Pulver zu erzeugen, deren Korngröße im Bereich einiger Nanometer liegt, werden häufig Laser- oder Elektronenstrahlen eingesetzt [24-29]. Allerdings gelingt dies auch durch eine Erhöhung des Dampfdruckes und den Einsatz von Widerstands- oder induktiven Heizeinrichtungen zur Erzeugung von Metallschmelzen [21]. Nanoskalige metallische Pulver haben jedoch derzeit kaum eine kommerzielle Bedeutung, werden jedoch mit Nachdruck erforscht [24-32].

Eine weitere Möglichkeit zur Herstellung metallischer Pulver liegt in den verschiedenen Zerstäubungsverfahren, die Flüssigkeiten oder Gase als Zerstäubungsmedien einsetzen [21, 33-37]. Bei der Zerstäubung von Metallschmelzen mit Gasen oder Flüssigkeiten ergeben sich dabei etliche Vorteile [21, 36]:

- homogene Partikelgrößenverteilung
- homogene Verteilung von Legierungselementen
- Übersättigung an Legierungselementen auch im hergestellten Pulver
- isotrope Werkstoffeigenschaften
- Abkühlraten im Bereich von 10^{-2} bis 10^{-4} Ks^{-1}
- Herstellung großer Mengen
- hohe Wirtschaftlichkeit

Zerstäubungsverfahren insgesamt haben weite Verbreitung gefunden, da sie wirtschaftlich sehr interessant sind und es erlauben, große Mengen von Metall- und Legierungspulvern mit exakt definierten Zusammensetzungen herzustellen. Dies betrifft vor allem den Einsatz von Wasser oder von Gasen wie Argon, Stickstoffe und u. U. auch Luft als Zerstäubungsmedium. Auch sind kaum Verunreinigungen zu befürchten. Derartige Pulver finden dann Eingang in die üblichen Wege der Weiterverarbeitung, die im folgenden noch beschrieben werden. Mit leichten Modifikationen werden derartigen Anlagen auch im Bereich des Sprühkompaktierens eingesetzt (Bild 1). Die Modifikationen betreffen vor allem einen Substratträger, auf den die zerstäubten Metallpartikel auftreffen. Die Partikel sind dabei entweder schon erstarrt, im teilflüssigen Zustand oder noch vollständig flüssig. Durch geeignete Prozessführung und auf die jeweilige Schmelze abgestimmten Verdüsungsbedingungen lassen sich Halbzeuge in Form von Bändern, Rohren oder Bolzen herstellen (Bild 2), die dann zum Beispiel über Strangpressen, Schmieden, heiß- oder kaltisostatisches Pressen zum Endprodukt weiterverarbeitet werden. Das Verfahren hat bereits Anwendung gefunden zur Herstellung von PM-MMC auf Basis von Mg-, Al-, Cu-Legierungen und wird auch zur Erzeugung von Schnellarbeitsstählen eingesetzt.

Neben den schon genannte Verfahren existieren vor allem für Titan und seine Legierungen spezielle Verfahren zur Herstellung von Titanpulver und Pulver aus Titanlegierungen, vor allem wenn auf sphärische Gestalt der Pulver Wert gelegt wird [28-41]. Es wurden eine Reihe von Verfahren entwickelt, von denen sich jedoch im wesentlichen das PREP (Plasma Rotating Electrode Process) durchgesetzt hat und auch kommerziell eingesetzt wird.

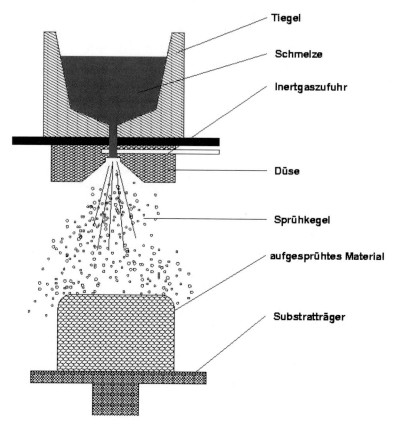

Bild 1: Schematische Darstellung der Gasverdüsung metallischer Schmelzen zur Herstellung metallischer Pulver bzw. von Halbzeugen, hergestellt durch Sprühkompatieren

Bild 2: Sprühkompaktierte Bolzen (QE 22 + 15 Vol.-% SiC) [105]

Häufig werden jedoch auch zur Herstellung von Titanwerkstoffen reine Elementpulver eingesetzt, die über die schon erwähnten unterschiedlichen Pulverherstellungsverfahren erzeugt werden können. Die dann folgenden Fertigungsverfahren basieren dann im wesentlichen auf den in der Folge beschriebenem mechanischen Legieren oder der in situ-Route.

3.2 Keramische Verstärkungskomponenten

Eine ganze Reihe von keramischen Pulvern liegen in der Natur vor und können nach entsprechender Reinigung und der Klassierung der gewünschten Korngrößen direkt zur Herstellung von Verbundwerkstoffen eingesetzt werden. Sehr viele der gewünschten partikelförmigen Verstärkungskomponenten werden jedoch den Hartstoffen zugerechnet und müssen künstlich erzeugt werden. Es existieren hierzu eine Reihe thermochemischer Verfahren zur Darstellung der Hartstoffe [21, 42]. Es handelt sich dabei überwiegend um die Karburierung oder auch Nitrierung von Metallen oder Metalloxiden. Zur reinen Darstellung von oxidischen Keramikpartikeln existieren ebenfalls eine Reihe von Verfahren, bei denen die synthetischen Endprodukte durch Reaktionen mit Säuren und Basen in Fällungsprozessen hergestellt werden [21].

Wie auch bei anderen Verbundwerkstoffen mit metallischer Matrix lassen sich bei den pulvermetallurgisch hergestellten MMCs praktisch alle zur Zeit gängigen Verstärkungskomponenten in den Herstellungsweg einführen. Es kommen sowohl Lang- als auch Kurzfasern zum Einsatz wie auch Whisker und Partikel. Man unterscheidet die jeweiligen Verstärkungskomponenten im wesentlichen an Hand ihrer Gestalt und bei den faserförmigen Verstärkungen spielt zudem das Verhältnis von Länge und Dicke (aspect ratio: l) bei der Unterscheidung eine Rolle, vor allem bei der Unterscheidung von Kurzfasern und Whiskern ($l > 20$: Whisker) [43]. Langfasern werden in der Regel als kontinuierliche Verstärkung bezeichnet, die anderen Verstärkungskomponenten ordnet man alle zu den diskontinuierlichen Verstärkungen [15].

Bei den Lang-, Kurzfasern sind sowohl keramische als auch Kohlenstofffasern im Einsatz. Die unterschiedlichen keramischen Langfasern lassen sich entweder direkt aus einer Schmelze ziehen, oder man arbeitet auch hier mit entsprechenden Vormaterialien, aus denen dann zunächst ein Vormaterial gesponnen wird, das durch eine folgende thermische Behandlung dann in die gewünschte Faser umgewandelt wird. Die Wärmebehandlung läuft sehr oft in zwei Schritten ab, zunächst wird das Material getrocknet und im zweiten Schritt bei hohen Temperaturen kristallisiert dann die Faser aus [15, 43]. Aus allen Langfasern lassen sich in der weiteren Verarbeitung durch geeignete Mahl- oder Schneidverfahren Kurzfasern gewünschter Länge herstellen [43, 44]. Auch zur Herstellung von Whiskern existieren eine Reihe von Verfahren, die mit thermischer Zersetzung des Ausgangsmaterials zum Beispiel auch mit Abscheidung aus der Gasphase arbeiten. Details zur Herstellung und den Eigenschaften von Whiskern finden sich in [15, 43]. Bei den Kohlenstofffasern unterscheidet man hinsichtlich ihres Ausgangsmaterials zwischen Fasern, die aus Pech oder aus Polyacrylnitril (PAN) hergestellt werden. Aus dem Pech oder PAN werden Fasern gezogen und diese in weiteren Schritten thermisch behandelt (Karbonisieren, Graphitisieren). In Abhängigkeit von der geplanten Anwendung erfolgt dann unter Umständen auch noch eine Oberflächenbehandlung [45]. Je nach der Art der Wärmebehandlung lassen sich so C-Fasern erzeugen, die zum Teil gravierende Unterschiede hinsichtlich des E-Moduls und der Festigkeit aufweisen können. [15, 43, 45].

Auf Grund ihrer Gestalt ist naturgemäß der Einsatz von Partikeln in pulvermetallurgisch hergestellten Verbundwerkstoffen sehr viel einfacher und es lässt sich mit ihnen auch eine höhere

Homogenität bzw. ein deutlich isotroperer Werkstoff herstellen. Bei der Verwendung von Lang-, Kurzfaser oder Whiskern entsteht in jedem Fall eine Anisotropie, zum einen bedingt durch die Gestalt der Verstärkungskomponente zum anderen durch den gewählten Herstellungs- und Verarbeitungsprozess.

4   Herstellung von MMCs

Allen Prozessen gemeinsam ist nach der Erzeugung der Ausgangspulver die Vermischung und das dem Mischen folgende Konsolidieren der Mischungen. Unter Umständen kann ein gewisser Grad an Konsolidierung schon während der Erzeugung des Ausgangsmaterials erfolgen wie im Fall des Sprühkompaktierens, das im folgenden noch näher ausgeführt wird. Die gängigste Methode einen PM-MMC herzustellen liegt jedoch darin, die vorhandenen Pulver, Matrixmetall und Verstärkung, zunächst miteinander zu vermischen. Dies kann im trockenen Zustand geschehen, unter Zuhilfenahme von Dispergierhilfsmitteln und kontrollierten Atmosphären. Zum Mischen kann man normale Geräte wie zum Beispiel Taumelmischer einsetzen oder auch Mühlen oder Attritoren, die zudem noch zusätzliche Energie einbringen und damit den Werkstoff beeinflussen. In der Folge wird zunächst auf das mechanische Legieren, beschichtete Pulver und in situ-Verbundwerkstoffe eingegangen. Dieser Darstellung folgt die normale pulvermetallurgische Route (Mischen und Konsolidieren) sowie das Sprühkompaktieren als ein Verfahren, das die Pulver- und Halbzeugherstellung in einem Schritt kombiniert. Bild 3 zeigt den schematischen Ablauf der pulvermetallurgischen Herstellung.

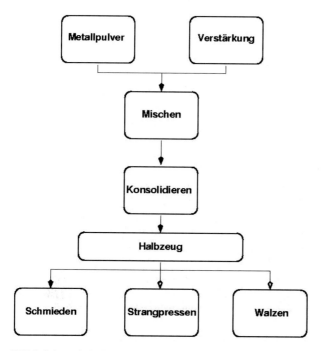

Bild 3: Schematische Darstellung der Herstellung von PM-MMCs

Nicht näher eingegangen wird auf die verschiedenen Pulver zur Herstellung von Spritzschichten etc. Diese Pulver bestehen aus unterschiedliche Komponenten und werden üblicherweise vermischt und gemahlen, sodass sich sehr feine Pulverteilchen bilden, die unter normalen Bedingungen nicht mehr handhabbar und schlecht verarbeitbar sind. Es handelt sich hierbei um die Gruppe der Pulver aus metallgebundenen Hartstoffen wie WC/Co, Cr_3C_2/NiCr, WC-Cr_3C_2/Ni, WC-VC-Co [46–49] und metallgebundenen Diamanten [50]. Gefügeaufnahmen dieser Pulver zeigen die Bilder 4 bis 6.

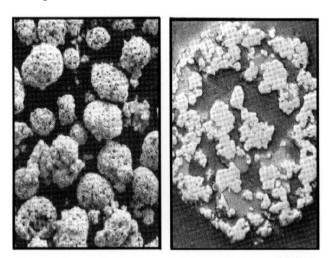

Bild 4: WC-Co-Pulver, agglomeriert, gesintert, sphärodisiert: links: Übersicht, rechts: geschnittenes Teilchen [48]

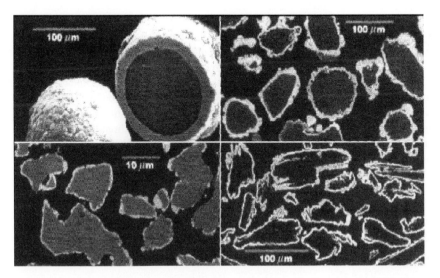

Bild 5: Gefüge verschiedener Nickel-umhüllter Pulver: links oben: Ni-Al, rechts oben: NiCrAl-Bentonit, links unten: Ni-Metall-Karbid, rechts unten: Ni-C [119]

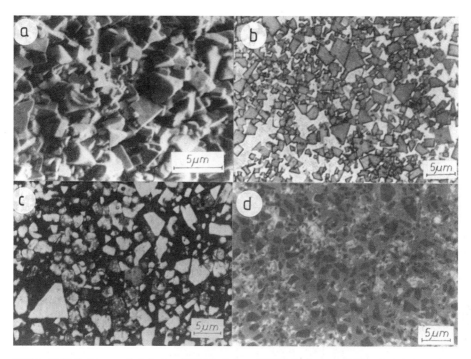

Bild 6: a) WC-Co-Hartmetall, tiefgeätzte REM-Aufnahme, b) WC-Co-Hartmetall, WC: dunkel, Co: hell, c) WC-TiC-TaC-Co-Hartmetall, Co: schwarz, (W, Ti, Ta)C: grau, WC: hell, d) TiC-Mo$_2$C-Ni-Hartmetall, TiC: schwarz, (Ti, Mo)C: grau, Ni: weiß

Für derartige Pulver stehen eine Vielzahl von verschiedenen Herstellungsmöglichkeiten zur Verfügung, z. B. Schmelzen und Brechen, Mischen, Agglomerieren, Sintern, Sphärodisieren, Precursortechnologie (Sol-Gel) und Umhüllen. Die Verfahren haben die Aufgabe, die gleichmäßige Verteilung der Hartstoffe in der Binderphase zu gewährleisten, wobei eine sehr feine Korngröße der Hartstoffe (1–5 µm) realisiert werden kann. Die Pulver müssen aber gleichzeitig so agglomeriert werden, dass sie fließfähig sind (Bild 4). Der Anwendungsbereich der Pulver ist das thermische Spritzen zur Erzeugung von Verschleißschutzschichten, Sintern von Hartmetallen und Diamantwerkzeugen. Eine weitere Verfahrensgruppe ist das Umhüllen von Pulvern durch galvanische Beschichtung, CVD-Beschichtung und Kunststoffbeschichtung. Beispiele für Werkstoffsysteme, Verarbeitung und Anwendung können der Tabelle 1 entnommen werden. Bild 5 zeigt eine Zusammenstellung verschiedener umhüllter Pulver. In Abildung 7 sind unterschiedliche Gefüge von Werkstoffen, die durch Kaltpressen derartiger Pulver hergestellt wurden, zusammengestellt. Ein Anwendungsbeispiel sind wärmesenkende Träger für elektronische Bauteile (Bild 8).

Tabelle 1: Übersicht über Composite-Pulver, die über Beschichtung oder Umhüllung hergestellt werden, deren Weiterverarbeitung und Anwendungsfelder [106, 110, 113–116, 119]

System	Pulverherstellung	Verarbeitung, Konsolidierung	Anwendung
C/Ni WTiC$_2$/Ni Cr$_3$C$_2$/NiCr NiCrAl/Bentonit	elektrolytische Abscheidung hydrometallurgische Beschichtung	thermisches Spritzen	Verschleißschutzschichten Turbinenschaufelbeschichtung Lageranwendungen
Al/Cu, Cu/SiC, W/Cu	elektrolytische Abscheidung, von Cu auf Al, W oder SiC	Kaltumformung	Träger für elektronische Bauteile
Fe-Polymer (weichmagnetische Pulver)	Beschichtung	Kaltpressen, Glühbehandlung	elektr. Maschinen, Einspritzsysteme, Transformatoren

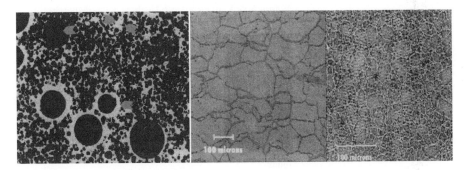

Bild 7: Gefüge kaltgepresster, beschichteter Pulver: rechts oben: Cu-W, rechts unten: Cu-Al, links: Cu-SiC [106, 110, 113]

Bild 8: Träger für elektronische Bauteile, hergestellt aus kaltverdichteten, beschichteten Metallpulvern [106]

4.1 Mechanisches Legieren

Das mechanische Legieren ist eine weit verbreitete Technik zur Herstellung einer Reihe von Hochleistungswerkstoffen, PM-MMC eingeschlossen. Bild 9 gibt eine Übersicht über die Anwendungen bei denen das mechanische Legieren eingesetzt wird, die Tabelle 2 gibt eine Übersicht über MMC's, die über das mechanische Legieren hergestellt werden sowie über deren Weiterverarbeitung und Anwendungsfelder.

Tabelle 2: Übersicht über MMC-Pulver, die über das mechanische Legieren (MA: mechanical alloying) hergestellt werden, deren Weiterverarbeitung und Anwendungsfelder [2, 51-60]

System	Herstellung	Verarbeitung	Anwendung
ODS-Ni-Legierungen	MA	HIP, Strangpressen, Warm- und Kaltumformung, Wärmebehandlung	Hochtemperaturbereich, Motorenbau, Glasverarbeitung, Luft- und Raumfahrt, Chemieanlagenbau
dispersionsverfestigtes Al (Al/Al2O3, Al/Al4C3)	MA	CIP, Wärmebehandlung (Vakuum), Strangpressen, Warm- oder Kaltverformung	Motorenbau, hochdämpfende Werkstoffe, optische Geräte, Hochtemperaturbatterien, Kompressoren, Lüfter
dispersionsverfestigte Cu-Legierungen	MA innere Oxidation	axiales Pressen, CIP, Sintern, Strangpressen, Warm- oder Kaltverformung, Wärmebehandlung	Kontaktwerkstoffe, elektromechanische Bauteile, Federn
Cu-W	MA	axiales Pressen, CIP, Sintern, Strangpressen, MIM	Punktschweißelektroden, Kontaktwerkstoffe, Träger für elektronische Bauteile
dispersionsverfestigte Ti-Legierungen	MA	CIP, HIP, Strangpressen, Warm- oder Kaltverformung	Luft- und Raumfahrt, Medizintechnik

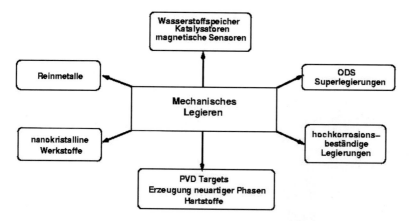

Bild 9: Typische gegenwärtige und potentielle Anwendungsbereiche des mechanischen Legierens [117]

Beim mechanischen Legieren werden metallische Pulver untereinander und häufig auch in Kombination mit nichtmetallischen Pulver vermischt. Die Mischungsverhältnisse entsprechen in der Regel der Zusammensetzung der späteren Legierung oder dem Verbundwerkstoff. Dem Mischen nachgeschaltet wird dann ein hochenergetischer Mahlprozess, bei dem Kugelmühlen oder verwandte Systeme wie zum Beispiel Attritoren eingesetzt werden. Je nach Energieeintrag beim Mahlen kann das Endprodukt unterschiedliche Eigenschaften aufweisen. Im folgenden wird jedoch nur auf Systeme, die zur Erzeugung dispersionsverfestigter Werkstoffe oder feindispersen Metall-Metall-Kombinationen führen [2, 51–60], eingegangen werden. Metastabile Systeme, die durch Hochenergie-Mahlen erzeugt werden, werden hier nicht berücksichtigt [61]. Ein Beispiel für die Gruppe der dispersionsverfestigten Metalle sind die Yttriumoxid-dispersionsverfestigten Nickel- und Eisenbasislegierungen (Tab. 3) [2, 51]. Der Verfah-rensablauf zur Herstellung dieser Hochtemperaturwerkstoffe ist in Bild 10 dargestellt, eine Übersicht über ihre Vorteile und Anwendungsgebiete zeigt die Tabelle 4. Neben Nickel- und Eisenbasiswerkstoffen werden auch dispersionsverfestigte Kupfer- und Titanlegierungen eingesetzt [52].

Durch das mechanische Legieren werden die Oxidpartikel in die Elementpulverteilchen der

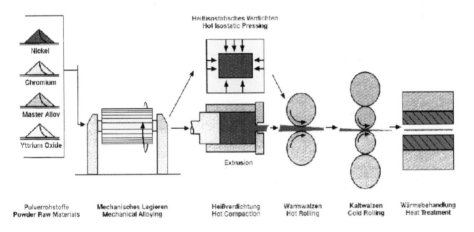

Bild 10: Verfahrensablauf zur Herstellung von ODS-Nickellegierungen [2, 51]

Legierungspulver eingearbeitet, gleichzeitig zerkleinert und gleichmäßig verteilt. Nach dem Mahlvorgang liegen die Yttriumoxidpartikel isoliert, gleichmäßig feindispers verteilt mit einer Größe im Bereich einiger Nanometer innerhalb der Mischung vor. Für einen Hochtemperaturwerkstoff ist dies eine optimale Dispersoidgröße. Einen Eindruck über die Vorgänge beim mechanischen Legieren gibt Bild 11. Aus dem beim mechanischen Legieren erzeugten Pulver werden über heißisostatisches Pressen, Strangpressen, Warm- und Kaltwalzen bzw. Schmieden Halbzeuge und Bauteile hergestellt.

Tabelle 3: Chemische Zusammensetzung ausgewählter Eisen und Nickelbasis-ODS-Superlegierungen in wt.-% angegeben [2, 51 107-109, 117]

	Fe	Cr	Al	Ti	W	Mo	Ta	Zr	Y2O3	Ni
Inconel MA 6000	15.0	4,5	0,5	4,0	2,0	–	2,0	–	1,1	rem.
Inconel MA 760	20.0	6,0	–	3,5	2,0	–	–	–	0,95	rem.
Inconel MA 758	30.0	0,3	0,5	–	–	–	–	–	0,6	rem.
Inconel MA 757	16.0	4,0	0,5	–	–	–	–	–	0,6	rem.
Inconel MA 754	20.0	0,3	0,5	–	–	–	–	–	0,6	rem.
Inconel MA 957	rem.	14,0	–	1,0	–	0,3	–	–	0,25	–
Inconel MA 956	rem.	20,0	4,5	0,5	–	–	–	–	0,5	–
PM 1000	3.0	20	0.3	0.5	–	–	–	–	0.6	rem.
PM 1500	3.0	30	0.3	0.5	–	–	–	–	0.6	rem.
PM 2000	rem.	20	5.5	0.5	–	–	–	–	0.5	–

Tabelle 4: Anwendungsgebiete und Vorteile ODS-Superlegierungen [2, 51, 107-109, 118]

Anwendung	Vorteile
Außenhautstrukturen in der Luft- und Raumfahrt	hervorragende Zeitstandfestigkeit bei hohen Temperaturen
Schleuderringe für die Glas- und Keramikherstellung	Heißgaskorrosionsbeständigkeit
Chargiergestelle für den Hochtemperaturofenbau	ausgezeichnete Ermüdungseigenschaften auch bei hohen Temperaturen
Einspannvorrichtungen für die Hochtemperaturprüftechnik	optimale Emissionseigenschaften bei Raumfahrtanwendungen bei hohen Temperaturen
Einspritzdüsen für Motoren	hervorragende Heißgaskorrosionsbeständigkeit
Rührwerkzeuge zum Homogenisieren und Portionieren von flüssigem Glas	ausgezeichnete Beständigkeit für den Hochtemperatur-Ofenbau
Chargiereinrichtungen für den Hochtemperatur-Ofenbau	ausgezeichnete Kriechbeständigkeitbis zu 1300 °C
Brennkammerbau für Motoren	hohe Warmfestigkeit
Rührwerkzeuge für die Glasherstellung	ausgezeichnete Oxidationsbeständigkeit
Hochtemperatur-Ofenbau	hohe Stabilität in Hochgeschwindigkeitsströmungen bis über 1100 °C
Wabenbauteile für die Luft- und Raumfahrt	
Einbauten für den Chemieanlagenbau	
Bauteile für Gasturbinen	
Wärmetauscher	
Auskleidungen für Vakuumöfen	
Triebwerksbauteile für die Luft- und Raumfahrt	
Einbauten für Kernreaktoren	

Bilder 12 bis 14 zeigen Beispiele von Bauteilen von hochwarmfesten Nickellegierungen, die durch mechanisches Legieren und pulvermetallurgisch über den Verfahrensablauf in Bild 3 hergestellt wurden. Grundlage für die Herstellung von Composite-Pulvern ist die hohe Verfügbarkeit verschiedenster Metallpulver als Elementpulver, als anlegierte Pulver oder legierte Pulver, die mit einer breiten Palette von Verfahren hergestellt werden können. Diese Metallpulver stellen üblicherweise später in den metallischen Verbundwerkstoffen oder den Composite-Schich-

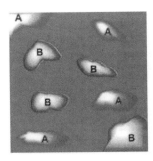  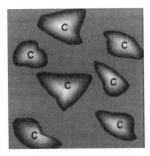

Bild 11: Vorgänge beim mechanischen Legieren führen von den Pulverteilchen A und B zu den homogenen Pulverteilchen der Zusammensetzung C [52]

ten die Matrix dar und bestimmen in ihrer Zusammensetzung die Matrixeigenschaften. Im folgenden werden die bedeutendsten Verfahren zur Herstellung pulvermetallurgisch hergestellter MMCs beschrieben.

Bild 12: Glasschmelzenrührer aus dispersionsverfestigtem Nickel PM 2000 [2, 51]

4.2 In situ Verbundwerkstoffe

Bei den in-situ-Verbundwerkstoffen handelt es sich um eine Werkstoffklasse, welche die Reaktionen unterschiedlicher Komponenten während der Herstellung miteinander zur Erzeugung neuer, vorher nicht vorhandener Komponenten ausnutzt. Ausgangsmaterialien sind auch hier wieder die unterschiedlichen Metall- oder Legierungspulver sowie andere pulverförmige Komponenten. Die Reaktion zwischen den Komponenten kann dabei sowohl während des Mischens der Pulver als auch in der folgenden Weiterverarbeitung geschehen. Auf jeden Fall muss jedoch

Bild 13: Zündschirme aus PM 2000 [2, 51]

Bild 14: Dieselmotorvorkammer mit PM 2000 (Prallstift und Brennerboden) [2, 51]

zunächst ein Minimum an Energie zugeführt werden, um die Reaktion in Gang zu bringen. Dies kann zum Beispiel durch die thermische Energie beim heißisostatischen Pressen geschehen, durch eine dem Strangpressen nachgeschaltete Wärmebehandlung oder auch durch die hohe kinetische Energie im Fall des mechanischen Legierens. In letzterem Fall wird der Prozess auch mit der Abkürzung MSR (mechanically induced self-propagating reaction) bezeichnet. Einen Überblick hinsichtlich der eingesetzten Verfahren und der möglichen Reaktionspartner etc. gibt Takacs [63], die Tabelle 5 zeigt eine Zusammenstellung möglicher Reaktionssysteme. Bei den Reaktionen handelt es sich in aller Regel um exotherme Reaktionen, die nach der Aktivierung in der weiteren Prozessfolge selbständig ablaufen. Dabei reagieren die Komponenten in Relation zum Volumenanteil vollständig miteinander und es entsteht in einer zuvor festgelegten Matrix eine neuartige Phase mit hohem Volumenanteil, die dann die verstärkende Funktion übernimmt. Bei der Erzeugung von in-situ-Verbundwerkstoffen ist jedoch darauf zu achten, dass sich die Volumenanteile der entstehenden Phasen unter Umständen deutlich voneinander unterscheiden. Es sollten daher Systeme gewählt werden, deren Herstellungsverfahren die Möglichkeit bietet, innere Spannungen frühzeitig auszugleichen.

Tabelle 5: Beispiele für Reaktionssysteme für in situ Reaktionen während der Pulververdüsung zur Herstellung von Composite-Pulvern [114]

Gas–flüssig-Reaktionen	flüssig–fest-Reaktionen
$Cu[Al] + N_{2/O2} \rightarrow Cu[Al] + Al_2O_3$	$Ti + SiC \rightarrow Ti[Si] + Ti[C]$
$Fe[Al] + N \rightarrow Fe[Al] + AlN$	$g\,Fe[Ti] + Xr_{xN} \rightarrow g\,Fe + TiN$
$Fe[Al] + N_{2/O2} \rightarrow Fe[Al] + Al_2O_3$	$Cu[Al] + CuO \rightarrow Cu + Al_2O_3$
	$Fe[Ti] + Fe[C] \rightarrow Fe + TiC$
	$Fe[Ti] + Fe[B] \rightarrow Fe + TiB_2$
flüssig–fest-Reaktionen	
$Cu[Ti] + Cu[B] \rightarrow Cu + TiB_2$	

4.3 Mischen

Die unterschiedlichen oben aufgeführten Herstellungsverfahren haben stark unterschiedliche Formen sowohl bei den metallischen Ausgangswerkstoffen als auch bei den gewählten Verstärkungskomponenten zur Folge. Dies spielt vor allem dann eine Rolle, wenn zur weiteren Konsolidierung Pressverfahren eingesetzt wurden. Bei den Herstellungswegen über mechanisches Legieren oder auch die in-situ-Reaktionen spielt die Form der Komponenten dagegen praktisch kaum eine Rolle. In jedem Fall lassen sich jedoch alle Ausgangskomponenten miteinander mischen. Allerdings ist das Größenverhältnis zwischen metallischen Pulvern und den Verstärkungen zu beachten. Untersuchungen haben hier gezeigt, dass in Abhängigkeit der Größenverhältnisse Entmischungen auftreten können, bei denen sich zum Beispiel bevorzugt Partikel an den Korngrenzen sammeln können (Bild 15). Es kann dabei zur Bildung von Agglomeraten kommen, die sich später nachteilig auf die Eigenschaften des Verbundwerkstoffes auswirken können [8, 62,64].

Auch hinsichtlich der Art des Mischvorganges und der Parameter während des Mischens wurden Entmischungen festgestellt, in Abhängigkeit von der Gestalt der zu mischenden Komponenten, der Vorgehensweise beim Mischen und dem eingesetzten Gerät. Auch spielt es eine Rolle, ob der Mischvorgang in einer gasförmigen Umgebung oder in einer Flüssigkeit vorgenommen wird. In letzterem Fall kann man durch geeignete Additive den Mischvorgang zusätzlich beeinflussen [8, 62]. Generell wird bei diesen Untersuchungen jedoch von sphärischen Partikeln ausgegangen. Hinsichtlich des Verhaltens von sehr unregelmäßigen Partikeln, wie sie zum Beispiel mit der Wasserverdüsung hergestellt werden, liegen in der Literatur praktisch keine Aussagen vor. Es kann jedoch davon ausgegangen werden, dass es auch hier zu deutlichen Entmischungsvorgängen kommen kann, vor allem, wenn die zugemischte Komponente deutlich geringere Abmessungen als die metallischen Pulver aufweist. Neben Ansammlungen an den

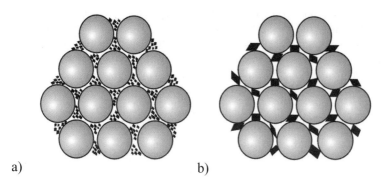

Bild 15: Schematische Darstellung der Entmischung von Metallpartikeln und partikelförmigen Verstärkungen beim Mischen metallischer Pulver, a) Agglomerate, b) homogene Verteilung

Korngrenzen und Entmischungen, die durch die Mischparameter verursacht werden, kann es zudem noch zu lokalen Ansammlungen von Partikeln in Bereichen von Partikeln kommen, die Hohlstrukturen oder Taschen aufweisen. In jedem Fall ist eine isotrope Verteilung aller beteiligten Komponenten ausgeschlossen und damit auch ein homogenes Eigenschaftsprofil.

4.4 Konsolidieren

Nach Herstellung der Pulver und Pulvermischungen folgt bei der klassischen pulvermetallurgischen Herstellungsweise die Konsolidierung. Hier wurden eine Vielzahl von Verfahren entwickelt, die allein oder in Kombination eingesetzt werden. Zu den wichtigsten Konsolidierungsverfahren gehören:

- Sintern [9, 21, 65-75]
- Strangpressen [9, 21, 27, 30, 40, 64, 70, 72, 76-81]
- Heisspressen [9, 21, 27, 64, 72, 73, 81-86]
- Heiß-Isostatisches Pressen (HIP) [9, 21, 40, 66, 72, 79, 85, 87-93]
- Kalt-Isostatisches Pressen (CIP) [9, 21, 64, 72, 78, 86, 94]
- Schmieden [9, 21, 70, 72, 78]
- Walzen [9, 21, 70, 72, 89]
- Pulverspritzgiessen [71]
- Herstellung von Beschichtungen [46-48]

Unter Umständen werden auch Kombinationen der jeweiligen Konsolidierungsverfahren eingesetzt, um bestimmte Vorteile der jeweiligen Verfahren ausnutzen und kombinieren zu können. Allgemein üblich ist zum Beispiel ein Verpressen der Pulver, das darauf folgende Evakuieren, Sintern und u. U. ein dem folgender Strangpressvorgang oder auch das Schmieden, um eine Dichte zu erreichen, die der theoretischen Dichte entspricht oder ihr nahe kommt. Mit Verfahren wie zum Beispiel dem Schmieden oder dem Strangpressen lassen sich die Verstärkungskomponenten auch ausrichten, um richtungsabhängige Eigenschaften zu erzielen. Bild 3 zeigt den schematisch den normalen Verfahrensablauf zur Herstellung von PM-MMC.

Hinsichtlich der Weiterverarbeitung weisen sowohl die unregelmäßigen als auch die regelmäßigen, sphärisch geformten Partikel Vor- und Nachteile auf. Zu den Vorteilen unregelmäßig geformter Partikel gehört die hohe Grünfestigkeit der Rohlinge, die in aller Regel durch einen Kaltpressvorgang erzeugt werden. Allerdings bedingt die unregelmäßige Gestalt auch eine vergleichsweise geringe Gründichte und auch die Mischbarkeit derartiger Metallpulver mit Verstärkungskomponenten lässt zu wünschen übrig. Im Gegensatz dazu lassen sich sphärische Pulver gut mit anderen Partikeln mischen und die aus ihnen über Kaltpressen erzeugten Grünlinge weisen eine hohe Gründichte auf. Allerdings geht dies auf Kosten der Grünfestigkeit, die deutlich geringer als im Fall der unregelmäßig geformten Partikel ist.

Nach dem Mischen werden die Mischungen aus Verstärkungskomponenten und den Pulvern der metallischen Matrix gepresst und mit einem geeigneten Verfahren weiter verdichtet, um Bauteile herzustellen, die nach Möglichkeit eine Dichte nahe der theoretischen Dichte aufweisen sollen. Dabei werden unter Umständen schon beim Pressen oder auch bei der Weiterverarbeitung Hilfsmittel zugesetzt, soweit es sich dabei um kombinierte Verfahren wie zum Beispiel dem Pulverspritzgiessen handelt, bei dem Pressen und die Formgebung einhergehen. In aller Regel handelt es sich bei den Hilfsmitteln um Wachse oder andere organische Materialien, die die Formgebung erleichtern, indem sie die innere Reibung zwischen den Pulverpartikeln vermindern und zudem dem Grünling eine gewisse mechanische Festigkeit für das weitere Handling geben. Allerdings müssen die Presshilfsmittel in der weiteren Folge der Verarbeitung wieder entfernt oder wenn möglich in Verstärkungskomponenten überführt werden. Während der letzte Schritt bislang noch nicht möglich ist, so werden die Presshilfsmittel normalerweise durch Ausbrennen wieder entfernt. Dieser Schritt geschieht direkt vor dem Sintern und hinterlässt zunächst eine gewisse Porosität, die durch einen Sinterprozess weitestgehend bis auf einen Wert nahe der theoretischen Dichte reduziert wird.

Bei Kurzfasern ist damit zu rechnen, dass es während der weiteren Herstellungsschritte zu einer Ausrichtung der Fasern kommt und dass je nach den folgenden Weiterverarbeitungsschritten die Faser auch geschädigt werden können. Im Fall des Strangpressens von metallischen Pulvern zusammen mit Kurzfasern als Verstärkung konnte nachgewiesen werden, dass die Kurzfasern sowohl parallel zur Strangpressrichtung ausgerichtet wurden wie sie auch durch das Strangpressen selbst zerbrochen wurden. Während ein Zerbrechen der Fasern in letzter Konsequenz die volle Verstärkungswirkung der Kurzfasern verhindert, zeigen Verbundwerkstoffe mit extrem anisotroper Faserverteilung stark unterschiedliche mechanische Eigenschaften parallel und senkrecht zur Faserorientierung, was unter Umständen ihre Einsetzbarkeit stark einschränkt. Prozesse wie das Heisspressen oder auch heissisostatisches Pressen sind dagegen geeignet auch kurzfaserverstärkte oder sogar langfaserverstärkte MMCs herzustellen.

Sintern ist oft die einzige Möglichkeit zur Erzeugung von Bauteilen und wird vor allem bei hochschmelzenden Partner im Verbundwerkstoff oder im Fall des Pulverspritzgiessen eingesetzt. Durch geeignete Sinteratmosphären hat man zudem noch die Möglichkeit, die Eigenschaften des Verbundwerkstoffes zu beeinflussen. Durch eine geeignete Temperaturführung lässt sich zudem die Grenzfläche zwischen der Matrix und der Verstärkungskomponente optimieren. Mit dem Sintern lassen sich gezielt poröse Körper herstellen deren Dichte bis nahe an die theoretische Dichte gelangen kann. Einen Wert von ca. 97 % kann man dabei jedoch nicht überschreiten. Um dennoch die volle theoretische Dichte zu erreichen, ist eine weitere Nachverdichtung zum Beispiel durch Schmieden, Strangpressen, Heiss- oder Kalt-Isostatisches Pressen erforderlich. Dabei wird durch das ausgewählte Verfahren auch das Eigenschaftsprofil beeinflusst.

Ohne Presshilfsmittel lassen sich Halbzeuge oder endkonturnahe Bauteile direkt mit den schon genannten Verfahren oder einer Kombination von Verfahren aus den Pulvermischungen herstellen. Im besonderen sind hier das Heiss- und das kaltisostatische Pressen (HIP, CIP) zu erwähnen. In beiden Fällen werden die Pulvermischungen in Kapseln eingefüllt, diese Kapseln werden evakuiert und dann einem allseitigen isostatischen Druck ausgesetzt. Arbeitet man beim kaltisostatischen Pressen (CIP) bei Raumtemperatur oder nur geringfügig darüber, so setzt man beim Heiß-Isostatischen Pressen (HIP) Temperaturen in der Größenordnung der Sintertemperaturen ein. Dabei hat man den Vorteil, direkt ein endkonturnahes, dichtes Bauteil zu erzeugen, das sich ohne oder nur mit geringfügiger Bearbeitung direkt einsetzen lässt. Im Unterschied dazu wird CIP in aller Regel als Vorstufe angesehen, bei dem das Halbzeug dann weiter verdichtet wird, sei es durch Strangpressen, Schmieden, Walzen etc.

4.5 Sprühkompaktieren

Das Sprühkompaktieren ist eine Weiterentwicklung der herkömmlichen Gasverdüsung und wurde entwickelt, um Verfahrensschritte einzusparen und um damit direkt zu einem Halbzeug zu kommen. Bei der Herstellung herkömmlicher MMC wird in aller Regel ein Metall- oder Legierungspulver hergestellt, die gewünschte Kornfraktion wird durch Sieben oder Sichten abgetrennt und mit der partikelförmigen Verstärkungskomponente gemischt. Die Mischung wird anschließend in Kapseln gefüllt und durch geeignete Prozesse vollständig konsolidiert. Dabei sind Sichten bzw. Sieben, das darauf folgenden Mischen und auch das Abfüllen in Kapseln vergleichsweise aufwendige Prozesse, die unter Umständen auch mit Verunreinigungen oder Segregationen verbunden sind. Damit besteht auch gleichzeitig das Risiko, einen inhomogenen Werkstoff zu erzeugen, der die an ihn gestellten Anforderungen nicht erfüllen kann. Auch sind die verschiedenen Verfahrensschritte kostenintensiv. Dem kommt das Sprühkompaktieren entgegen. Noch während der Herstellung der Matrixpulver werden diese in der Gasverdüsungsanlage auf einen Substratträger aufgesprüht. Die metallischen Partikel sind dabei je nach Größe und den gewählten Herstellungsparametern noch schmelzflüssig, teilflüssig oder auch schon erstarrt. Je nach Anwendung lassen sich so unterschiedlich dimensionierte Bolzen, Bänder oder auch Rohre direkt in einem Arbeitsschritt fertigen. Auch hier ist jedoch noch eine Nachverdichtung erforderlich, da das auf diese Art erzeugte Halbzeug in der Regel eine Dichte von ca. 90–95 % der theoretischen Dichte aufweist. Allerdings sind keinerlei Kontaminationen des Halbzeugs zum Beispiel durch atmosphärische Bestandteile wie zum Beispiel Sauerstoff oder Stickstoff zu erwarten.

Ein weiterer Vorteil des Sprühkompaktierens liegt darin, dass noch während des Verdüsungsvorganges Verstärkungspartikel in den Verdüsungsstrahl eingebracht werden können. Damit lässt sich in nur einem Arbeitsschritt ein partikelverstärktes Halbzeug herstellen, dessen Produktion kostengünstig ist und zudem eine gute, reproduzierbare Homogenität aufweist. Nachteilig bei diesem Verfahren ist jedoch, dass sich praktisch nur partikelverstärkte MMCs herstellen lassen. Versuche auch Kurzfasern als Verstärkungskomponente einzusetzen, scheiterten bislang vor allem daran, dass die Zufuhr der Partikel in den Verdüsungsstrahl nicht realisiert werden konnte. Weiterhin ist es wahrscheinlich, dass die Kurzfasern im abschließenden Verdichtungsschritt zerbrochen werden und damit ihre volle Verstärkungswirkung als Kurzfasern nicht mehr entfalten können. Realisiert wurden sprühkompaktierte Verbundwerkstoffe bereits mit unterschiedlichen metallischen Matrices. Dazu gehören Kupfer, Aluminium sowie auch Magnesium und die auf diesen Metallen aufbauenden Legierungen.

4.6 Bearbeitung

Sinn der pulvermetallurgischen Herstellungsroute ist die endkonturnahe Fertigung. Es sollen damit so viele Bearbeitungsschritte wie möglich eingespart werden, um eine kostengünstige Fertigung auch größerer Serien zu ermöglichen. Es kann dennoch vorkommen, dass ein Halbzeug oder auch ein bereits fertiges Werkstück bearbeitet werden müssen. In diesem Fall hat sich gezeigt, dass herkömmliche Werkzeuge praktisch ungeeignet sind, um MMCs vernünftig zu bearbeiten. Es sind in jedem Fall Diamantwerkzeuge einzusetzen, um ausreichende Oberflächenqualitäten zu gewährleisten, um den Werkzeugverschleiß in Grenzen zu halten.

5 Werkstoffe

Im folgenden wird eine keineswegs vollständige Auswahl an PM-MMC aufgeführt, getrennt nach den jeweiligen Matrixlegierungen. Neben den genannten Matrixwerkstoffen und -legierungen gibt es noch eine Reihe andere metallischer Matrixwerkstoffe, die für Verbundwerkstoffe in Frage kommen. Im besonderen sind hier auch Edelmetalle und -legierungen zu nennen, die jedoch in [95] gesondert betrachtet werden.

5.1 Magnesiumbasis-MMCs

Magnesium und seine Legierungen zählen zu den derzeit leichtesten Konstruktionswerkstoffen. Durch entsprechende Verfahrens- und Legierungsentwicklung gelang es, mechanische Eigenschaften zu erzeugen, die prinzipiell mit Aluminium und seinen Legierungen vergleichbar sind. Dies gilt jedoch im wesentlichen nur für den Raumtemperaturbereich bis hin zu ca. 150 °C. Oberhalb dieser Temperaturen weisen nur noch die relativ teuren Mg-Legierungen der QE-Reihe (Mg-Ag-RE) oder der WE-Reihe (Mg-Y-RE) ausreichende mechanische Eigenschaften und Kriechbeständigkeiten auf, um auch mit Aluminiumlegierungen konkurrieren zu können. Hier lassen sich eine Reihe von Verbesserungen durch den Einsatz von magnesiumbasierten MMC erreichen. Dies gilt sowohl für das Kriechverhalten, die mechanischen Eigenschaften, wie auch Verschleißverhalten, Wärmeausdehnungskoeffizient und thermische Leitfähigkeit. Derzeit ist die Schmelzinfiltration, vor allem das Squeeze Casting und die Gasdruckinfiltration, das am häufigsten gewählte Verfahren, um Mg-MMC herzustellen [96]. Es wurden jedoch auch Versuche unternommen, Mg-MMC auf pulvermetallurgischem Wege herzustellen, vor allem durch das Mischen von Mg-Legierungspulvern mit Hartstoffen (Partikeln, Whisker und Kurzfasern). Beispiele und Kennwerte pulvermetallurgisch hergestellter Mg-MMC zeigt die Tabelle 6.

Tabelle 6: Änderung der mechanischen Eigenschaften am Beispiel der gasverdüsten und stranggepressten Magnesiumlegierung ZK 60 und ihrer Verbundwerkstoffe, die Angaben für die Verstärkung sind in Vol.-% angegeben [97]

	Dichte [g cm^{-3}]	Rp [MPa]	Rm [MPa]	El. in [%]	E-Modul [GPa]
ZK60A	1,83	220	303	15,2	42
ZK60A + 20% SiCw	2,1	517	611	1,3	97
ZK60A + 20% SiCp	2,1	409	502	2,0	85
ZK60A + 20% B4C	1,97	404	492	1,7	83

Die dabei verwendeten Metallpulver werden in aller Regel über die Gaszerstäubung von Schmelzen hergestellt, bei den Verstärkungen wurden handelsübliche Hartstoffe eingesetzt. Dabei zeigte sich eine eindeutige Verbesserung der mechanischen Eigenschaften verglichen mit den unverstärkten Ausgangslegierungen. In Abhängigkeit vom Herstellungsprozess konnte auch eine Ausrichtung von Whiskern und Fasern nachgewiesen werden, sowie die Zerstörung von Kurzfasern, sobald Strangpressen als Konsolidierungsverfahren eingesetzt wurde. Eine weitere untersuchte Konsolidierungsmöglichkeit liegt im Sprayforming von Mg-MMC, bei denen SiC-Partikel in den Verdüsungsstrahl eingebracht wurden. Allerdings befinden sich die Untersuchungen hier noch in den Anfängen.

5.2 Aluminiumbasis-MMCs

Aluminium und seine Legierungen ebenso wie eine Reihe von Al-MMCs haben eine weite Verbreitung in praktisch allen Bereichen der Verkehrstechnik gefunden. Besondere Anforderungen müssen sie vor allem im Bereich der Luft- und Raumfahrt erfüllen. Hier ist es im besonderen die geringe Dichte, die ein spezielles Interesse geweckt hat. Bei hinreichend guten mechanischen Eigenschaften auch bei leicht erhöhten Temperaturen, guten Korrosionseigenschaften und einer guten Verarbeitbarkeit, war Aluminium einer der ersten Kandidaten für MMCs. Zur Herstellung von Verbundwerkstoffen werden jedoch in erster Linie schmelzmetallurgische Verfahren eingesetzt. Dennoch wurden eine Reihe von Verbundwerkstoffen auch mit pulvermetallurgischen Methoden hergestellt. Tabelle 7 zeigt die Eigenschaften einiger unterschiedlicher Al-Basis MMCs. Dabei ist besonders darauf hinzuweisen, dass die pulvermetallurgische Fertigungsroute von MMCs besonders dazu geeignet ist, hohe Volumenanteile an Verstärkungskomponenten in den Werkstoff einzubringen. Es sind Werte bis zu etwa 50 Vol.-% realisierbar. Dies unterscheidet derartige Systeme von partikelverstärkten MMCs die auf schmelzmetallurgischem Weg hergestellt werden, wo typischerweise etwa 20 Vol.-% an Verstärkungskomponenten in die Matrix eingebracht werden. Höhere Volumenanteile werden zwar ebenfalls berichtet, allerdings stößt man hier an verfahrenstechnische Grenzen. Ein weiterer Vorteil der pulvermetallurgischen Fertigung von MMCs liegt in der homogeneren Struktur. Bild 16 zeigt dies am Beispiel eines partikelverstärkten Al-PM-MMC. Neben dem Mischen der Ausgangswerkstoffe mit nachfolgendem Konsolidieren wird auch das mechanische Legieren oder die in situ-Reaktion für Aluminiumbasis-PM-MMC eingesetzt. Beispiele mechanisch legierter Pulver sind die Systeme für dispersionsverfestigtes Aluminium (Al/Al$_2$O$_3$, Al/Al$_4$C$_3$) [53, 54]. Weitere über mechanisches Legieren hergestellte Werkstoffe sind zum Beispiel Aluminiumlegierungen, bei denen Kohlenstoff in einer sauerstoffhaltigen Kugelmühlenatmosphäre eingemahlen wird, was zur Bildung von Al_2O_3 und Al_4C_3 führt.

Tabelle 7: Eigenschaften ausgewählter Aluminiumverbundwerkstoffe, die Angaben für die Verstärkung sind in Vol.-% angegeben [112]

	CTE [10^{-6}K]	Rp [MPa]	Rm [MPa]	El. [%]	E-Modul [GPa]	Bemerkung
2124 + 20% SiC 2	–	379	517	5,3	105	T6
2124 + 30% SiC 2	–	434	621	2,8	121	T6
2124 + 40% SiC 2	–	414	586	1,5	134	T6
2618 + 13% SiC 3	19,0	333	450	–	75	T6
6061 + 20% SiC 2	15,3	397	448	4,1	103	T6
6061 + 30% SiC 2	13,8	407	496	3,0	121	T6
6061 + 40% SiC 2	11,1	431	538	1,9	138	T6
7090 + 20% SiC 2	–	621	690	2,5	107	T6
7090 + 30% SiC 2	–	676	759	1,2	124	T6
8090 + 12% SiC 3	19,3	486	529	–	100	T6
A356 + 20% SiC 1	–	297	317	0,6	85	T6

1: gegossen, 2: gasverdüst und stranggepresst, 3: sprühkompaktiert und stranggepresst

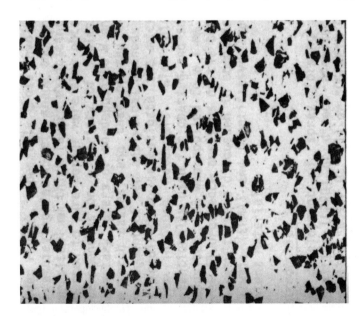

Bild 16: Gefüge eines sprühkompaktierten, stranggepressten Partikelverbundwerkstoffs mit einer Aluminiummatrix (6081 + 20 Vol.-% SiC) [111]

Tabelle 8: Eigenschaften ausgewählter Aluminiumlegierungen, die Angaben für die Verstärkung sind in Vol.-% angegeben [97, 112]

	CTE [10^{-6} K]	Rp [MPa]	Rm [MPa]	El. [%]	E-Modul [GPa]	Bemerkung
2014 1	25,4	414	483	13,0	73	T6
2124 2	–	345	462	8,0	71	T6
2618 3	23,0	320	400	–	75	T6
6061 1	26,1	240	310	20,0	69	T6
6061 2	23,0	276	310	15,0	69	T6
7090 2	–	586	627	10,0	74	T6
8090 3	22,9	480	550	–	80	T6
A356 1	–	200	255	4	75	T6

1: gegossen, 2: gasverdüst und stranggepresst, 3: sprühkompaktiert und stranggepresst

Tabelle 9: Eigenschaften ausgewählter in situ MMC mit Rein-Aluminium als Matrix, die Angaben für die Verstärkungskomponenten sind in Vol.-%. angegeben [84]

	Rp [MPa]	Rm [MPa]	El. [%]	E-Modul [GPa]
Rein-Al	64	90	21	70
10,5 % Al2O3 + 23,7 % Al3Ti	110	145	5	
10,5 % Al2O3 + 6,3 % TiB2 + 7,9 % Al3Ti	271	311	5	
10,5 % Al2O3 + 7,9 % TiB2 + 4,0 % Al3Ti	301	328	5	
10,5 % Al2O3 + 9,5 % TiB2	320	353	6	
11 % Al2O3 + 9,0 % TiB2 + 3,2 wt.-% Cu	427	478	2	
11,4 % Al2O3 + 8,6 % TiB2 + 6,0 wt.-% Cu	588	618	2	
20 % SiCp *	117	200	10	
20 % SiCw *	176	278	11	
20 % Ti2	235	334	7	131
20 % Ti2 *	121	166	16	96

*: ex situ Verbundwerkstoffe

5.3 Titanbasis-MMCs

Titan und seine Legierungen werden im chemischen Apparatebau, in der Medizintechnik und vor allem in der Luft- und Raumfahrt eingesetzt. Neben der Gewichtsersparnis kommt es im Bereich der Luft- und Raumfahrt vor allem auf hohe Steifigkeit, gute Hochtemperatureigenschaften bei gleichzeitig guten Festigkeitseigenschaften an. Verglichen mit Aluminium zeigen Titanlegierungen grundsätzlich bessere Hochtemperatureigenschaften, sehr gute Korrosionseigenschaften und weisen auch einen höheren E-Modul auf. Dies hat Titan und seine Legierungen sehr früh zu interessanten Kandidaten für die Herstellung von MMCs gemacht. Allerdings sind vor allem Titanschmelzen sehr reaktiv gegenüber praktisch allen bekannten Tiegelmaterialien, sowie den in Frage kommenden keramischen Verstärkungskomponenten. Dies machte sehr früh die schmelzmetallurgische Herstellung von diskontinuierlich verstärkter MMCs unmöglich [97]. Eine weitere Schwierigkeit liegt auch in der hohen Reaktivität von Titan im festen Zustand. Auch hier kommt es beim Einsatz bei höheren Temperaturen zu einer Schädigung der Verstärkungskomponenten und es bilden sich spröde Phasen in der Grenzfläche zwischen der Matrix und der Verstärkungskomponente. Auch ergeben sich so zusätzliche Spannungen durch zu große Unterschiede im thermischen Ausdehnungskoeffizienten und damit ein weiteres Kriterium für ein frühes Versagen des Verbundwerkstoffes.

Es wurden und werden eine Reihe unterschiedlicher Verfahren zur Herstellung von Titan-MMCs untersucht, dabei auch die pulvermetallurgische Verfahrensweise wie auch in situ-Reaktionen [98, 99]. Im Fall der pulvermetallurgisch hergestellten Titan-MMC werden Titanpulver und die Verstärkungskomponenten miteinander gemischt, dann in der Regel heiß gepresst. Es wurden sowohl uniaxiales Pressen als auch heißisostatisches Pressen als erfolgreiche Methoden zur Herstellung von MMCs eingesetzt. Auch wurden Titan- und Titanlegierungspulver eingesetzt, um Folien zur Erzeugung von Schichtverbundwerkstoffen herzustellen. Bei den in situ-Verbundwerkstoffen wird bevorzugt TiB_2 eingesetzt, dass während des Sinterns oder Heißpressens mit Titan aus der Matrix reagiert und TiB bildet. Die Tabelle 10 zeigt Eigenschaften ausgewählter Ti-MMC. Vor allem Ti-MMC, die höhere Anteile von TiB enthalten, sind vielversprechende Kandidaten für Ti-basierte, pulvermetallurgisch hergestellte Verbundwerkstoffe [78, 94, 98, 99]. Kommerziell angeboten wird bereits ein aus elementaren Pulvern (Ti, Al, V) und SiC-Partikeln hergestellter Verbundwerkstoff (CermeTi) [87, 90–101]. Bei der Herstellung dieses Werkstoffes kommen die Vorteile der pulvermetallurgischen Herstellung zur Geltung, da ein derartiger Verbundwerkstoff über die schmelzmetallurgische Herstellung nicht herstellbar ist. Hergestellt wird CermeTi über ein kombiniertes Verfahren aus kalt- und heißisostatischen Pressen. Gedacht ist dieser Verbundwerkstoff für Anwendungen in der Luft- und Raumfahrt, sowie auch für den Motorenbereich (Bild 17).

Tabelle 10: Eigenschaften ausgewählter in situ MMC mit Rein-Titan als Matrix, die Angaben für die Verstärkungskomponenten sind in Vol.-% angegeben [84]

	Rp [MPa]	Rm [MPa]	El. [%]	E-Modul [GPa]
Rein-Ti	393	467	20,7	109
10 % TiC	651	697	3,7	
5 % TiB	639	787	12,5	121
10 % TiB	706	902	5,6	131
15 % TiB	842	903	0,4	139
15 % (TiB + Ti2C)	690	757	2	
22,5 % (TiB + Ti2C)	635	680	< 0,2	
25 % (TiB + Ti2C)	471	635	1,2	

Allerdings ist den bislang erforschten Titanverbundwerkstoffen bislang ein kommerzieller Erfolg versagt geblieben. Die Ursache ist die schon erwähnte hohe Reaktivität von Titan als Matrixwerkstoff, die es notwendig macht, die ausgewählten Verstärkungskomponenten aufwen-

Bild 17: Ventil, Pleuel und Kolbenbolzen, gefertigt aus CermeTi-Verbundwerkstoff [101]

dig zu beschichten. Die Reaktionen zwischen Matrix und Verstärkung und auch die mit der Beschichtung der Verstärkung verbundenen Kosten sowie die Kosten in der Herstellung rufen derzeit erneut Diskussionen hervor, die einen Einsatz auch von pulvermetallurgisch hergestellten Titan-Verbundwerkstoffen fraglich erscheinen lassen [20].

5.4 Kupferbasis-MMCs

Eine wesentliche Überlegung bei der Herstellung von MMCs auf der Basis von Cu und seinen Legierungen liegt in der thermischen und elektrischen Leitfähigkeit [85, 92]. Es kommt vor allem darauf an, hier gute Eigenschaftskennwerte zu erzielen und gleichzeitig das Verschleißverhalten deutlich zu steigern. Bei diesen Vorgaben handelt es sich um einander widersprechende Ziele, die sich mit dem Einsatz von Verbundwerkstoffen jedoch besser lösen lassen als mit der Legierungstechnik. Neben Verfahren wie dem Mischen und darauf folgendem Sintern, Strangpressen oder anderen Konsolidierungsverfahren gewinnt zunehmend auch das Sprühkompaktieren an Bedeutung. Hier wurden bereits Versuche unternommen Hartstoffe und auch Graphit gleichzeitig in eine Kupfermatrix einzubringen, mit dem Ziel die elektrische Leitfähigkeit weitestgehend zu erhalten und gleichzeitig ein verbessertes Verschleißverhalten zu erreichen. Durch die Einlagerung leichterer Verstärkungskomponenten gelingt es zudem auch hier die Dichte des Verbundwerkstoffes zu senken. Das macht derartige Werkstoffe dann auch für die Luft- und Raumfahrt interessant [85, 92]. Derzeit hat jedoch die herkömmliche Verarbeitung über Mischen mit nachfolgendem Kalt- oder Strangpressen die größere Bedeutung, vor allem auch dadurch, dass Kupfer auf Grund seiner Gitterstruktur eine sehr gute Verformbarkeit besitzt. Gefügeaufnahmen kaltgepresster Cu-MMC zeigt Bild 7. Anwendung finden derartige PM-MMC zum Beispiel als Träger für elektronische Bauteile (Bild 8) oder auch für elektrische Kontakte (Bild 18). Neben diesen Legierungen werden auch dispersionsverfestigte Kupferlegierungen eingesetzt [55–57].

Einige der Verbundwerkstoffe, die auf Kupfer basieren, lassen sich jedoch in den Bereich der hartmetallbasierten Verbundwerkstoffe einordnen. Hier stellt Kupfer die Matrix und sorgt auf Grund seiner gute Wärmeleitfähigkeit dafür, dass die Betriebstemperatur des Werkstückes innerhalb der gewünschten Parameter bleibt. Bei den Betriebstemperaturen, wie sie zum Beispiel

285

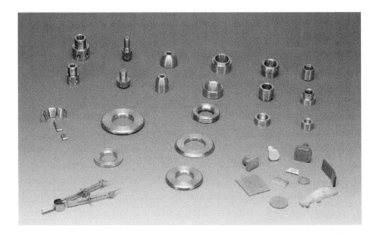

Bild 18: Elektrische Kontakte aus Cu-W, Ag-W, Ag-WC, Ag-CdO, Ag-Ni-C [104]

bei Elektroden für Punktschweißungen herrschen erfüllt die Kupfermatrix zudem noch eine weitere Aufgabe: Während des Betriebes verdampft Kupfer und nimmt dabei einen nicht unerheblichen Teil an Energie auf [2]. Bild 19 zeigt das dabei entstehende Gefüge, in Bild 20 sind entsprechende Bauteile abgebildet. Das Abdampfen des Kupfers wirkt sich in einer insgesamt

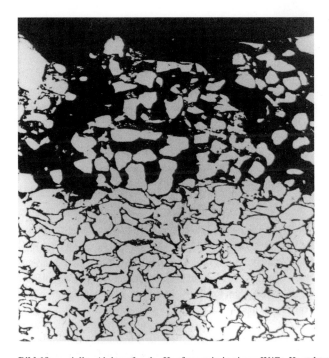

Bild 19: partielles Abdampfen der Kupfermatrix in einem W/Cu-Kontaktmaterial

höheren Lebensdauer der Elektrode aus. Eine Anwendung ist hier die in Bild 21 gezeigte Wärmesenke.

Bild 20: Abbrandkontakte aus W-Cu [2, 51]

Bild 21: Wärmesenke aus einem W/Cu-Kontaktmaterial [2, 51]

5.5 Eisenbasis-MMCs

Eisen ist die Basis für alle Stahlwerkstoffe, die im technischen Bereich eine überragende Bedeutung besitzen. Auf Grund des relativ hohen E-Moduls und der extrem hohen Bandbreite hinsichtlich der möglichen, einstellbaren Zugfestigkeiten und Streckgrenzen sind Überlegungen hinsichtlich der Dichtereduzierung nur von untergeordneter Bedeutung, wenn es zum Beispiel um Leichtbaustrukturen geht. Allerdings ist vor allem das Verschleißverhalten von Stahl im Bereich von Werkzeugen von großem Interesse. Oft sind die durch Legieren oder durch thermomechanische Prozesse erzeugten Karbide oder auch die martensitischen Anteile nicht ausreichend, um geforderte Eigenschaften zu erfüllen. Auch gibt es auf dem schmelzmetallurgischen Wege Einschränkungen hinsichtlich der Größe und der Verteilung der Hartstoffe in der Eisenmatrix. Um einen homogenen Werkstoff mit einem hohen Anteil an harten Phasen mit optimaler Verteilung und Partikelgröße zu erhalten, geht man daher den Weg von PM-MMC. Man erhält so Werkstoffe, die die sonst schon herausragenden Eigenschaften von Werkzeugstählen deutlich zu übertreffen vermögen. Ein Beispiel hierfür ist Ferrotitanit, ein Werkstoff der Fa. Edelstahl Witten-Krefeld GmbH [102]. In Bild 22 sind einige Werkzeuge zu sehen, die aus Ferrotitanit bestehen. Derartige Werkzeuge weisen extrem hohe Verschleißbeständigkeit auf, auch bei höheren Temperaturen. Sie sind zum Beispiel sehr gut geeignet, um als Werkzeug im Bereich Reibrührschweißen (friction stirr welding) eingesetzt zu werden.

Bild 22: Werkzeuge, hergestellt aus Ferrotitanit [102]

Ein weiteres Beispiel für einen Fe-basierten PM-MMC ist der Werkstoff PM 2000 der Fa. Plansee [2, 51]. Seine Zusammensetzung ist in Tabelle wiedergegeben. Bilder 12 bis 14 und 23 bis 26 zeigen einige Anwendungen dieses Werkstoffes. Dazu gehören Glasschmelzenrührer (Bild 12), Motorbauteile (Bilder 13 und 14), Brennerdüsen für Gasturbinen (Bild 23), Chargiergestelle für die keramische Industrie (Bild 24), Wabendichtsegmente für Hochleistungstriebwerke (Bild 25) wie auch Einspannvorrichtungen für die Prüftechnik bei hohen Temperaturen (Bild 26).

Bild 23: Brennerdüsen für Gasturbinen aus PM 2000 [2, 51]

Bild 24: Chargiergestell aus PM 2000 zum Brennen von Dachziegeln [2, 51]

Bild 25: Wabendichtsegment aus PM 2000 für Hochleistungstriebwerke [2, 51]

Bild 26: Einspannvorrichtung für die Hochtemperaturprüftechnik aus PM 2000 [2, 51]

Neben der Herstellung von Eisenbasis-MMCs auf dem üblichen pulvermetallurgischen Weg, d. h. dem Mischen der Ausgangsstoffe, gefolgt von der Konsolidierung kann man auch in situ Eisenbasisverbundwerkstoffe herstellen [103]. Wie schon bei anderen in situ MMC reagiert eine der beteiligten Phasen mit anderen vorhandenen Bestandteilen der Mischung und es entsteht zum Beispiel während des heißisostatischen Pressens die gewünschte Phase. Die so erzeugten Werkstoffe sind vergleichbar mit anderen Werkzeugstählen und weisen zum Teil sogar deutlich bessere Verschleißeigenschaften auf. Gleichzeitig lassen sich so die Kosten in der Herstellung deutlich senken [103].

5.6 Nickelbasis-MMCs

Nickel und seine Legierungen werden sehr oft im Bereich chemischer Anlagen verwendet, da es auch bei hohen Temperaturen eine gute Korrosionsbeständigkeit aufweist. Allerdings müssen Maßnahmen getroffen werden, um in diesem Temperatursegment auch ausreichend hohe mechanische Eigenschaften zu erreichen. Dies kann durch geeignete legierungstechnische Maßnahmen geschehen oder durch den Einsatz der Pulvermetallurgie. Letzteres trifft vor allem auf die ODS-Superlegierungen zu. Typische Zusammensetzungen einiger über das mechanische Legieren hergestellten Legierungen zeigt die Tabelle 2, ein Beispiele für Anwendungen zeigt Bild 27. Allerdings lassen sich auch die für die Legierung PM 2000 abgebildeten Beispiele mit nickelbasierten ODS-Legierungen herstellen, da sich der Anwendungsbereich der eisen- und nickelbasierten ODS-Legierungen in weiten Bereichen überschneidet.

Bild 27: PM 1000 Außenhaut-Wabenpanele für die Raumfahrt [2, 51]

6 Zusammenfassung und Ausblick

Die vorliegende zusammenfassende Darstellung über die PM-MMC zeigt die große Variationsbreite an Werkstoffsystemen und Pulverherstellungsverfahren, die eine Vielzahl für den Anwendungsfall maßgeschneiderten Pulver realisieren lässt. Dementsprechend sind die Einsatzmöglichkeiten vielfältig. Diese Zusammenstellung kann nur einen Einblick in das Potential pulvermetallurgisch gefertigter Verbundwerkstoffe geben und erhebt keinen Anspruch auf Vollständigkeit. Aus der angegebenen Literatur lassen sich jedoch weitere Informationen entnehmen und derzeit bietet auch das Internet mit seinen Recherchermöglichkeiten vielfältige Ansatzpunkte, um Antworten auf bestimmte Fragen hinsichtlich der PM-MMC zu erhalten. Dies gilt sowohl für die Fertigungsverfahren und -routen sowie für die derzeit eingesetzten Werkstoffe. Auch sind immer mehr die jeweiligen Firmenbroschüren online verfügbar und lassen damit einen schnellen Informationszugriff zu.

7 Literatur

[1] http://mmc-assess.tu-wien.ac.at.
[2] http://www.plansee.com.
[3] ROHATGI, P. K., ET AL. Solidifiction, structures, and properties of cast metal ceramic particle composites. Int. Mat. Rev. 31, 3 (1986), 115–119.
[4] CARREÑO-MORELLI, E., ET AL. Processing and characterisation of aluminium-based MMCs produced by gas pressure infiltration.Mat. Sci. Eng. A 251 (98), 48–57.
[5] TAHERI-NASSAJ, E., ET AL. Fabrication of an AlN particulate aluminium matrix composite by a melt stirring method. Scripta Met. Mat. 32, 12 (1995), 1923–1929.
[6] DEGISCHER, H. P., ET AL. Design rules for selective reinforcement of Mg-castings by MMC inserts. In Magnesium Alloys and their Applications (2000), K. U. Kainer, Ed., 207–214.
[7] CANTOR, B. Optimizing microstructure in spray-formed and squeeze cast metal-matrix composites.J. Microscopy 169, 2 (1993), 97–108.
[8] BYTNAR, J. H., ET AL. Macro-segregation diagram for dry blending particulate metal matrix composites. Int. J. Powd. Met. 31, 1 (1995), 37–49.
[9] TAYA, M. UND ARSENAULT, R. J. Metal matrix composites. Pergamon Press, New York, 1990.
[10] EVERETT, R. K. UND ARSENAULT, R. J. Metal Matrix Composites: Mechanisms and Properties. Academic Press, London, 1991.
[11] CHAWLA, K. K. Interfaces. In Composite Materials - Science and Processing. Springer Verlag, Berlin, 1987, 79–86.
[12] HARRIS, J. R., ET AL. A comparison of different models for mechanical alloying. Acta mater. 49 (2001), 3991–4003.
[13] GOMASHCHI, M. R. UND VIKHROV, A. Squeeze Casting: an overview. J. Mat. Proc. Tech. 101 (2000), 1–9.
[14] KACZMAR, J. W., ET AL. The production and application of metal matrix composite material. J. Mat. Proc. Techn. 106 (2000), 58–67.
[15] DIERINGA, H. UND KAINER, K. U. Partikel, Fasern und Kurzfasern zur Verstärkung von metallischen Werkstoffen. dieser Band, 2002.
[16] HEGELER, H., ET AL. Herstellung von faserverstärkten Leichtmetallen unter Benutzung von faserkeramischen Formkörpern. In Metallische Verbundwerkstoffe, K. U. Kainer, Ed. DGM Verlagsgesellschaft, Oberursel, 1994, 101–116.
[17] BUSCHMANN, R. Keramische Formkörper zur Herstellung von MMC's. dieser Band, 2002.

[18] CHADWICK, G. A. Squeeze casting of metal matrix composites using short fibre preforms. Mat. Sci. Eng. A 135 (1991), 23–18.

[19] MORTENSEN, A., ET AL. Infiltration of fibrous preforms by a pure metal: Part V. Influece of preform compressibility. Met. Mat. Trans. 30 A (1999), 471–482.

[20] LEPETITCORPS, Y. Processing of titanium matrix composites: discontinuous of continuous reinforcements? . CIMTEC 2002, Florence, Italy, 2002, im Druck.

[21] SCHATT, W., UND WIETERS, K.-P. Pulvermetallurgie. VDI-Verlag, 1994.

[22] HE, Y., ET AL. Micro-crystalline Fe-Cr-Ni-Al-Y_2O_3 ODS alloy coatings produced by high frequency electric-spark deposition. Mat. Sci. Eng. A 334 (2002), 179–186.

[23] BERKOWITZ, A. E. UND WALTER, J. L. Spark erosion: A method for producing rapidly quenched fine powders. J. Mater. Res. 2, 2 (1987), 277–288.

[24] MÜLLER, B. UND FERKEL, H. Properties of nanocrystalline Ni/Al_2O_3 composites. Z. Metallkd. 90, 11 (1999), 868–871.

[25] NASER, J., ET AL. Laser-induced synthesis of nanoscaled tin oxide based powder mixtures. Lasers in Engineering 9 (1999), 195–203.

[26] NASER, J., UND FERKEL, H. Laser-induced synthesis of Al_2O_3/Cu-nanoparticle mixtures. NanoStruct. Materials 12 (1999), 451–454.

[27] NASER, J., ET AL. Dispersion hardening of metals by nanoscaled ceramic powders. Mat. Sci. Eng. A 234-236 (1997), 467–469.

[28] KONITZER, D. G., ET AL. Rapidly solidified prealloyed powders by laser spin atomisation. Met. Trans. B 15 (1984), 149–153.

[29] RIEHEMANN, W., UND MORDIKE, B. L. Production of ultra-fine powder by laser atomisation. Lasers in Engineering 1 (1992), 223–231.

[30] NASER, J., ET AL. Grain stabilisation of copper with nanoscaled Al2O3-powder. Mat. Sci. Eng. A 234-236 (1997), 470–473.

[31] FERKEL, H., ET AL. Electrodeposition of particle-strengthened nickel film. Mat. Sci. Eng. A 234-235 (1997), 474–476.

[32] YING, D. Y. UND ZHANG, D. L. Processing of Cu-Al_2O_3 metal matrix nanocomposite materialsby using high energy ball milling.Mat. Sci. Eng. A 286 (2000), 152–156.

[33] BERGMANN, H. W., ET AL. Die Erzeugung von Metallpulvern durch Verdüsung ihrer Schmelzen mit flußsigen Gasen. Steel Metals Magazine 28, 10 (1988), 985–1003.

[34] DUNKLEY, J. J. Metallpulverherstellung durch Wasserzerstäubung. Metall 32, 12 (1978), 1282–1285.

[35] KAINER, K. U. UND MORDIKE, B. L. Oil atomisation – A method for the production of rapidly solidified iron-carbon alloys. Mod. Dev. in Powd. Met. 18-21 (1988), 323–337.

[36] YULE, A. J. UND DUNKLEY, J. J. Atomization of melts. Oxford University Press, Oxford, UK, 1994.

[37] BREWIN, P. R., ET AL. Production of high alloy powders by water atomisation. Powd. Met. 29, 4 (1986), 281–285.

[38] GERLING, R., ET AL. Specifications of the novel plasma melting inert gas atomization facility PIGA 1/300 for the productiion of intermetallic titanium-based alloy powders. GKSS-Bericht 92/E/4 (1992).

[39] HORT, N. UND KAINER, K. U. Crucible free gas atomisation of special metals and alloys. In Int. Conf. on Powder Metallurgy PM'98 (1998).

[40] NAKA, S., ET AL. Oxide-dispersed titanium alloys Ti-Y prepared with the rotating electrode process. J. Mat. Sci. 22 (1987), 887–895.

[41] SESHADRI, R., ET AL. Production of titanium alloy powders. In Proc. Symp. Powder Met. Alloys, Bombay, India (1980), 23–26.

[42] SALMANG, H. UND SCHOLZE, H. Keramik, Teil 2: Keramische Werkstoffe, 6. Auflage Springer Verlag, Berlin, 1983.

[43] PARVIZI-MAJIDI, A. Fibers and whiskers. In Materials Science and Technology, Structure and Properties of Composites, T.-W. Chou, Ed., vol. 13. VCH Weinheim, 1993, 25–88.

[44] CHAWLA, K. K. Metal Matrix Composites. In Materials Science and Technology, Structure and Properties of Composites, Hrsg.: T.-W. Chou, vol. 13. VCH Weinheim, 1993, 121–182.

[45] PEEBLES, L. H. Carbon Fibers – Formation, structure and properties. CRC Press, London, 1995.

[46] BECZKOWIAK, J., ET AL. Karbidische Werkstoffe für HVOF Anwendung, 1995.

[47] BECZKOWIAK, J., ET AL. Neue boridhaltige Werkstoffe für das Hochgeschwindigkeits Flammspritzen: Pulver- und Schichteigenschaften, 1995.

[48] BECZKOWIAK, J. UND SCHWIER, G. Pulverförmige Zusätze für das thermische Spritzen, 1995.

[49] LUYCKX, S., ET AL. Fine grained WC-VC-Co hardmetal. Powder Metallurgy 39 (1996), 210–212.

[50] SEEGOPAUL, P. UND MCCANDLISH, L. E. Nanodyne advances ultrafine WC-Co powders. MPR 51, 4 (1996), 16–20.

[51] PLANSEE. Dispersionsverfestigte Hochtemperaturwerkstoffe, Datenblatt Werkstoffeigenschaften und Anwendungen, 1998.

[52] SHAKESHEFF, J. A. DERA takes aim at MMC advances. MPR 53, 5 (1998), 28–30.

[53] ARNOLD, V., ET AL. Pulvermetallurgie - Eine Verfahrenstechnik zur Herstellung von Verbundwerkstoffen und Verbundbauteilen. VDI-Berichte Nr. 734 (1989), 215–239.

[54] ARNOLD, V., UND HUMMERT, K. Properties and applications of dispersion strengthened aluminium alloys. In Proc. Int. Conf. On New Materials by Mechanical Alloying Techniques DGM Informationsgesellschaft Verlag, Oberursel, (1998), 263–280.

[55] SAUER, C., ET AL. Effects of dispersion addition on the properties of Ci-Ti P/M alloys. In Proc. 1993 Powder Metallurgy World Congress (1993), 143–149.

[56] LOTZE, G. UND STEPHANIE, G. Eigenschaften von über das Hochenergie-Mahlen hergestellten dispersionsgehärteten Cu-Werkstoffen. In Verbundwerkstoffe und Werkstoffverbunde (1995), G. Ziegler, Ed., DGM Informationsgesellschaft Verlag, Oberursel, 533–536.

[57] TROXELL, J. D. GlidCop dispersion strengthened copper: Potential applications in fusion power generators. In Proc. IEEE 13th Symp. On Fusion Engineering (1989), vol. Vol. 2, 761–769.

[58] MORDIKE, B. L., ET AL. Effect of tungsten content on the properties and structure of cold extruded Cu-W composite materials. Powd. Met. Int. 23 (1991), 91–95.

[59] MOON, I. H., ET AL. Full densification of loosely packed W-Cu composite powders. Powder Metallurgy 41 (1998), 51–57.

[60] SEPULVED, J. UND VALENZUELA, L. Brush Wellman advances Cu/W technology. MPR 53, 6 (1998), 24–27.
[61] BORMANN, R. Mechanical Alloying: Fundamental Mechanisms and Applications. In Materials by Powder Technology - PTM'93 (1993), F. Aldinger, Ed., DGM Informationsgesellschaft Verlag, Oberursel, 247–258.
[62] NITYANAND, N., ET AL. An analysis of radial segregation for different sized spherical solids in rotary cylinders. Met. Trans. B 17 (1986), 247–257.
[63] TAKACS, L. Self-sustaining reactions induced by ball milling. Prog. Mat. Sci. 47 (2002), 255–414.
[64] LEWANDOWSKI, J. J., ET AL. Microstructural effects on the fracture micromechanisms in 7xxx Al P/M-SiC particulate metal matrix composites. In Processing and Properties for Powder Metallurgy Composites (1988), P. Kumar et al., Eds., The Metallurgical Society, 117–137.
[65] VELASCO, F., ET AL. TiCN-high speed steel composites: sinterability and properties. Composites Part A 33 (2002), 819–827.
[66] KIM, Y.-J., ET AL. Processing and mechanical properites of Ti-6Al-4V/TiC in situ composite fabricated by gas-solid reaction. Mat. Sci. Eng. A 333 (2002), 343–350.
[67] ABENOJAR, J., ET AL. Reinforcing 316L stainless steel with intermetallic and carbide particles. Mat. Sci. Eng. A 335 (2002), 1–5.
[68] OLIVEIRA, M. M. UND BOLTON, J. D. High speed steel matrix composites with TiC and TiN. In Proc. Int. Conf. PM World Congress, Paris (1994), 459–462.
[69] LINDQVIST, J.-O. Pressing and sintering of MMC wearparts. In Proc. Int. Conf. PM World Congress, Paris (1994), 467–470.
[70] KAINER, K. U., ET AL. Production techniqes, microstructures and mechanical properties of SiC particle reinforced magnesium alloys. In Proc. Int. Conf. on PM-Aerospace Materials (1991), 38.1–15.
[71] LOH, N. H., ET AL. Production of metal matrix composite part by powder injection molding. J. Mat. Proc. Techn. 108 (2001), 398–407.
[72] CLYNE, T. W., AND WHITHERS, P. J. An introduction to metal matrix composites. Cambridge University Press, Cambridge, UK, 1993.
[73] FENG, C. F. UND FROYEN, L. In-situ P/M Al(ZrB_2 + Al_2O_3) MMCs: Processing, microstructure and mechanical characterisation. Acta mater. 47 (1999), 4571–4583.
[74] HE, D. H. UND MANORY, R. A novel electrical contact material with improved self-lubrication for railway current collectors. Wear 249 (2001), 626–636.
[75] UPADHYAYA, A., ET AL. Advances in sintering of hard metals. Mat. Design 22 (2001), 499–506.
[76] BORREGO, A., ET AL. Influence of extrusion temperature on the microstructure and the texture of 6061 Al - 15 vol.-% SiC_w PM composites. Comp. Sci. Techn. 62 (2002), 731–742.
[77] KAINER, K. U. UND TERTEL, A. Extrusion of short fibre reinforced magnesium composites. In Proc. 12th Riso Int. Symp. on Mat. Sci. (1991), 435–440.
[78] SAITO, T., ET AL. Thermomechanical properties of P/M β titanium metal matrix composites. Mat. Sci. Eng. A 243 (1998), 273–278.

[79] KENNEDY, A. R. UND WYATT, S. M. Characterising particle-matrix interfacial bonding in particulate Al-TiC MMCs produced by different methods. Composites A 32 (2001), 555–559.

[80] ERICH, D. L. Metal matrix composites: Problems, applications and potential in the P/M industry. The. Int. J. of Powd. Met. 23, 1 (1987), 45–54.

[81] MORDIKE, B. L., ET AL. Powder metallurgical preparation of composite materials. Trans. of PMAI 17 (1990), 7–17.

[82] KAMIYA, A., ET AL. Alumina short fiber reinforced titanium matrix composite fabrication by hot-press method. J. Mat. Sci. Lett. 20 (2001), 1189–1191.

[83] OGEL, B. UND GURBUZ, R. Microstructural characterisation and tensile properties of hot pressed Al-SiC composites prepared from Al and Cu powders. Mat. Sci. Eng. A 301 (2001), 213–220.

[84] TJONG, S. C. UND MA, Z. Y. Microstructural and mechanical characteristics of in situ metal matrix composites. Mat. Sci. Eng. 29 (2000), 49–113.

[85] KORB, G., ET AL. Thermophysical properties and microstructure of short carbon fibre reinforced Cu-matrix composites made by electroless copper coating or powder metallurgical route respectively. In Proc. Int. Symp. on Electronic Manufacturing Technology IEMT, Potsdam (1998), 98–103.

[86] RADHAKRISHNA, B. V., ET AL. Processing map for hot working of powder metallurgy 2124 Al-20 vol pct SiC_p metal matrix composites.Met. Trans. 23 A (1992), 2223–2230.

[87] ABKOWITZ, S. Advanced powder metallurgy technology for manufacture of titanium alloy and titanium matrix composites to near net shape. In Proc. Int. Conf. on P/M in aerospace and defense technologies, Seattle (Wash.) Vol. 1 (1989), 193–201.

[88] RAY, A. K., ET AL. Fabrication of TiN reinforced aluminium metal matrix composites through a powder metallurgical route. Mat. Sci. Eng. A (2002). in press.

[89] FROES, F. H. UND SURYANARAYANA, C. Powder processing of titanium alloys. Reviews in Particulate Materials 1 (1993), 223–275.

[90] ABKOWITZ, S., ET AL. The commercial application of low-cost titanium composites. JOM 8 (1995), 40–41.

[91] JÜNGLING, T., ET AL. Manufacturing of TiAl-MMC by the elemental powder route. In Proc. Int. Conf. PM World Congress, Paris (1994), 491–494.

[92] BUCHGRABER, W., ET AL. Carbon fibre reinforced copper matrix composites: Production techniques and functional properties. In EUROMAT (1999), 1111

[93] GODFREY, T. M. T., ET AL. Microstructure and tensile properties of mechanically alloyed Ti-6Al-4V with boron additions. Mat. Sci. Eng. A 282 (2000), 240–250.

[94] SAITO, T., ET AL. Development of low cost titanium matrix composite. In Recent Advances on Titanium metal matrix composites (1995), F. H. Froes and J. Storer, Eds., 33–44.

[95] BLAWERT, C. UND KAINER, K. U. Edelmetall- und Buntmetallverbundwerkstoffe. dieser Band, 2002.

[96] HORT, N., ET AL. Magnesium matrix composites. In Magnesium and its alloys (2002), B. L. Mordike and H. Friedrich, Eds., Springer Verlag, Heidelberg, im Druck

[97] SRIVATSAN, T. S., ET AL. Processing of discontinuously reinforced metal matrix composites by rapid solidification. Prog. in Mat. Sci. 39 (1995), 317–409.

[98] GORSSE, S., ET AL. In situ preparation of titanium base composites reinforced with TiB single crystals using a powder metallurgy technique. Composites Part A 29 A (1998), 1229–1234.
[99] GORSSE, S., ET AL. Investigation of Young's modulus of TiB needles in situ produced in titanium matrix composites. Mat. Sci. Eng. A (2002). in press.
[100] ABKOWITZ, S., ET AL. Particulate reinforced titanium alloy composites economi-cally formed by combined cold and hot isostatic pressing. Industrial Heating 9 (1993), 32–37.
[101] http://www.dynamettechnologie.com.
[102] EDELSTAHL WITTEN KREFELD GMBH, Firmenbroschüre, 2001.
[103] BERNS, H. UND WEWERS, B. Development of an abrasion resistant steel composite with in situ TiC particles. Wear 251 (2001), 1386–1395.
[104] http://www.sinter-metal.com.
[105] http://www.ospreymetals.com
[106] BEANE, A., ET AL. Cold forming extends the reach of P/M. MPR 52, 2 (1997), 26–31.
[107] Special Metals Corporation. Firmenbroschüre: Inconel alloy MA 758, 1993.
[108] Special Metals Corporation Firmenbroschüre: Inconel alloy MA 754, 1999.
[109] Special Metals Corporation Firmenbroschüre: Inconel alloy MA 956, 1999.
[110] Materials Innovations Inc., Cold forming P/M.
[111] KAHL, W. UND LEUPP, J. Spray Deposition of high performance aluminium alloys via the OSPREY Process, in: Advanced Materials and Processes, Hrsg.: H. E. Exner, V. Schumacher, DGM Informationsgesellschaft, Oberursel (1990) 261–266
[112] KAINER, K. U. Verstärkte Leichtmetalle - Potential und Anwendungsmöglichkeiten. VDI Berichte 965.1 (1992), 159–169.
[113] LASHMORE, D. S. UND CHRISTIE, P. Cost effective, cold forming powder metallurgy process fabricates dense parts without sintering. Mat. Tech. 11, 4 (1996), 131–144.
[114] LAWLEY, A. UND APELIAN, D. Spray forming of metal matrix composites. In Proc. 2nd Int. Conf. on Spray Forming (1111), J. V. Wood, Ed., Woodhead Publishing Ltd., Abington, UK, 267–280.
[115] N. N. Soft magnetic composites offer new PM opportunities. MPR 51, 1 (1996), 24–28.
[116] PERSSON, M. SMC powders open new magnetic applications, 1997.
[117] SURYANARAYANA, C. Mechanical Alloying and milling. Prog. Mat. Sci. 46 (2001), 1–184.
[118] SURYANARAYANA, C., ET AL. The science and technology of mechanical alloying. Mat. Sci. Eng. A 304-306 (2001), 151–158.
[119] VERGHESE, L. Westam composite nickel powders. Powder Metallurgy 41 (1998), 16–17.

Sprühkompaktieren – ein alternatives Herstellverfahren für MMC-Aluminiumlegierungen

P. Krug, G. Sinha
PEAK Werkstoff GmbH, Velbert

1 Einleitung

Werkstoffe auf Aluminiumbasis werden heutzutage in vielen technischen Bereichen eingesetzt. Als NE Metall konkurriert Aluminium aufgrund seines geringen spezifischen Gewichts, der hohen Korrosionsbeständigkeit sowie den herausragenden technologischen Eigenschaften bereits in vielen Anwendungsfällen mit dem konventionellen Werkstoff Stahl. Die zahlreichen wirtschaftlichen Vorteile, insbesondere die des Hochleistungsaluminiums, überzeugen für den Einsatz dieses Materials.

Die PEAK Werkstoff GmbH in Velbert ist heutzutage führend auf dem Gebiet des Sprühkompaktierens von Hochleistungs-Aluminiumlegierungen. Die aus sprühkompaktiertem Vormaterial hergestellten Endprodukte (Markenname „DISPAL") finden Anwendung in der Automobilindustrie und im allgemeinem Maschinenbau. Weitere Marktsegmente wie z.B. die Luft- und Raumfahrt werden ebenfalls mit Legierungen aus Velbert beliefert.

Sprühkompaktierte Aluminiumlegierungen besitzen eine Reihe herausragender Eigenschaften (siehe auch Bilder1 bis 5):

- Höchstfeste Legierungen mit Streckgrenzen von 700 MPa
- Hohe Festigkeit in Kombination mit guter Bruchzähigkeit (Festigkeiten bis zu 520 MPa bei Bruchzähigkeiten bis zu 120 MPa$\sqrt{m}$)
- Hohe E-Moduli bis zu 100 GPa
- Außerordentliche Warmfestigkeit bis zu Einsatztemperaturen von 400 °C
- Ausgezeichnete Verschleißbeständigkeit
- Niedriger in weiten Grenzen einstellbarer thermischer Ausdehnungskoeffizient
- Hohe Korrosionsbeständigkeit in unterschiedlichen Medien
- Gute Umformbarkeit auf konventionellen Anlagen
- Problemloses Einbeziehen der neuen Werkstoffe in die Kreislaufwirtschaft

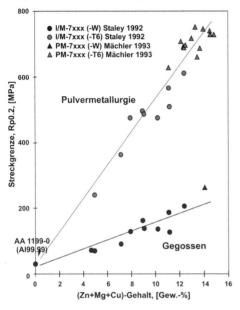

Bild 1: Festigkeit von AlZnMgCu-Legierungen hergestellt mit unterschiedlichen Abkühlraten [1,2]

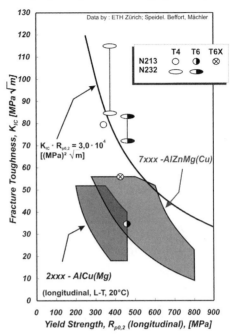

Bild 2: Vergleich der Bruchzähigkeiten von konventionellen mit sprühkompaktierten Legierungen [3]

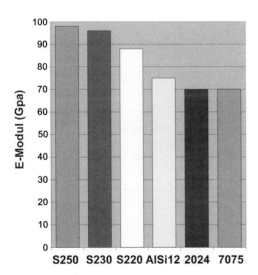

Bild 3: E-Moduli verschiedener Legierungen. Durch die erhöhten Siliziumgehalte werden höhere E-Moduli erreicht.

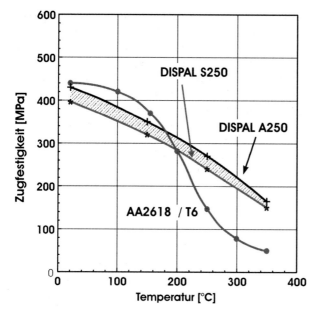

Bild 4: Warmfestigkeit von sprühkompaktierten Werkstoffen im Vergleich zu der konventionellen Legierung AA2618

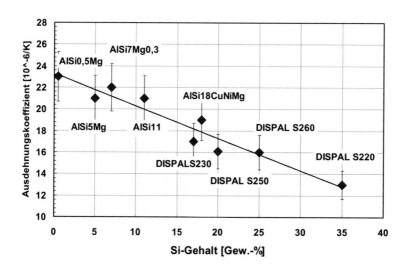

Bild 5: Ausdehnungskoeffizient von DISPAL-Werksoffen im Vergleich zu anderen Aluminiumlegierungen

Die genannten Eigenschaften können nur durch pulvermetallurgische Verfahren umgesetzt werden, die zur Kategorie der Rascherstarrung gezählt werden. Die Pulvermetallurgie ist nach DIN 8580 den Urformverfahren von Werkstoffen zugeordnet. Man unterscheidet hier zwischen der konventionellen P/M Technologie und der neueren Pulvermetallurgie.

Die Zielsetzung der konventionellen P/M Technologie besteht darin, Bauteile oder einzelne Baugruppen in möglichst endkonturnahen Geometrien herzustellen.

Die neuen pulvermetallurgischen Verfahren hingegen verfolgen das Ziel, stets innovative Werkstoffe zu entwickeln, da es dem heutigen Stand der Technik nicht mehr genügt, Werkstoffe, die ein möglichst breit gefächertes Anwendungsgebiet abdecken, auf den Markt zu bringen. Vielmehr werden Werkstoffe und Materialien gefordert, die alleinig für spezielle Anwendungsbereiche konzipiert, sozusagen „maßgeschneidert" werden.

2   Das Sprühkompaktieren

Hinsichtlich ökonomischer und technischer Vorteile kommt dem Sprühkompaktieren, einer konsequenten Weiterentwicklung der konventionellen Pulvermetallurgie, eine große Bedeutung zu. Der wesentliche technische Hintergrund ist die extreme Abkühlgeschwindigkeit (Bild 6) während der Erstarrung einer hochlegierten und stark überhitzten Legierung in der Größenordnung von 10^3 bis 10^4 K/s.

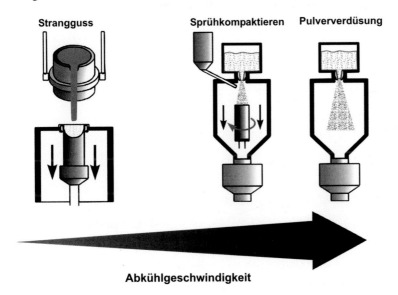

Bild 6: Verschiedene Urformprozesse und deren Einordnung hinsichtlich der erzielbaren Abkühlraten

Das aus der hohen Abkühlrate resultierende Gefüge zeichnet sich durch eine monomodale Verteilung sehr feiner Primärsiliziumkristalle bzw. intermetallischer Ausscheidungen aus (Bild 7).

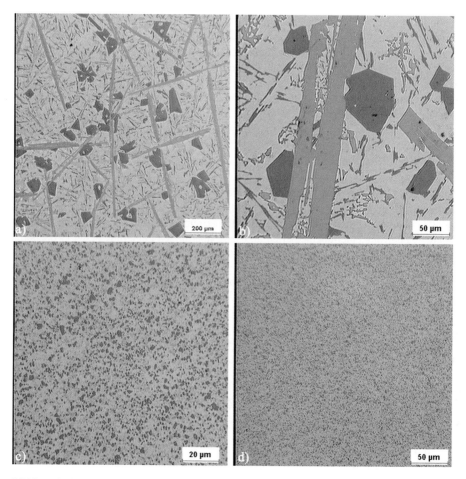

Bild 7: Gefügevergleich der Legierung AlSi20Fe5Ni2 im Zustand „wie gegossen" und „wie gesprüht" a) Gegossen 50x ; b) Gegossen 200x ; c) sprühkompaktiert 200x ; d) sprühkompaktiert 500x

Die Herstellung von warmfesten Aluminiumlegierungen wird durch einen Wechsel der Härtungs- und Verfestigungsmechanismen von der traditionellen Ausscheidungshärtung zur Dispersionsverfestigung erreicht. Des weiteren gelingt durch die rasche Erstarrung eine Überführung von in der Regel spröden, übereutektischen Aluminiumgusslegierungen in „knetbare" Legierungen. Alle im lieferbaren Legierungsspektrum verfügbaren Aluminiumwerkstoffe zeigen mindestens eine Eigenschaft oder eine Eigenschaftskombination, die mit konventionellen Gießtechniken nicht darstellbar ist. Diese Eigenschaften sind wie bereits eingangs erwähnt: Hohe Festigkeiten, Verschleißbeständigkeit, Warmfestigkeit und hoher E-Modul.

3 Verfahren

3.1 Rapid Solidification (RS) Technik

Bei der Gasverdüsung wird die sogenannte RS Technik (RS = rapid solidification) angewandt. Der Schmelzestrahl einer stark überhitzten Metallschmelze wird mittels eines Kühlgases (Stickstoff, Luft) zerstäubt. Die entstandenen Schmelztröpfchen werden durch das Kühlgas sehr schnell abgeschreckt, so dass der Übersättigungszustand im Pulverteilchen eingefroren wird. Gleichzeitig werden Dispersoide intermetallischer Zusammensetzung gebildet, die für die Warmfestigkeit des Werkstoffes erforderlich sind. Das Vorverdichten des gasverdüsten Pulvers wird über kaltisostatisches Pressen (CIP) erreicht. Die vollständige Konsolidierung erfolgt dann durch Strangpressen. Bei diesem Arbeitsschritt werden benachbarte Pulverteilchen gegeneinander abgeschert und an den neu geschaffenen Oberflächen verschweißt.

Wenn die spätere Anwendung es erforderlich macht, können weitere Zwischenschritte wie das Kapseln der CIP-Bolzen in Hülsen aus Reinaluminium, Entgasen, Heißpressen und Entkapseln zwischengeschaltet werden. Dadurch werden gasförmige Verunreinigungen bzw. Feuchtigkeit von der Oberfläche der Partikel entfernt, was zu geringfügigen Eigenschaftssteigerungen führt.

3.2 Sprühkompaktiertechnik

Das Sprühkompaktieren kann als Weiterentwicklung des Verdüsens angesehen werden. Sprühkompaktierte Werkstoffe unterscheiden sich von den RS-verdüsten Legierungen u.a. durch extrem niedrige Gasgehalte in Form von Wasserstoff, da der Sprühvorgang unter Inertgasatmosphäre (Stickstoff) durchgeführt wird. Erst durch diesen Sachverhalt werden sprühkompaktierte Werkstoffe über Schmelzschweißverfahren schweißbar. Der reine Verdüsungsvorgang ist mit der RS Technik identisch. Im Gegensatz zur RS Technik entfällt beim Sprühkompaktieren jedoch das kalt- bzw. heißisostatische Pressen, da als Halbzeug ein bereits kompakter Formkörper vorliegt. Bild 8 und Bild 9 geben das Schema der Sprühkompaktieranlage, wie sie bei der PEAK Werkstoff GmbH für Sonderlegierungen und Entwicklungskonzepte verwendet wird, wieder. Über einen Tundish wird die Schmelze auf die zwei Verdüsungseinheiten verteilt. Die Schmelze wird durch Stickstoff verdüst und das entstehende Tröpfchenspektrum in Richtung Bolzen beschleunigt. Die auftreffenden Tröpfchen erstarren auf der Oberfläche und nach und nach wächst ein Gebilde auf, dass durch gleichmäßige Rotation um die vertikale Achse und kontinuierlichen Abzug nach unten einen nahezu perfekten zylindrischen Bolzen bildet.

3.3 Schmelzkonzept

Für Großserienproduktionen empfiehlt es sich, Schmelzkonzepte zu entwickeln, die ausschließlich auf die zu sprühende Legierung abgestimmt sind. Nachteil derartiger Anlagen wäre ein unerwarteter Legierungswechsel, der zu erheblichen Betriebsnebenzeiten führen würde. Die Produktionsanlage in St. Avold, Frankreich besteht aus einem 1,2 t Tiegelschmelzofen, einem 2,5 t Gießdruckofen mit angeflanschtem Vorherd, sowie der eigentlichen Sprühkammer.

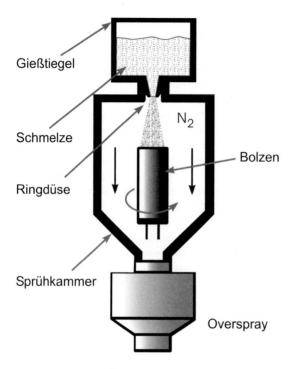

Bild 8: Schematischer Überblick über die Sprühkompaktieranlage

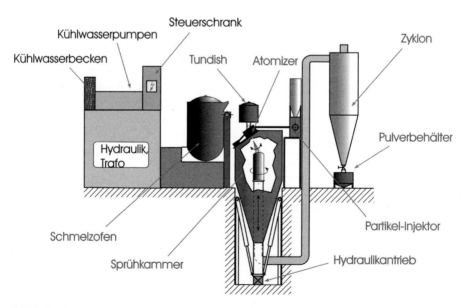

Bild 9: Sprühkammer (schematisch)

Der Tiegelschmelzofen wird aus Behältern über eine Kippvorrichtung befüllt. Von hieraus gelangt das aufgeschmolzene Metall über eine Rinne in den Gießdruckofen. Diese gesamte Einheit steht auf Wägezellen, damit eine kontinuierliche Erfassung und Kontrolle des Metallinhaltes möglich ist. Über den kontrollierten Druckanstieg in dem Gießdruckofen wird das Flüssigmetall in den Vorherd gedrückt. Die PEAK Werkstoff GmbH verfügt über zwei Seriensprühkompaktieranlagen, sowie einer F&E-Sprühkompaktieranlage

Zum Sprühen wird der Gießdruckofen in Richtung Sprühkammer verfahren und der Vorherd an die Sprühkammer angedockt. Die Anpresskraft des Vorherdes an die Sprühkammer kann über Kraftmessdosen in den Hydraulikzylindern definiert eingestellt werden, damit einerseits eine absolute Dichtheit gewährleistet ist, anderseits aber auch die Dichteelemente nicht mechanisch zerstört werden.

Die wichtigste verfahrenstechnischen Eigenschaften des Gießdruckofens ist die Drucksteuerung. Mit ihrer Hilfe ist es möglich, während des Sprühens das Badniveau im Vorherd – unabhängig vom Ofenfüllgrad – immer konstant zu halten. Ein konstanter Badstand ist eine unabdingbare Voraussetzung für eine präzise Durchflussregulierung. Dies geschieht durch eine kontinuierliche Erhöhung des Überdrucks im Gießdruckofen mit einer Geschwindigkeit, die exakt der Sprührate entspricht. Für die Regelung wird das im Vorherd mit einem Schwimmer gemessene Badniveau als Istwert verwendet. Bei Sprühende wird der Druck nur soweit abgebaut, dass der im Vorherd eingesetzte Filter gerade noch unter Metall steht. Dies ist für eine lange Lebensdauer des Filters wichtig. Außerdem wird der Reinigungsaufwand für den Vorherd dadurch erheblich reduziert.

3.4 Verdüsung der Metallschmelze

Man unterscheidet generell zwischen einer einstrahligen (single atomizer) und einer mehrstrahligen Verdüsung.

Insbesondere bei Sprühkompaktieranlagen im Produktionsmaßstab, wie auch bei der PEAK Werkstoff GmbH, beschränkt sich die mehrstrahlige Verdüsung auf eine zweistrahlige Verdüsung (twin atomizer, vergleiche Bild 10). Die Verdüsungseinheit, bestehend aus der Schmelzedüse, der Primär- und Sekundärgasdüse und ist für jedes Verfahren identisch.

3.5 Düseneinheit

Die beim Sprühkompaktieren eingesetzte Zerstäubereinheit ist eine zweistufige Anordnung, bestehend aus zwei untereinander angeordneten Gasringdüsen, der Primärgasdüse und der Sekundärgasdüse. In die Primärgasdüsen werden für jeden Sprühlauf neue Schmelzedüsen (Keramikdüsen) eingelegt. Die Aufgabe dieser Düsen besteht darin, den direkten Schmelzkontakt mit den Stahlringdüsen und deren Aufnahmen zu vermeiden.

Primärgas- und Sekundärgasdüsen sitzen fest in der Düsenaufnahme, an deren Zuleitungen die Einspeisung des Primärgases, bzw. des Sekundärgases erfolgt.

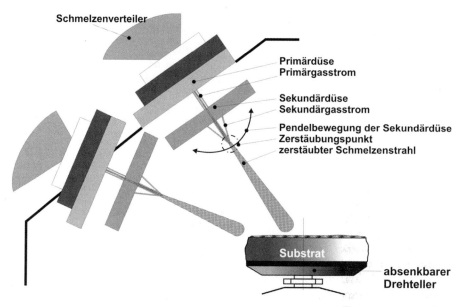

Bild 10: Schematischer Aufbau der zweistrahligen Verdüsung (Twin Atomizer)

3.6 Primärgasdüse

Das Primärgas, das konzentrisch den ausströmenden Schmelzestrahl umgibt, hat die Aufgabe diesen durch die Sekundärgasdüse bis zum Zerstäubungspunkt zu führen. Weiterhin wird eine Aufweitung des Schmelzestrahls vermieden, sodass der Aufbau von geschlossenen Rezirkulationszonen im Düsennahbereich unterdrückt wird. Entstünden derartige Strömungsträume, käme es zu einer Vorzerstäubung der Schmelze. Geschlossene Rezirkulationszonen werden durch ausreichend hohe Primärgasdrücke vermieden. Der beim Austritt aus der Schmelzdüse entstehende Freistrahleffekt, mit dem Aufbau eines Unterdruckgebietes zwischen Primärgasdüse und Sekundärgasdüse wird über den Primärgasstrom größtenteils kompensiert. Die Konstanz und der Austrittsdruck des Primärgasstromes sind zwingende Voraussetzungen für ein gutes Strömungsbild.

3.7 Sekundärgasdüse

Die Sekundärgasdüse, auch Zerstäuberdüse genannt ist für die Zerstäubung des Schmelzestrahls verantwortlich. Das Sekundärgas, das aus den, unter einem bestimmten Winkel angeordneten Gasaustrittsöffnungen herausströmt, zerschmettert im Zerstäubungspunkt den geführten Schmelzestrahl. Der Zerstäubungspunkt liegt einige Zentimeter unter der Sekundärgasdüse.

Beim Auftreffen des Sekundärgasstromes auf den Schmelzestrahl kommt es zu einer Impulsübertragung. Es wird ein Sprühkegel aufgebaut, dessen Teilchenspektrum aus 1 µm bis 400 µm großen Partikeln besteht. Die Form des sich aufbauenden Sprühkegels ist von verschiedenen

Sprühparametern abhängig, u. a. von der Düsengeometrie, den Druck- und Geschwindigkeitsverhältnissen, sowie dem Gas/Metall- Verhältnis.

Neben der Aufgabe, den Schmelzestrahl zu zerstäuben, hat das Sekundärgas weiterhin die Funktion, die zerstäubten Tröpfchen auf einen Sprühteller, der zentrisch in der Sprühkammer sitzt, zu beschleunigen und bis zum Aufprall abzukühlen. Bild 11 gibt eine schematische Darstellung über den Aufbau eines sprühkompaktierten Bolzens wieder; betrachtet wird der Aufbau der Depositebene.

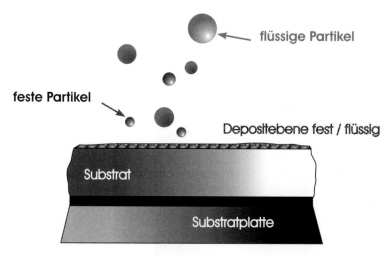

Bild 11: Modell für die Partikelabscheidung

Diejenigen Teilchen, denen ein ausreichend großer Impuls erteilt wurde, d.h. die eine gewisse Masse mit einer entsprechenden Geschwindigkeit besitzen, sprühen direkt auf den Sprühteller auf. Teilchen, deren Impuls zu gering ist, folgen der Gasströmung und werden daneben gesprüht. Das „daneben gesprühte Pulver" bezeichnet man als Overspray-Pulver. Es wird während des Sprühlaufs aus der Sprühkammer herausgesaugt.

Bedingt durch das aufgebaute Teilchenspektrum des zerstäubten Schmelzestrahls ist der Erstarrungszustand der einzelnen Teilchen beim Auftreffen auf den Sprühteller unterschiedlich.

Untersuchungen haben gezeigt, dass ca. 80 % der zerstäubten Tröpfchen vor dem Auftreffen erstarren. Aufgrund ihrer geringen Masse nach dem Zerstäuben konnte diesen Teilchen während der Flugzeit entsprechend viel Energie in Form von Wärme entzogen werden. Diese Teilchen treffen als Festkörper auf die Depositebene. Die restlichen 20 % der zerstäubten Tröpfchen treffen in halbflüssiger oder in flüssiger Phase auf die Depositebene. Da diese Tröpfchen die Erstarrungswärme sowie ihren Wärmeinhalt über die kleinere spezifische Oberfläche nicht schnell genug abführen können, erstarren diese während des Fluges nicht vollständig. Für den eigentlichen Sprühkompaktierprozess ist dieser Anteil von großer Bedeutung. Die, auf die Depositoberfläche auftreffenden, erstarrten Teilchen werden durch die Teilchen flüssiger, bzw. halbflüssiger Phase kompaktiert.

Für unterschiedliche Legierungssysteme ist bei diesem Vorgang der Anlasseffekt in der Depositebene von besonderem Interesse. Um einen geeigneten Bolzenaufbau zu erreichen, darf die schmelzflüssige oberste Bolzenschicht eine gewisse Dicke nicht überschreiten.

Um nun einen zylindrischen Körper, den so genannten Sprühbolzen aufzubauen wird nach Prozessstart der Sprühteller in Rotation versetzt. Die Abkühlstrecke der zerstäubten Teilchen (Sprühweg) d. h. der Weg, den die Teilchen zurücklegen, bevor sie auf die Depositebene auftreffen ist über die Sprühzeit konstant zu halten. Um dies zu realisieren, wird der Sprühteller zusätzlich konstant nach unten abgezogen.

Je nach Anlagenauslegung können heute Bolzen mit einem Durchmesser von 150mm bis 400 mm bei einer Länge von maximal 2500 mm hergestellt werden. Ein sprühkompaktierter Bolzen in den größten Abmessungen entspricht einem Gewicht von etwa 450 kg (Bild 12). Die erreichbaren Dichten im sprühkompaktierten Zustand liegen oberhalb 97 % der theoretischen Dichte der betreffenden Legierung. Die Restverdichtung des Materials erfolgt durch eine nachgeschaltete Umformung.

Bild 12: Sprühkompaktierte Bolzen der PEAK Werkstoff GmbH

Die gesamte Jahresproduktion der vorhandenen Sprühkompaktieranlagen liegt je nach Ausrüstungsgrad der Peripherieeinheiten zur Zeit bei etwa 3.500 t.

Das Sprühkompaktieren wurde in den sechziger Jahren von der Firma Osprey Metals Ldt. In Neath, Wales (England) entwickelt. Dort wurden Grundlagenstudien zum Sprühkompaktieren von verschiedenen Metallsystemen untersucht. Europaweit existieren zur Zeit Sprühanlagen für

Eisenlegierungen, Kupferlegierungen sowie Aluminiumlegierungen. Schwerpunkt des Osprey Patent liegt darin nicht nur starre Düseneinheiten zum Aufbau sprühkompaktierter Körper einzusetzen, sondern eine Kombination aus statischen und scannenden Düsen zu wählen.

Beim Sprühkompaktieren von Bolzen, wie sie bei der PEAK Werkstoff GmbH hergestellt werden wird die statische Düseneinheit auf den Depositrand ausgerichtet, die scannenden Düseneinheit fährt den Bereich des Depositradius ab. Bedingt durch unterschiedliche Umfangsgeschwindigkeiten über den Depositradius, fährt die Scannerdüse zusätzlich ein Geschwindigkeitsprofil ab. Grundvoraussetzung ist ein gleichmäßiger Materialauftrag des zerstäubten Material pro Bolzenumdrehung.

3.8 Betriebssicherheit

Der Umgang mit Aluminiumstäuben erfordert besondere Vorkehrungen im Explosionsschutz. Das beim Sprühkompaktieren erzeugte Oversraypulver fällt unter die Kategorie der Feinpulver mit einer mittleren Teilchengröße < 50 µm und bedarf daher besonderer Beachtung hinsichtlich entstehender Staubexplosionen. Zu einer Staubexplosion durch Oversraypulver kommt es, wenn folgende drei Bedingungen zusammentreffen:

- Gegenwart eines kritischen Pulver-Luftgemisches, ab 60 g/m³
- Minimale Zündenergie von 25 bis 50 mJ
- Gegenwart von Sauerstoff bei Gehalten von 7–9 %

Je kleiner die Partikelgröße des Overspray-Pulvers ist, desto geringer muss die minimale Zündenergie sein, um eine Explosion auszulösen. Um eine Staubexplosion zu vermeiden, muß mindestens einer dieser Faktoren eliminiert sein. Aus diesem Grund wird die Gegenwart von Sauerstoff in der Sprühkammer ausgeschaltet. Die Verdüsung der Schmelze erfolgt durch Stickstoff.

Um Explosionsschutz gewährleisten zu können, wurde bei der Konzeption der Gesamtanlage diesem in besonderem Maße Rechnung getragen, sodass ein hoher Standard in Bezug auf Betriebssicherheit gewährleistet werden kann.

Die komplette Sprühkammer, inklusive der Sprühkammertür ist gasdicht ausgeführt. Dadurch wird eine Reaktion des Overspray-Pulvers mit Sauerstoff aus der Atmosphäre vermieden. Bei etwaigen Undichtigkeiten sorgt der Stickstoffüberdruck in der Sprühkammer dafür, daß eher Stickstoff austritt, bevor Sauerstoff in die Sprühkammer eingezogen wird. Eine Umlaufkühlung in der doppelwandigen Sprühkammer mit nicht korrosivem Kühlöl beugt dem thermischen Verzug und somit eventuellen Undichtigkeiten vor. Ein Explosionskanal in einer der Sprühkammerwände dient gleichsam als Sollbruchstelle, die im Falle einer Staubexplosion in der Sprühkammer die freiwerdende Energie gerichtet abführt. Während des gesamten Sprühvorganges wird die Betriebssicherheit der Anlage durch zahlreiche Sensoren und Messgeräte überwacht. Bei Unter- bzw Überschreitungen von festgesetzten Grenzwerten, werden entsprechende Meldungen ausgegeben, ggf. schaltet die komplette Anlage automatisch in eine Not-Aus-Schleife.

3.9 Reinjektion von Overspraypulver

Das beim Sprühkompaktieren anfallende Overspraypulver fällt pro Sprühlauf als „Abfallprodukt" an, welches den Wirkungsgrad des Gesamtverfahrens auf maximal 65 % beschränkt. Das Verfahren der Reinjektion von Overspraypulver beruht auf der Idee, dieses Pulver wieder in den Sprühprozeß einzubringen und somit den Wirkungsgrad der Anlage zu erhöhen. Die Idee, daß Overspraypulver wieder einzuschmelzen scheidet aus wirtschaftlichen und qualitätsbedingten Gründen aus. Die einzige Möglichkeit das Overspraypulver wieder verwenden zu können, besteht darin es in den Schmelzestrahl einzublasen, d. h. zu injizieren.

Das Overspraypulver ist vor der Injektion zu klassifizieren, da sich nur eine bestimmte Größe von Pulvern in den Schmelzestrahl einblasen läßt.

Aus Sicherheits- und Qualitätsgründen läuft der gesamte Klassierungsprozeß, wie auch der Sprühprozeß unter Schutzgasatmosphäre ab. Für die Reinjektion des Overspray-Pulvers wurden spezielle Injektoren entwickelt, da das größte Problem die Förderung des Pulvers gegen den in der Sprühkammer herrschende Überdruck, darstellte.

3.10 Funktionsweise der Injektoren für die Reinjektion

Die Injektoren für die Reinjektion von Overspraypulvern arbeiten nach den Gesetzen der pneumatischen Förderung (Bild 13). Das zu transportierende Pulver ist in den Transportleitungen stets in Schwebe zu halten um Pulverablagerungen zu vermeiden. Die Fördergeschwindigkeit des Transportgases liegt daher höher als die Geschwindigkeit der Pulverpartikel. Pulverablagerungen in den Leitungen würden zu temporär stoßweisen Förderzyklen einzelner Pulverpakete führen. Eine gleichmäßige Aufschmelzung des injizierten Pulvers im Schmelzestrahl wäre nicht mehr zu garantieren. Es käme zu nicht aufgeschmolzenen Pulvernestern im sprühkompaktierten Bolzen.

Das gesiebte Overspraypulver wird in Edelstahlcontainern abgefüllt und auf die Partikelinjektoren aufgesetzt. Die Partikelinjektoren sind mit Differentialdosierwaagen bestückt, so dass stets die gleiche Menge an Pulver über die Dauer des Sprühvorgangs in die Transportlei-

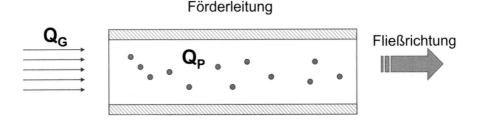

Bild 13: Wirkprinzip der pneumatischen Förderung

tungen eingeblasen wird. Das zu injizierende Pulver wird über die Transportleitungen direkt in den Primärgasstrom eingeleitet. Die Pulverteilchen treffen im Zerstäubungspunkt auf den zerstäubten Schmelzestrahl und werden dort aufgeschmolzen und anschließend auf den Sprühteller beschleunigt.

Metallographische Untersuchungen dieser sprühkompaktierten Bolzen zeigen keinen Unterschied zu herkömmlich gesprühten Bolzen. Das injizierte Overspray wird zu 100 % aufgeschmolzen.

4 Werkstoffe

4.1 Sprühkompaktierte Produkte für Automotive Anwendungen

Hochsiliziumhaltige Aluminiumlegierungen, welche schmelzmetallurgisch nicht mehr sinnvoll dargestellt werden können, zeichnen sich durch herausragende tribologische Eigenschaften aus. Durch die Primärkristallisation des Siliziums liegt ein Quasi-MMC-Werkstoff vor. Dabei sorgt die hohe Abkühlgeschwindigkeit, die beim Sprühkompaktieren erzielt werden kann, für eine gleichmäßige Verteilung von feinen Primärsiliziumkristallchen im Bereich von 1–5 µm Größe. Siliziumlegierungen mit bis zu 19 Gew.-% Silizium sind gerade noch schmelzmetallurgisch zu verarbeiten. Jedoch liegt der größte Teil des Siliziums in eutektischer Form vor und trägt nicht zum tribologischen Verhalten bei. Ganz im Gegensatz dazu die sprühkompaktierten, übereutektischen Al-Si-Legierungen, welche das gesamte Silizium in Form von Primärkristallen ausscheiden [5].

Zylinderlaufbuchsen aus PM-Aluminium sind ein Beispiel, bei dem ein sprühkompaktiertes Bauteil in Großserie eingesetzt wird. In einem gemeinsamen Projekt haben die DaimlerChrysler AG und die PEAK Werkstoff GmbH sprühkompaktierte Al-Laufbuchsen für den Einsatz in den V-Motoren (Bild 14) der DaimlerChrysler AG entwickelt.

Dabei werden die sprühkompaktierten Bolzen in einem Warmumformprozess, dem Indirekt-Strangpressen zu dickwandigen Rohren verpresst. In einem weiteren Umformprozess werden die stranggepressten Rohre zu dünnwandigen Rohren warm rundgeknetet. Sie erlangen hierbei ihre Durchmesserendkontur. Nach dem Ablängen auf Buchsenlänge wird deren Oberfläche noch durch Korundstrahlen aktiviert, was die metallurgische Anbindung an die Gusslegierung im Druckgussverfahren gewährleistet.

Das Sprühkompaktierverfahren ist dabei das einzige Serienverfahren, welches in-situ hohe Primärsiliziumanteile in der Legierung gestattet. Legierungen mit bis zu 35 Gew.-% Silizium können sonst nur sehr aufwändig mittels konventioneller P/M-Methoden oder durch Infiltration von Silizium-Preforms erzielt werden.

4.2 Sprühkompaktierte MMC Werkstoffe

Sprühkompaktierte Aluminiumwerkstoffe lassen sich durch Einbringen einer zweiten Phase weiter optimieren. Durch das Injizieren von Hartstoffen lassen sich partikel-verstärkte Aluminiumlegierungen herstellen. Diese sind wegen ihrer größeren Steifigkeits- und Festigkeitswerten gegenüber dem unverstärkten Zustand bei nur geringfügig erhöhter Dichte für den Leichtbau

Bild 14: Im Druckguss eingegossene Zylinderlaufbuchsen aus der sprühkompaktierten Legierung AlSi25Cu4Mg [6]

von erheblichem Interesse (siehe Bild 15). Darüber hinaus lässt sich der Verschleißwiderstand durch Zusatz von - im Vergleich zu Silizium härteren – zweiten Phase erheblich steigern.

Insbesondere bei hohen Anforderung an Duktilität einerseits und hohen Festigkeiten bei gleichzeitiger Verschleißbeständigkeit andererseits, reichen die siliziumhaltigen, sprühkompaktierten Al-Legierungen nicht mehr aus, da durch den hohen Siliziumgehalt die Duktilität deut-

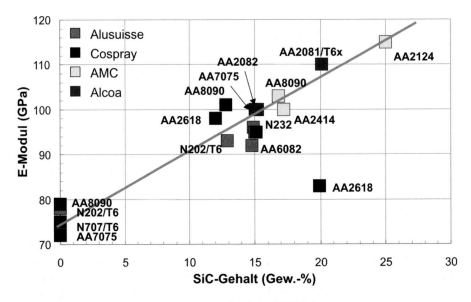

Bild 15: Al-MMC Werkstoffe, E-Modul in Abhängigkeit des SiC Gehaltes

lich reduziert wird. Hier bietet sich der Einsatz von Al-Cu-Mg-Legierungen an, die durch die Zugabe von verschleißbeständigen Partikeln die geforderten Eigenschaften erfüllen können.

Es sind eine große Fülle von möglichen Partikeln, wie z.B. Siliziumkarbid (SiC), Siliziumdioxid (SiO_2), Titankarbid (TiC), Aluminiumoxid (Al_2O_3) oder Borkarbid (B_4C) denkbar. Für Vorversuche bot sich SiC aufgrund seiner guten Verfügbarkeit an, zumal nach einem kostengünstigen und zuverlässigem Alternativverfahren für die Herstellung von SiC-verstärkten Aluminiumlegierungen gesucht wurde. Dieses Verfahren soll die erheblich teurere pulvermetallurgische Herstellungsroute für das Vormaterial für eine Turbinenleitschaufel ersetzen. Versuche wurden bislang mit zwei unterschiedlichen Korngrößen durchgeführt. In Bild 16 sind die REM- Bilder der beiden Pulver zu sehen.

Bild 16: Siliziumkarbid, SiC F500 mit d_{50} = 15 µm und SiC F1000 mit d_{50} = 5 µm

Das Injizieren derartig hoch abrasiver Feststoffpartikel kann jedoch nicht mit den herkömmlichen Partikelinjektoren realisiert werden. Aufgrund der relativ hohen Fördergeschwindigkeiten käme es zu einem Ausschleifen aller pulverführenden Teile. Darüber hinaus sind Pulver mit sehr kleinen Mediandurchmesser (< 40 µm) schwer zu fördern, da diese zu Agglomeration neigen und Düsen und Rohrleitungen regelrecht blockieren können. Dies hat einen ungleichmäßigen Eintrag der Partikel zur Folge, welcher sich im Gefüge durch eine heterogene Verteilung äußert. Zur Förderung abrasiver, wie auch kleiner Partikel können beispielsweise Pulverpumpen eingesetzt werden.

Die PEAK Werkstoff GmbH hat in Kooperation mit der Schweizer Firma DACS eine derartige Pulvertransportpumpe, speziell für SiC-Pulver bis zur Produktionsreife entwickelt.

Das Wirkprinzip der Pulvertransportpumpen beruht auf dem Verfahren der „Pulverpaket-Förderung", d. h. es werden stets nur kleine Pulverpakete über kleine Distanzen transportiert. Wie in Bild 17 zu sehen, wird durch einen definierten, zeitlich gesteuerten Druckabfall Fördermenge des einzubringenden Hartstoffes geregelt. Realisiert wird dieser Pulvertransport durch eine kleine Pulverdose, die durch eine Vakuumpumpe evakuiert wird. Der so erzeugte Unterdruck reicht aus, ein Pulverpaket (ca. 1 g) aus einem Vorratsbehälter anzusaugen. Dabei schützt eine Membran die Vakuumpumpe vor Verunreinigung mit dem zu fördernden Partikeln. Danach wird ein Druckimpuls auf diese Pulverdose gegeben und gleichzeitig ein Ventil zur Förderleitung geöffnet. Diese Vorgang wird je nach gewünschter Förderrate mehrmals pro Se-

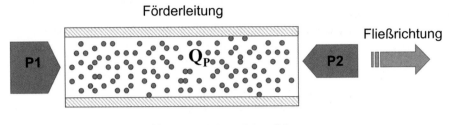

Bild 17: Prinzipsskizze der Pulverpaket-Förderung

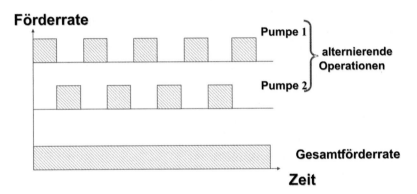

Bild 18: Überlagerungsprinzip zur kontinuierlichen Förderung

kunde wiederholt. Die geschickte Überlagerung mehrerer alternierend geschalteter Einheiten bewirkt so einen quasi-kontinuierlichen Pulvertransport (siehe Bild 18).

Durch dieses Förderprinzip gelingt eine gleichmäßige Einbringung der Hartstoffpartikel. In Bild 19 a) ist ein Gefüge gezeigt, welches mit herkömmlichen Hartstoffinjektion erzeugt worden ist. Man kann deutlich die inhomogene Verteilung der SiC-Partikel (durch Bildanalysesystem zur besseren Erkennbarkeit markiert) erkennen. Klar ersichtlich ist auch ein weiteres Phänomen.

Man kann die ursprüngliche Tröpfchengröße durch Dekorierung deren ursprünglicher Oberfläche erkennen. Dies bedeutet wiederum, dass der Impuls der pneumatisch geförderten Partikel nicht ausreicht in die Schmelzetröpfchen einzudringen und schon vor dem Kompaktierprozess eine innige Vermischung zu erreichen. Nicht unerwähnt bleiben darf, dass Partikelgröße, Sprühparameter (insbesondere Gas/Metall-Verhältnis) und natürlich auch der angestrebte Volumenanteil der Hartstoffphasen einen Einfluss auf das resultierende Gefüge haben. Gelingt es diese Parameter entsprechend aufeinander abzustimmen, so sind gleichmäßige Gefüge einstellbar (siehe auch Bild 19 b)).

Auf diese Weise ist es gelungen, den Pulvertransport und die Partikelinjektion so darzustellen, dass eine wartungsarme, serientaugliche Produktion von sprühkompaktierten MMC-Werkstoffen auf Aluminiumbasis ermöglicht wird. Weitere Tests mit unterschiedlichen Parametern, Pulvergrößen und -arten sind notwendig, um diese interessante Werkstoffgruppe mit gleichbleibenden Eigenschaften zu erzeugen. In Zusammenarbeit mit Thyssen Automotive und Rolls Royce werden im Rahmen eines BMBF-geförderten Projektes die Machbarkeit anhand eines Demonstratorbauteils (Turbinenleitschaufel, siehe Bild 20) validiert.

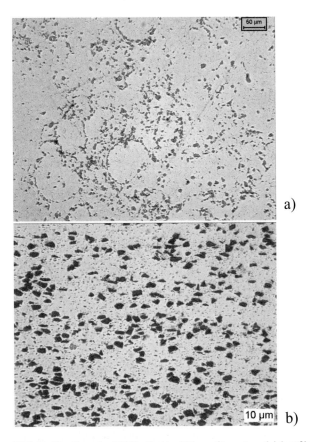

Bild 19: Verteilung der SiC-Partikel im Mikrogefüge; a) ungleichmäßig, ehemalige Tröpfchengröße durch Partikel dekoriert b) durch den Einsatz der Pulverpumpe homogene Partikelverteilung

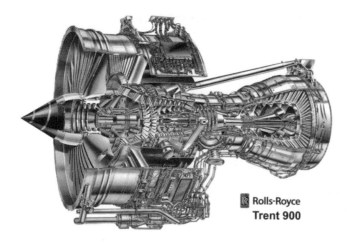

Bild 20: Anwendungsfall Al-MMC Werkstoff als Turbinenleitschaufel

5 Danksagung

An dieser Stelle sei dem BMBF für seine freundliche Unterstützung des geförderten Projektes „Entwicklung geschmiedeter Leitschaufeln aus partikelverstärktem Aluminium-Matrix-Verbundwerkstoff (Al-MMC) für zivile Hochleistungstriebwerke", Förderkennzeichen 03N3090B, gedankt.

6 Literatur

[1] R. Mächler; Diss. ETH Nr. 10332, 1993, S.72
[2] J. T. Staley; *Properties Related to Fracture Toughness*; ASTM STP605; 1976; S71-102
[3] O.Beffort; Diss. ETH Nr. 10289; 1993; S.102
[4] DIN 8580; Fertigungsverfahren, Einteilung; 1976
[5] W. Kurz; D. J. Fisher; Fundamentals of Solidification; Trans Tech Publications Ltd.; Schweiz; 1989; S.110
[6] P. Stocker, F. Rückert, K. Hummert; MTZ 58,; Heft 9; 1997

Edel- und Buntmetall-Matrix-Verbundwerkstoffe

C. Blawert
GKSS Forschungszentrum, Institut für Werkstoffforschung, Geesthacht

1 Einleitung

Edelmetalle wie Silber (Ag), Gold (Au), Platin (Pt) und Buntmetalle wie Kupfer (Cu) und Nickel (Ni) werden industriell als Verbundwerkstoffe überwiegend für elektrotechnische Anwendungen eingesetzt. In einigen Fällen müssen bestimmte Eigenschaften wie z. B. thermische Ausdehnung, thermische und elektrische Leitfähigkeit oder Eigenschaftskombinationen, wie gute Leitfähigkeit bei hoher Festigkeit erzielt werden, die durch einen einzelnen Werkstoff nicht erreicht werden können. In anderen Fällen können die reinen Metalle und Legierungen an ihre Anwendungsgrenzen vor allem hinsichtlich ihrer thermischen und mechanischen Belastbarkeit kommen. In diesen Fällen werden dann häufig die Verbundwerkstoffe eingesetzt, um die Einsatzgebiete und –grenzen zu erweitern.

Die überwiegende Anwendung der Verbundwerkstoffe mit Edel- bzw. Buntmetall-Matrix liegt dabei im Bereich der elektrischen Kontakt- und Bimetallwerkstoffe. Weitere Anwendungen insbesondere von Schichtverbundwerkstoffen finden sich in der Schmuckindustrie und als Verschleiß- und Korrosionsschutzschichten.

2 Schichtverbundwerkstoffe

Bei den Schichtverbundwerkstoffen gibt es eine fast unüberschaubare Vielzahl an Herstellungsverfahren und Substrat/Schicht-Kombinationen, die selbst bei einer Beschränkung auf Edel- und Buntmetalle als Substrat bzw. Beschichtungswerkstoffe ein eigenes Buch füllen würden. Durch Plattieren oder Preßschweißen werden schon seit Jahrzehnten Kupfer oder seine Legierungen mit Stählen oder Nickel und Nickellegierungen für korrosionsbeständige Konstruktionswerkstoffe und mit Aluminium und Aluminiumlegierungen zusätzlich für Leiterwerkstoffe kombiniert. Kupfer und Nickel kommen für Münzplattierungen zum Einsatz [20]. Die Herstellung von Gleitlagern erfolgt im Verbundguß, Walzgolddoublé wird durch Preßschweißen von Goldlegierungen auf unedlere Substratmaterialien (Silber, Kupfer, Messing, Bronze, Nickel) hergestellt, Stahl wird durch Schmelztauchverfahren mit Zinn, Aluminium oder Zink beschichtet, Nickel, Kupfer und Chrom werden vielfach galvanisch abgeschieden und aus Plasmaprozessen können fast unbegrenzte Schichtkombinationen abgeschieden werden. Eine Übersicht über die unterschiedlichen Herstellungsverfahren und Schichttypen gibt G. Pursche [40]. Im weiteren erfolgt deshalb überwiegend eine Behandlung von Schichtverbundwerkstoffen, bei denen in die Schicht eine weitere Phase (meist nichtmetallisch) eingelagert wurde.

2.1 Kontakt- und Thermobimetall

Wesentliche Eigenschaften für Kontaktwerkstoffe sind der Kontaktwiderstand, Kontaktverschleiß (Abrieb, Materialwanderung, Abbrand), Schweißneigung, Kontaktsicherheit und Lebensdauer. Diese lassen sich durch die geeignete Wahl des Kontaktwerkstoffes beeinflussen. Für Anwendungen in der Schwachstromtechnik reichen als Kontaktwerkstoffe häufig die reinen Metalle (Silber, Gold, Platin) bzw. ihre Legierungen. Für Anwendungen in der Starkstromtechnik kommen neben bestimmten Legierungen (z. B. Hartsilber) auch Teilchenverbundwerkstoffe (Silber/Nickel und Silber/Cadmiumoxid) zum Einsatz [1]. Der Kontaktwerkstoff wird dann durch ein geeignetes Fügeverfahren mit einem geeigneten Kontaktträgerwerkstoff (meist aus Kupfer bzw. Kupferlegierungen) verbunden [Abb. 1]. Die Verbindung wird dabei häufig über Schweißplattieren, Weich- oder Hartlöten erzielt.

Abb. 1: Typische Schichtverbundverwerkstoffe – Kontaktbimetalle (von links nach rechts Ag/Cu/CuNi44, Ag/CuZn28 und AgCdO/AgCd/Cu (aus [1]).

Thermobimetalle sind Schichtverbundwerkstoffe in denen eine aktive Komponente mit einem hohen thermischen Ausdehnungskoeffizienten und eine passive Komponente mit einem niedrigen Ausdehnungskoeffizienten mit oder ohne Zwischenschichten miteinander verbunden werden. Oberflächenbeschichtungen können zusätzlich noch für einen Korrosionsschutz aufgebracht werden. Die Zwischenschichten (Kupfer oder Nickel) werden verwendet, um bei höheren Stromstärken den Widerstand zu verringern. Als passive Komponente wird häufig die Invar-Legierung (Eisen mit 36 % Nickel) verwendet, da sie bei 20 °C einen sehr niedrigen Ausdehnungskoeffizienten von $1{,}2 \cdot 10^{-6}$/K besitzt. Für eine größere Temperaturkonstanz werden Legierungen mit höheren Nickelgehalten verwendet. Der Invareffekt tritt außer bei den Eisen-Nickel-Legierungen auch in weiteren Systemen auf (z. B. Fe-Pt, Co-Cr-Fe, etc.), wobei aus wirtschaftlichen Gründen überwiegend FeNi31Co7, FeCo26Ni20Cr8 und CoFe34Cr9 Legierungen verwendet werden. Die aktive Komponente ist in vielen Fällen ein austenitischer Stahl mit Nickelgehalten um die 25 Gew.% und Chromgehalten zwischen 3–10 Gew.%, wobei alternativ Cr auch durch Mn ersetzt werden kann. Ebenfalls Anwendung finden Manganlegierungen mit Kupfer- und Nickelgehalten jeweils um die 10–20 Gew.%. Die Auswahl erfolgt neben dem thermischen Ausdehnungsverhalten anhand von Schmelztemperatur (>1000 °C) und E-Modul

(>100 GPa), so daß im Prinzip nur obige Legierungen übrig bleiben (Abb. 2). Die einzelnen Komponenten werden durch Kaltwalzen oder Walzschweißen zu dem Thermobimetall vereinigt [1].

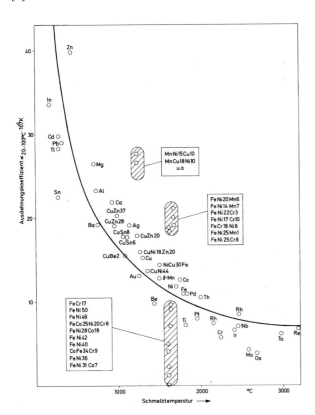

Abb. 2: Zusammenhang zwischen Schmelztemperatur und Ausdehnungskoeffizient von Metallen und Legierungen (aus [1])

Weitere Anwendungen in der Elektrotechnik sind magnetostriktive Bimetalle auf Basis von Nickel/Eisen-Nickel-Schichtverbunden, Federwerkstoffe für Schalt- und Kontaktfedern bei denen gute Federeigenschaften bei guter Leitfähigkeit durch die Plattierung des Leiters z. B. Cu-CrZr mit einer hochfesten Legierung wie CuNi20Mn20 erzielt werden [2] oder auch Manteldrähte. Je nach Anwendung werden die Materialien bei den Manteldrähten ausgesucht und reichen von Kupferkernen mit Edelmetall-, Stahl- und Nickelmänteln und umgekehrt.

2.2 Verschleißschutzschichten mit eingelagerten keramischen Partikeln

Diese Dispersionsschichten werden häufig aus Elektrolyten galvanisch abgeschieden, die eine bestimmte Menge an hochdispersen Pulvern enthalten. Die Dispersoide werden durch mechanisches Rühren, Lufteinblasen oder Ultraschall in der Schwebe gehalten. Beim Anlegen von

Strom (Spannung) kommt es zur Metallabscheidung an der Kathode (zu beschichtendes Werkstück) und in die Metallmatrix werden simultan die Dispersoide eingebaut. Als disperse Phasen können verschleißbeständige Komponenten wie Boride, Karbide, Nitride usw. und selbstschmierende Komponenten wie Graphit eingebaut werden. Je nach Auswahl der Matrix- und Einlagerungskomponenten und der Zusammensetzung der Schicht können so die Eigenschaften wie Härte, Festigkeit, Verschleiß, Korrosionsverhalten, elektrische Leitfähigkeit usw. gezielt eingestellt werden.

Dispersionsschichten auf Nickelbasis werden häufig verwendet, weil sich Nickel gegenüber den meisten Feststoffzusätzen inert verhält und Schichten relativ leicht abgeschieden werden können. Es kommen Nickelschichten mit nichtmetallischen Hartphasen (SiC, BN, WC, Al_2O_3 etc.) für Verschleißanwendungen und wegen guter Warmfestigkeit, Nickel-Chrom-Mehrschichtsysteme für Anwendungen mit erhöhter Korrosionsbeständigkeit und mit selbstschmierenden Eigenschaften (gute Einlauf-, Notlaufeigenschaften und geringe Reibkoeffizienten) durch Einlagerung von MoS_2, Graphit und Bornitrid zum Einsatz. So werden Ni-SiC-Dispersionsschichten im Motorenbau zur Beschichtung von Zylinderlaufbahnen (Aluminium-Zylinder und/oder Buchsen) verwendet [42, 44]. Dispersionsschichten können aber auch dafür genutzt werden, um durch Reibung gezielt Kräfte zu übertragen. Hier werden Ni-Diamant-Schichten eingesetzt, z. B. beschichtete Rotoren für das Open End-Spinnen (Textilmaschinen) oder bei Klemmvorrichtungen für Rundtische an NC-Bearbeitungsmaschinen [43].

Dispersionsschichten auf Kupferbasis werden ebenfalls häufig mit selbstschmierenden Eigenschaften genutzt. Kupfer-Korund-Dispersionsschichten sind das klassische Beispiel für Schichten mit guten mechanischen Eigenschaften und deutlich erhöhten Rekristallisationstemperaturen. Dispersionsschichten auf Silberbasis haben im Vergleich zu feststofffreien Silberschichten eine höhere Härte und Verschleißfestigkeit, verbesserte Antifriktionseigenschaften und eine große Beständigkeit gegen Funkenerosion. Eingelagert wird hier überwiegend Korund (Al_2O_3) bzw. andere Oxide aber auch wiederum Festschmierstoffe z. B. zur Verhinderung des Verschweißens von versilberten Kontakten [4].

Während der Einbau von mikroskaligen Partikeln Stand der Technik ist und industrierelevante Anwendungen gefunden hat (z. B. Ni-SiC, NiP-Diamant, Ni-PTFE, Ni-Co-Cr_2O_3) [10], wird der Einbau von Nanoteilchen (Abb. 3) noch intensiv untersucht. Es besteht insbesondere Bedarf die Partikeldispergierung im Elektrolyten sowie die Partikelverteilung in der Schicht zu optimieren. Die folgenden Nanopartikel konnten bisher erfolgreich in Nickelschichten abgeschieden werden: Al_2O_3 [11, 21, 22, 23, 25], SiO_2 [25], TiO_2 [25], SiC [11], Diamant [11]. Bleidispersionsschichten wurden ebenfalls mit Einlagerungen von SiO_2 und TiO_2 hergestellt [25].

Stand der Technik sind auch mit Hartphasen verstärkte Spritzschichten zur Verbesserung der Verschleißeigenschaften [26]. Es können jedoch nicht alle Verstärkungskomponenten aufgrund von thermischer Zersetzung und/oder Reaktivität mit dem Matrixmetall verwendet werden. So konnte bei thermischen Spritzprozessen bisher die Zersetzung von SiC-Partikeln nicht vollständig verhindert werden. Hier laufen erfolgreiche Untersuchungen mit Nickellegierungen, die schon mit Silizium und Kohlenstoff im Mischkristall abgesättigt sind und so die Reaktivität herabsetzen [9].

Vielseitige Schichten und Schichtkombinationen lassen sich auch mit Hilfe der modernen Plasma- und Vakuumtechnologie herstellen. Ein aktuelles Beispiel für die Leistungsfähigkeit, Kombinierbarkeit und Anwendbarkeit dieser Technologien wird im folgenden gegeben. Silber ist neben Blei, MoS_2 und WS_2 ein Kandidat für feste Schmierstoffe in Vakuumanwendungen.

Abb. 3: n-Al$_2$O$_3$-Partikel in einer Nickelschicht (aus [22])

Um die Verschleißbeständigkeit zu erhöhen und den Reibkoeffizienten zu senken, können zusätzliche Hartphasen eingelagert werden. Über eine simultane Abscheidung von Silber (über Magnetron-Sputter) und TiC (über gepulste Laser-Abscheidung) lassen sich solche Verbundschichten herstellen [41].

3 Teilchenverbundwerkstoffe

Zu den Teilchenverbundwerkstoffen gehört die große Gruppe der dispersionsgehärteten Werkstoffe, von denen im obigen Kapitel mit den Dispersionsschichten schon eine besondere Form bzw. Herstellungsverfahren vorgestellt wurde. Um optimale Eigenschaften zu erzielen, sollte die zweite Phase (Oxide, Karbide, Nitride, Silicide, Boride, nichtlösliche Metalle oder intermetallische Verbindungen) fein und gleichmäßig verteilt sein, da die mechanischen Eigenschaften von der Teilchengröße und dem Teilchenabstand beeinflusst werden. Zusätzlich sollten sie eine geringe/keine Löslichkeit in der Matrix, eine hohe Schmelztemperatur und hohe Härte besitzen, damit die einmal eingestellten Eigenschaften auch bei höheren Temperaturen erhalten bleiben.

Bei anderen Teilchenverbundwerkstoffen kann die Härtung eine untergeordnete Rolle spielen und die zweite Phase übernimmt eine andere Funktion wie zum Beispiel die Reduktion des Abbrandes bei Silber-Nickel-Kontaktwerkstoffen oder die Änderung des Verschleißverhaltens von Gleitlagerwerkstoffen (z. B. durch eingelagerte Festschmierstoffe oder Hartphasen).

Hergestellt werden die Partikelverbundwerkstoffe häufig pulvermetallurgisch (siehe auch [45]), indem Pulvermischungen auf unterschiedliche Arten gemischt und kompaktiert werden. Beim mechanischen Legieren werden schon dispergierte Pulver durch intensives Mahlen von Metallpulvern und den Dispersoiden hergestellt. Verbundpulver z. B. AgSnO$_2$ lassen sich aber auch auf chemischen Weg aus Lösungen ausfällen [14] oder Pulver können z. B. in CVD-Prozessen (Wirbelschichtverfahren) beschichtet werden [30]. Häufige Verfahren zur Kompaktierung sind Strangpressen, Heißpressen, Heißisostatisch Pressen, Pulverschmieden und Pulverwalzen. Bei einigen Werkstoffkombinationen lassen sich so schon in einem Schritt kompakte Materialen herstellen, andere werden nur vorgepresst und anschließend mit oder ohne Druck gesintert. Um das meist schwierige und umständliche Pulverhandling zu vermeiden wird heutzutage schon oft das Sprayforming angewandt (siehe auch [47]), in dem das Metallpulver während der Verdüsung oder in einem Spritzprozeß mit den Partikeln gemischt und gemeinsam in einem semi-solid Zustand auf einem Substrat abgeschieden werden. Der Werkstoff wird anschließend in der Regel noch in einem weiteren Umformschritt verdichtet, um die Porosität zu entfernen. Partikelverbundwerkstoffe lassen sich aber auch durch Einrühren in Schmelzen und durch Schmelzinfiltration von Preforms herstellen.

Eine weitere elegante Möglichkeit, um Teilchenverbundwerkstoffe herzustellen, bieten edle Metalle mit einer hohen Löslichkeit für Sauerstoff, die unedle Legierungselemente enthalten. Eindiffundierter Sauerstoff kann so mit den unedlen Legierungselementen reagieren und es bilden sich feindisperse Oxide in der Edelmetallmatrix. Dieser Vorgang wird als innere Oxidation bezeichnet und wird häufig bei Silberlegierungen mit geringen Zugaben an Kadmium, Aluminium, Magnesium oder Indium verwendet, um eine Dispersionshärtung zu erzielen (Abb. 4). Beschleunigen lässt sich die innere Oxidation durch atomaren Sauerstoff, wie er zum Beispiel in einem Sauerstoffplasma entsteht (z. B. Glimmentladung in einen Sauerstoffgas). Weitere Möglichkeiten bestehen unter Umgehung einer reinen Eindiffusion über die Oberfläche, indem poröse Metallpulverpreßlinge in Sauerstoffatmospäre gesintert werden [1].

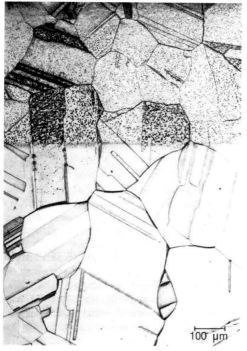

Abb. 4: Oxidationsfront in einer AgCd2-Legierung (aus [1])

So lassen sich Bunt- und Edelmetall-Matrix-Teilchenverbundwerkstoffe mit umfassenden Kombinationsmöglichkeiten hinsichtlich Matrix und Teilchen herstellen und das Anwendungsspektrum ist entsprechend vielschichtig:

- Mit Zirkonoxid dispersionsgehärtetes Platin für Geräte der Glasherstellung [1, 16]
- Oxiddispersionsverfestigte Nickellegierungen (Ni-Y_2O_3) für hohe Warmfestigkeit, Oxidations- und Korrosionsbeständigkeit [28]
- Mit Aluminiumoxid dispersionsgehärtetes Kupfer für Leiterwerkstoffe mit erhöhter Festigkeit und gutem Zeitstandverhalten (Widerstands-Schweißelektroden, Kommutator-Lamellen, Sockel für Hochleistungssenderöhren) [1]
- Inneroxidierte Silber-Magnesium- und Silber-Mangan-Legierungen für stromführende Federwerkstoffe [1]
- Elektrische Kontaktwerkstoffe (Kupfer-Graphit, Silber-Graphit, Wolfram-Kupfer, Molybdän-Kupfer, Silber-Nickel, Silber-Wolfram, Silber-Molybdän, Silber-Kadmiumoxid bzw. für höhere Schweißsicherheit Silber mit Kupfer-, Zinn- oder Zinkoxid) [1, 2, 15, 28, 35, 36].
- Wärmesenken, Wärmeleiter und Träger für elektronische Bauteile aus WCu- oder MoCu-Verbundwerkstoffen [28, 29]
- Dispersionsgehärtete Elektrodenwerkstoffe aus Kupfer mit eingelagerten Karbiden und Oxiden [18, 20]
- Dispersionsverstärktes Kupfer (Werkstoffe C15715, C15725 und C15760 nach UNS-Liste, USA) durch innere in situ Oxidation von Aluminiumlegierungsbestandteilen [18].
- Sprühkompaktierte Kupferverbundwerkstoffe für Gleitelemente, Schweißelektroden, verschleißfeste Bauteile oder Werkstoffe mit optimiertem Zerspannungsverhalten (Cu-C) [19, 20].

Die wichtigste Neuentwicklung der letzten Jahrzehnte ist dabei der Kontaktwerkstoff Ag-SnO_2 [39]. Den Ag-SnO_2 Verbundwerkstoffen, die aus Umweltaspekten immer mehr die Ag-CdO Verbundwerkstoffe ersetzen sollen, werden häufig noch eigenschaftsverbessernde Zusätze wie WO_3, Bi_2O_3, MoO_3, In_2O_3 und CuO (0,05–3 Gew.%) zugegeben [14]. Sie dienen hauptsächlich dazu die höhere Stabilität von SnO_2 gegenüber CdO auszugleichen (SnO_2 verdampft bei wesentlich höheren Temperaturen) und Anreicherung des Oxides (isolierende Deckschicht) an der Schaltoberfläche zu vermeiden [17].

Die Entwicklung von SiC-partikelverstärken Kupferverbundwerkstoffen auf Basis pulvermetallurgischer Technologien und deren umfassende Bewertung für Anwendungen in der Leistungselektronik (z. B. Grundplatte von IGBT-Modulen) werden zurzeit untersucht. Durch Zugabe von Titan in die Kupfermatrix kommt es zu Eigenschaftsverbesserungen (Haftung), wobei die Karbidbildung jedoch zu Si-Verunreinigungen in der Matrix führt und es dadurch zur Reduzierung der Wärmeleitfähigkeit kommt. Status ist die Erprobung von Werkstoffen mit 40 vol.%-SiC in der Anwendung [7].

Die Herstellung und Anwendung partikelverstärkter Aktivlote für Metall-Keramik-Verbunde sind ebenfalls Gegenstand von Untersuchungen. Zum Einsatz kommen Partikel im Größenbereich von 1–20 µm aus SiC, TiC, Si_3N_4, Al_2O_3, ZrO_2, TiO_2, SiO_2, C in Aktivloten aus AgCuTi3 [13]. Durch die Verstärkung lassen sich die Eigenschaftsübergänge zwischen Metall/Lotschicht/Keramik variabler gestalten.

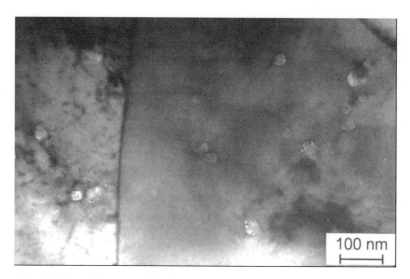

Abb. 5: TEM Aufnahme eines Cu/n-Al$_2$O$_3$-Verbundwerkstoffes nach 8 h mahlen und strangpressen der Ausgangspulver [24]

Deutliche Eigenschaftsverbesserungen hinsichtlich thermischer Beständigkeit und mechanischen Eigenschaften lassen sich auch durch das Einbringen von Nanopartikeln in Kupfer erzielen (Abb. 5). So kann durch Zugabe von 3 Vol.% n-Al$_2$O$_3$ die Härte von ca. 60 HV10 auf 130 HV10 und die Streckgrenze von 105 MPa auf über 300 MPa gesteigert werden. Ein Kornwachstum wird bis zu Temperaturen von 900 °C deutlich reduziert [24].

4 Durchdringungsverbundwerkstoffe

Durchdringungsverbundwerkstoffe bestehen aus einem porenhaltigen Gerüst eines höher schmelzenden Metalls in das ein niedriger schmelzendes Metall eingesaugt wird. Das "Tränken" kann durch Eintauchen in eine Schmelze des Tränkwerkstoffes erfolgen (Tauchtränken) oder der Tränkwerkstoff und das poröse Substrat werden gemeinsam über die Schmelztemperatur des Tränkwerkstoffes erhitzt (Auf- oder Unterlagetränken). Die hochschmelzenden Komponenten sind meist Wolfram, Molybdän, Wolframkarbid die mit Blei, Kupfer oder Silber getränkt werden [2].

Anwendung finden insbesondere die Wolfram-Kupfer- aber auch Wolfram-Silber- und Wolframcarbid-Silber-Tränkwerkstoffe als hochbelastete Kontaktwerkstoffe (Abb. 6) [28, 35, 36], Elektroden für Schweißmaschinen und für die Bearbeitung von Werkstücken durch Funkenerosion [1]. In Gleitlagern wird Blei in ein Gerüst aus Zinnbronze infiltriert [1]. Wolfram-Kupfer- und MoCu-Verbundwerkstoffe werden auch als Wärmesenken für elektronische Bauteile eingesetzt [28].

Neuere Arbeiten beschäftigen sich mit der Infiltration von keramischen Schäumen (AlN) bzw. SiC-Preforms durch Reaktivinfiltration und Schleuderguß. Für hochbelastete Gleitlager werden die porenhaltigen keramischen Gerüste mit Aluminiumbronze (G-CuAl10Ni) und Zinnbronze

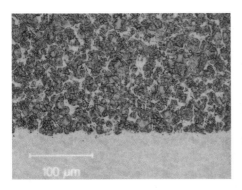 

Abb. 6: Cuwodur® -Kontaktteile (rechts) und Cuwodur® 75H-Gefüge (links): fugenloser Übergang zum Kupferträger (aus [35])

(G-CuSn10) infiltriert. Die Ergebnisse der drucklosen Reaktivinfiltration (SiC mit CuAl10Ni) zeigen in den tribologischen Untersuchungen auch nach mehreren Versuchsläufen keinerlei Verschleiß und sind besser als die Ergebnisse vom Schleuderguß. Letzterer ist aber immer noch besser als unverstärktes Material [5]. Im Schleuderguß lassen sich Schäume aufgrund des geringeren Keramikanteils wesentlich besser und vollständig infiltrieren, als die SiC-Preßlinge. Insgesamt gesehen wird das Schleudergießen als ein attraktives Verfahren zur Herstellung von ringförmigen Verbundwerkstoffen beurteilt [6].

5 Faserverbundwerkstoffe

Ähnlich wie bei den Teilchenverbundwerkstoffen gibt es auch hier umfangreiche Kombinationsmöglichkeiten zwischen Matrixmetallen und Verstärkungskomponenten. Viele der Teilchenverstärkungsmaterialien sind auch in Form von Kurz- oder Langfasern erhältlich (siehe auch [46]). Die Auswahl der geeigneten Kombination erfolgt hinsichtlich der chemischen und mechanischen Verträglichkeit, den geforderten mechanischen und physikalischen Eigenschaften und nicht minder wichtig nach der Verfügbarkeit und den Kosten [1].

Die Herstellungsmöglichkeiten sind ebenfalls vielschichtig [1]:

- Schmelzinfiltration unter Druck oder im Vakuum
- Pulvermetallurgisch durch Sintern bzw. Drucksintern
- Strangpressen, Schmieden und Walzen (für Kurzfasern)
- Folienplattierverfahren
- Thermische Spritzverfahren (Flamm- und Plasmaspritzen)
- Galvanische Einlagerung (insbesondere für Nickel und Kupfer als Matrix)
- Drucksintern und Preßschweißen von metallisch beschichteten Fasern
- Gemeinsame Verformung von Manteldrähten
- Gerichtete Erstarrung eutektischer Legierungen

In einigen Anwendungen im Triebswerksbau, der Raketentechnik und in der thermischen Energieumwandlung werden Nickel- und Kobaltlegierungen mit hochschmelzenden Metallfäden aus Wolfram, Wolfram-Rhenium, Wolfram-Thoriumoxid, Molybdän-, Niob- und Tantallegierungen verwendet [1]. Kupfer mit Wolframfasern verstärkt kommt auch als mögliches Beschichtungsmaterial für die Verbrennungskammern von Raketenantrieben in Betracht [34]. Eutektische Verbundwerkstoffe auf Ni- und Co-Basis für Turbinenschaufeln werden häufig über gerichtete Erstarrung hergestellt [38].

Die überwiegende Anwendung liegt aber wiederum in der Elektrotechnik. Das wohl bekannteste Beispiel sind Supraleiter, bei denen das supraleitende Material als Multifilament in eine Kupfermatrix eingebettet wird. Die Kupfermatrix übernimmt dabei im Falle von Normalleitung (Flusssprünge) den Stromtransport und verhindert das Durchbrennen des Leiters. Die Legierung Nb_3Sn hat unter den metallischen Werkstoffen kommerzielle Bedeutung als Supraleiter erlangt. Durch Einsetzen von Niobdrähten in ein Hüllrohr aus einer Kupfer-Zinn-Legierung und einer Reihe von Warm- und Kaltumformschritten, denen sich eine Abschlussglühung anschließt kommt es zur Bildung der supraleitenden Nb_3Sn-Phase in der Kupfermatrix [Abb. 7].

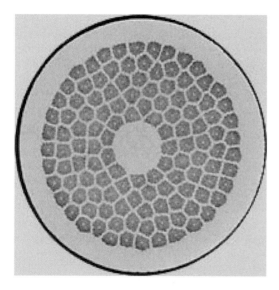

Abb. 7: Nichtstabilisierter Supraleiter Typ NS 10000 mit 120 × 84 = 10080 Niob-Filamenten in einer CuSn-Matrix (aus [31])

Die Eigenschaften von Kontaktwerkstoffen können bei der Verwendung von Faserverstärkungen anstatt von Teilchenverstärkungen noch gesteigert werden. Als Beispiel dient hier der Silber-Nickel-Verbund (Abb. 8), bei dem durch Einlagerung von Nickelfasern in die Silbermatrix noch bessere Abbrandeigenschaften als bei der teilchenverstärkten Variante erzielt wird, selbst wenn letztere schon durch Strangpressen stark ausgerichtet und gestreckt wurden [1, 3, 36]. Die Herstellung erfolgt wiederum kostengünstig über die gemeinsame Verformung von Manteldrähten. Weitere Materialkombinationen für faserverstärkte Metall-Matrix-Verbundwerkstoffe für Kontaktwerkstoffe sind Kupfer/Palladium [2, 3] und Kupfer/Wolfram [36].

Ähnliche Verbesserungen sind auch für die Silber-Graphit-Verbundwerkstoffe mit Faserstruktur erzielbar. Zur Silbereinsparung werden häufig Kupferfasern mit einem Graphitkern in eine Silbermatrix eingelagert. Eine Oxidation des Kupfers im Lichtbogen wird durch eine selbstproduzierte Schutzgasatmosphäre (Kohlenmonoxid) vermieden (Abb. 9) [3].

Zündkerzenelektroden sind ähnlichen Belastungen ausgesetzt wie elektrische Kontakte. Auch hier kommen Faserverbundwerkstoffe für die Mittelelektrode zum Einsatz. Eine korrosionsbeständige Nickellegierung wird hier in die Matrix aus gut wärmeleitendem Silber oder Kupfer eingelagert [1].

In der Entwicklung ist die drucklose Schmelzphaseninfiltration von kohlenstofffaserverstärkten Kohlenstoffstrukturen (C/C) mit Kupfer-Titan-Legierungen. Die Fasern werden zur erfolgreichen drucklosen Infiltration mit SiC beschichtet (Minimierung des Kontaktwinkels zwischen Schmelze und Faser). Mögliche Einsatzbereiche sind elektrische bzw. thermische Leiter sowie tribologische Anwendungen [8].

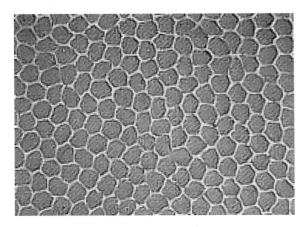

Abb. 8: Querschliff durch einen Silber/Nickel-Faserverbundwerkstoff mit 60 Gew.-% Nickel (aus [3])

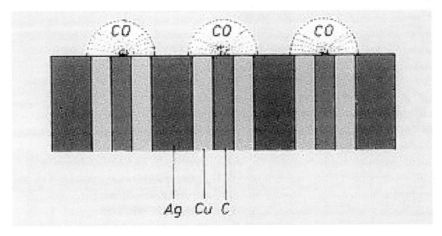

Abb. 9: Konzentration der Kohlenmonoxid-Schutzschicht um den Unedelmetallbestandteil infolge der regelmäßigen Struktur des Ag/Cu/C-Faserverbundwerkstoffes (aus [3])

Kupfer-Kohlenstoff-Verbundwerkstoffe werden kommerziell für "Chip Packaging" angeboten. Die Kohlenstofffasergewebe werden mit Kupfer infiltriert und über den Metallvolumengehalt lässt sich der thermische Ausdehnungskoeffizient des Verbundes dem von Silizium, Galiumarsenid oder Aluminiumoxid anpassen, während eine gute thermische Leitfähigkeit weiterhin gewährleistet bleibt [32]. Die Anwendung von Kupfer-Kohlenstoff-Kurzfaser-Verbundwerkstoffen für Kühlkörper (Wärmesenken) mit einem an die elektronischen Bauteile (Si, Keramik) angepassten Ausdehnungskoeffizienten waren auch Gegenstand von Untersuchungen durch Kolb et al.. Durch Heißpressen hergestellte Verbunde mit 39–44 Vol% PITCH-type Fasern und einer mittleren Faserlänge von > 60 µm (Aspect Ratio: 6) sind für eine Anwendung als Wärmesenke am Besten geeignet [27]. Potentielle Anwendungen von Graphit-Kupfer-Verbundwerkstoffen (Gewichtsreduktion im Vergleich zu Cu/W) sind auch im Bereich der Heiz- und Kühlelemente für Luft- und Raumfahrtanwendungen zu finden [33, 34]. Faserbenetzbarkeit, Infiltrations- und Delaminationsprobleme sind jedoch noch nicht gelöst und neuere Entwicklungen zielen in Richtung von Aluminiumoxid-Fasern als Verstärkungskomponente [37].

Ebenfalls liegen Untersuchungen zur Herstellung und Verwendbarkeit von C-faserverstärkten Aktivloten zur Verbindung von Metall und Keramik vor [12, 13]. Die Faserverstärkung soll dabei eine variable Anpassung der Eigenschaften der Lötzone ermöglichen. Die Aktivlote basieren auf Silber-Kupferbasislegierungen, die mit Titan, Zirkonium oder Hafnium modifiziert werden, um die Keramik ohne vorherige Metallisierung benetzen zu können. Meist wird das Lotmaterial in situ verstärkt, indem folienförmige Lote und Fasergewebe laminiert werden. Für eine gute Benetzung und Infiltration der Fasern, werden diese mit Kupfer beschichtet.

6 Literatur

[1] Metallische Verbundwerkstoffe, Firmenschrift zum 100-jährigen bestehen der Firma G.Rau, Pforzheim, 1977
[2] Elektrische Kontakte – Werkstoffe und Technologie, Firma G.Rau, Pforzheim
[3] http://www.rau-pforzheim.com
[4] Dispersionsschichten, R.S. Sajfullin, VEB Verlag Technik, 1978
[5] A. Dwars, M. Eitschberger, B. Mussler, R. Schicktanz und G. Krauss, in "Verbundwerkstoffe und Werkstoffverbunde", Hrsg. B. Wielage und G. Leonhardt, Wiley-VCH, 2001, 101–106
[6] M. Eitschberger, C. Körner und R.F. Singer, in "Verbundwerkstoffe und Werkstoffverbunde", Hrsg. B. Wielage und G. Leonhardt, Wiley-VCH, 2001, 114–120
[7] T. Weißgärber, J. Schulz-Harder, A. Meyer, G. Lefranc und O. Stöcker, in "Verbundwerkstoffe und Werkstoffverbunde", Hrsg. B. Wielage und G. Leonhardt, Wiley-VCH, 2001, 140–145
[8] J. Schmidt, M. Frieß und W. Krenkel, in "Verbundwerkstoffe und Werkstoffverbunde", Hrsg. B. Wielage und G. Leonhardt, Wiley-VCH, 2001, 322–327
[9] [B. Wielage, J. Wilden und T. Schnick, in "Verbundwerkstoffe und Werkstoffverbunde", Hrsg. B. Wielage und G. Leonhardt, Wiley-VCH, 2001, 542–547
[10] J.P. Celis und J. Fransaer, Galvanotechnik, Band 88 (1997), 7, 2229–2235
[11] S. Probst, A. Dietz, B. Stindt und M. Söchting, in "Verbundwerkstoffe und Werkstoffverbunde", Hrsg. B. Wielage und G. Leonhardt, Wiley-VCH, 2001, 563–568

[12] B. Wielage, H. Klose und L. Martinez, in "Verbundwerkstoffe und Werkstoffverbunde", Hrsg. B. Wielage und G. Leonhardt, Wiley-VCH, 2001, 611–616
[13] B. Wielage und H. Klose, in "Verbundwerkstoffe und Werkstoffverbunde", Hrsg. K. Schulte und K.U. Kainer, Wiley-VCH, 1999, 716–721
[14] F. Hauner und D. Jeannot, in "Verbundwerkstoffe und Werkstoffverbunde", Hrsg. B. Wielage und G. Leonhardt, Wiley-VCH, 2001, 644–649
[15] C. Peuker, in "Verbundwerkstoffe und Werkstoffverbunde", Hrsg. B. Wielage und G. Leonhardt, Wiley-VCH, 2001, 650–655
[16] H. Gölitzer, M. Oechsle, R. Singer und S. Zeuner, in "Verbundwerkstoffe und Werkstoffverbunde", Hrsg. B. Wielage und G. Leonhardt, Wiley-VCH, 2001, 656–661
[17] W. Weise, in "Metall – Forschung und Entwicklung", Degussa AG, Hanau
[18] M. Türpe, in "Metallische Verbundwerkstoffe", DGM Seminar 2001, Geesthacht
[19] M. Türpe, Metall, 53. Jahrgang, Nr. 4, 1999, 211–212
[20] M. Türpe, in "Verbundwerkstoffe und Werkstoffverbunde", Hrsg. G. Ziegler, DGM Informationsgesellschaft mbH, 1996, 39–42
[21] B. Müller und H. Ferkel, in "Verbundwerkstoffe und Werkstoffverbunde", Hrsg. K. Schulte und K.U. Kainer, Wiley-VCH, 1999, 658–663
[22] B. Müller und H. Ferkel, Nanostructured Mater., Vol. 10, 1998, 1285–1288
[23] J. Steinbach und H. Ferkel, Scripta mater., 44, 2001, 1813–1816
[24] H. Ferkel, NanoStructured Materials, Vol. 11, No. 5, 1999, 595–602
[25] S. Steinhäuser und B. Wielage, in "Verbundwerkstoffe und Werkstoffverbunde", Hrsg. K. Schulte und K.U. Kainer, Wiley-VCH, 1999, 651–657
[26] S. Steinhäuser und B. Wielage, in "Verbundwerkstoffe und Werkstoffverbunde", Hrsg. G. Ziegler, DGM Informationsgesellschaft mbH, 1996, 315–318
[27] G. Kolb und W. Buchgraber, in "Verbundwerkstoffe und Werkstoffverbunde", Hrsg. K. Schulte und K.U. Kainer, Wiley-VCH, 1999, 503–508
[28] http://www.plansee.com
[29] http://ametekmetals.com
[30] http://powdermetinc.com
[31] http://www.wieland.de
[32] http://enertron-inc.com
[33] S. Rawal, JOM, 53 (4), 2001, 14–17
[34] Metals Handbook, 10th Edition, Vol. 2, ASM International, 1990
[35] Firmeninformation, AMI DODUCO, Pforzheim
[36] D. Stöckel, in "Verbundwerkstoffe", Hrsg. W.J. Bartz und E. Wippler, Lexika-Verlag, 1978
[37] J.S. Shelley, R. LeClaire und J. Nichols, JOM, 53 (4), 2001, 18–21
[38] P.R. Sahm, in "Verbundwerkstoffe", Hrsg. W.J. Bartz und E. Wippler, Lexika-Verlag, 1978
[39] J. Beuers, P. Braumann und W. Weise, in "Verbundwerkstoffe und Werkstoffverbunde", Hrsg. G. Ziegler, DGM Informationsgesellschaft mbH, 1996, 319–322
[40] G. Pursche, in "Verbundwerkstoffe und Werkstoffverbunde", Hrsg. G. Leonhardt, DGM Informationsgesellschaft mbH, 1993, 669–681

[41] J.L. Endrino, J.J. Nainaparampil und J.E. Krzanowski, Surface and Coatings Technology, 157, 2002, 95–101
[42] K. Maier, in "Verbundwerkstoffe und Werkstoffverbunde", Hrsg. G. Leonhardt, DGM Informationsgesellschaft mbH, 1993, 683–690
[43] J. Lukschandel, in "Verbundwerkstoffe und Werkstoffverbunde", Hrsg. G. Leonhardt, DGM Informationsgesellschaft mbH, 1993, 691–697
[44] A.C. Hart, Nickel Magazine, Special Issue, August, 1999
[45] K.U. Kainer und N. Hort, dieser Band
[46] K.U. Kainer und H. Dieringa, dieser Band
[47] P. Krug, dieser Band

Autorenverzeichnis[1]

Barbezat, G. 229
Biermann, H. 185
Blawert, C. 315
Buschka, M. 160
Buschmann, R. 89

Dieringa, H. 66

Feldhoff, A. 210

Hartmann, O. 185
Hort, N. 260

Kainer, K. U. 1, 66, 260
Köhler, E. 109
Krug, P. 296

Lange, M. 160

Niehues, J. 109

Pippel, E. 210

Schmid, J. 229
Sinha, G. 296

Wank, A. 124
Weinert, K. 160
Wielage, B. 124
Wilden, J. 124
Woltersdorf, J. 210

---

[1] Die Seitenzahlen beziehen sich auf den Beginn des Kapitels

Stichwortverzeichnis

A

Aluminiumbasis-MMCs   106, 160, 280
Aluminium-Dieselkolben   101
Aluminium-Kurbelgehäuse   103
Aluminium-Matrix-Verbundwerkstoffe   109
Aluminiumzylinderkopf   103
ALUSIL®   110
Auftragschweißverfahren
– autogenes   150
– Elektroschlacke (RES)   152
– Metall Schutzgas (MSG)   153
– Open Arc (OA)   150
– Plasma Heißdraht   156
– Plasma MIG   154
– Plasma Pulver (PTA)   155
– Unterpulver (UP)   151
Aufweitsysteme   245
Ausdehnungskoeffizient, thermischer   27
Ausgangswerkstoffe   262
Ausspindeln von Al-Zylinderlaufbahnen   172
Auswahlkriterien   234
Automotive Anwendungen, Produkte   309

B

Bearbeitungsproblematik   161
Bearbeitungstechniken, Vergleich mit Honen   249
Bedeutung, materialwissenschaftliche   210
Benetzung   31
Beschichtungsverfahren, thermische   124
Beschichtungswerkstoffe   146
Betriebssicherheit   307
Bremsscheiben   106
Bremstrommeln, partikelverstärkte   168
Buntmetall-Matrix-Verbundwerkstoffe   315

C

C/Mg-Al-Composite   212
Charakterisierung, Verbundwerkstoffe   210

D

DC Plasmaspritzen   139
Detonationsspritzen   135
Dieselkolben   101
Drahtflammspritzen   134
Drehbearbeitung   168
Durchdringungsverbundwerkstoffe   322
Düseneinheit   303

E

Edelmetall-Matrix-Verbundwerkstoffe   315
Eigenspannungen, thermische   186
eingelagerte keramische Partikel   317
Eisenbasis-MMCs   286
Elastizizätsmodul   25
Entwicklung der Schädigung   204
Ermüdungseigenschaften   185

F

Fasern   67
Faserverbundwerkstoffe   323
Faserverstärkung   172
Feinspindeln   175
Flammspritzen   132
Formgenauigkeit   256

G

Gießprozess   119
Grenzflächeneinfluß   30
Grenzschichten   210
Grenzschichtoptimierung   212, 219

H

Haftfestigkeit   252
Haftung   41
– thermisch gespritzter Schichten   131
Hartpartikel in Schmelzen   232
Herstellung von MMCs   266
Herstellverfahren, alternative   296
HF Plasmaspritzen   141
Hochgeschwindigkeitsflammspritzen   135

Honen 229
– dünner Schichten 253
Honversuche 252
Hybridpreforms 89

I

Infiltration 31, 230
Injektoren 308
innere Grenzflächen 210
In situ Verbundwerkstoffe 273

K

Kaltgasspritzen 137
Keramikfasern, oxidische 79
keramische Partikel, eingelagerte 317
keramische Verstärkungskomponenten 265
Kohlenstofffasern 76
Konsolidieren 276
Konstruktive Kriterien 235
Kontaktmetall 316
Kontinuierliche Fasern 72
Konzepte, 113
Kühlschmierstoffe 245, 258
Kunststoffflammspritzen 133
Kupferbasis-MMCs 2848
Kurbelgehäuse 103
Kurbelwellen 104
Kurzfasern 84
Kurzfaserpreforms 89
Kurzfaserverstärkung 17, 66

L

Lagerbrücken 104
Langfaserverstärkung 22
Laserlegieren 233
Lebensdauerverhalten 201
Legierungen, übereutektischer 229
Legierungssysteme 7
Leichtmetall-Verbundwerkstoffe 5, 48, 229
Lichtbogenspritzen 138
Lokasil® 103, 117

Magnesiumbasis-MMCs 279
Matrixlegierungssysteme 7

Mechanisches Legieren 270
Mechanische Versuche, Ermüdungsverhalten 198
Metallische Pulver 262
metallische Verbundwerkstoffe 48, 66, 229, 258
Metall-Keramik-Schichten 256
Metallmatrix-Verbundwerkstoffe 1, 7, 165, 186, 210, 260
Metallschmelze, Verdüsung 303
Mischen 275
MMC Werkstoffe, Sprühkompaktierte 296, 309
Muldenrand, faserverstärkter 101
Multifilamentfasern 76

N

Nickelbasis-MMCs 289

O

Oberflächenbearbeitung 250
Oberflächenvorbereitung 128
Oversprühpulver, Reinjektion 308
Oxidische Keramikfasern 79

P

Partikel, keramische 317
partikelverstärkte Strangpressprofile 178
Partikelverstärkung 22, 66, 172
Plasmabeschichtungen 246
– rein metallische 258
– Haftung 252
Plasmaspritzen 139
Preformherstellung 117
Preforms 66, 89
Primärgasdüse 304
Produkte für Automotive Anwendungen 309
Pulverflammspritzen 132
Pulvermetallurgie 262

Q

Qualitätssicherung 143
quasi-monolithische Konzepte 114

R

Randzonenbeeinflussung 161
Rapid Solidification (RS) Technik 301
reaktive Komponenten in Schmelzen 233
Recycling 62
Reinjektion von Overspraypulver 308

S

Schädigung 188, 204
Schichthaftung 131
Schichtverbundwerkstoffe 247, 315
Schmelzkonzept 301
Schneidstoffauswahl 161
Schneidstoffe 165
Schnittgeschwindigkeiten 245
Schnittparameter 165
Schrupphonen 252
Sekundärgasdüse 304
SiC-Multifilamentfasern 81
SiC-partikelverstärkte Bremstrommeln 168
Sintern 232
Spritzschichten 128
Spritzverfahren, thermische 124
Sprühkompaktieren 232, 278, 296
Stabflammspritzen 134
Strangpressprofile, partikelverstärkte 178
Substratwerkstoffe 128, 149

T

Teilchenverbundwerkstoffe 319
thermische Beschichtungsverfahren 124, 233
thermische Eigenspannungen 186
thermischer Ausdehnungskoeffizient 27
thermische Spritzverfahren 124
Thermobimetall 316
Titanbasis-MMCs 282

U

übereutektischer Legierungen 229
Umfangsfräsen 180
Umweltschutz 145

V

Ventilstege, faserverstärkte 103
Verbrennungsmotor 109, 229
Verbundwerkstoffe 124
– Aluminium-Matrix 109
– Buntmetall-Matrix 315
– Charakterisierung 210
– Durchdringung 322
– Edelmetall-Matrix 315
– Ermüdungsverhalten 190
– Faser 323
– In-situ 273
– Leichtmetall 5, 48, 229
– Metall-Matrix 1, 7, 48, 165, 186, 229, 258
– Teilchen 319
Verdüsung der Metallschmelze 303
Verformungsverhalten 186
Vergleich verschiedener MMCs 198
Verschleißschutzschichten 317
Verschuppungen 253
Verstärkungen 5
– durch Kurzfasern 17
– durch Langfasern 22
– durch Leichtmetalle 70, 89
– durch Partikel 22
Verstärkungskomponenten, keramische 265
Verstärkung von Zylinderlaufflächen 103
Vollbohren 178
Vorspindeln 173

W

Wechselverformungsverhalten 198
Werkstoffe 190
– metallische 66
– für Leichtmetall-Verbundwerkstoffe 5
Werkstoffverbunde 124
Whisker 84

Z

Zerspanraten 252
Zerspantechnologie 160
ZKG-Konzepte 110

Zylinderkopf 103
Zylinderkurbelgehäusen 117
Zylinderlaufbahnen 103, 172, 229
Zylinderlaufflächentechnologie 110